KB044394

전기설비설계

Electric Instrallation Design

유원근 · 이경섭 · 정동현 · 정타관 지음

머리말

　전기(電氣)는 우리 일상생활에 있어서 없어서는 안 될 문명의 이기(利器)로서 인류문화를 급속하게 발전시켜 오늘날 고도의 산업 발전을 이루게 한 원동력이 되고 있다. 이러한 전기는 대단히 편리할 뿐만 아니라 강력한 에너지를 갖고 있지만, 일단 취급을 잘못하게 되면 생산활동이나 사회생활의 기능이 일순간에 정지하게 되어 큰 혼란이 야기되고, 사회에 막대한 영향을 끼치게 된다. 더욱이 각종 생산업체의 전력수요의 증가와 날로 늘어나고 있는 새로운 가전제품 및 사무용품의 보급에 따라 새로운 재료와 기술들이 도입되고 있는 실정이다.

　그러므로 전기를 합리적으로 사용하는 것은 개인적인 문제뿐만 아니라 국가적인 측면에서도 매우 중요한 문제인 것이다. 하지만 자칫 전기를 소홀하게 다룰 경우에는 큰 사고의 위험이 항상 있기 때문에 전기설비(電氣設備)의 설계·시공·감리·검사 및 유지관리를 담당하는 전기관련 기술자의 책임은 매우 막대하다고 할 수 있다. 따라서 전기로 인한 재해를 방지하고 안전성을 높이기 위하여 전기설비에 관련된 각종 법규와 규정들이 해마다 신설 또는 개정되고 있으므로 새로이 개정된 이들 **전기사업법, 전기설비기술기준 및 판단기준, 내선규정, 한국전기설비규정(KEC) (2021년 1월 1일부터 시행)**, KS C IEC 60364, KS C IEC 62305 등 현행 법규와 규정을 반영하여 개정판을 집필하게 되었다.

　이 책은 **전기설비의 개요, 전기설비의 기본, 배선설비, 조명설비, 동력설비, 수변전설비, 예비전원설비, 방재설비, 전기설비의 시험 및 검사, 견적**에 대하여 기술하였으며, 책의 부피를 줄이기 위하여 '부록'으로 내선규정의 부록(발췌)와 '옥내배선용 그림기호' 및 '연습문제 해답'을 북스힐 출판사 홈페이지(www.bookshill.com)에서 다운로드하여 이용할 수 있도록 하였다.

특히 본문 중에서 내용을 보충하기 위하여 [참고]와 [주]를 삽입하여 이해를 돕도록 하였으며, 지난 30여 년 동안 전기기사 및 전기공사기사 실기시험에서 출제빈도가 높은 문제들을 선별하여 **연습문제**에 수록함으로써 자격증 취득을 위한 시험에 대비할 수 있도록 하였으며, 각종 실력 테스트에도 활용할 수 있도록 하였다.

막상 탈고를 하고 보니 책의 내용이 부족한 부분이 없지 않을 것으로 예상되지만 아무쪼록 이 책이 전기설비분야에 관심을 갖는 모든 분들에게 조금이나마 참고가 된다면 저자로서 더 이상 바랄 것이 없겠으며, 부족한 점에 대해서는 앞으로 계속 수정 보완하여 나갈 것이며, 독자 여러분들의 기탄없는 지도와 편달을 바라는 바입니다.

끝으로 이 책을 출판하기 위해 여러 가지로 수고를 아끼지 않은 북스힐 출판사의 무궁한 발전을 기원하며, 조승식 사장님과 임직원 여러분께 감사의 뜻을 표하는 바입니다.

저자 일동

차 례

※ 부록 및 연습문제 해답은 북스힐 홈페이지(www.bookshill.com)에서 다운로드하여 이용할 수 있습니다.

CHAPTER 01 전기설비의 개요

1 │ 전기설비의 정의

'전기사업법'과 '전기설비 기술기준'에서 전기설비라 함은 발전·송전·변전·배전 또는 전기사용을 위해 설치하는 기계·기구·댐·수로·저수지·전선로·보안통신선로 및 그 밖의 설비를 말하며, 안전에 필요한 성능과 기술적 요건을 규정함을 목적으로 하고 있다.

이러한 전기설비는 대형 발전기나 변압기, 전선로 등 일반적으로 연상할 수 있는 전력사업용 전기설비에서부터 전기사용장소의 배선과 수많은 기계·기구에 이르기까지 광범위한 설비를 말한다.

전기설비에서 제외되는 선박, 차량 또는 항공기에 설치하는 것 기타 대통령령으로 정한 것은 다음과 같다.

① 당해 선박, 함선, 차량 또는 항공기가 그 기능을 유지하기 위하여 설치하는 전기설비.
② 전압 30[V] 미만의 전기설비로서 전압 30[V] 이상의 전기설비와 전기적으로 접속되어 있지 않은 것.
③ 전기통신 기본법이 적용되는 전기 통신설비.

1.1 전기 사업법에 의한 전기설비의 종류

전기설비는 크게 전기사업용 전기설비, 자가용 전기설비, 일반용 전기설비로 구분된다.

1 전기사업용 전기설비

전기사업용 전기설비라 함은 전기설비 중 전기사업자가 전기사업에 사용하는 설비를 말한다. 즉, 전력회사 등의 전기사업자가 일반의 수요에 응해서 전기를 공급할 목적으로 설치한 전기설비를 말하는 것으로서 발전소, 변전소, 송전설비, 배전설비, 통신설비 등의 전기설비 및 이러한 설비를 관리하기 위한 사업소에 설치하는 전기설비를 말한다.

2 자가용 전기설비

자가용 전기설비는 빌딩이나 공장과 같이 고압전기를 사용하는 곳에 설치되며, 사업용 전기설비와 일반용 전기설비 이외의 전기설비를 말하며, 구체적인 적용범위는 다음과 같다.

① 수전전압이 600[V] 이상 고압으로 수전하는 전기설비
② 저압의 수전전력 75[kW] 이상을 수전하여 동일 구내에 설치하는 전기설비
③ 폭발성 또는 인화성 물질이 있어 전기설비에 의한 사고발생의 우려가 많은 20[kW] 이상의 전기설비

3 일반용 전기설비

일반용 전기설비란 주택, 상점, 소규모 공장 등과 같이 소규모의 전기설비를 말하며, 아래의 조건에 해당되는 전기설비를 의미한다.

① 수전전압이 600[V] 미만의 저압 전기설비
② 수전용량이 75[kW] 미만의 전기설비

1.2 건축전기설비의 기능별 분류

건축전기설비란 건축물의 기능을 발휘할 수 있도록 시설한 전기적인 설비를 말하며,

인간의 몸에 비유하면 두뇌와 신경에 해당하는 것으로서 전기설비의 좋고 나쁨에 따라 건축물 전체의 기능이나 경제성 또는 의장(design)까지도 크게 좌우하는 대단히 중요한 요소를 차지하는 것이다.

① 전원설비 : 전기 에너지의 공급원 설비(수전설비, 변전설비, 예비전원설비, 축전지 설비 등)

② 전력공급설비 : 전원설비에서 전기를 공급받아 부하 측에 전달하는 설비(간선설비, 분기설비 등)

③ 부하설비 : 전기 에너지를 소비하는 설비(조명설비, 전열설비, 동력설비, 비상동력설비 등)

④ 감시제어설비 : 전원설비, 전력공급설비, 부하설비 등을 전반적으로 감시하고 제어하는 설비(감시제어 조작설비, 중앙감시설비 등)

⑤ 반송설비 : 사람이나 물품을 운반하는 설비(엘리베이터, 에스컬레이터, 덤웨이터, 곤도라 등)

⑥ 정보통신설비 : 정보전달 설비(주차관제설비, TV공청설비, 방송설비, IBS설비, LAN 등)

⑦ 방재설비 : 재해 예방 및 통지 설비(자동화재 탐지설비, 비상경보설비, 방범설비, 피난유도등설비, 누전경보 설비, 피뢰침설비, 항공장애등 설비 등)

2 | 건축 전기설비의 설계

2.1 건축 전기설비 설계시 고려사항

현대 건축물은 거주라는 단순한 목적으로는 그 기능을 충분히 발휘하기에는 곤란하며 여러가지 요소의 기능을 갖는 설비를 포함함으로서 목적을 달성토록 하여야 한다.

건축물의 기능 자체가 공간적인 형태나 구조를 넘어서 쾌적한 환경을 창조하는 것이며,

거주자의 편리성과 능률향상을 도모하는 방향으로 진행되므로 건축전기설비의 계획에는 우선 건축의 본질을 추구하여야 하고, 동시에 모든 기능 및 환경창조의 중요성을 인식하여야 하며 사회적 요청의 수용과 재난에 대한 대책을 시행하여야 한다.

건축전기설비가 건축물을 인위적으로 이상적인 환경을 조성하며 또한 유지 관리하는 기술(Engineering)을 전제한다면, 그 설비 내용은 「적합성」, 「안전성」, 「관리성」, 「경제성」과 같은 요소를 고려하여야 한다.

2.2 전기설비 설계의 4단계

전기설비에 대한 설계의 절차는 설계자나 기획까지 포함한 관계자의 생각과 설계하는 건축물 등의 규모의 대소와 전기설비 내용의 복잡성 여부에 따라 차이가 있으나, 설계에 익숙하지 못한 초학자는 하나의 예를 차례로 검토해 보면 설계를 빨리 이해할 수 있을 것이다. 이러한 전기설비는 계획, 설계, 시공, 유지관리의 4단계로 추진된다.

(1) 계획

계획은 기획으로 시작하며 구상 및 그 통합시스템의 결정을 유도하기 위한 작업으로서 각종 시스템의 선정, 용량결정, 시방 등을 신기술, 신공법 및 에너지 절감을 경제적으로 유도할 수 있는 내용이어야 한다. 실제적인 작업으로는 자료수집, 참고문헌조사, 환경조사, 운영관리, 경제성, 안전성, 신뢰성 등을 충분히 검토하고 계획의 목적에 적합한지 확인하여야 한다.

(2) 설계

설계란 계획에 의해 선정된 시스템을 구체화하는 것으로서 도서에 표현하는 기술적인 작업이다. 또한 설계는 법규에 있어서의 적합성과 시공성의 합리화를 고려하여야 한다.

(3) 시공

설계도서에 따라 공사금액을 결정하고 공사를 하는 업무로 현장관리나 보전, 기술적인 여러 가지 작업(공정관리, 시공도) 등이 있다.

(4) 감리

감리는 설계의 한 분야로 포함시키는 경우도 있지만 전기설비의 4단계와는 별도로 설계 사항을 시공에 정확히 반영하기 위한 확인 및 기술지원 단계로 감리가 있다. 감리는 전력시설물 공사에 대하여 발주자의 의탁을 받은 감리업체가 설계도서, 기타 관계서류의 내용대로 시공되는 지의 여부를 확인하고, 품질, 시공, 안전 및 공정관리 등에 관한 기술 지도를 하며, 관계법령에 따른 발주자의 권한을 대행하는 것을 말한다.

(5) 유지관리

유지관리(Maintenance)는 **보수**라고도 하며, 기기의 성능을 유지하고 올바른 작동을 위하여 실시하는 작업이다. 따라서 설비 기기의 사용, 운전, 점검, 수리, 개량, 정비 등의 관리업무 및 모든 유지관리 활동이 포함되며, 유지관리 업무는 일반적으로 관리상 **사후 유지관리**(BM; Breakdown Maintenance)와 **예방 유지관리**(PM; Preventive Maintenance)로 분류된다.

2.3 설계 성과물

① 설계의 성과물은 설계도서라고도 하며, 설계를 진행하는 순서인 기본설계 및 실시설계에 따라 그 내용과 종류가 달라진다. 기본설계 성과물을 보다 구체화시켜 공사에 적용할 수 있도록 하여야 한다.

② 기본설계도 : 기본 설계도는 설계개획서, 기본설계도면, 개략공사비 내역 및 기타의 용량 계획서, 시스템선정 검토서, 협의기록서 등으로 이루어진다.

③ 실시설계도 : 실시 설계도는 실시설계도서(설계설명서, 설계도면, 공사시방서), 공사비적산서(내역서, 산출서, 견적서), 설계계산서(조도, 부하, 간선, 용량, 기타 계산서), 기타 기록(설계자문, 심의) 등으로 이루어진다.

* 도면의 작성 순서
  계획 설계도 → 기본 설계도 → 실시 설계도 → 시공 설계도

3 | 전기설비의 분류

3.1 전력설비

1 전원설비

일반주택 등에서는 전력설비용량이 작은 관계로 전원설비(電源設備)를 필요로 하지 않지만, 빌딩·공장 등에서는 전력설비용량이 크기 때문에 전력회사로부터 고압 또는 특고압으로 전력을 수전하기 위한 수전설비(受電設備) 외에 고압 또는 특고압을 저압으로 변환하기 위한 변전설비(變電設備)를 시설하여야 한다.

2 조명설비

조명설비(照明設備)는 건축물의 용도에 따라 요구되는 필요조도와 일의 능률화를 도모하고 편안한 휴양을 할 수 있도록 부드러운 분위기를 만들어 내는 설비이다. 조명설비는 필요조도와 경제적인 면에서 가장 적합한 기구를 선정하고 배치를 결정하여 조명효과를 예측하여야 하는 등 중요한 작업이다.

3 동력설비

동력설비(動力設備)는 엘리베이터·에스컬레이터·펌프·팬 등을 움직이기 위한 전동기의 전동설비(電動設備), 냉방과 난방을 하기 위한 공기조화설비(空氣調和設備), 급수와 배수를 하기 위한 급배수설비(給配水設備) 등이 있다.

3.2 약전설비

1 전화설비

약전설비는 현재 큰 변환점에 서 있다. 전화설비는 고도 정보통신 시스템(Information Network System)의 실현을 위해서 전화망과 데이터 통신, 팩시밀리, 화상통신 등의 비전화망을 디지털화하고 광 파이버 케이블 전송방식, 마이크로파 디지털 방식이나 디지털

교환기 등의 도입에 의하여 그것을 적극 추진하고 있다. 한편 사무 자동화(OA)의 발달에 따라 단말기기의 보급이 급속히 이루어지고 있다.

② 인터폰 설비

인터폰은 법으로 정하여진 공중통신·공공통신설비 등과 시설을 달리하는 것이며, 구내 전용의 연락설비로서 생활문화의 향상, 사회환경의 충실, 산업발전 등으로 주택·상점·사무소·병원·빌딩·공장 등 각 방면에 보급되어 많이 이용되고 있다.

③ 확성(방송)설비

확성(방송)설비는 호출방송·비상경보·음악방송 등을 목적으로 하는 것이며, 빌딩 내의 기능적 작업을 영위하는데 필요하다. 증폭기, 마이크로폰, 플레이어, 스피커, 배선 등으로 구성되며, 그 음량·음질·전기적 특성 및 배전방식의 결정이 중요하다.

④ 표시설비

표시설비(表示設備)에는 출퇴근 표시기·자동차 출입 표시기·호출 표시기·창구 표시기 등 용도에 따라 여러 가지가 있다. 표시기에는 램프식·전광사인식·표시관 광자식(光字式)·반전판식(反轉板式)·회전판식(回轉板式) 등이 있다.

⑤ 텔레비전 공청설비

큰 건물에 많은 텔레비전 수상기가 있는 경우, 마스터 안테나 1본에 의해 양질의 전파를 수신하여 직접 또는 증폭기를 통해서 여러 대의 텔레비전 수상기에 신호를 분배하여 공동 시청하는 설비를 TV 공청설비(共廳設備)라고 하며, 일반적으로 고주파 분배방식이 주로 이용되고 있다.

⑥ 주차 관제설비

주차장의 차량출입을 관제하는 설비이다. 지하 주차장, 입체 주차장 등에서 차가 일반 도로에 출입하는 경우, 보행자나 자전거 등에 경보를 발해 안전을 꾀하는 것과 주차장

내에서의 차량통행의 안전을 꾀하는 설비이다. 표시로는 적색등 또는 3색등(청·황·적)에 의해 주의나 지시를 한다.

3.3 방재설비

1 피뢰침설비

① 돌침(피뢰침) 방식
② 수평도체 방식
③ 케이지(cage) 방식

2 화재탐지설비

화재탐지설비(火災探知設備)는 화재가 발생함과 동시에 이를 탐지하여 경보를 발하는 자동화재 탐지설비, 화재발생을 소방기관에 알리기 위한 통보장치, 화재가 발생하였음을 건물 내에 있는 사람에게 알려서 피난시키기 위한 비상경보설비로 구성되고 있다.

3 비상경보설비

화재의 발생과 같은 위험사항을 건축물 내의 사람에게 알리기 위한 기구 또는 설비를 비상경보설비라고 한다. 비상경보설비로는 비상벨·자동식 사이렌·방송설비 등이 있다.

4 │ 설계도서

1 기본설계 순서

① 중요 건축전기설비 및 기기의 형식, 방식 등을 정하고, 시설장소의 위치, 면적, 유효높이, 바닥 하중, 장비 반입경로 등을 검토해 건축설계자와 협의한다.
② 건축플랜에 중요 건축전기설비 기기의 개략배치를 삽입하고, 건축전기설비 면적의 재확인과 추정공사비의 산출에 필요한 기본도면(계통도, 단선접속도 등)을 작성한다.

③ 중요 건축전기설비 기기의 추정용량, 시설면적, 종류, 방식, 건축주의 요망사항 등을 기본으로 하여 안전성, 신뢰성, 기능성, 유지보수성, 확장성, 경제성 등을 검토한다.

④ 공사비(예산), 건축전기설비 등급의 결정, 건축전기설비 종류의 증감, 공사범위, 공사기간 등을 확인해 건축주와 협의한다.

⑤ 기본설계의 내용은 기본설계도서를 정리하고 발주자에게 제출하여 승인을 받는다.

② 기본설계도서에 포함되어야 할 내용

(1) 건축물의 개요

명칭, 용도, 구조, 규모, 연면적, 예정 공사기간 등을 기재한다.

(2) 공사종목 및 그 개요

수변전, 조명, 동력 등의 전력설비, 전화 및 정보통신, 방송, 텔레비전공청, 전기시계 등의 약전설비 중 실시하는 공사의 개요를 기재한다.

(3) 기본설계 도면은 다음 조건을 만족하도록 간결하게 작성한다.

- 공사비의 추정이 가능할 것
- 기본계획 전체가 이해 가능할 것
- 설계종목, 타 분야와의 중요 관련사항이 명시되어 있을 것
- 기타 필요한 실시설계로의 준비가 이루어져 있을 것

(4) 개략공사비

기본 설계도면을 기초로 개략공사비를 공사종목별로 산출한다.

(5) 관계 관공서 등과의 협의사항

건축담당관청, 소방서, 전력회사, 통신회사 등과 기본설계 단계에서 협의한 내용과 설계자문 등에 관련한 사항을 기록한다.

(6) 기타사항

- 건축주, 건축설계자, 전기 분야 관련 설계자에 대한 설명자료를 첨부한다.
- 제조업자의 견적서 등 개략공사비 산출자료를 첨부한다.
- 기본설계 단계에서는 결론이 구해지지 않는 사항, 실시 설계 시에 재검토를 필요로 하는 사항 등을 기재한다.

3 일반적인 설계도서의 구성

(1) 표지

설계도서의 체계상 작성하는 것으로 공사명칭, 설계자명 및 도면매수 등을 기재한다.

(2) 목록

설계도서를 철한 순서대로 도면번호와 도면명칭을 기재한다. 규모에 따라 생략하거나 표지에 기재하는 경우도 있다.

(3) 배치도

공사대상 건축물, 대지상황, 인접건물, 통로, 구내도로를 기입하며, 전력 인입선로. 전화 인입선로, 외등 등의 구내배선도 포함하여 기입한다.

(4) 건물 단면도

단면도에는 기준 지반면, 각층 바닥면, 천장높이, 처마높이 등을 기입하며, 피뢰침, TV안테나 등도 포함하여 기입하는 것이 일반적이다.

(5) 단선 접속도

분전반, 동력 제어반, 수변전, 자가발전설비 등의 주회로의 전기적 접속도를 단선으로 표시해 중요 기기의 전기적 위치와 계통을 명확하게 한다.

(6) 계통도

건축전기설비 종목별로 기능을 계통적으로 도시하며 건축전기설비의 개요를 이해할 수 있도록 한다.

(7) 배선도

조명, 콘센트, 동력, 약전 및 구내통신, 전기방재설비 등으로 구분하여 각층마다 평면도로 표시한다.

(8) 기기 시방 및 기기 배치도

기기 명칭, 정격, 동작설명, 개략도, 마무리, 재질 등을 표시하고, 기기 주변의 배선은 필요에 따라 상세도, 설치도 등으로 표현한다.

(9) 공사 시방서

① 공사 시방서는 설계도면에서 표현이 곤란한 설계내용 및 공사방법에 관해 문장으로 표현한다. 그 내용은 공사개요, 지시사항, 주의사항, 사용자재의 지정, 공사범위 등이다. 공사비 견적을 정확히 할 수 있고, 공사에 대한 의심, 도급계약상 문제점이 생기지 않도록 작성하여야 한다.

② 공사시방서의 기재사항은 어떤 공사에나 적용할 수 있는 공통사항을 건설기술관리법령 규정에 따라 시설물의 안전 및 공사시행의 적정성과 품질확보 등을 위하여 시설물별로 정한 표준적인 공사기준을 정한 것을 표준시방서라 하며 이것을 기준하되 설계자는 공사시방서를 작성한다.

③ 공사시방서는 표준시방서를 기본으로 하고, 공사의 특수성·지역여건·공사방법 등을 고려하여 설계도면에 구체적으로 표시할 수 없는 내용과 공사수행을 위한 공사방법, 자재의 성능, 규격 및 공법, 품질 시험 및 검사 등 품질관리 등에 관한 사항을 기술하여야 한다.

5 | 전기선도

전기선도(電氣線圖, Electrical Diagram)는 저항기(resistor), 축전기(capacitor, condenser), 코일(coil), 트랜지스터(transistor), 변압기, 각종 계기 등의 전기·전자부품이나 전기기기를 표시하는 전기용 기호(symbol)와 선을 사용하여 전기적 결합이나 기능의 조합을 표시한 것을 말한다. 이러한 도면에는 기계기구 등을 표시하는 기호와 직선을 이용하여 각 도면에서 요구하는 결선이나 접속관계, 건물 및 기계기구의 배치를 올바르게 표시하면 되므로, 그 크기나 그리는 방법에는 일정한 제약이 없다. 다만, 도면에 쓰이는 기호는 어느 누가 보더라도 똑같은 의미를 나타내어야 하므로, 한국산업규격(Korean Standard)에 제정된 전기용 기호를 사용하여야 한다. 현재 우리나라에서 사용하고 있는 전기분야의 기호에는 옥내배선용 기호(KS C 0301)와 일반 전기용 기호(KS C 0102) 및 전기통신용 기호(KS C 0303) 등이 있으므로, 이들을 사용하여 도면을 작성하여야 한다. 부득이 표준기호 이외의 기호를 사용하여야 할 경우에는 그리기 쉽고 판독하기 쉽게 표시하여야 하며, 범례에서 이를 명시하여야 한다.

5.1 배선도의 종류

배선도(配線圖)는 전기를 사용하는 부하설비의 시설위치와 인입구에서 부하설비에 이르는 배선과 접속관계를 나타낸 것으로서, 일반적으로 옥내 전기공사의 설계도를 배선도라고 부른다. 배선도는 평면배선도(平面配線圖), 결선도(結線圖), 기기상세도(機器詳細圖)로 나눌 수 있다.

1 평면배선도

건축평면도에 전등, 스위치, 콘센트, 분전반 등 기기의 위치, 종류, 정격 및 공사방법을 기호로 표시한 것이다.

2 결선도

간선이나 계단 등 분전반의 회로와 결선 등 평면도만으로는 그 접속관계가 알기 어려운 것은 결선도를 작성한다. 즉 결선도는 평면도를 표시하기 어려운 배선계통을 명백히 해주는 것이 목적이다.

③ 기기상세도

사용하는 기기의 구조, 사용방법, 내용 등에 관해서 그 구조약도, 결선도 등 내용 설명용인 도면이 기기상세도이다. 조명기구는 의장도를 그리고, 이에 기호를 달아서 전구의 와트수를 기입한다.

5.2 배선의 강조

건축평면도에서 배선이 강조되고 또한 눈에 잘 들어오도록 그리기 위해, 건축도의 트레이싱에는 H 또는 2H 연필로 그리고, 배선은 HB 또는 B와 같이 심이 단단하지 않은 연필로 굵게 기입한다.

5.3 축척

배선도의 축척은 1/100이 가장 많이 사용되고 있다. 규모가 큰 건물이면 1/100로는 용지 내에 들어가지 않으므로 1/200을 사용하게 된다. 배선이 복잡한 것은 1/50로 그린다. 주택배선은 1/50로 그리는 수가 많다.

5.4 용지

용지의 크기는 A판(版)을 채용하고 있다. 아래에 제시한 것은 A판의 각종 크기이다. 이 중 A1이 가장 많이 사용된다. 종이의 재단치수(KS A 5021)는 표 1-1과 같다.

표 1-1 종이의 재단치수   (단위 : mm)

A열	재단치수	B열	재단치수
A0	841×1189	B0	1000×1414
A1	594×841	B1	707×1000
A2	420×594	B2	500×707
A3	297×420	B3	353×500
A4	210×297	B4	250×353
A5	148×210	B5	176×250
A6	105×148	B6	125×176

5.5 배선도를 그리는 순서

① 건물의 평면도를 그린다.
② 부하(전등, 전열기, 전동기 등)의 종류와 배선기구의 위치를 정한 다음, 기호를
   그려 넣는다.
③ 스위치의 위치를 정하고 그려 넣는다.
④ 배선과 배선공사 방법을 써 넣는다.
⑤ 배선의 분기를 고려하여 전선의 굵기와 종류 및 가닥수를 써 넣는다.

5.6 배선도의 목적

① 필요한 재료를 계산하고, 공사비를 산정한다.
② 전기공사의 시공에 사용된다.
③ 배선의 신설 및 검사에 도움이 된다.
④ 배선의 정기적 검사와 개수공사에 사용된다.
⑤ 화재가 발생하였을 경우 전기가 원인인지 아닌지 조사할 때 사용한다.

5.7 배선도의 작성요령

① 공통된 사항은 하나하나 표시할 필요 없이 범례, 비고, 주의 등이라고 써서 별도로
   기입한다.

② 벽에 붙은 점멸 스위치, 콘센트가 있는 곳은 전선이 올라가거나 내려와야 하므로 스위치, 콘센트 등에 바닥에서의 높이를 표시한다. 그러나 표준높이로 되는 것은 표시하지 않고, 특별히 높거나 낮은 것만 표시한다.

③ 표준기호에 있는 상향 및 하향기호는 1층과 2층 사이 또는 2층과 3층 사이 등과 같이 평면을 달리하는 배선상호의 접속에 있어서 1층에서「상향」표시, 2층에서는「하향」표시를 하고, 고층건물 등에서 계속하여 배선할 때에는「통과」표시를 한다.

④ 배선을 분전반 또는 배전반까지 전부 연결하는 대신에, 분전반과 분기선에 각각 분기번호를 명기하고, 분전반으로의 귀로 표시를 하면 중간의 배선은 그릴 필요가 없으므로 간편하다.

⑤ 점멸 스위치와 전등과의 관계는 a, b 또는 가, 나 등의 식으로 명기한다.

⑥ 평면도만으로 이해할 수 없는 곳은 측면도, 단면도, 입체도 등을 첨부하여야 한다.

5.8 배선의 기입

① 전등 및 콘센트를 KS심벌로 표시하고 배선으로 연결한다. 배선은 최단 거리를 직선으로 그리는 것이 원칙이다.

② 전등과 스위치를 연결한다. 스위치 하나로 여러 개의 전등을 점멸하는 경우의 스위치선은 그림 1-1(a)와 같이 전원에 가장 가까운 전등위치에 연결하는 것이 일반적인 방법이다. 그러나 그림 1-1(b)와 같은 방법도 있다.

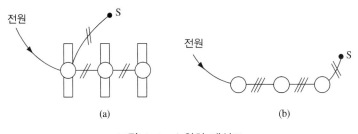

그림 1-1 스위치 배선도

③ 전등과 스위치 관계를 가, 나 또는 a, b와 같이 명기한다.

④ 천장은폐배선은 ━━━━━━로, 바닥은폐배선은 ━ ━ ━ ━ ━로 표시한다.

천장은폐배선에는 그림 1-2와 같이 천장 콘크리트 내에 매입배관 배선하는 방식과

2중 천장 내의 은폐배선방식이 있으므로, 천장은폐배선 기호만으로는 양자를 구별하기가 어렵다. 따라서 구별을 필요로 하는 경우에는 전자를 ————, 후자를 —————로 표시한 후 범례에서 기호설명을 한다.

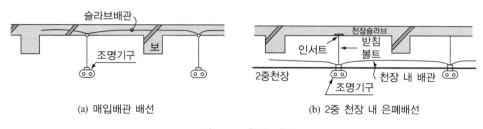

(a) 매입배관 배선　　　　　　　　(b) 2중 천장 내 은폐배선

그림 1-2 천장 배관

⑤ 바닥은폐배선 —————과 노출배선 — — — — — —의 기호는 혼동하기 쉬우므로 주의하여 기입한다.

⑥ 금속관 공사에 의한 배선은 그림 1-3과 같이 정션 박스 내에서 전선접속을 하여야 하므로 배선 도중에서 ——┬—와 같이 분기하는 일은 없다. 이때의 분기는 (J)로 표시한다. 일반 전등회로에서 정션박스와 스위치 사이는 최단 거리를 직선으로 잇는다.

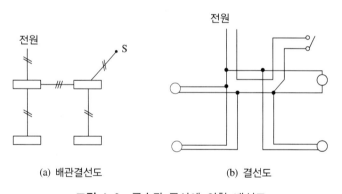

(a) 배관결선도　　　　　　　　(b) 결선도

그림 1-3 금속관 공사에 의한 배선도

⑦ 애자사용 배선공사는 조영재에 따라 배선하므로 그림 1-4와 같이 직각배선으로 그린다. 배선접속을 도중에서 분기하여도 무방하다. 따라서 분기점에서의 표시는 명확하게 알 수 있도록 그려야 한다.

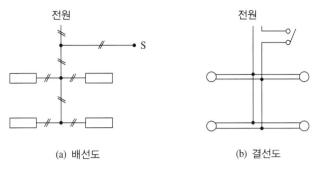

(a) 배선도　　　　(b) 결선도

그림 1-4 애자사용 공사에 의한 배선도

⑧ 케이블 공사는 직선 또는 곡선으로 배선을 그린다.

전등배선용 조인트 박스 위치는 부하를 중심으로 하고, 스위치 및 콘센트에 이르는 인하용 조인트 박스는 인하위치 부근에 정하는 것이 경제적이고 또한 공사도 용이하다.

⑨ 배관배선의 상향은 ⌀, 하향은 ⌀로 표시한다.

이것은 배선이 건물의 각층을 대상으로 하여 윗층 또는 아래층에 연결할 때 사용하며, 동일층에서는 사용하지 않는다.

5.9 전선가닥수의 산정

(1) 점멸기 인하선의 전선가닥수는 단극 스위치의 경우에는 다음의 식으로 계산한다.

$$(전선\ 가닥수) = (스위치의\ 수) + 1$$

표 1-2 점멸기 인하선의 전선가닥수

스위치 수	가닥수	공 식
단극 스위치 1개	2	(스위치 수) + 1
단극 스위치 2개	3	
3로 스위치 1개	3	

그림 1-5 3로 스위치의 결선도

(2) 배선도 선로의 전선가닥수의 산정은 다음과 같은 순서에 의한다.

① 전원에 극성(+, −)을 붙인다(그림 1-6(b) 참조).

② 전원의 (−) 단자에서부터 각 부하에 공통선을 연결한다(그림 1-6(b) 참조).

③ 전원의 (+) 단자에서부터 각 스위치의 공통선을 연결한다(그림 1-6(c) 참조).
  (콘센트와 같이 스위치가 없는 부하인 경우에는 직접 부하에 연결한다.)

④ 각 스위치의 부하측과 각 부하를 각각 접속한다(그림 1-6(d) 참조).

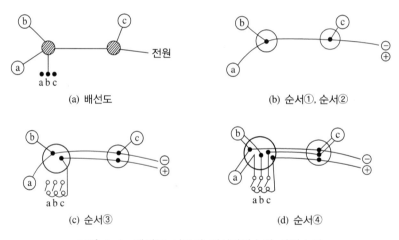

그림 1-6 배선도 선로의 전선가닥수의 산정순서

(3) 전선가닥 수를 산정할 때 주의할 사항

① 전등은 반드시 점멸기를 통하여 전원에 접속한다(그림 1-7 참조).

② 콘센트는 전원에 직접 병렬로 접속한다(그림 1-8 참조).

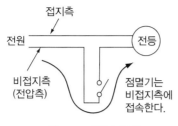

그림 1-7 전등 부하

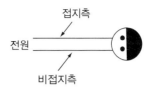

그림 1-8 콘센트 부하

예제 1

다음 그림은 목조주택과 작업장의 배치도이다. 그림 중의 번호 ①~⑧까지에 대한 물음에 답하시오.

주의사항 옥내배선에 사용하는 전선은 일부(소세력배선, 접지배선 등)를 제외하고, 비닐외장 케이블이다. 조명기구와 점멸기에 방기한 a, b, c 등의 문자는 조명기구와 점멸기와의 관계를 나타낸다.

물음 (1) ①의 최소 전선가닥 수는?

(2) ②에 취부하는 소형변압기(벨 변압기)의 기호는?

(3) ③의 명칭은?

(4) ④에 샹들리에를 설치하려고 한다. 기호는?

(5) ⑤의 배선은 무슨 배선인가?

(6) ⑥의 위치에 외등과 자동 점멸기를 설치하려고 한다. 기호는?

(7) ⑦의 인입개폐기는 옥외의 가공전선의 길이가 몇 [m] 이하이면 생략할 수 있는가?

(8) ⑧의 위치에 설치할 분전반의 기호는?

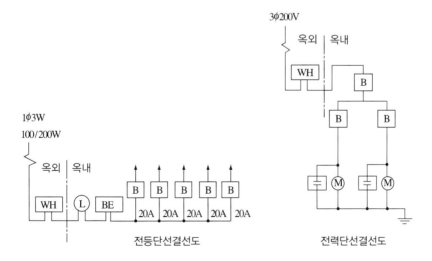

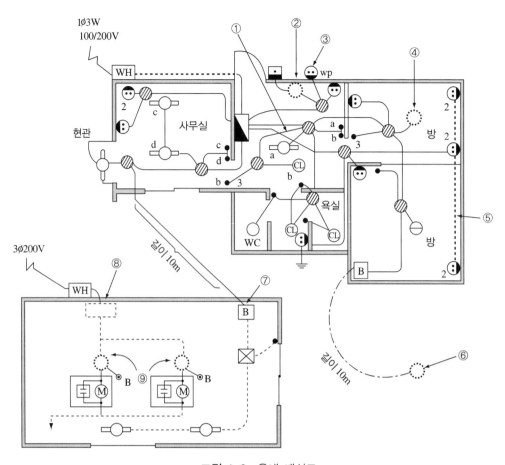

그림 1-9 옥내 배선도

풀이

(1) 3가닥

(2) (T)$_B$

(3) 방수용 콘센트

(4) (CH)

(5) 바닥은폐배선

(6) ⊗•A

(7) 15[m]

(8) ◢

예제 2

다음 그림은 목조형 주택 및 가게의 배선도로 전기방식은 단상 3선식 220/110[V]
이다. 다음 질문에 답하시오.

(1) ① 조명기구의 명칭은 무엇인가?

(2) ② 심벌에 방기된 2의 의미는 무엇인가?

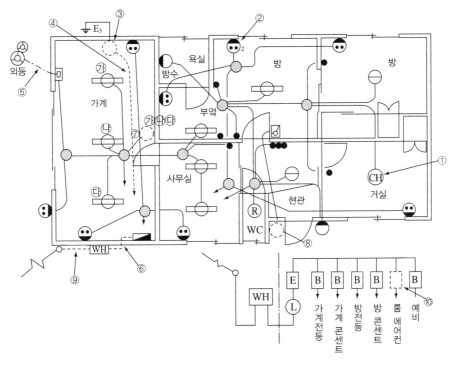

그림 1-10 옥내 배선도

(3) ③ 룸에어컨 심벌을 그리시오.

(4) ④ 배선의 명칭은 무엇인가?

(5) ⑤ 배선의 명칭은 무엇인가?

(6) ⑥ 부분의 명칭은 무엇인가?

(7) ⑦ 스위치용 전선의 심선수는 몇 가닥인가? (㉮, ㉯, ㉰)

(8) 취부하여야 할 누름 스위치의 심벌을 그리시오.

(9) ⑨의 공사방법 종류는?

(10) ⑩ 부분에 취부할 수 있는 개폐기의 종류는 다음 중 어느 것인가? (단, 2극 1소자배선용 차단기, 2극 1소자 전류제한기, 2극 2소자 배선용 차단기, 2극 2소자 전류제한기)

풀이 (1) 샹들리에   (2) 수구(2구 콘센트)

(3) RC   (4) 바닥 은폐 배선

(5) 지중 매설 배선   (6) 인입구

(7) 4가닥   (8) ▐●

(9) 저압 케이블 공사   (10) 2극 2소자 배선용 차단기

01 건축전기설비는 크게 3가지로 분류할 수 있다. 그 3가지는 무엇인가?

02 일반용 전기설비란 주택, 상점, 소규모 공장 등과 같이 소규모의 전기설비를 말한다. 수전전압 몇[V] 이하, 수전용량 [kW] 미만의 전기설비인가?

03 전기설비의 4단계는 무엇인가?

04 공사 시방서에 포함하여야 하는 주요 내용들은 무엇인가?

05 시방서란 무엇인가?

06 감리원은 매분기마다 공사업자로부터 안전관리 결과 보고서를 제출받아 이를 검토하고 미비한 사항이 있을 때에는 시정 조치하여야 한다. 안전관리 결과 보고서에 포함되어야 하는 서류 5가지만 쓰시오.

07 감리원은 공사시작 전 설계도서의 적정여부를 검토하는데 이때 포함하여야 하는 검토내용 5가지를 쓰시오.

08 전기배선용 도면을 작성할 때 사용하는 방수용 콘센트의 표준 심벌은 무엇인가?

09 조광기의 전기 심벌을 KS C에 의하여 그리시오.

10 다음 배선 심벌 표시가 의미하는 것은?

F40W2×3

11 다음 심벌에 대한 배선 명칭을 구분하여 쓰시오.

① ▬▬▬▬▬▬▬▬   ② ╶ ╶ ╶ ╶ ╶ ╶ ╶   ③ ━ ━ ━ ━ ━ ━

12 다음은 전기 배선용 심벌을 나타낸 것이다. 각각 명칭을 기입하시오.

① ⟋●₁₅ₐ   ② ⊗   ③ ◯_G   ④ ▲

13 그림은 콘센트의 종류를 표시한 옥내배선용 그림 기호이다. 각 그림기호는 어떤 의미를 가지고 있는지 설명하시오.

① ◖∷◗_LK   ② ◖∷◗_ET   ③ ◖∷◗_EL   ④ ◖∷◗_E   ⑤ ◖∷◗_T

14 그림은 콘센트의 종류를 표시한 옥내배선용 그림 기호이다. 각 그림기호는 어떤 의미를 가지고 있는지 설명하시오.

① ◖∷◗_ET   ② ◖∷◗_E   ③ ◖∷◗_WP   ④ ◖∷◗_H

15 일반용 조명 및 콘센트의 그림 기호에 대한 다음 각 물음에 답하시오.

(1) ⊗로 표시되는 등은 어떤 등인가?

(2) HID 등을 ① ◯_H400 ② ◯_M400 ③ ◯_N400로 표시하였을 때 각 등의 명칭은 무엇인가?

(3) 콘센트의 그림 기호는 ◖∷◗이다.

　① 천장에 부착하는 경우의 그림 기호는?

　② 바닥에 부착하는 경우의 그림 기호는?

(4) 다음 그림 기호를 구분하여 설명하시오.

　① ◖∷◗₂   　② ◖∷◗_3P

16 ⊗₉는 스위치에 관한 옥내배선용 심벌이다. 명칭은?

17 천장 은폐배선에 있어서 $22[\text{mm}^2]$의 비닐절연전선 3본을 후강 전선관 36[mm]를 이용하고자 한다. 이러한 뜻이 포함된 옥내배선용 심벌을 표시하시오.

18 다음은 전선의 전선의 약호이다. 이에 대한 명칭은 무엇인가? 우리말로 답하시오.

① DV   ② NR   ③ CV10   ④ EV

19 다음 그림은 옥내 전등배선도의 일부를 표시한 것이다. ①~④까지의 전선(가닥)수를 기입하시오.

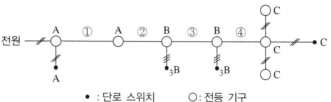

- ● : 단로 스위치   ○ : 전등 기구
- ●₃ : 3로 스위치   A,B,C : 점멸 기호 표시

20 다음 그림은 옥내 배선도의 일부를 표시한 것이다.

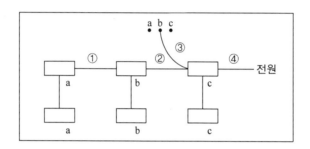

(1) 옥내 배선공시시 주로 사용하는 전선은?

(2) 최소 전선 가닥수를 표시하시오.

전기설비의 기본

1 | 용어의 정의

이 책에서 사용하는 용어의 정의는 다음과 같다.

(1) 가공 인입선

가공전선로의 지지물로부터 다른 지지물을 거치지 아니하고 수용장소의 붙임점에 이르는 가공전선을 말한다.

(2) 가섭선(架渉線)

지지물에 가설되는 모든 선류를 말한다.

(3) 계통연계

둘 이상의 전력계통 사이를 전력이 상호 융통될 수 있도록 선로를 통하여 연결하는 것으로 전력계통 상호간을 송전선, 변압기 또는 직류-교류변환설비 등에 연결하는 것을 말한다. 계통연락이라고도 한다.

(4) 계통접지(System Earthing)

전력계통에서 돌발적으로 발생하는 이상현상에 대비하여 대지와 계통을 연결하는 것으로, 중성점을 대지에 접속하는 것을 말한다.

(5) 관등회로

방전등용 안정기 또는 방전등용 변압기로부터 방전관까지의 전로를 말한다.

(6) 기본보호(직접접촉에 대한 보호, Protection Against Direct Contact)

정상운전 시 기기의 충전부에 직접 접촉함으로써 발생할 수 있는 위험으로부터 인축을 보호하는 것을 말한다.

(7) 내부 피뢰시스템(Internal Lightning Protection System)

등전위본딩 또는 외부피뢰시스템의 전기적 절연으로 구성된 피뢰시스템의 일부를 말한다.

(8) 리플프리(Ripple-free) 직류

교류를 직류로 변환할 때 리플성분의 실효값이 10[%] 이하로 포함된 직류를 말한다.

(9) 보호도체(PE; Protective Conductor)

감전에 대한 보호 등 안전을 위해 제공되는 도체를 말한다.

(10) 보호접지(Protective Earthing)

고장 시 감전에 대한 보호를 목적으로 기기의 한 점 또는 여러 점을 접지하는 것을 말한다.

(11) 분산형 전원

중앙급전 전원과 구분되는 것으로서 전력소비지역 부근에 분산하여 배치 가능한 전원을 말한다. 상용전원의 정전 시에만 사용하는 비상용 예비전원은 제외하며, 신재생에너지를 이용하는 소규모 발전설비, 전기저장장치 등을 포함한다.

(12) 임펄스 내전압(Impulse Withstand Voltage)

지정된 조건하에서 절연파괴를 일으키지 않는 규정된 파형 및 극성의 임펄스전압의 최대 파고 값 또는 충격내전압을 말한다.

(13) 접근상태

제1차 접근상태 및 제2차 접근상태를 말한다.

① "제1차 접근상태"란 가공 전선이 다른 시설물과 접근(병행하는 경우를 포함하며 교차하는 경우 및 동일 지지물에 시설하는 경우를 제외한다.)하는 경우에 가공 전선이 다른 시설물의 위쪽 또는 옆쪽에서 수평거리로 가공 전선로의 지지물의 지표상의 높이에 상당하는 거리 안에 시설(수평 거리로 3[m] 미만인 곳에 시설되는 것을 제외한다)됨으로써 가공 전선로의 전선의 절단, 지지물의 도괴 등의 경우에 그 전선이 다른 시설물에 접촉할 우려가 있는 상태를 말한다.

② "제2차 접근상태"란 가공 전선이 다른 시설물과 접근하는 경우에 그 가공 전선이 다른 시설물의 위쪽 또는 옆쪽에서 수평 거리로 3[m] 미만인 곳에 시설되는 상태를 말한다. "접속설비"란 공용 전력계통으로부터 특정 분산형전원 전기설비에 이르기까지의 전선로와 이에 부속하는 개폐장치, 모선 및 기타 관련 설비를 말한다.

(14) 접지도체

계통, 설비 또는 기기의 한 점과 접지극 사이의 도전성 경로 또는 그 경로의 일부가 되는 도체를 말한다.

(15) 접촉범위(Arm's Reach)

사람이 통상적으로 서있거나 움직일 수 있는 바닥면상의 어떤 점에서라도 보조장치의 도움 없이 손을 뻗어서 접촉이 가능한 접근구역을 말한다.

(16) 지락전류(Earth Fault Current)

충전부에서 대지 또는 고장점(지락점)의 접지된 부분으로 흐르는 전류를 말하며, 지락에 의하여 전로의 외부로 유출되어 화재, 사람이나 동물의 감전 또는 전로나 기기의 손상 등 사고를 일으킬 우려가 있는 전류를 말한다.

(17) 특별저압(ELV; Extra Low Voltage)

인체에 위험을 초래하지 않을 정도의 저압을 말한다. 여기서 SELV(Safety Extra Low Voltage)는 비접지회로에 해당되며, PELV(Protective Extra Low Voltage)는 접지회로에 해당된다.

(18) 피뢰레벨(LPL; Lightning Protection Level)

자연적으로 발생하는 뇌방전을 초과하지 않는 최대 그리고 최소 설계 값에 대한 확률과 관련된 일련의 뇌격전류 매개변수(파라미터)로 정해지는 레벨을 말한다.

(19) 피뢰 시스템(LPS; Lightning Protection System)

구조물 뇌격으로 인한 물리적 손상을 줄이기 위해 사용되는 전체시스템을 말하며, 외부 피뢰시스템과 내부피뢰시스템으로 구성된다.

2 │ 전압

2.1 전압의 종별

전기공작물의 위험의 정도는 전원용량의 대소에도 관계되지만, 대체로 전압의 고저에 의한 것이다. 그래서 전기설비 기술기준에서는 전압을 위험의 정도에 따라서 저압·고압·특별 고압의 3종으로 분류하여 전기공작물의 시설에 대하여 그 공사방법을 구별하고, 직접적으로는 취급자에 가하여지는 전격(電擊)을 방지하며, 간접적으로는 누전이나 절연 파괴에서 생기는 화재를 방지하도록 보안상의 지침으로 하고 있다. 즉, 저압은 일반적으로 사람과 관계가 깊은 것이기 때문에 접촉시에도 안전하도록 시설하여야 하고, 고압은 취급자 외에는 접촉하지 못하도록 시설하여야하며, 특별 고압은 사람이 쉽게 접근하지 못하도록 시설하여야 한다.

① 저압 : 직류 1.5[kV] 이하, 교류 1[kV] 이하
② 고압 : 직류는 1.5[kV] 초과, 7[kV] 이하
　　　　　교류는 1[kV] 초과, 7[kV] 이하
③ 특고압 : 7[kV] 초과

2.2 옥내 전로의 대지 전압의 제한

(1) 주택의 옥내 전로(전기기계기구 내의 전로는 제외 한다)의 대지 전압은 300[V] 이하여야 하며 다음 각 호에 의하여 시설하여야 한다. 다만, 대지전압 150[V] 이하의 전로인 경우에는 다음 각 호에 의하지 아니할 수 있다(판단기준 166).

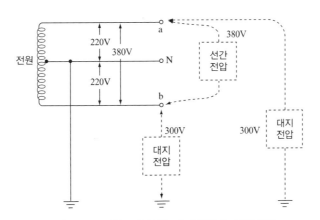

그림 2-1 단상 3선식의 대지전압과 선간전압

① 사용 전압은 400[V] 이하일 것.
② 전기기계기구 및 옥내의 전선은 사람이 쉽게 접촉할 우려가 없도록 시설할 것.
③ 주택의 전로 인입구에는 「전기용품 안전관리법」의 적용을 받는 인체감전보호용 누전차단기를 시설할 것.
④ 백열전등 또는 방전등용 안정기는 저압의 옥내배선과 직접접속하여 시설할 것.
⑤ 백열전등의 전구소켓은 키나 그 밖의 점멸기구가 없는 것일 것.

⑥ 정격 소비 전력 3[kW] 이상의 전기기계기구에 전기를 공급하기 위한 전로에는 전용의 개폐기 및 과전류 차단기를 시설할 것.

⑦ 주택의 옥내를 통과하여 그 주택 이외의 장소에 전기를 공급하기 위한 옥내배선은 사람이 접촉할 우려가 없는 은폐된 장소에 합성수지관 공사・금속관 공사 또는 케이블 공사에 의하여 시설할 것.

2.3 불평형 부하의 제한

1 저압수전의 단상 3선식

저압수전의 단상 3선식에서 중성선과 각 전압측 전선간의 부하는 평형이 되게 하는 것을 원칙으로 한다(내선규정 1410-1).

다만, 부득이한 경우에는 설비 불평형률을 40[%]까지 할 수 있다. 이 경우 **설비불평형률**이라 함은 중성선과 각 전압측 전선간에 접속되는 부하설비용량[VA]의 차와 총부하 설비용량[VA]의 평균값과의 비[%]를 말한다. 즉

$$설비불평형률 = \frac{중성선과\ 각\ 전압측선간에\ 접속되는\ 부하설비용량의\ 차}{총부하설비용량의\ 1/2} \times 100[\%] \qquad (2-1)$$

이때 계약전력 5[kW] 정도 이하의 설비에서 소수의 전열기구류를 사용할 경우 등 완전한 평형을 얻을 수 없을 경우에는 설비불평형률 40[%]를 초과할 수 있다.

예제 1

그림 2-2와 같이 단상 3선식 220/440[V] 수전으로 전열기 및 전동기 부하에 전력을 공급하고자 한다. 설비불평형률을 구하시오. (단, 전동기의 수치가 다른 것은 출력 [kW]를 입력[kVA]로 환산하였기 때문이다)

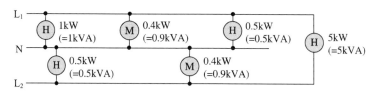

그림 2-2 단상 3선식

풀이

$$설비불평형률 = \frac{(1+0.9+0.5)-(0.5+0.9)}{(1+0.9+0.5+0.5+0.9+5)\times 1/2}\times 100$$

$$= 23[\%]$$

이 경우에는 40[%]의 한도를 초과하지 않으므로 양호한 상태이다.

---

② 저압·고압 및 특별고압수전의 3상 3선식 또는 3상 4선식

저압·고압 및 특별고압수전의 3상 3선식 또는 3상 4선식에서 불평형 부하의 한도는 단상접속부하로 계산하여 설비 불평형률을 30[%]이하로 하는 것을 원칙으로 한다. 다만, 다음 각 호의 경우에는 예외로 할 수 있다.

① 저압수전에서 전용변압기 등으로 수전하는 경우
② 고압 및 특별고압수전에서는 100[kVA](또는 kW) 이하의 단상부하인 경우
③ 고압 및 특별고압수전에서는 단상부하용량의 최대와 최소의 차가 100[kVA](또는 kW) 이하인 경우
④ 특별고압수전에서는 100[kVA](또는 kW)이하의 단상변압기 2대로 역 V결선하는 경우

이 경우의 **설비불평형률**이라 함은 각 선간에 접속되는 단상부하 총설비용량[VA]의 최대와 최소의 차와 총부하설비용량[VA]의 평균치의 비[%]를 말한다. 즉

$$설비불평형률 = \frac{각\ 선간에\ 접속되는\ 단상부하\ 총설비용량의\ 최대와\ 최소의\ 차}{총부하설비용량의\ 1/3}\times 100[\%] \qquad (2\text{-}2)$$

예제 2

그림 2-3과 같이 3상 4선식 380[V] 수전으로 전열기 및 전동기부하에 전력을 공급하고자 한다. 설비불평형률을 구하시오. (단, 전동기의 수치가 다른 것은 출력[kW]를 입력[kVA]로 환산하였기 때문이다)

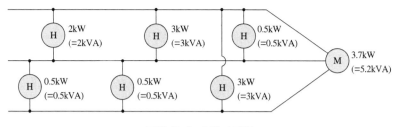

그림 2-3 3상 4선식

풀이

$$설비불평형률 = \frac{(2+3+0.5)-(0.5+0.5)}{(2+3+0.5+0.5+0.5+3+5.2)\times 1/3}\times 100$$

$$= 92[\%]$$

이 경우에는 30[%]의 한도를 초과하므로 불량한 상태이다.

③ 특별고압 및 고압수전의 대용량 단상부하

특별고압 및 고압수전에서 대용량의 단상 전기로 등의 사용에서 위의 제한에 따르기가 어려울 경우에는 전기사업자와 협의하여 다음 각 호에 의하여 시설하는 것을 원칙으로 한다.

① 단상부하 1개의 경우에는 **2차 역 V접속**에 의하여야 한다.
  다만, 300[kVA]를 초과하지 말 것
② 단상부하 2개의 경우에는 **스코트(Scott)접속**에 의할 것. 다만, 1개의 용량이 200[kVA] 이하인 경우에는 부득이한 경우에 한하여 보통의 변압기 2대를 사용하여 별개의 선간에 부하를 접속할 수 있다.
③ 단상부하 3개 이상인 경우에는 가급적 선로전류가 평형이 되도록 각 선간에 부하를 접속할 것

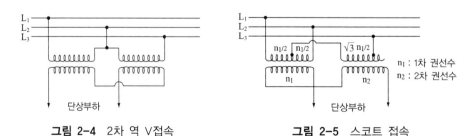

그림 2-4 2차 역 V접속   **그림 2-5** 스코트 접속

2.4 전압강하

선로에 부하전류가 흐르면 전압강하가 일어난다. 이 전압강하는 직류회로에서는 저항에 의해서 일어나지만, 교류회로에서는 저항 이외에 리액턴스(reactance)에 의해서도 전압강하가 일어나므로 저항뿐만 아니라 리액턴스도 고려하여야 한다.

1 허용 전압강하

1. 저압배선 중의 전압강하는 간선 및 분기회로에서 각각 표준전압의 2[%] 이하로 하는 것을 원칙으로 한다. 다만, 전기 사용 장소 안에 시설한 변압기에 의하여 공급되는 경우, 간선의 전압강하는 3[%] 이하로 할 수 있다(내선규정 1415-1).

[주] 1. 인입선 접속점에서 인입구까지의 부분도 간선에 포함하여 계산한다.
    2. 사용장소 안에 시설한 변압기에서 공급하는 경우에는 그 변압기의 2차측 단자에서 주배전반까지의 부분도 간선에 포함한다.
    3. 사용부하 중 허용전압강하가 적은 것을 필요로 하는 경우에는 부하의 요구조건에 따라야 한다.
    4. 배선방식, 부하전류 및 전선의 굵기에 의한 전압강하의 값을 표 2-4, 표 2-5 및 전압강하 계산식을 참조할 것.

> **참고**
> • **간선(幹線)** : 인입구에서 분기과전류 차단기에 이르는 배선으로서 분기회로의 분기점에서 전원측의 부분을 말한다.
> • **분기회로(分岐回路)** : 간선에서 분기하여 분기과전류 차단기를 거쳐서 부하에 이르는 사이의 배선을 말한다.

2. 공급변압기의 2차측 단자(전기사업자로부터 전기의 공급을 받고 있는 경우에는 인입선 접속점)에서 최원단의 부하에 이르는 전선의 길이가 60[m]를 초과할 경우의 전압강하는 전항에 관계없이 부하전류로 계산하며, 표 2-1과 같이 전선길이에 따라 전압강하를 정할 수 있다.

표 2-1 전선길이 60[m]를 초과하는 경우의 전압강하

공급변압기의 2차측 단자 또는 인입선 접속점에서 최원단의 부하에 이르는 사이의 전선길이 [m]	전압 강하 [%]	
	사용장소 안에 시설한 전용변압기에서 공급하는 경우	전기사업자로부터 저압으로 전기를 공급받는 경우
120 이하	5 이하	4 이하
200 이하	6 이하	5 이하
200 초과	7 이하	6 이하

② 전압강하율

전압강하와 송전단 전압의 비를 백분율로 표시한 것을 **전압강하율**(電壓降下率)이라고 부르며, 옥내 배선에서는 다음 식으로 표시한다.

$$\epsilon = \frac{V_S - V_R}{V_R} \times 100 [\%] \qquad (2\text{-}3)$$

단, ϵ : 전압강하율 [%],　V_S : 송전단 전압 [V],　V_R : 수전단 전압 [V]

예제 3

송전단 전압이 3300[V]인 변전소로부터 6[km] 떨어진 곳까지 지중으로 역률 0.9(지상) 600[kW]의 3상 동력 부하에 전력을 공급할 때, 케이블의 허용전류(또는 안전전류) 범위 내에서 전압강하가 10[%]를 초과하지 않는 케이블을 다음 표에서 선정하시오.

단, 도체(동선)의 고유저항은 1/55[Ω·mm²/m]로 하고 케이블의 정전용량 및 리액턴스 등은 무시한다.

심선의 굵기와 허용전류

심선의 굵기 [mm²]	38	60	100	150	200
허용전류 [A]	175	230	300	410	465

풀이　전압강하율 $\epsilon = \dfrac{V_s - V_r}{V_r} \times 100$에서

$$V_r = \frac{V_s}{1 + \dfrac{\epsilon}{100}} = \frac{3300}{1 + \dfrac{10}{100}} = 3,000\,[\mathrm{V}]$$

부하 전류 $I = \dfrac{P}{\sqrt{3}\ V_r \cos\theta} = \dfrac{600,000}{\sqrt{3} \times 3,000 \times 0.9} = 128.3\,[\mathrm{A}]$

전압강하 $e = V_s - V_r = 3,300 - 3,000 = 300\ [\mathrm{V}]$

$e = \sqrt{3}\,IR\cos\theta$ 에서

$$R = \frac{e}{\sqrt{3}\,I\cos\theta} = \frac{300}{\sqrt{3} \times 128.3 \times 0.9} = 1.5\,[\Omega]$$

$R = \rho \times \dfrac{l}{A}$ 에서

$$A = \frac{\rho \times l}{R} = \frac{\dfrac{1}{55} \times 6,000}{1.5} = 72.73\,[\mathrm{mm}^2]$$

따라서 $72.73[\mathrm{mm}^2]$ 이상의 심선의 굵기를 갖는 케이블은 표에서 $100[\mathrm{mm}^2]$이다.

③ 전압강하 계산식

(1) 단거리 선로인 경우

옥내배선에서 전선의 길이가 짧은 단거리 선로이고 그림 2-6과 같이 선로정수가 집중 임피던스로 되어 있다고 보면, 역률각은 그림 2-7과 같이 $\phi_s \approx \phi_r$가 되고 전선 1가닥의 전압강하 e는 다음 식과 같다.

$$e = E_s - E_r = I(R\cos\phi_r + X\sin\phi_r)\ [\mathrm{V}] \tag{2-4}$$

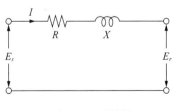

그림 2-6 기본회로

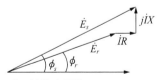

ϕ_r : 부하의 역률
ϕ_s : 송전단에서 본 총합 역률

그림 2-7 벡터도

단, E_s : 송전단 전압 [V],　　　E_r : 수전단 전압 [V]

　　R : 전선 1가닥의 저항 [Ω],　X : 전선 1가닥의 리액턴스 [Ω]

　　I : 선전류 [A]

옥내배선에서 전선의 길이가 짧은 경우에는 표피효과, 근접효과 및 리액턴스분을 무시해도 지장이 없을 때 저항(R)이 리액턴스(X)보다 대단히 크다고($R \gg X$) 할 수 있으므로 리액턴스(X)는 무시할 수 있다. 즉, 역률 = 1이 된다. 따라서 전선의 도전율 $c = 97$[%]를 적용하면 위의 식은 다음과 같이 된다.

$$
\begin{aligned}
e &= RI = \rho \frac{L}{A} \times I = \frac{1}{58} \times \frac{100}{c} \times \frac{LI}{A} \\
&= \frac{1}{58} \times \frac{100}{97} \times \frac{LI}{A} = 0.0178 \times \frac{LI}{A} \\
&= \frac{17.8}{1000} \frac{LI}{A} [\text{V}]
\end{aligned}
$$

(2-5)

> **참고**
> - **표피효과** : 고주파 전류가 도체에 흐를 때에, 전류가 도체 표면 가까이에 집중하여 흐르는 현상.
> - **근접효과** : 도체가 가까이 배치되어 있을 때, 각 도체에 흐르는 전류의 크기나 방향이 변하거나 주파수에 의해 각 도체의 단면에 흐르는 전류의 밀도 분포 상태가 변화하는 현상.

예제 4

단상 2선식 교류 배전선에서 전선 1조의 저항은 0.15[Ω], 리액턴스는 0.25[Ω]이다. 부하가 100[V], 3[kW], 역률 1.0일 때 공급점의 전압은 얼마인가?

풀이　식 (2-4)에 의하여

$$
\begin{aligned}
E_s &= E_r + 2I(R\cos\theta + X\sin\theta) \\
&= 100 + 2 \times \frac{3000}{100} \times (0.15 \times 1 + 0.25 \times 0) \\
&= 109[\text{V}]
\end{aligned}
$$

① 단상 2선식

단상 2선식의 경우 표준연동의 고유저항(ρ)은 상온(20℃)에서 $1/58[\Omega \cdot \text{mm}^2/\text{m}]$, 동선의 도전율은 $c = 97[\%]$이므로 전압강하는 다음과 같다.

$$e = 2 \times RI = 2 \times \frac{1}{58} \times \frac{100}{97} \times \frac{LI}{A}$$

$$= \frac{35.6\,LI}{1000\,A}[\text{V}] \tag{2-6}$$

② 3상 3선식

3상 3선식의 경우 각 상의 부하는 평형이라고 하면, 전압강하는 다음과 같이 나타낸다.

$$e = \sqrt{3} \times RI = \sqrt{3} \times \frac{1}{58} \times \frac{100}{97} \times \frac{LI}{A} = \frac{30.8\,LI}{1000\,A}[\text{V}] \tag{2-7}$$

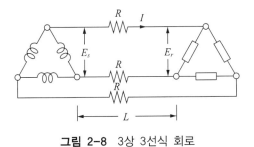

그림 2-8 3상 3선식 회로

③ 단상 3선식, 3상 4선식

그림 2-9와 같이 부하가 평형되어 중성선에는 전류가 흐르지 않는다고 가정하여 계산하면 다음과 같다.

$$e' = RI = \frac{1}{58} \times \frac{100}{97} \times \frac{LI}{A} = \frac{17.8\,LI}{1000\,A}[\text{V}] \tag{2-8}$$

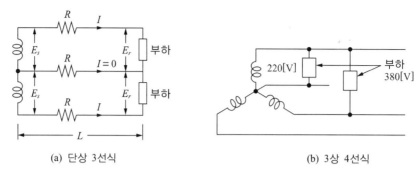

(a) 단상 3선식   (b) 3상 4선식

그림 2-9 단상 3선식 및 3상 4선식 회로

위의 식에서 전압강하 e'는 중성선과 외측선 또는 각 상의 1선과의 전압강하이며, 지금까지의 옥내배선에서의 전압강하 및 전선 단면적을 구하는 식을 하나의 표로 나타내면 표 2-2와 같다.

표 2-2 배선방식에 따른 전압강하 및 전선 단면적

배선방식	전압강하[V]	전선 단면적[mm²]	대상 전압강하
단상 2선	$e = \dfrac{35.6\,LI}{1000\,A}$	$A = \dfrac{35.6\,LI}{1000\,e}$	선간
3상 3선	$e = \dfrac{30.8\,LI}{1000\,A}$	$A = \dfrac{30.8\,LI}{1000\,e}$	선간
단상 3선 3상 4선	$e = \dfrac{17.8\,LI}{1000\,A}$	$A = \dfrac{17.8\,LI}{1000\,e}$	대지간

[비고] e : 전압강하 [V] L : 선로 길이 [km]

        A : 사용전선의 단면적 [mm²] I : 부하전류 [A]

[주] 이 표의 각 공식은 각 상이 평형한 경우에 전선의 도전율은 97[%], 저항률은 1/58을 적용한 것이다.

예제 5

3ϕ 3W식 200[V]회로에서 400[A]의 부하를 전선길이 100[m]인 곳에서 사용할 경우의 전압강하는 몇 [V]인가? (단, 사용전선의 단면적은 300[mm²]임)

풀이
$$e = \frac{30.8\,LI}{1,000\,A} = \frac{30.8 \times 100 \times 400}{1,000 \times 300} = 4.107\,[\text{V}]$$

---

(2) 장거리 선로인 경우

집합 주택의 간선 등에서 전선의 길이가 길고 대 전류인 경우에 전압강하는 다음 계산식으로 계산하는 것이 바람직하다.

$$e = K_w (R \cos \theta + X \sin \theta) \times L I \ \ [\text{V}]$$

$$(2-9)$$

단, e : 전압강하 [V] K_w : 배선방식의 계수(표 2-3)

    R : 전선 1 km당의 저항 [Ω/km] X : 전선 1 km당의 리액턴스 [Ω/km]

    L : 선로 길이 [km] I : 부하전류 [A]

    θ : 부하측 역률각

표 2-3 배선방식에 따른 계수(K_w)

배선방식	K_w	대상
단상 2선	2	선간
3상 3선	$\sqrt{3}$	선간
단상 3선, 3상 4선	1	대지간

위의 전압강하 계산식은 연동선을 기준으로 계산한 것이며, 다른 도체 사용 시 도체의 종류에 따라 식의 적용계수가 달라질 수 있고 절연재료에 따라서 또한 계수가 증감할 수 있다.

예제 6

다음 그림에서 3상 3선식 배전선로의 전압강하를 구하시오. (단, 1선 1[km]당 저항은 0.5[Ω], 리액턴스는 0.4[Ω]이라 한다).

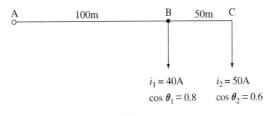

그림 2-10

풀이   AB간의 전압강하 e_1은 식 (2-9)로부터

$$e_1 = \sqrt{3}\,(0.5 \times 0.8 + 0.4 \times 0.6) \times 0.1 \times 40$$
$$+ \sqrt{3}\,(0.5 \times 0.6 + 0.4 \times 0.8) \times 0.1 \times 50$$
$$= 9.79\,[\mathrm{V}]$$

BC간의 전압강하 e_2는

$$e_2 = \sqrt{3}\,(0.5 \times 0.6 + 0.4 \times 0.8) \times 0.05 \times 50 = 2.68\,[\mathrm{V}]$$

$$\therefore\, e = e_1 + e_2 = 9.79 + 2.68 = 12.47\,[\mathrm{V}]$$

4 전선 최대길이와 전선단면적

전선의 최대길이는 전선에 흘릴 수 있는 정격전류를 구하고, 표 2-2에서 표시하는 배선방식의 종류에 따라 계산식을 이용하면 전선의 굵기 및 최대길이를 계산할 수 있다. 그러나 설계과정에서는 보통 표 2-4, 표 2-5를 이용하는 경우가 많다.

이 표는 전압강하를 배선방식에 따라 1[V]를 기준으로 계산하여 작성하였으며, 공사방법에 따라 산정하지 않고 단지 도체의 전압강하만을 고려하여 전선의 최대길이를 산정하였으므로, 반드시 전선의 허용전류를 고려하여 전선의 굵기를 선정한 후에 전선의 최대길이를 산정하여야 한다. 즉, 전선의 굵기 및 전선의 최대길이를 산정할 때에는 전선의 허용전류와 허용전압강하를 모두 만족하여야 한다는 것이다.

(1) 단상 2선식(전압강하 2.2V) (동선)

① 단상 220 V 배선인 경우

표 2-4 전선 최대길이(1)

전류 [A]	전선의 굵기 [mm²]												
	2.5	4	6	10	16	25	35	50	95	150	185	240	300
	전선 최대길이 [m]												
1	154	247	371	618	989	1545	2163	3090	5871	9270	11433	14831	18539
2	77	124	185	309	494	772	1081	1545	2935	4635	5716	7416	9270
3	51	82	124	206	330	515	721	1030	1957	3090	3811	4944	6180
4	39	62	93	154	247	386	541	772	1468	2317	2858	3708	4635
5	31	49	74	124	198	309	433	618	1174	1854	2287	2966	3708
6	26	41	62	103	165	257	360	515	978	1545	1905	2472	3090
7	22	35	53	88	141	221	309	441	839	1324	1633	2119	2648
8	19	31	46	77	124	193	270	386	734	1159	1429	1854	2317
9	17	27	41	69	110	172	240	343	652	1030	1270	1648	2060
12	13	21	31	51	82	129	180	257	489	772	953	1236	1545
14	11	18	26	44	71	110	154	221	419	662	817	1059	1324
15	10	16	25	41	66	103	144	206	391	618	762	989	1236
16	9.7	15	23	39	62	97	135	193	367	579	715	927	1159
18	8.6	14	21	34	55	86	120	172	326	515	635	824	1030
25	6.2	10	15	25	40	62	87	124	235	371	457	593	742
35	4.4	7.1	11	18	28	44	62	88	168	265	327	424	530
45	3.4	5.5	8.2	14	22	34	48	69	130	187	254	330	412

[비고] 1. 전압강하가 2 % 또는 3 %의 경우, 전선길이는 각각 이 표의 2배 또는 3배가 된다. 다른 경우에도 이 예에 따른다.
2. 전류가 20[A] 또는 200[A]인 경우의, 전선길이는 각각 이 표의 2[A]인 경우의 1/10 또는 1/100이 된다. 다른 경우도 이 예에 따른다.
3. 이 표는 역률 1로 하여 계산한 것이다.

표 2-4 「전선 최대길이」표로부터 전선의 굵기를 구하려면 다음과 같은 환산식을 이용한다.

$$\text{표 2-4의 전선 최대길이} = \frac{\text{배선설계의 거리}[\text{m}] \times \dfrac{\text{부하의 최대사용 전류}[\text{A}]}{\text{표의 전류}[\text{A}]}}{\dfrac{\text{배선설계의 전압강하}[\text{V}]}{\text{표의 전압강하 } 1[\text{V}]}}$$

(2−10)

(2) 3상 4선식(전압강하 3.8V)(동선)

표 2-5 전선 최대길이(2)

① 3상 380 V 배선인 경우

전류 [A]	전선의 굵기 [mm^2]												
	2.5	4	6	10	16	25	35	50	95	150	185	240	300
	전선 최대길이 [m]												
1	534	854	1281	2135	3416	5337	7472	10674	20281	32022	39494	51236	64045
2	267	427	640	1067	1708	2669	3736	5337	10140	16011	19747	25618	32022
3	178	285	427	712	1139	1779	2491	3558	6760	10674	13165	17079	21348
4	133	213	320	534	854	1334	1868	2669	5070	8006	9874	12809	16011
5	107	171	256	427	683	1067	1494	2135	4056	6404	7899	10247	12809
6	89	142	213	356	569	890	1245	1779	3380	5337	6582	8539	10674
7	76	122	183	305	488	762	1067	1525	2897	4575	5642	7319	9149
8	67	107	160	267	427	667	934	1334	2535	4003	4937	6404	8006
9	59	95	142	237	380	593	830	1186	2253	3558	4388	5693	7116
12	44	71	107	178	285	445	623	890	1690	2669	3291	4270	5337
14	38	61	91	152	244	381	534	762	1449	2287	2821	3660	4575
15	36	57	85	142	228	356	498	712	1352	2135	2633	3416	4270
16	33	53	80	133	213	334	467	667	1268	2001	2468	3202	4003
18	30	47	71	119	190	297	415	593	1127	1779	2194	2846	3558
25	21	34	51	85	137	213	299	427	811	1281	1580	2049	2562
35	15	24	37	61	98	152	213	305	579	915	1128	1464	1830
45	12	19	28	47	76	119	166	237	451	712	878	1139	1423

[비고] 1. 전압강하가 2% 또는 3%의 경우, 전선길이는 각각 이 표의 2배 또는 3배가 된다. 다른 경우에도 이 예에 따른다.
2. 전류가 20[A] 또는 200[A]인 경우의, 전선길이는 각각 이 표 전류 2[A] 경우의 1/10 또는 1/100이 된다. 다른 경우에도 이 예에 따른다.
3. 이 표는 평형부하의 경우에 대한 것이다.
4. 이 표는 역률 1로 하여 계산한 것이다.

② 3상 380 V 유도전동기 1대인 경우

정격 출력 [kW]	전부하 전류 [A]	전선의 굵기 [mm²]												
		2.5	4	6	10	16	25	35	50	95	150	185	240	300
		전선 최대길이 [m]												
0.2	0.95	562	899	1348	2247	3596	5618	7865	11236	21348	33708	41573	53933	67416
0.4	1.68	318	508	762	1271	2033	3177	4448	6354	12072	19061	23509	30498	38122
0.75	2.53	211	338	506	844	1350	2110	2953	4219	8016	12657	15610	20251	25314
1.5	4.21	127	203	304	507	811	1268	1775	2535	4817	7606	9381	12170	15213
2.2	5.84	91	146	219	366	585	914	1279	1828	3473	5483	6763	8773	10967
3.7	9.16	58	93	140	233	373	583	816	1165	2214	3496	4312	5593	6992
5.5	13.68	39	62	94	156	250	390	546	780	1483	2341	2887	3745	4682
7.5	17.89	30	48	72	119	191	298	418	597	1134	1790	2208	2864	3580
11	25.26	21	34	51	85	135	211	296	423	803	1268	1564	2028	2535
15	34.21	16	25	37	62	100	156	218	312	593	936	1154	1498	1872
18.5	41.58	13	21	31	51	82	128	180	257	488	770	950	1232	1540
22	48.95	11	17	26	44	70	109	153	218	414	654	807	1047	1308
30	65.26	8.2	13	20	33	52	82	114	164	311	491	605	785	981
37	80	6.7	11	16	27	43	67	93	133	254	400	494	640	801
45	100	5.3	8.5	13	21	34	53	75	107	203	320	395	512	640
55	121	4.4	7.1	11	18	28	44	62	88	168	265	326	423	529
75	163	3.3	5.2	7.9	13	21	33	46	65	124	196	242	314	393

[비고] 1. 전압강하가 2% 또는 3%의 경우, 전선길이는 각각 이 표의 2배 또는 3배가 된다. 다른 경우에도 이 예에 따른다.
2. 전류가 9.5[A] 또는 95[A] 경우의 전선길이는 각각 이 표의 전류 0.95[A] 경우의 1/10 또는 1/100이 된다. 다른 경우에도 이 예에 따른다.
3. 이 표는 평형부하의 경우에 대한 것이다.
4. 이 표는 역률 1로 하여 계산한 것이다.

　표 2-5의 「전선 최대길이」표로부터 전선의 굵기를 구할 때는 설계하는 전선의 길이를 표 2-5의 「전선 최대길이」로 환산하여야 하며, 다음 환산식을 이용한다.

$$\text{표 2-5의 전선 최대길이} = \frac{\text{배선설계의 거리}[m] \times \dfrac{\text{부하의 최대사용 전류}[A]}{\text{표의 전류}[A]}}{\dfrac{\text{배선설계의 전압강하}[V]}{\text{표의 전압강하 2}[V]}}$$

(2-11)

전선의 굵기를 결정하기 전에 전선의 허용전류표를 이용하여 반드시 허용전류를 검토하여야 한다. 다만, 이 표로 전선의 굵기를 구하였을 때는 전선의 전압강하는 고려되었으나 전선의 허용전류는 고려되지 않았으므로, 구한 전선의 굵기에 대해서 표 2-7부터 표 2-9 등을 이용하여 최대사용전류 이상인 허용전류를 가지는가를 반드시 검토하여야 한다.

[주] 표 2-4와 표 2-5는 직류저항만을 고려한 경우이고, 교류배선에서 리액턴스나 역률을 고려하여야 할 때는 표 2-6의 「교류회로 전압강하계수」 K를 표 2-4와 표 2-5로 산출한 전압강하값에 곱해 주어야 한다. 표 2-6의 K의 값은 전원주파수, 배선 상호간의 간격, 전선의 굵기와 관련이 있고, 어느 것이나 커지면 K의 값도 커지는 경향이 있으므로 이 계수의 영향을 고려할 필요가 있다.

표 2-6 교류회로 전압강하 계수(K)

전선굵기 \ 역률	금속관 배관			전선 중심간 6[cm]			전선 중심간 15[cm]			전선 중심간 30[cm]		
	0.9	0.8	0.7	0.9	0.8	0.7	0.9	0.8	0.7	0.9	0.8	0.7
500[mm²]	2.11	2.46	2.67									
400 "	1.91	2.19	2.35	2.30	2.73	2.99						
325 "	1.72	1.95	2.05	2.09	2.45	2.65						
250 "	1.55	1.70	1.77	1.89	2.16	2.31	2.31	2.75	3.01			
200 "	1.41	1.50	1.53	1.71	1.92	2.02	2.04	2.36	2.56	2.29	2.70	2.96
150 "	1.30	1.35	1.36	1.57	1.68	1.79	1.83	2.07	2.21	2.02	2.34	2.53
125 "	1.23	1.25	1.24	1.47	1.59	1.62	1.68	1.87	1.97	1.83	2.09	2.23
100 "	1.18	1.18	1.14	1.40	1.48	1.52	1.55	1.69	1.96	1.68	1.86	1.97
80 "	1.11	1.10	1.05	1.29	1.34	1.34	1.42	1.52	1.56	1.52	1.66	1.72
60 "	1.07	1.03	0.97	1.21	1.23	1.21	1.31	1.36	1.37	1.38	1.46	1.49
50 "	1.04	0.99	0.95	1.16	1.16	1.13	1.24	1.27	1.26	1.30	1.36	1.36
38 "	1.01	0.95	0.87	1.11	1.09	1.04	1.17	1.17	1.14	1.22	1.24	1.22
30 "	0.98	0.91	0.84	1.07	1.03	0.98	1.12	1.10	1.09	1.16	1.15	1.05
22 "	0.96	0.89	0.81	1.03	0.98	0.92	1.07	1.04	0.98	1.10	1.07	1.02

표 2-7 공사방법의 허용전류 [A]

PVC 절연, 2개 부하전선, 동 또는 알루미늄
전선온도: 70 °C, 주위온도: 기중 30° C, 지중 20° C

전선의 공칭단면적 [mm²]	공사방법						
	A1	A2	B1	B2	C	D1	D2
1	2	3	4	5	6	7	8
동							
1.5	14.5	14	17.5	16.5	19.5	22	22
2.5	19.5	18.5	24	23	27	28	29
4	26	25	32	30	36	37	38
6	34	32	41	38	46	46	48
10	46	43	57	52	63	60	64
16	61	57	76	69	85	78	83
25	80	75	101	90	112	99	110
35	99	92	125	111	138	119	132
50	119	110	151	133	168	140	156
70	151	139	192	168	213	173	192
95	182	167	232	201	258	204	230
120	210	192	269	232	299	231	261
150	240	219	300	258	344	261	293
185	273	248	341	294	392	292	331
240	321	291	400	344	461	336	382
300	367	334	458	394	379	379	427
알루미늄							
2.5	15	14.5	18.5	17.5	21	22	
4	20	19.5	25	24	28	29	
6	26	25	32	30	36	36	
10	36	33	44	41	49	47	
16	48	44	60	54	66	61	63
25	63	58	79	71	83	77	82
35	77	71	97	86	103	93	98
50	93	86	118	104	125	109	117
70	118	108	150	131	160	135	145
95	142	130	181	157	195	159	173
120	164	150	210	181	226	180	200
150	189	172	234	201	261	204	224
185	215	195	266	230	298	228	255
240	252	229	312	269	352	262	298
300	289	263	358	308	406	296	336

[비고] 3, 5, 6, 7, 8의 경우 면적이 16[mm²] 이하인 것은 원형전선으로 간주한다. 단면적이 이를 초과할 경우 성형전선에 대한 값으로, 이것은 원형전선에 대해 안전하게 사용할 수 있다.

표 2-8 공사방법의 허용전류 [A]

XLPE 또는 EPR 절연, 2개 부하전선, 동 또는 알루미늄
전선온도: 90 °C, 주위온도: 기중 30 °C, 지중 20 °C

전선의 공칭단면적 [mm²]	공사방법						
	A1	A2	B1	B2	C	D1	D2
1	2	3	4	5	6	7	8
동							
1.5	19	18.5	23	22	24	25	27
2.5	26	25	31	30	33	33	35
4	36	33	42	40	45	43	46
6	45	42	54	51	58	53	58
10	61	57	75	69	80	71	77
16	81	76	100	91	107	91	100
25	106	99	133	119	138	116	129
35	131	121	164	146	171	139	155
50	158	145	198	175	209	164	183
70	200	183	253	221	269	203	225
95	241	220	306	265	328	239	270
120	278	253	354	305	382	271	306
150	318	290	393	334	441	306	343
185	362	329	449	384	506	343	387
240	424	386	528	459	599	395	448
300	486	442	603	532	693	446	502
알루미늄							
2.5	20	19.5	25	23	26	26	
4	27	26	33	31	35	33	
6	35	33	43	40	45	42	
10	48	45	59	54	62	55	
16	64	60	79	72	84	71	76
25	84	78	105	94	101	90	98
35	403	96	130	115	126	108	117
50	125	115	157	138	154	128	139
70	158	145	200	175	198	158	170
95	191	175	242	210	241	186	204
120	220	201	281	242	280	211	233
150	253	230	307	261	324	238	261
185	288	262	351	300	371	267	296
240	338	307	412	358	439	307	343
300	387	352	471	415	508	346	386

[비고] 3, 5, 6, 7, 8의 경우 면적이 16[mm²] 이하인 것은 원형전선으로 간주한다. 단면적이 이를 초과할 경우 성형전선에 대한 값으로, 이것은 원형전선에 대해 안전하게 사용할 수 있다.

표 2-9 공사방법의 허용전류 [A]

PVC 절연, 3개 부하전선, 동 또는 알루미늄
전선온도: 70 °C, 주위온도: 기중 30 °C, 지중 20 °C

전선의 공칭단면적 [mm²]	공사방법						
	A1	A2	B1	B2	C	D1	D2
1	2	3	4	5	6	7	8
동							
1.5	13.5	13	15.5	15	17.5	18	19
2.5	18	17.5	21	20	24	24	24
4	24	23	28	27	32	30	33
6	31	29	36	34	41	38	41
10	42	39	50	46	57	50	54
16	56	52	68	62	76	64	70
25	73	68	89	80	96	82	92
35	89	83	110	99	119	98	110
50	108	99	134	118	144	116	130
70	136	125	171	149	184	143	162
95	164	150	207	179	223	169	193
120	188	172	239	206	259	192	220
150	216	196	262	225	299	217	246
185	245	223	296	255	341	243	278
240	286	261	346	297	403	280	320
300	328	298	394	339	464	316	359
알루미늄							
2.5	14	13.5	16.5	15.5	18.5	18.5	
4	18.5	17.5	22	21	25	24	
6	24	23	28	27	32	30	
10	32	31	39	36	44	39	
16	43	41	53	48	59	50	53
25	57	53	70	62	73	64	69
35	70	65	86	77	90	77	83
50	84	78	104	92	110	91	99
70	107	98	133	116	140	112	122
95	129	118	161	139	170	132	148
120	149	135	186	160	197	150	169
150	170	155	204	176	227	169	189
185	194	176	230	199	259	190	214
240	227	207	269	232	305	218	250
300	261	237	306	265	351	247	282

[비고] 3, 5, 6, 7, 8의 경우 면적이 16[mm²] 이하인 것은 원형전선으로 간주한다. 단면적이 이를 초과할 경우 성형전선에 대한 값으로, 이것은 원형전선에 대해 안전하게 사용할 수 있다.

그림 2-11과 같은 단상 2선식 회로의 전선의 굵기를 구하시오. 다만, 배선설계의
길이는 40[m], 부하의 최대사용전류는 150[A], 배선설계의 전압강하는 4[V]로
한다.

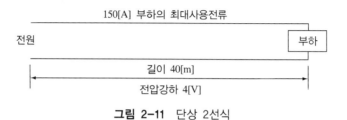

150[A] 부하의 최대사용전류

전원   부하

길이 40[m]

전압강하 4[V]

그림 2-11 단상 2선식

풀이 우선 표 2-4의 15[A] 전류를 이용해서 구한다면 40[m]의 길이를 표 2-4의
「전선최대길이」로 환산하여야 한다.

$$\dfrac{40[\text{m}] \times \dfrac{150[\text{A}]}{15[\text{A}]}}{\dfrac{4[\text{V}]}{1[\text{V}]}} = 100[\text{m}]$$

표 2-4의 15[A]의 수평 난에서 100[m]보다는 크면서 이에 가장 가까운 숫자를
찾으면 110[m]가 나온다. 이 110[m]에서 수직으로 올라가면 60[mm²]가 나온
다. 따라서 구하고자 하는 전선의 굵기는 60[mm²]이다.

그림 2-12와 같은 3상 3선식 회로의 전선의 굵기를 구하시오. 다만, 배선설계의
길이는 45[m], 부하의 최대사용전류는 300[A], 배선설계의 전압강하는 6[V]로
한다. 단, 배선은 금속관 공사로 한다.

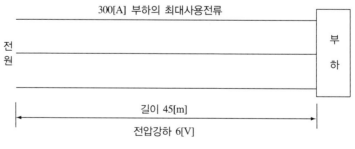

300[A] 부하의 최대사용전류

전원   부하

길이 45[m]

전압강하 6[V]

그림 2-12 3상 3선식

풀이 표 2-5에서 3[A]의 곳을 이용한다면, 길이 45[m]를 표 2-5의 「전선 최대길이」
로 환산하여야 한다.

$$\frac{45[\text{m}] \times \dfrac{300[\text{A}]}{3[\text{A}]}}{\dfrac{6[\text{V}]}{2[\text{V}]}} = 1500[\text{m}]$$

표 2-5에서 3[A]의 수평 난에서 1500[m]에 가장 가까우면서 이보다 큰 숫자를
찾으면 2056[m]이다. 이 2056[m]에서 수직으로 올라가면 50[mm²]가 나온다.
그러나 표 2-9에서 공사방법이 B1일 때 25[mm²]의 허용전류는 134[A] 밖에
되지 않으므로 부적합하다. 따라서 300[A] 이상의 허용전류를 갖는 전선은
240[mm²]이다. (허용전류 346[A])가 된다.

3 │ 전선

3.1 전선의 선정 및 식별

■ 전선 일반 요구사항 및 선정

1. 전선은 통상 사용 상태에서의 온도에 견디는 것이어야 한다.
2. 전선은 설치장소의 환경조건에 적절하고 발생할 수 있는 전기·기계적 응력에 견디는
   능력이 있는 것을 선정하여야 한다.
3. 전선은 「전기용품 및 생활용품 안전관리법」의 적용을 받는 것 이외에는 한국산업표준
   (KS)에 적합한 것을 사용하여야 한다.

■ 전선의 식별

1. 전선의 색상은 표 2-10에 따른다.(KEC 121.2)

표 2-10 전선 식별

상(문자)	색상
L_1	갈색
L_2	흑색
L_3	회색
N	청색
보호도체	녹색–노란색

2. 색상 식별이 종단 및 연결 지점에서만 이루어지는 나도체 등은 전선 종단부에 색상이 반영구적으로 유지될 수 있는 도색, 밴드, 색 테이프 등의 방법으로 표시하여야 한다.
3. 전항을 제외한 전선의 식별은 KS C IEC 60445에 적합하여야 한다.

3.2 전선의 종류

전선의 종류에는 절연전선, 코드, 캡타이어 케이블, 고압 케이블, 저압 케이블 및 나전선 등이 있다. 도체로서는 동(연동 및 경동), 알루미늄합금, 동합금 등이 사용된다. 절연체나 보호피복 재료로서는 천연고무, 합성고무, 합성수지 등이 사용되고 있으나, 근래에는 합성수지의 발달로 거의 합성수지가 사용되고 있다.

전선의 일반요건은 통상 사용상태에서의 온도에 견디는 것이어야 하고, 설치장소의 환경조건에 적절하고 발생할 수 있는 전기·기계적 응력에 견디는 능력이 있는 것을 선정하여야 한다(판단기준 3).

1 절연전선

절연전선(節煙電線)은 다음의 것을 사용하여야 한다.(판단기준 4)

① 옥외용 비닐 절연전선(OW전선)
② 인입용 비닐 절연전선(DV전선)
③ 450/750[V] 염화 비닐 절연전선
④ 450/750[V] 고무절연전선
⑤ 450/750[V] 저독성 난연 폴리올레핀 절연전선

⑥ 450/750[V] 저독성 난연 가교 폴리올레핀 절연전선

⑦ 1,000[V] 형광방전등용 전선

⑧ 네온관용 전선

⑨ 6/10[kV] 고압인하용 가교 폴리올레핀 절연전선

⑩ 6/10[kV] 고압인하용 가교 EP 고무절연전선

⑪ 고압 절연전선

⑫ 특고압 절연전선(공칭전압 22,900[V]이하)

표 2-11 중요 전선의 약호(발췌)

ABC 순	약 호	전선의 명칭
A	A-AL	연알루미늄선
	ACSR	강심 알루미늄 연선
C	CA	강복 알루미늄선
	CV	가교 폴리에틸렌절연 비닐시스 케이블
	CVV	0.6/1[kV] 비닐절연 비닐시스 제어 케이블
D	DV	인입용 비닐절연 전선
F	FL	형광방전등용 비닐전선
H	H	경동선
	H-AL	경알루미늄선
	HIV	내열용 비닐절연 전선
I	IV	600[V] 비닐절연 전선
M	MI	미네랄 인슈레이션 케이블
N	NF	450/750[V] 일반용 유연성 단심 비닐절연 전선
	NR	450/750[V] 일반용 단심 비닐절연 전선
	NV	비닐절연 네온 전선
O	OW	옥외용 비닐 절연전선
P	PV	0.6/1[kV] EP 고무절연 비닐시스 케이블
V	VCT	0.6/1[kV] 비닐절연 비닐캡타이어 케이블
	VV	0.6/1[kV] 비닐절연 비닐시스 케이블
	VVF	비닐절연 비닐외장 평형 케이블
	VVR	비닐절연 비닐외장 원형 케이블

대표적인 절연전선의 종류 및 용도를 들면 표 2-12와 같다.

표 2-12 절연전선의 종류와 주요용도

명 칭	약 칭	주요 용도
옥외용 비닐 절연전선	OW 전선 (out-door weather proop poly-vinyl chloride insulated wire)	저압 가공 배전선로에서 사용한다.
인입용 비닐 절연전선	DV 전선 (poly-vinyl chloride insulated drop wire)	저압의 가공 인입선에 사용한다.
600[V] 비닐 절연전선	IV 전선 (indoor poly-vinyl chloride insulated wire)	600[V]이하의 옥내배선에 널리 사용한다.
600[V] 내열 비닐 절연전선	HIV 전선 (heat resistance indoor poly-vinyl chloride insulated wire)	600[V] 옥내배선 중 내열성을 요구하는 경우에 사용한다.
옥외용 가교 폴리에틸렌 절연전선	OC 전선 (out door cross-linked poly-ethylene insulated wire)	고압가공 전선로에 사용한다.
고압 인하용 가교 폴리에틸렌 절연전선	PDC 전선 (pole transformer drop wire cross-linked polyethylene	고압 가공선에서 주상 변압기의 1차측에 이르는 고압 가공 인하선으로 사용한다.

2 코드

코드는 소형 전기기계 · 기구에 접속하는 전선에 사용되는 것이며, 「전기용품안전 관리법」에 의한 안전인증을 받은 것을 사용한다. 코드는 판단기준에서 허용된 경우에 한하여 사용할 수 있으며, 굵기는 $0.75[\text{mm}^2]$ 이상 $5.5[\text{mm}^2]$ 이하로 규정되어 있다. 코드의 종류로는 고무코드, 비닐코드, 고무 캡타이어코드, 금사코드가 있고 정격전압은 300[V]이하이다.

3 캡타이어케이블(Captyre cable)

주로 옥외나 공장 등에서 이동용 전기기기 및 이에 유사한 용도로 사용되는 케이블로서 내마모성, 내충격성이 좋고 동시에 내수성을 가지고 있으며 도체 위에 절연피복을 하고 그 위에 외장을 실시한 전선이다. 캡타이어 피복에 사용하는 재료에 따라서 고무 캡타이어 케이블, 클로로프렌 캡타이어케이블, 부틸고무 절연 캡타이어케이블, 비닐 캡타이어케이블의 4종류가 있다.

④ 저압케이블

저압 케이블은 다음의 것을 사용하여야 한다.(판단기준 8)

① 알루미늄피 케이블
② 비닐절연 비닐시스 케이블
③ 가교 폴리에틸렌 절연 비닐시스 케이블
④ 가교 폴리에틸렌 절연 폴리에틸렌시스 케이블
⑤ 가교 폴리에틸렌 절연 저독성 난연 폴리올레핀시스 케이블
⑥ EP 고무절연 비닐시스 케이블
⑦ EP 고무절연 클로로프렌시스 케이블
⑧ 연질 비닐시스 케이블
⑨ 미네랄 인슈레이션(MI) 케이블
⑩ 수저 케이블
⑪ 선박용 케이블
⑫ 리프트 케이블
⑬ 통신용 케이블
⑭ 아크 용접용 케이블
⑮ 내 마모성 케이블

⑤ 고압 및 특고압 케이블

고압 및 특고압 케이블은 다음의 것을 사용하여야 한다.(판단기준 9)

① 알루미늄피 케이블
② 가교 폴리에틸렌 절연 비닐시스 케이블

③ 가교 폴리에틸렌 절연 폴리에틸렌시스 케이블

④ 가교 폴리에틸렌 절연 저독성 난연 폴리올레핀시스 케이블

⑤ 콤바인닥트(CD) 케이블

⑥ 비행장 등화(燈火)용 고압 케이블

⑦ 수밀형 케이블

⑧ 수저 케이블

⑨ 상기의 케이블에 보호피복을 한 것

전력 케이블은 그 사용전압과 사용장소에 따라 여러 가지가 있으며, 표 2-13에 그 일부를 예시한다.

표 2-13 전력 케이블의 종류와 용도

명 칭	약 칭	주요 용도	사용전압
비닐절연 비닐 외장 케이블	VV	600[V] 이하인 저압회로에 사용함	600[V] 이하
고무절연 클로로프렌 외장 케이블	RN	3[kV] 이하의 회로에 사용함. 클로로프렌은 내후성 및 기계적 특성이 우수한 관계로 사용조건이 가혹한 곳에 견딜 수 있음	600[V] 이하 3.3[kV]
부틸고무절연 클로로프렌 외장 케이블	BN	절연체는 내열성이 우수한 것 외에 안정된 성능을 구비하고 있어 광범위한 용도를 가짐	600[V] 이하 3.3[kV] 6.6[kV] 22[kV] 33[kV]
폴리에틸렌절연 비닐 외장 케이블	EV	전기특성이 우수하므로 저압에서 특고압에 이르기까지 널리 사용되며, 내약품성이 우수함	600[V] 이하 3.3[kV] 6.6[kV] 22[kV] 33[kV]
가교(架橋) 폴리에틸렌절연 비닐 외장 케이블	CV	플라스틱 전력 케이블의 대표격이고, 저압에서 고압에 이르기까지 널리 사용됨	600[V] 이하 3.3[kV] 6.6[kV] 22[kV] 33[kV]
콘크리트 직매용 케이블	CB-VV	600[V] 이하인 저압회로에 사용함	600[V] 이하

6 나전선(裸電線) 등

나전선 등의 금속선은 다음의 것 또는 이들을 소선(素線)으로 하여 구성된 연선(撚線)을 사용하여야 한다.

① 경동선(지름 12[mm] 이하의 것)
② 연동선
③ 동합금선(단면적 25[mm²] 이하의 것)
④ 경알루미늄선(단면적 35[mm²] 이하의 것)
⑤ 알루미늄합금선(단면적 35[mm²] 이하의 것)
⑥ 아연도강선
⑦ 아연도철선(기타 방청도금을 한 철선 포함)

예제 9

다음 전선의 명칭을 쓰시오.
① DV   ② EV   ③ CV1   ④ OW

풀이 ① DV : 인입용 비닐절연전선
② EV : 폴리에틸렌 절연 비닐시스 케이블
③ CV1 : 0.6/1[kV] 가교 폴리에틸렌 절연 비닐시스 케이블
④ OW : 옥외용 비닐절연전선

예제 10

절연전선의 피복에 다음과 같은 표시가 되어 있다. 이 표시에 대한 의미를 상세하게 쓰시오.
① N-RV   ② N-RC   ③ N-EV   ④ N-V

풀이 ① N-RV : 고무절연 비닐시스 네온전선
② N-RC : 고무절연 클로로프렌시스 네온전선
③ N-EV : 폴리에틸렌절연 비닐시스 네온전선
④ N-V : 비닐절연 네온전선

3.3 전선의 접속

전선을 접속하는 경우에는 전선의 전기저항을 증가시키지 않도록 접속하여야 하며 또한 다음 각 호에 의하여야 한다(판단기준 11, KEC 123).

1. 나전선 상호 또는 나전선과 절연전선, 캡타이어 케이블 또는 케이블과 접속하는 경우에는 다음에 의하여야 한다.
   ① 전선의 강도(인장하중으로 표시)를 20[%] 이상 감소시키지 아니할 것. 다만, 점퍼선을 접속하는 경우와 기타 전선에 가해지는 장력이 전선의 세기에 비하여 현저하게 적은 경우에는 그렇지 않다.
   ② 접속 슬리브, 전선 접속기를 사용할 것. 다만, 가공전선 상호, 전차선 상호 또는 광산의 갱도 내에서 전선상호를 접속하는 경우에 기술상 곤란할 때는 그렇지 않다.

2. 절연전선 상호 또는 절연전선과 코드, 캡타이어 케이블 또는 케이블과를 접속하는 경우에는 제1호의 규정에 준하는 이외에 접속부분의 절연전선의 절연물과 동등 이상의 절연효력이 있는 접속기를 사용하는 경우 이외에는 접속부분을 그 부분의 절연전선의 절연물과 동등 이상의 절연효력이 있는 것으로 충분히 피복하여야 한다.

   [주] 절연 테이프에 의한 피복방법은 표 2-14와 같다.

표 2-14 절연 테이프에 의한 피복방법

면 고무 테이프를 사용하는 경우	염화 비닐 접착 테이프를 사용하는 경우
테이프를 반폭 이상 겹쳐서 2번 이상 감는다(4겹 이상).	테이프를 반폭 이상 겹쳐서 2번 이상 감는다(4겹 이상).

[비고] 1. 테이프 감는 횟수는 위 표를 최저로 하고 전선의 굵기에 따라서 증가할 것
        2. 이 표의 테이프 감기의 두께는 다음의 것을 사용한 경우로서, 이것보다 얇은 것을 사용할 때에는 겹친폭 또는 감는 횟수를 늘리면서 층수를 늘려야만 한다.
           ① 면고무절연 테이프 약 0.5[mm]
           ② 염화 비닐 접착테이프 약 0.2[mm]

3. 코드 상호, 캡타이어케이블 상호, 케이블 상호 또는 이들 상호를 접속하는 경우에는 다음에 의하여야 한다.

① 점검할 수 없는 은폐장소에 시설하지 말 것.

② 로제트, 콘센트, 개폐기 및 기타 이와 유사한 것을 사용하여 시설할 것.

③ 접속점에는 조명기구 및 기타 전기기계기구의 중량이 걸리지 않도록 할 것.

4. 도체에 알루미늄(알루미늄 합금을 포함)을 사용하는 전선과 동(동합금을 포함)을 사용하는 전선을 접속하는 등 전기 화학적 성질이 다른 도체를 접속하는 경우에는 접속부분에 전기적 부식(腐蝕)이 생기지 않도록 하여야 한다.

5. 도체에 알루미늄을 사용하는 절연전선 또는 케이블을 옥내배선·옥측배선 또는 옥외 배선에 사용하는 경우로 해당 전선을 접속할 때에는 전선 접속기를 사용하여야 한다.

3.4 병렬전선의 사용

옥내에서 두 개 이상의 전선을 병렬로 사용하는 경우는 다음 각 호에 의하여 시설하는 것을 원칙으로 한다(판단기준 11).

① 병렬로 사용하는 각 전선의 굵기는 동선 50[mm²] 이상 또는 알루미늄 70[mm²] 이상이고, 전선은 동일한 도체, 동일한 굵기, 동일한 길이이어야 한다.

② 같은 극(極)의 각 전선은 동일한 터미널러그에 완전히 접속할 것.

③ 같은 극인 각 전선의 터미널러그는 동일한 도체에 2개 이상의 리벳 또는 2개 이상의 나사로 접속할 것.

④ 병렬로 사용하는 전선에는 각각에 퓨즈를 설치하지 말 것.

⑤ 교류회로에서 병렬로 사용하는 전선은 금속관 안에 전자적 불평형이 생기지 않도록 시설할 것.

4 │ 허용전류

전선 및 케이블의 허용전류는 그 종류, 도체의 굵기, 사용조건 등을 고려하여 결정한다. 특히 전선의 온도가 일정값 이상으로 올라가면, 절연체의 열화가 촉진되는 관계로 전선으로서의 기능이 상실되기 쉽다. 따라서 각 전선에 대한 허용전류는 각종 절연물의 최고 허용온도, 주위온도, 사용장소에서의 기저온도 등을 충분히 고려하여 산출하여야 한다.

4.1 절연물의 허용온도

1. 저압 옥내배선에 사용하는 450/750[V] 이하 염화비닐 절연전선, 450/750[V] 이하 고무 절연전선, 1[kV]부터 3[kV]까지의 압출 성형 절연 전력케이블의 허용전류 및 보정계수는 KS C IEC의 의 부속서에 따른다(판단기준 178).

2. 제 1항의 전선 허용전류 및 보정계수는 정격전압 교류 1[kV] 또는 직류 1.5[kV]이하의 비외장형 케이블 또는 절연전선에 적용하며, 허용온도 등은 다음에 적합하여야 한다. 다만, 외장형 단심 케이블은 적용하지 않는다.

   [주] 외장형 단심케이블을 사용하는 경우는 허용전류를 상당히 감소시켜야 한다.

🔢 허용온도

전선의 허용전류는 표 2-15에서 규정하는 허용온도 이하이어야 한다.

표 2-15 절연물의 종류에 대한 허용온도

절연물의 종류	허용온도[a,d] (℃)
– 염화비닐(PVC)	70(전선)
– 가교폴리에틸렌(XLPE)과 에틸렌프로필렌고무혼합물(EPR)	90(전선)[b]
– 무기물(PVC 피복 또는 나전선으로 사람이 접촉할 우려가 있는 것)	70(시스)
– 무기물(접촉에 노출되지 않고 가연성 물질과 접촉할 우려가 없는 나전선)	105(시스)[b, c]

[비고] a. 이 표에서 도체의 최고허용온도는 KS C IEC 60502 및 IEC 60702에서 인용하였다.
   b. 전선이 70℃ 이상의 온도에서 사용될 경우는 이 전선에 접속된 기기가 접속부에서 이러한 온도에 적합한지 확인하여야 한다.
   c. 무기절연 케이블은 케이블의 정격온도, 종단 접속부, 환경조건 및 기타 외부 영향에 따라 더 높은 허용온도로 할 수 있다.
   d. 공인 인증을 받았을 경우에 전선 또는 케이블은 제조사 규격에 따라 최대허용온도 한계(범위)를 가질 수 있다.

2 허용전류의 결정

1. 절연전선과 비외장형 케이블의 전류가 해당하는 값을 선정하고, 보정계수를 적용한 값 이하라면 전항의 허용온도 요구사항을 만족하는 것으로 한다.
2. 허용전류의 적정 값은 해당 방법이 기술되어 있는 경우는 시험이나 승인된 방법을 사용한 계산으로 IEC 60287과 같이 결정할 수 있다. 어떠한 경우라도 부하의 특성 및 매설 케이블일 경우에 토양의 열저항을 고려하여야 한다.

3 감소 계수

복수회로의 감소계수는 최대허용온도가 같은 절연전선이나 케이블의 복수회로에 적용한다. 최대 허용온도가 다른 케이블이나 절연전선을 포함한 복수회로인 경우에 해당 복수회로 내의 모든 케이블이나 절연전선의 허용전류는 복수회로 중 가장 낮은 허용온도의 것을 기준으로 하여야 한다.

---

5 | 전로의 절연

5.1 전로의 절연 원칙

전로가 대지로부터 충분히 절연되어 있지 않으면, 누설전류로 인한 화재사고·감전사고 등이 야기될 뿐만 아니라, 전력손실이 증가하는 폐단까지 일어난다. 따라서 안전하게 부하에 전력을 공급하려면 사용전압에 따라 모든 전로는 대지로부터 충분히 절연하여야 한다. 그러나 다음에 명시하는 부분은 보안상의 이유라든지 구조상의 이유로 인하여 대지로부터 절연할 수 없는 부분이다(판단기준 12, KEC 131).

1. 수용장소의 인입구의 접지, 고압 또는 특고압과 저압의 혼촉에 의한 위험방지 시설, 피뢰기의 접지, 특고압 가공전선로의 지지물에 시설하는 저압 기계기구 등의 시설, 옥내에 시설하는 저압 접촉전선 공사 또는 아크 용접장치의 시설에 따라 저압전로에 접지공사를 하는 경우의 접지점

2. 고압 또는 특고압과 저압의 혼촉에 의한 위험방지 시설, 전로의 중성점의 접지 또는 옥내의 네온 방전등 공사에 따라 전로의 중성점에 접지공사를 하는 경우의 접지점

3. 계기용변성기의 2차측 전로의 접지에 따라 계기용변성기의 2차측 전로에 접지공사를 하는 경우의 접지점

4. 특고압 가공전선과 저고압 가공전선의 병가에 따라 저압 가공 전선의 특고압 가공전선과 동일 지지물에 시설되는 부분에 접지공사를 하는 경우의 접지점

5. 중성점이 접지된 특고압 가공선로의 중성선에 25[kV] 이하인 특고압 가공전선로의 시설에 따라 다중 접지를 하는 경우의 접지점

6. 파이프라인 등의 전열장치의 시설에 따라 시설하는 소구경관(박스를 포함한다)에 접지공사를 하는 경우의 접지점

7. 저압전로와 사용전압이 300[V] 이하의 저압전로[자동제어회로·원방조작회로·원방감시장치의 신호회로 기타 이와 유사한 전기회로(이하 "제어회로 등" 이라 한다)에 전기를 공급하는 전로에 한한다]를 결합하는 변압기의 2차측 전로에 접지공사를 하는 경우의 접지점

8. 다음과 같이 절연할 수 없는 부분
   가. 시험용 변압기, 기구 등의 전로의 절연내력 단서에 규정하는 전력선 반송용 결합 리액터, 전기울타리의 시설에 규정하는 전기울타리용 전원장치, 엑스선발생장치(엑스선관, 엑스선관용 변압기, 음극 가열용 변압기 및 이의 부속 장치와 엑스선관 회로의 배선을 말한다.), 전기부식방지 시설에 규정하는 전기부식방지용 양극, 단선식 전기철도의 귀선(가공 단선식 또는 제3레일식 전기 철도의 레일 및 그 레일에 접속하는 전선을 말한다.) 등 전로의 일부를 대지로부터 절연하지 아니하고 전기를 사용하는 것이 부득이한 것.
   나. 전기욕기·전기로·전기보일러·전해조 등 대지로부터 절연하는 것이 기술상 곤란한 것.

9. 저압 옥내직류 전기설비의 접지에 의하여 직류계통에 접지공사를 하는 경우의 접지점

5.2 전로의 절연저항과 절연내력

① 저압전로의 절연저항

1. 전기사용 장소의 사용전압이 저압인 전로의 전선 상호간 및 전로와 대지 사이의 절연저항은 개폐기 또는 과전류차단기로 구분할 수 있는 전로마다 다음 표 2-16에서 정한 값 이상이어야 한다(전기기준 52).
   다만, 전선 상호간의 절연저항은 기계기구를 쉽게 분리가 곤란한 분기회로의 경우 기기 접속 전에 측정할 수 있다. 또한 측정 시 영향을 주거나 손상을 받을 수 있는 SPD(서지보호기) 또는 기타 기기 등은 측정 전에 분리시켜야 하고, 부득이하게 분리가 어려운 경우에는 시험 전압을 250[V] DC로 낮추어 측정할 수 있지만 절연저항 값은 1[MΩ] 이상이어야 한다(전기기준 52).

2. 저압 전로에서 정전이 어려운 경우 등 절연저항 측정이 곤란한 경우 저항성분의 누설전류가 1[mA] 이하이면 그 전로의 절연성능은 적합한 것으로 본다(판단기준 13).

표 2-16 저압전로의 절연저항 값

전로의 사용전압 [V]	DC 시험전압 [V]	절연저항 [MΩ]
SELV 및 PELV	250	0.5
FELV, 500[V] 이하	500	1.0
500[V] 초과	1,000	1.0

[주] 특별저압(extra low voltage : 2차 전압이 AC 50 V, DC 120 V이하)으로 SELV(비접지회로 구성) 및 PELV(접지회로 구성)은 1차와 2차가 전기적으로 절연된 회로. FELV는 1차와 2차가 전기적으로 절연되지 않은 회로

② 고압 및 특고압 전로

1. 고압 및 특고압 전로(회전기, 정류기, 연료전지 및 태양전지 모듈의 전로, 변압기의 전로, 기구 등의 전로 및 직류식 전기철도용 전차선을 제외한다)는 표 2-17에서 정한 시험전압을 전로와 대지 사이(다심케이블은 심선 상호 간 및 심선과 대지 사이)에 연속하여 10분간 가하여 절연내력을 시험하였을 때에 이에 견디어야 한다.
   다만, 전선에 케이블을 사용하는 교류 전로로서 표 2-17에서 정한 시험전압의 2배의 직류전압을 전로와 대지 사이(다심케이블은 심선 상호 간 및 심선과 대지 사이)에

연속하여 10분간 가하여 절연내력을 시험하였을 때에 이에 견디는 것에 대하여는 그렇지 않다.

표 2-17 전로의 종류 및 시험전압

전로의 종류	시험전압
1. 최대사용전압 7[kV] 이하인 전로	최대사용전압의 1.5배의 전압
2. 최대사용전압 7[kV] 초과 25[kV] 이하인 중성점 접지식 전로(중성선을 가지는 것으로서 그 중성선을 다중접지하는 것에 한한다)	최대사용전압의 0.92배의 전압
3. 최대사용전압 7[kV] 초과 60[kV]이하인 전로(2란의 것을 제외한다)	최대사용전압의 1.25배의 전압 (10,500[V]미만으로 되는 경우는 10,500[V])
4. 최대사용전압 60[kV] 초과 중성점 비접지식전로(전위변성기를 사용하여 접지하는 것을 포함한다)	최대사용전압의 1.25배의 전압
5. 최대사용전압 60[kV] 초과 중성점 접지식 전로(전위 변성기를 사용하여 접지하는 것 및 6란과 7란의 것을 제외한다)	최대사용전압의 1.1배의 전압 (75,000[V]미만으로 되는 경우에는 75,000[V])
6. 최대사용전압이 60[kV] 초과 중성점 직접접지식 전로(7란의 것을 제외한다)	최대사용전압의 0.72배의 전압
7. 최대사용전압dl 170[kV] 초과 중성점 직접접지식 전로로서 그 중성점이 직접 접지되어 있는 발전소 또는 변전소 혹은 이에 준하는 장소에 시설하는 것	최대사용전압의 0.64배의 전압
8. 최대사용전압이 60[kV]를 초과하는 정류기에 접속되고 있는 전로	교류측 및 직류 고전압측에 접속되고 있는 전로는 교류측의 최대 사용전압의 1.1배의 직류전압
	직류측 중성선 또는 귀선이 되는 전로(이하 이 장에서 "직류 저압측 전로"라한다)는 아래에 규정하는 계산식에 의하여 구한 값

[비고] 표 2-17의 8에 따른 직류 저압측 전로의 절연내력시험 전압의 계산방법은 다음과 같이 한다.

$$E = V \times \frac{1}{\sqrt{2}} \times 0.5 \times 1.2$$

단, E : 교류 시험 전압[V]

V : 역변환기의 전류 실패 시 중성선 또는 귀선이 되는 전로에 나타나는 교류성 이상전압의 파고 값[V]. 다만, 전선에 케이블을 사용하는 경우 시험전압은 E의 2배의 직류전압으로 한다

2. 다음의 경우는 전항의 규정에 의하지 않아도 된다.

① 최대사용전압이 60[kV]를 초과하는 중성점 직접접지식 전로에 사용되는 전력 케이블은 정격전압을 24시간 가하여 절연내력을 시험하였을 때 이에 견디는 경우

② 최대사용전압이 170[kV]를 초과하고 양단이 중성점 직접접지 되어 있는 지중전선로는, 최대사용전압의 0.64배의 전압을 전로와 대지 사이(다심케이블에 있어서는, 심선상호 간 및 심선과 대지 사이)에 연속 60분간 절연내력시험을 했을 때견디는 경우

③ 고압 및 특고압의 전로에 전선으로 사용하는 케이블의 절연체가 XLPE 등 고분자재료인 경우 0.1[Hz] 정현파전압을 상전압의 3배 크기로 전로와 대지사이에 연속하여 1시간 가하여 절연내력을 시험하였을 때에 이에 견디는 경우

③ 회전기 및 정류기의 절연내력

회전기 및 정류기는 표 2-18에서 정한 시험방법으로 절연내력을 시험하였을 때에 이에 견디어야 한다. 다만, 회전변류기 이외의 교류의 회전기로 표 2-18에서 정한 시험전압의 1.6배의 직류전압으로 절연내력을 시험하였을 때 이에 견디는 것을 시설하는 경우에는 그렇지 않다.(KEC 133)

표 2-18 회전변류기 및 정류기의 절연내력 시험전압

종류			시험전압	시험방법
회전기	발전기·전동기·조상기·기타회전기(회전변류기를 제외한다)	최대사용전압 7[kV]이하	최대사용전압의 1.5배의 전압(500[V]미만으로 되는 경우에는 500[V])	권선과 대지간에 연속하여 10분간 가한다.
		최대사용전압 7[kV]초과	최대사용전압의 1.25배의 전압(10.5[kV]미만으로 되는 경우에는 10.5[kV])	
	회전 변류기		직류측의 최대사용전압의 1배의 교류전압(500[V]미만으로 되는 경우에는 500 V)	
정류기	최대사용전압이 6[kV]이하		직류측의 최대사용전압의 1배의 교류전압(500[V]미만으로 되는 경우에는 500 V)	충전부분과 외함간에 연속하여 10분간 가한다.
	최대사용전압이 6[kV] 초과		교류측의 최대사용전압의 1.1배의 교류전압 또는 직류측의 최대사용전압의 1.1배의 직류전압	교류측 및 직류고전압측 단자와 대지간에 연속하여 10분간 가한다.

④ 변압기 전로의 절연내력

변압기는 권선마다 그 최대사용전압의 1.5배(500[V] 미만으로 되는 경우에는 500[V]), 중성점 접지식결선에서는 그 최대사용전압의 0.92배(500[V] 미만으로 되는 경우에는

500[V])의 시험전압으로 그 권선과 다른 권선, 철심 및 외함 사이의 절연내력을 시험하였을 때 연속하여 10분간 이에 견디는 것이어야 한다.(판단기준 14, KEC 135)

⑤ 기구 등의 전로의 절연내력

표 2-19 기구 등의 전로의 시험전압

종류	시험전압
1. 최대사용전압 7[kV] 이하인 기구 등의 전로	최대사용전압의 1.5배의 전압 (직류의 충전 부분에 대하여는 최대사용전압의 1.5배의 직류전압 또는 1배의 교류전압) (500[V]미만으로 되는 경우에는 500[V])
2. 최대사용전압이 7[kV]를 초과하고 25[kV] 이하인 기구 등의 전로로서 중성점 접지식 전로(중성선을 가지는 것으로서 그 중성선을 다중접지하는 것에 한한다)에 접속하는 것	최대사용전압의 0.92배의 전압
3. 최대사용전압이 7[kV]를 초과하고 60[kV]이하인 기구 등의 전로(2란의 것을 제외한다)	최대사용전압의 1.25배의 전압 (10,5[kV]미만으로 되는 경우는 10,5[kV])
4. 최대사용전압 60[kV]를 초과하는 기구 등의 전로로서 중성점 비접지식 전로(전위변성기를 사용하여 접지하는 것을 포함한다. 8란의 것을 제외한다)에 접속하는 것	최대사용전압의 1.25배의 전압
5. 최대사용전압 60[kV]를 초과하는 기구 등의 전로로서 중성점 접지식 전로(전위변성기를 사용하여 접지하는 것을 제외한다)에 접속하는 것. (7란과 8란의 것을 제외한다)	최대사용전압의 1.1배의 전압 (75[kV]미만으로 되는 경우에는 75[kV])
6. 최대사용전압이 170[kV]를 초과하는 기구 등의 전로로서 중성점 직접접지식 전로에 접속하는 것 (7란과 8란의 것을 제외한다)	최대사용전압의 0.72배의 전압
7. 최대사용전압이 170[kV]를 초과하는 기구 등의 전로로서 중성점 직접접지식 전로 중 중성점이 직접 접지되어 있는 발전소 또는 변전소 혹은 이에 준하는 장소의 진로에 접속하는 것(8란의 것을 제외한다)	최대사용전압의 0.64배의 전압
8. 최대사용전압이 60[kV]를 초과하는 정류기의 교류측 및 직류측 전로에 접속하는 기구 등의 전로	교류측 및 직류 고전압측에 접속하는 기구 등의 전로는 교류측의 최대사용전압의 1.1배의 교류전압 또응 직류측의 최대사용전압의 1.1배의 직류전압
	직류 저전압측에 접속하는 기구 등의 전로는 3100-2에서 규정하는 계산식으로 구한 값

1. 개폐기·차단기·전력용 커패시터·유도전압조정기·계기용변성기 기타의 기구의 전로 및 발전소·변전소·개폐소 또는 이에 준하는 곳에 시설하는 기계기구의 접속선 및 모선은 표 2-19에서 정하는 시험전압을 충전 부분과 대지 사이(다심케이블은 심선 상호 간 및 심선과 대지 사이)에 연속하여 10분간 가하여 절연내력을 시험하였을 때에 이에 견디어야 한다.

6 │ 접지 시스템

각종 전기설비와 통신기기 및 OA기기 등이 시설되는 곳에는 반드시 접지 공사를 실시하여야 한다. 또한 접지공사의 종류와 목적이 설비에 따라 각각 다르기 때문에 접지에 대한 부분은 대단히 중요하며 그 내용도 다양하다.(KEC 140)

6.1 접지 관련 용어

(1) 충전부

충전부란 중성선을 포함한 도체 또는 도전성 부위를 말하며, 규정상 PEN도체나 PEM 도체 또는 PEL 도체는 포함하지 않는다.

(2) 노출 도전성 부분

노출 도전성 부분이란 통상 충전되어 있지 않지만 기초 절연에 고장이 발생한 경우 충전할 수 있는 기기의 도전성 부분을 말한다. 또한 접촉할 가능성이 있고 통상은 통전되지 아니하나 고장시에 충전부가 될 가능성이 있는 전기기기의 도전성 부분을 말한다.

[주] 충전부를 갖고 있는 노출 도전성 부분과 접촉으로 충전할 수 있는 기기의 도전성 부분은 노출 도전성 부분으로 간주하지 않는다. 전기 기계기구의 철대 및 외함에 해당한다.

(3) 계통외 도전성 부분

계통외 도전성 부분이란 전기설비의 일부는 아니지만 일반적으로 대지전위가 발생할 가능성이 있는 도전성 부분을 말한다.

> **[주]** 계통외 도전성 부분은 건축 구조물의 금속제 부분, 가스, 물, 난방 등의 금속제 배관설비, 절연되어 있지 않는 바닥과 벽

(4) 접지극(Earth Electrode)

접지극이란 대지에 확실히 접속되고 전기적 접속을 제공하는 하나의 도체 또는 도체의 집합을 말한다.

(5) 전기적 독립 접지극(Electrically Independent Earth Electrode)

전기적 독립 접지극이란 전극 하나에 최대전류가 통과하여도 다른 전극의 전위에는 영향이 미치지 않는 거리에 시설되는 접지극을 말한다.

(6) 보호도체(PE; Protective Conductor)

보호도체란 안전을 목적(예: 감전보호)으로 설치된 도체를 말한다.

(보호도체는 노출 도전성 부분, 계통의 도전성 부분, 주 접지단자, 접지극, 전원 또는 중성점의 접지극 등의 어느 부분에서 전기적으로 접속했을 경우 감전에 대한 대책이 필요한 도체를 말한다.)

(7) PEN 도체(PEN Conductor)

PEN 도체란 교류회로에서 보호도체와 중성선 모두의 기능을 겸비한 도체를 말한다.

> **[주]** PEN은 보호도체의 기호 PE와 중성선(Neutral)의 조합이다.
> PEM 도체 : 직류회로에서 중간선의 기능을 겸한 보호도체를 말한다.
> PEL 도체 : 직류회로에서 전압선의 기능을 겸한 보호도체를 말한다.

(8) 접지선(Earthing Conductor)

접지선이란 주 접지 단자나 접지 모선을 접지극에 접속한 도체를 말한다.

(9) 주 접지 단자(Main Earthing Terminal)

주 접지 단자 및 접지 모선이란 접지하는 것을 목적으로 보호도체(등전위본딩 도체

및 기능접지가 있게 되면 그 도체를 포함)의 접속에 사용되는 단자 또는 모선을 말한다.

(10) 등전위 본딩(Equipotential Bonding)

등전위 본딩이란 등전위성을 얻기 위해 도체간을 전기적으로 접속하는 조치를 말한다. (등전위 본딩이란 서로 다른 노출 도전성 부분 상호간, 노출 도전성 부분과 계통외 도전성 부분 간 및 다른 계통외 도전성 부분간을 실질적으로 등전위로 하는 전기적 접속을 말한다.)

(11) 보호 본딩도체(Protective Bonding Conductor)

보호 본딩 도체란 등전위본딩을 하기 위한 보호도체를 말한다.

(12) TN 계통(TN system)

TN 계통이란 전원측의 한 점을 직접 접지하고 설비의 노출 도전성 부분을 보호도체(PE)를 이용하여 전원 한 점에 접속하는 접지계통을 말한다.

TN계통은 보호도체의 배치에 따라 TN-S 계통, TN-C-S계통 및 TN-C 계통의 3종류가 있다.

6.2 접지 시스템의 구분 및 종류

(1) 접지 시스템은 **계통접지, 보호접지, 피뢰시스템 접지** 등으로 구분한다.
(2) 접지 시스템의 시설 종류에는 **단독접지, 공통접지, 통합접지**가 있다.

6.3 접지공사의 목적

접지공사는 일반적인 전기설비는 물론, 전화설비·소방설비·기타 음향설비 등에 이르기까지 보안상 매우 중요한 사항이다.

접지개소에 따라 다소 차이가 있으나, 일반적인 접지공사의 목적은 다음과 같다.

◻1 감전사고의 방지

1. 고·저압 혼촉사고가 발생하였을 때, 인축에 위험을 주는 고압전류를 대지로 방류하여 **감전**(eletric shock)을 방지한다.

   예 : 변압기의 저압측 중성점 또는 1단자 접지

2. 기기의 절연물이 열화 또는 손상되었을 때, 기기의 금속제 외함은 충전이 되어 대지전압을 가지게 된다. 이때, 사람이 금속제 외함에 접촉하게 되면 인체에 **접촉전압**(touch voltage)이 걸리게 되므로, 금속제 외함을 접지하여 대지전위를 낮게 하여 감전을 방지한다.

   예 : 철대 및 기기의 금속제 외함 등의 접지

> **참고**
>
> **접촉전압(Touch Voltage)** : 지락이 발생된 전기기계 기구의 금속제 외함 등에 인축이 닿을 때 생체에 가하여지는 전압을 말한다.

◻2 보호 계전기의 확실한 동작의 확보

송전선, 배전선, 고저압 모선 등의 전로에 중성점(또는 1선)을 접지하여 놓으면, 전로에 지락사고가 발생하였을 때 CT, PT 등의 접지선을 통하여 폐회로가 구성되므로 계전기를 신속하고 확실하게 동작하도록 한다.

예 : CT, PT 등의 2차측 접지

◻3 이상전압의 억제

낙뢰 등으로 인하여 기기 및 배선전에서 이상 고전압이 발생하였을 때, 저저항의 접지를 통하여 방류함으로써 대지전압을 억제하고 절연강도를 경감하도록 한다.

예 : 피뢰기의 접지, 수용가의 인입구 접지 등

4 기기의 손상 방지

보호하고자 하는 대상물에 접근하는 뇌격을 확실하게 흡인하여 뇌격전류를 안전하게 대지로 방류함으로써 기기의 손상을 방지한다.

예 : 피뢰침의 접지

5 대지 전압의 저하

3상 3선식 선로를 3상 4선식으로 하여 중성점을 접지하면 각 전선의 대지전압은 $1/\sqrt{3}$ 로 저하되므로 대지전압을 억제하고 절연강도를 경감할 수 있다.

전로의 중성점 접지는 대지 전압의 저하뿐만 아니라 보호 계전기의 확실한 동작의 확보, 이상전압의 억제 등의 효과가 있다.

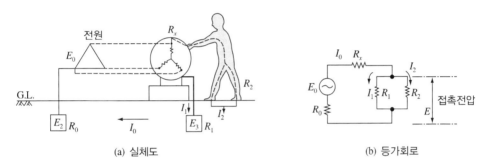

(a) 실체도

(b) 등가회로

그림 2-13 1선 지락감전 때의 실체도 및 등가회로

6.4 접지시스템의 시설

1 접지시스템의 구성요소

1. 접지시스템은 **접지극, 접지도체, 보호도체** 및 기타 설비로 구성하고, 「접지 시스템」에 의하는 것 이외에는 KS C IEC 60364에 의한다.
2. 접지극은 접지도체를 사용하여 주 접지단자에 연결하여야 한다.

2 접지시스템 요구사항

1. 접지시스템은 다음에 적합하여야 한다.

가. 전기설비의 보호 요구사항을 충족하여야 한다.

나. 지락전류와 보호도체 전류를 대지에 전달할 것. 다만, 열적, 열·기계적, 전기·기계적 응력 및 이러한 전류로 인한 감전 위험이 없어야 한다.

다. 전기설비의 기능적 요구사항을 충족하여야 한다.

2. 접지저항 값은 다음에 의한다.

가. 부식, 건조 및 동결 등 대지환경 변화에 충족하여야 한다.

나. 인체감전보호를 위한 값과 전기설비의 기계적 요구에 의한 값을 만족하여야 한다.

❸ 접지극의 시설 및 접지저항

1. 접지극은 다음에 따라 시설하여야 한다.

가. 토양 또는 콘크리트에 매입되는 접지극의 재료 및 최소 굵기 등은 KS C IEC 60364에 따라야 한다.

나. 피뢰시스템의 접지는 「외부 피뢰시스템」을 우선 적용하여야 한다.

2. 접지극은 다음의 방법 중 하나 또는 복합하여 시설하여야 한다.

가. 콘크리트에 매입 된 기초 접지극

나. 토양에 매설된 기초 접지극

다. 토양에 수직 또는 수평으로 직접 매설된 금속전극(봉, 전선, 테이프, 배관, 판 등)

라. 케이블의 금속외장 및 그 밖에 금속피복

마. 지중 금속구조물(배관 등)

바. 대지에 매설된 철근콘크리트의 용접된 금속 보강재. 다만, 강화콘크리트는 제외한다.

3. 접지극의 매설은 다음에 의한다.

가. 접지극은 매설하는 토양을 오염시키지 않아야 하며, 가능한 다습한 부분에 설치한다.

나. 접지극은 동결 깊이를 감안하여 시설하되 고압 이상의 전기설비와 「변압기 중성

점 접지」에 의하여 시설하는 접지극의 매설깊이는 지표면으로부터 지하 0.75[m] 이상으로 한다. 다만, 발전소·변전소·개폐소 또는 이에 준하는 곳에 접지극을 「전로의 중성점의 접지」 1의"가"에 준하여 시설하는 경우에는 그렇지 않다.

　다. 접지도체를 철주 기타의 금속체를 따라서 시설하는 경우에는 접지극을 철주의 밑면으로부터 0.3[m] 이상의 깊이에 매설하는 경우 이외에는 접지극을 지중에서 그 금속체로부터 1[m] 이상 떼어 매설하여야 한다.

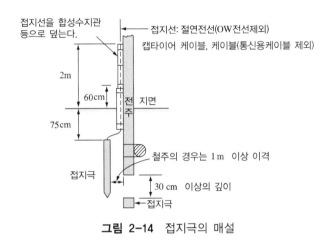

그림 2-14 접지극의 매설

4. 접지시스템 부식에 대한 고려는 다음에 의한다.
　가. 접지극에 부식을 일으킬 수 있는 폐기물 집하장 및 번화한 장소에 접지극 설치는 피하여야 한다.
　나. 서로 다른 재질의 접지극을 연결할 경우 전식을 고려하여야 한다.
　다. 콘크리트 기초 접지극에 접속하는 접지도체가 용융아연도금강제인 경우 접속부를 토양에 직접 매설해서는 안 된다.

5. 접지극을 접속하는 경우에는 발열성 용접, 압착접속, 클램프 또는 그 밖의 적절한 기계적 접속장치로 접속하여야 한다.

6. 가연성 액체나 가스를 운반하는 금속제 배관은 접지설비의 접지극으로 사용 할 수 없다. 다만, 보호등전위본딩은 예외로 한다.

7. 수도관 등을 접지극으로 사용하는 경우는 다음에 의한다.

　가. 지중에 매설되어 있고 대지와의 전기저항 값이 3[Ω] 이하의 값을 유지하고 있는 금속제 수도관로가 다음에 따르는 경우 접지극으로 사용이 가능하다.

　　① 접지도체와 금속제 수도관로의 접속은 안지름 75[mm] 이상인 부분 또는 여기에서 분기한 안지름 75[mm] 미만인 분기점으로부터 5[m] 이내의 부분에서 하여야 한다. 다만, 금속제 수도관로와 대지 사이의 전기저항 값이 2[Ω] 이하인 경우에는 분기점으로부터의 거리는 5[m]을 넘을 수 있다.

　　② 접지도체와 금속제 수도관로의 접속부를 수도계량기로부터 수도 수용가 측에 설치하는 경우에는 수도계량기를 사이에 두고 양측 수도관로를 등전위본딩 하여야 한다.

　　③ 접지도체와 금속제 수도관로의 접속부를 사람이 접촉할 우려가 있는 곳에 설치하는 경우에는 손상을 방지하도록 방호장치를 설치하여야 한다.

　　④ 접지도체와 금속제 수도관로의 접속에 사용하는 금속제는 접속부에 전기적 부식이 생기지 않아야 한다.

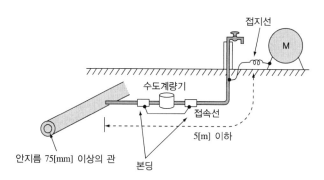

그림 2-15 수도관로 또는 철골을 접지극으로 사용하는 예

　나. 건축물·구조물의 철골 기타의 금속제는 이를 비접지식 고압전로에 시설하는 기계기구의 철대 또는 금속제 외함의 접지공사 또는 비접지식 고압전로와 저압전로를 결합하는 변압기의 저압전로의 접지공사의 접지극으로 사용할 수 있다. 다만, 대지와의 사이에 전기저항 값이 2[Ω] 이하인 값을 유지하는 경우에 한한다.

6.5 접지도체

1 접지도체의 선정

1. 큰 고장전류가 접지도체를 통하여 흐르지 않을 경우 접지도체의 최소 단면적은 다음과 같다.(KEC 142.3.1)

   ① 구리는 6[mm^2] 이상
   ② 철제는 50[mm^2] 이상

2. 접지도체에 피뢰시스템이 접속되는 경우, 접지도체의 단면적은 구리 16[mm^2] 또는 철 50[mm^2] 이상으로 하여야 한다.

2 접지도체와 접지극의 접속

접지도체와 접지극의 접속은 다음에 의한다.

1. 접속은 견고하고 전기적인 연속성이 보장되도록, 접속부는 발열성 용접, 압착접속, 클램프 또는 그 밖에 적절한 기계적 접속장치에 의하여야 한다. 다만, 기계적인 접속장치는 제작자의 지침에 따라 설치하여야 한다.
2. 클램프를 사용하는 경우, 접지극 또는 접지도체를 손상시키지 않아야 한다. 납땜에만 의존하는 접속은 사용해서는 안 된다.

3 접지도체의 시설

1. 접지도체를 접지극이나 접지의 다른 수단과 연결하는 것은 견고하게 접속하고, 전기적, 기계적으로 적합하여야 하며, 부식에 대해 적절하게 보호되어야 한다. 또한, 다음과 같이 매입되는 지점에는 "안전 전기 연결"라벨이 영구적으로 고정되도록 시설하여야 한다.
   ① 접지극의 모든 접지도체 연결지점
   ② 외부도전성 부분의 모든 본딩도체 연결지점
   ③ 주 개폐기에서 분리된 주접지단자

2. 접지도체는 지하 0.75[m] 부터 지표 상 2[m]까지 부분은 합성수지관(두께 2[mm] 미만의 합성수지제 전선관 및 가연성 콤바인덕트관은 제외한다) 또는 이와 동등 이상의 절연효과와 강도를 가지는 몰드로 덮어야 한다.

3. 특고압·고압 전기설비 및 변압기 중성점 접지시스템의 경우 접지도체가 사람이 접촉할 우려가 있는 곳에 시설되는 고정설비인 경우에는 다음에 따라야 한다. 다만, 발전소·변전소·개폐소 또는 이에 준하는 곳에서는 개별 요구사항에 의한다.
   가. 접지도체는 절연전선(옥외용 비닐절연전선은 제외) 또는 케이블(통신용 케이블은 제외)을 사용하여야 한다. 다만, 접지도체를 철주 기타의 금속체를 따라서 시설하는 경우 이외의 경우에는 접지도체의 지표상 0.6[m]를 초과하는 부분에 대하여는 절연전선을 사용하지 않을 수 있다.
   나. 접지극 매설은 「접지극의 매설」에 따른다.

4. 접지도체의 굵기는 제1의 "가"에서 정한 것 이외에 고장 시 흐르는 전류를 안전하게 통할 수 있는 것으로서 다음에 의한다.
   가. 특고압·고압 전기설비용 접지도체는 단면적 6[mm^2] 이상의 연동선 또는 동등 이상의 단면적 및 강도를 가져야 한다.
   나. 중성점 접지용 접지도체는 공칭단면적 16[mm^2] 이상의 연동선 또는 동등 이상의 단면적 및 세기를 가져야 한다. 다만, 다음의 경우에는 공칭단면적 6[mm^2] 이상의 연동선 또는 동등 이상의 단면적 및 강도를 가져야 한다.
      ① 7[kV] 이하의 전로
      ② 사용전압이 25[kV] 이하인 특고압 가공전선로. 다만, 중성선 다중접지 방식의 것으로서 전로에 지락이 생겼을 때 2초 이내에 자동적으로 이를 전로로부터 차단하는 장치가 되어 있는 것.
   다. 이동하여 사용하는 전기기계기구의 금속제 외함 등의 접지시스템의 경우는 다음의 것을 사용하여야 한다.
      ① 특고압·고압 전기설비용 접지도체 및 중성점 접지용 접지도체는 클로로프렌캡 타이어케이블(3종 및 4종) 또는 클로로설포네이트폴리에틸렌캡타이어케이블(3종 및 4종)의 1개 도체 또는 다심 캡타이어케이블의 차폐 또는 기타의 금속체로 단면적이 10[mm^2] 이상인 것을 사용한다.

② 저압 전기설비용 접지도체는 다심 코드 또는 다심 캡타이어케이블의 1개 도체의 단면적이 0.75[mm²] 이상인 것을 사용한다. 다만, 기타 유연성이 있는 연동연선은 1개 도체의 단면적이 1.5[mm²] 이상인 것을 사용한다.

6.6 보호도체

1 보호도체의 최소 단면적

보호도체의 최소 단면적은 다음에 의한다.(KEC 142.3.2)

1. 보호도체의 최소 단면적은 표 2-20에 따라 선정하거나 제2항에 따라 계산할 수 있다.

표 2-20 보호도체의 최소 단면적

선도체의 단면적 S (mm², 구리)	보호도체의 최소 단면적(mm², 구리)	
	보호도체의 재질	
	선도체와 같은 경우	선도체와 다른 경우
S ≤ 16	S	$(k_1/k_2) \times S$
16 < S ≤ 35	16ᵃ	$(k_1/k_2) \times 16$
S > 35	Sᵃ/2	$(k_1/k_2) \times (S/2)$

여기서,

k_1 : 도체 및 절연의 재질에 따라 KS C IEC 60364-5-54(저압전기설비-제5-54부:전기기기의 선정 및 설치-접지설비 및 보호도체)의 "표 A54.1(여러 가지 재료의 변수 값)" 또는 KS C IEC 60364-4-43(저압전기설비-제4-43부:안전을 위한 보호-과전류에 대한 보호의 "표 43A (도체에 대한 k값)"에서 선정된 선도체에 대한 k 값

k_2 : KS C IEC 60364-5-54(저압전기설비-제5-54부:전기기기의 선정 및 설치-접지설비 및 보호도체)의 "표 A54.2(제시된 온도에서 모든 인접 물질에 손상 위험성이 없는 경우 나도체의 k값)"에서 선정된 선도체에 대한 k값

a : PEN 도체의 최소단면적은 중성선과 동일하게 적용한다[KS C IEC 60364-5-52(저압전기설비-제5-52부:전기기기의 선정 및 설치-배선설비) 참조]

2. 차단시간이 5초 이하인 경우에만 다음 계산식을 적용한다.

$$S = \frac{\sqrt{I^2 t}}{k}$$

단, S : 단면적 [mm^2]

I : 보호장치를 통해 흐를 수 있는 예상 고장전류 실효값 [A]

t : 자동차단을 위한 보호장치의 동작시간 [s]

k : 보호도체, 절연, 기타 부위의 재질 및 초기온도와 최종온도에 따라 정해지는
계수로 KS C IEC 60364의 "부속서 A"에 의한다.

3. 보호도체가 케이블의 일부가 아니거나 선도체와 동일 외함에 설치되지 않으면 단면적
은 다음의 굵기 이상으로 하여야 한다.

① 기계적 손상에 대해 보호가 되는 경우는 구리 2.5[mm^2], 알루미늄 16[mm^2]
이상

② 기계적 손상에 대해 보호가 되지 않는 경우는 구리 4[mm^2], 알루미늄 16[mm^2]
이상

③ 케이블의 일부가 아니라도 전선관 및 트렁킹 내부에 설치되거나, 이와 유사한
방법으로 보호되는 경우 기계적으로 보호되는 것으로 간주한다.

4. 보호도체가 두 개 이상의 회로에 공통으로 사용되면 단면적은 다음과 같이 선정하여야
한다.

① 회로 중 가장 부담이 큰 것으로 예상되는 고장전류 및 동작시간을 고려하여 제1항
또는 제2항에 따라 선정한다.

② 회로 중 가장 큰 선도체의 단면적을 기준으로 제1항에 따라 선정한다.

② 보호도체의 시설

1. 보호도체에는 어떠한 개폐장치를 연결해서는 안 된다. 다만, 시험목적으로 공구를
이용하여 보호도체를 분리할 수 있는 접속점을 만들 수 있다.

2. 접지에 대한 전기적 감시를 위한 전용장치(동작센서, 코일, 변류기 등)를 설치하는
경우, 보호도체 경로에 직렬로 접속하면 안 된다.

3. 기기·장비의 노출도전부는 다른 기기를 위한 보호도체의 부분을 구성하는데 사용할 수 없다.

③ 보호도체의 단면적 보강

1. 보호도체는 정상 운전상태에서 전류의 전도성 경로(전기자기간섭 보호용 필터의 접속 등으로 인한)로 사용되지 않아야 한다.

2. 전기설비의 정상 운전상태에서 보호도체에 10[mA]를 초과하는 전류가 흐르는 경우, 다음에 의해 보호도체를 증강하여 사용하여야 한다.
   가. 보호도체가 하나인 경우 보호도체의 단면적은 전 구간에 구리 10[mm^2] 이상 또는 알루미늄 16[mm^2] 이상으로 하여야 한다.
   나. 추가로 보호도체를 위한 별도의 단자가 구비된 경우, 최소한 고장보호에 요구되는 보호도체의 단면적은 구리 10[mm^2], 알루미늄 16[mm^2] 이상으로 한다.

④ 보호도체와 계통도체 겸용

1. 보호도체와 계통도체를 겸용하는 겸용도체(중성선과 겸용, 선도체와 겸용, 중간도체와 겸용 등)는 해당하는 계통의 기능에 대한 조건을 만족하여야 한다.

2. 겸용도체는 고정된 전기설비에서만 사용할 수 있으며 다음에 의한다.
   가. 단면적은 구리 10[mm^2] 또는 알루미늄 16[mm^2] 이상이어야 한다.
   나. 중성선과 보호도체의 겸용도체는 전기설비의 부하 측으로 시설하여서는 안 된다.
   다. 폭발성 분위기 장소는 보호도체를 전용으로 하여야 한다.

⑤ 주접지 단자

1. 접지시스템은 주접지 단자를 설치하고, 다음의 도체들을 접속하여야 한다.
   가. 등전위본딩도체
   나. 접지도체
   다. 보호도체
   라. 관련이 있는 경우, 기능성 접지도체

2. 여러 개의 접지단자가 있는 장소는 접지단자를 상호 접속하여야 한다.

3. 주접지 단자에 접속하는 각 접지도체는 개별적으로 분리할 수 있어야 하며, 접지저항
   을 편리하게 측정할 수 있어야 한다. 다만, 접속은 견고하여야 하며 공구에 의해서만
   분리되는 방법으로 하여야 한다.

6.7 전기수용가 접지

1 저압수용가 인입구 접지

1. 수용장소 인입구 부근에서 다음의 것을 접지극으로 사용하여 변압기 중성점 접지를
   한 저압전선로의 중성선 또는 접지측 전선에 추가로 접지공사를 할 수 있다.
   가. 지중에 매설되어 있고 대지와의 전기저항 값이 3[Ω] 이하의 값을 유지하고
       있는 금속제 수도관로
   나. 대지 사이의 전기저항 값이 3[Ω] 이하인 값을 유지하는 건물의 철골

2. 제1에 따른 접지도체는 공칭단면적 6[mm^2] 이상의 연동선 또는 이와 동등 이상의
   세기 및 굵기의 쉽게 부식하지 않는 금속선으로서 고장 시 흐르는 전류를 안전하게
   통할 수 있는 것이어야 한다. 다만, 접지도체를 사람이 접촉할 우려가 있는 곳에
   시설할 때에는 접지도체는 「접지도체」에 관한 규정에 따른다.

2 주택 등 저압수용장소 접지

1. 저압수용장소에서 계통접지가 TN-C-S 방식인 경우에 보호도체는 다음에 따라 시설
   하여야 한다.
   가. 보호도체의 최소 단면적은 「보호도체」의 규정에 의한 값 이상으로 한다.
   나. 중성선 겸용 보호도체(PEN)는 고정 전기설비에만 사용할 수 있고, 그 도체의
       단면적이 구리는 10[mm^2] 이상, 알루미늄은 16[mm^2] 이상이어야 하며, 그 계통
       의 최고전압에 대하여 절연되어야 한다.

2. 전항에 따른 접지의 경우에는 감전보호용 등전위본딩을 하여야 한다. 다만, 이 조건을
   충족시키지 못하는 경우에 중성선 겸용 보호도체를 수용장소의 인입구 부근에 추가로

접지하여야 하며, 그 접지저항 값은 접촉전압을 허용접촉전압 범위내로 제한하는 값 이하로 하여야 한다.

6.8 변압기 중성점 접지

1. 변압기의 중성점접지 저항 값은 다음에 의한다.(KEC 142.5)
    가. 일반적으로 변압기의 고압·특고압측 전로 1선 지락전류로 150을 나눈 값과 같은 저항값 이하
    나. 변압기의 고압·특고압측 전로 또는 사용전압이 35[kV] 이하의 특고압전로가 저압측 전로와 혼촉하고 저압전로의 대지전압이 150[V]를 초과하는 경우는 저항 값은 다음에 의한다.
        ① 1초 초과 2초 이내에 고압·특고압 전로를 자동으로 차단하는 장치를 설치할 때는 300을 나눈 값 이하
        ② 1초 이내에 고압·특고압 전로를 자동으로 차단하는 장치를 설치할 때는 600을 나눈 값 이하

2. 전로의 1선 지락전류는 실측값에 의한다. 다만, 실측이 곤란한 경우에는 선로정수 등으로 계산한 값에 의한다.

6.9 공통접지 및 통합접지

1. 고압 및 특고압과 저압 전기설비의 접지극이 서로 근접하여 시설되어 있는 변전소 또는 이와 유사한 곳에서는 다음과 같이 공통접지시스템으로 할 수 있다.
    가. 저압 전기설비의 접지극이 고압 및 특고압 접지극의 접지저항 형성영역에 완전히 포함되어 있다면 위험전압이 발생하지 않도록 이들 접지극을 상호 접속하여야 한다.
    나. 접지시스템에서 고압 및 특고압 계통의 지락사고 시 저압계통에 가해지는 상용주 파 과전압은 표 2-21 에서 정한 값을 초과해서는 안 된다.
    다. 고압 및 특고압을 수전 받는 수용가의 접지계통을 수전 전원의 다중접지된 중성선 과 접속하면 "나"의 요건은 충족하는 것으로 간주할 수 있다.

표 2-21 저압설비 허용 상용주파 과전압

고압계통에서 지락고장시간(초)	저압설비 허용 상용주파 과전압 [V]	비고
> 5	$U_0 + 250$	중성선 도체가 없는 계통에서 U_0는 선간전압을 말한다.
≤ 5	$U_0 + 1,200$	

1. 순시 상용주파 과전압에 대한 저압기기의 절연 설계기준과 관련된다.
2. 중성선이 변전소 변압기의 접지계통에 접속된 계통에서, 건축물외부에 설치한 외함이 접지되지
   않은 기기의 절연에는 일시적 상용주파 과전압이 나타날 수 있다.

   라. 기타 공통접지와 관련한 사항은 KS C IEC 61936의 「접지시스템」에 의한다.

2. 전기설비의 접지설비, 건축물의 피뢰설비·전자통신설비 등의 접지극을 공용하는
   통합접지시스템으로 하는 경우 다음과 같이 하여야 한다.
   가. 통합접지시스템은 제1항에 의한다.
   나. 낙뢰에 의한 과전압 등으로부터 전기전자기기 등을 보호하기 위해 「전기전자설비
      보호」의 규정에 따라 서지보호장치를 설치하여야 한다.

6.10 기계기구의 철대 및 외함의 접지

1. 전로에 시설하는 기계기구의 철대 및 금속제 외함(외함이 없는 변압기 또는 계기용변
   성기는 철심)에는 「접지 시스템」에 의한 접지공사를 하여야 한다.(KEC 142.7)

2. 다음의 어느 하나에 해당하는 경우에는 제1항의 규정에 따르지 않을 수 있다.
   가. 사용전압이 직류 300[V] 또는 교류 대지전압이 150[V] 이하인 기계기구를 건조한
      곳에 시설하는 경우
   나. 저압용의 기계기구를 건조한 목재의 마루 기타 이와 유사한 절연성 물건 위에서
      취급하도록 시설하는 경우
   다. 저압용이나 고압용의 기계기구, 「특고압 배전용 변압기의 시설」에서 규정하는
      특고압 전선로에 접속하는 배전용 변압기나 이에 접속하는 전선에 시설하는
      기계기구 또는 「유도장해의 방지」에서 규정하는 특고압 가공전선로의 전로에
      시설하는 기계기구를 사람이 쉽게 접촉할 우려가 없도록 목주 기타 이와 유사한

것의 위에 시설하는 경우

라. 철대 또는 외함의 주위에 적당한 절연대를 설치하는 경우

마. 외함이 없는 계기용변성기가 고무·합성수지 기타의 절연물로 피복한 것일 경우

바. 「전기용품 및 생활용품 안전관리법」의 적용을 받는 이중절연구조로 되어 있는 기계기구를 시설하는 경우

사. 저압용 기계기구에 전기를 공급하는 전로의 전원측에 절연변압기(2차 전압이 300[V] 이하이며, 정격용량이 3[kVA] 이하인 것에 한한다)를 시설하고 또한 그 절연변압기의 부하측 전로를 접지하지 않은 경우

아. 물기 있는 장소 이외의 장소에 시설하는 저압용의 개별 기계기구에 전기를 공급하는 전로에 「전기용품 및 생활용품 안전관리법」의 적용을 받는 인체감전보호용 누전차단기(정격감도전류가 30[mA] 이하, 동작시간이 0.03초 이하의 전류동작형에 한한다)를 시설하는 경우

자. 외함을 충전하여 사용하는 기계기구에 사람이 접촉할 우려가 없도록 시설하거나 절연대를 시설하는 경우

예제 11

감전사고는 작업자 또는 일반인의 과실 등과 기기구류 내의 전로의 절연불량 등에 의하여 발생되는 경우가 많이 있다. 저압에 사용되는 기계기구류 내의 전로 절연불량 등으로 발생되는 감전사고를 방지하기 위한 기술적인 대책을 4가지만 쓰시오.

풀이
① 충분히 낮은 접지저항을 얻을 수 있는 접지시설 시행
② 고감도 누전차단기 설치
③ 기계기구의 외함 접지
④ 2중 절연 구조의 전기기기 선정

6.11 감전보호용 등전위본딩

1 등전위본딩의 적용

1. 건축물·구조물에서 접지도체, 주 접지단자와 다음의 도전성부분은 등전위본딩 하여

야 한다. 다만, 이들 부분이 다른 보호도체로 주접지단자에 연결된 경우는 그렇지
않다.

　가. 수도관·가스관 등 외부에서 내부로 인입되는 금속배관

　나. 건축물·구조물의 철근, 철골 등 금속보강재

　다. 일상생활에서 접촉이 가능한 금속제 난방배관 및 공조설비 등 계통외도전부

2. 주 접지단자에 보호등전위본딩 도체, 접지도체, 보호도체, 기능성 접지도체를 접속하
여야 한다.

② 등전위본딩 시설

(1) 보호등전위본딩

1. 건축물·구조물의 외부에서 내부로 들어오는 각종 금속제 배관은 다음과 같이 하여야
한다.

　가. 1개소에 집중하여 인입하고, 인입구 부근에서 서로 접속하여 등전위본딩 바에
접속하여야 한다.

　나. 대형건축물 등으로 1개소에 집중하여 인입하기 어려운 경우에는 본딩도체를
1개의 본딩 바에 연결한다.

2. 수도관·가스관의 경우 내부로 인입된 최초의 밸브 후단에서 등전위본딩을 하여야
한다.

3. 건축물·구조물의 철근, 철골 등 금속보강재는 등전위본딩을 하여야 한다.

(2) 보조 보호등전위본딩

1. 보조 보호등전위본딩의 대상은 전원자동차단에 의한 감전보호방식에서 고장 시 자동
차단시간이 「전원의 자동차단에 의한 고장보호 요구사항」에서 요구하는 계통별 최대
차단시간을 초과하는 경우이다.

2. 제1의 차단시간을 초과하고 2.5[m] 이내에 설치된 고정기기의 노출도전부와 계통외
도전부는 보조 보호등전위본딩을 하여야 한다. 다만, 보조 보호등전위본딩의 유효성

에 관해 의문이 생길 경우 동시에 접근 가능한 노출도전부와 계통외도전부 사이의 저항 값(R)이 다음의 조건을 충족하는지 확인하여야 한다.

$$교류\ 계통:\ R \leq \frac{50\ V}{I_a}\ [\Omega]$$

$$직류\ 계통:\ R \leq \frac{120\ V}{I_a}\ [\Omega]$$

단, I_a : 보호장치의 동작전류[A]

(누전차단기의 경우 $I_{\triangle n}$(정격감도전류), 과전류보호장치의 경우 5초 이내 동작 전류)

(3) 비접지 국부 등전위본딩

1. 절연성 바닥으로 된 비접지 장소에서 다음의 경우 국부 등전위본딩을 하여야 한다.
   가. 전기설비 상호 간이 2.5[m] 이내인 경우
   나. 전기설비와 이를 지지하는 금속체 사이

2. 전기설비 또는 계통외 도전부를 통해 대지에 접촉하지 않아야 한다.

3 등전위본딩 도체

(1) 보호등전위본딩 도체

1. 주접지단자에 접속하기 위한 등전위본딩 도체는 설비 내에 있는 가장 큰 보호접지도체 단면적의 1/2 이상의 단면적을 가져야 하고 다음의 단면적 이상이어야 한다.
   가. 구리도체 6[mm^2]
   나. 알루미늄 도체 16[mm^2]
   다. 강철 도체 50[mm^2]

2. 주접지단자에 접속하기 위한 보호본딩도체의 단면적은 구리도체 25[mm^2] 또는 다른 재질의 동등한 단면적을 초과할 필요는 없다.

3. 등전위본딩 도체의 상호접속은 「피뢰등전위본딩」의 규정에 따른다.

(2) 보조 보호등전위본딩 도체

1. 두 개의 노출 도전부를 접속하는 경우 도전성은 노출도전부에 접속된 더 작은 보호도체의 도전성보다 커야 한다.

2. 노출 도전부를 계통외 도전부에 접속하는 경우 도전성은 같은 단면적을 갖는 보호도체의 1/2 이상이어야 한다.

3. 케이블의 일부가 아닌 경우 또는 선로도체와 함께 수납되지 않은 본딩도체는 다음 값 이상이어야 한다.
   가. 기계적 보호가 된 것은 구리도체 $2.5[\mathrm{mm}^2]$, 알루미늄 도체 $16[\mathrm{mm}^2]$
   나. 기계적 보호가 없는 것은 구리도체 $4[\mathrm{mm}^2]$, 알루미늄 도체 $16[\mathrm{mm}^2]$

6.12 계통접지의 방식

1 계통접지 구성

1. 저압전로의 보호도체 및 중성선의 접속 방식에 따라 접지계통은 다음과 같이 분류한다.(KEC 203.1)
   가. TN 계통
   나. TT 계통
   다. IT 계통

2. 계통접지에서 사용되는 문자의 정의는 다음과 같다.
   가. 제1문자 – 전원계통과 대지의 관계
      T: 접지, I: 절연이라는 의미
   나. 제2문자 – 전기설비의 노출도전부와 대지의 관계
      T: 기기접지, N: 중성점을 의미한다.
   다. 그 다음 문자(문자가 있을 경우) – 중성선과 보호도체의 배치 관계
      S: 중성선과 보호도체가 분리한 상태, C: 조합된 상태를 의미

3. 각 계통에서 나타내는 그림의 기호는 다음과 같다.

표 2-22 기호 설명

기호	설명
	중성선(N)
	보호도체(PE)
	중성선과 보호도체겸용(PEN)

2 TN 계통

전원측(발전기 혹은 변압기)의 중성점(N)을 직접접지하고 설비의 노출 도전부를 보호도체(PE)로 중성점과 연결하는 방식이다. 보호도체(PE) 및 중성선(N)의 배치 및 접속방식에 따라 다음과 같이 분류한다.

1. TN-S 계통 : 보호도체(PE)와 중성선(N)은 변압기나 발전기 근처에서만 서로 연결되어 있고 전 구간에서 분리(separate)되어 있는 방식. 배전계통에서 PE 도체를 추가로 접지할 수 있다.

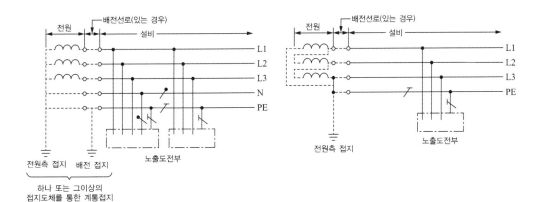

그림 2-16 계통 내에서 별도의 중성선과 보호도체가 있는 TN-S 계통

그림 2-17 계통 내에서 별도의 접지된 선도체와 보호도체가 있는 TN-S 계통

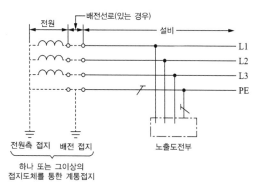

그림 2-18 계통 내에서 접지된 보호도체는 있으나 중성선의 배선이 없는 TN-S 계통

2. TN-C 계통 : 보호도체(PE)와 중성선(N)은 전 구간에서 공통(combined)으로 사용되는 방식. 거의 사용되지 않는 방식이다. 배전계통에서 PEN 도체를 추가로 접지할 수 있다.

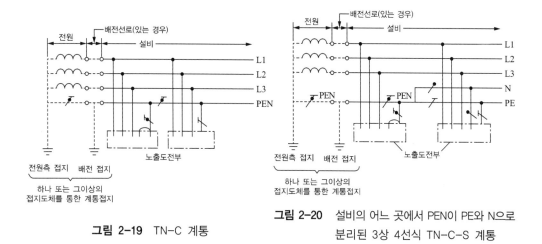

그림 2-19 TN-C 계통

그림 2-20 설비의 어느 곳에서 PEN이 PE와 N으로 분리된 3상 4선식 TN-C-S 계통

3. TN-C-S계통 : 보호도체(PE)와 중성선(N)은 어느 구간까지는 같이 연결되어 있다가 특정구간(건물의 인입점 등)부터 분리된 방식. 중성점 다중접지 방식과 비슷하다. 배전계통에서 PEN 도체와 PE 도체를 추가로 접지할 수 있다.

③ TT 계통

전원측(발전기 혹은 변압기)의 한 점을 직접접지하고 설비의 노출도전부는 전원의 접지극과는 별도로 각 수용가에서 설치하여 접지하는 방식. 배전계통에서 PE 도체를 추가로 접지할 수 있다. 큰 장점은 노이즈 신호 등의 유입을 차단할 수 있고, 3상부하의 불평형이나 중성선의 단선 등으로 인한 중성점의 전위상승 등의 영향을 받지 않는다.

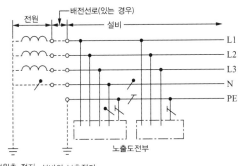

전원측 접지 설비의 보호접지

그림 2-21 설비 전체에서 별도의 중성선과 보호도체가 있는 TT 계통

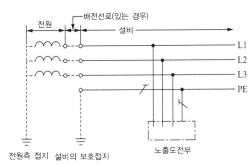

전원측 접지 설비의 보호접지

그림 2-22 설비 전체에서 별도의 중성선과 보호도체가 있는 TT 계통

4 IT 계통

1. 충전부 전체를 대지로부터 절연시키거나, 전원측의 한 점을 임피던스를 통해 대지에 접지할 수 있으며, 수용가에서 전기설비의 노출 도전부를 단독 또는 일괄적으로 계통의 PE 도체에 접속시킨다. 배전계통에서 추가접지가 가능하다.

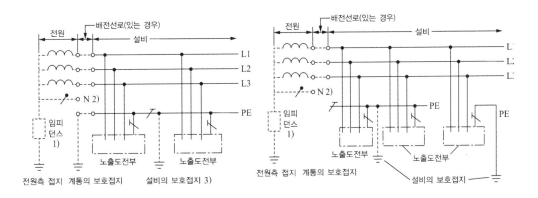

전원측 접지 계통의 보호접지   설비의 보호접지 3)

전원측 접지 계통의 보호접지   설비의 보호접지

그림 2-23 계통 내의 모든 노출도전부가 보호도체에 의해 접속되어 일괄 접지된 IT 계통

그림 2-24 노출도전부가 조합으로 또는 개별로 접지된 IT 계통

2. 계통은 충분히 높은 임피던스를 통하여 접지할 수 있다. 이 접속은 중성점, 인위적 중성점, 선도체 등에서 할 수 있다. 중성선은 배선할 수도 있고, 배선하지 않을 수도 있다.

---

7 | 전선로

전선로는 송·배전선로 모두 가공전선로와 지중전선로 2개로 구분할 수 있다. 그 중 가공전선로는 전선을 목주, 철주, 콘크리트주 또는 철탑 등에 애자로 지지한다. 우리나라에 서는 경제적인 측면에서 특별한 경우를 제외하고는 가공전선로에 의하고 있다.

7.1 구내·옥측·옥상·옥내 전선로의 시설

1 구내 인입선

(1) 저압 인입선의 시설

1. 저압 가공인입선은 다음에 따라 시설하여야 한다.(KEC 221.1.1)
   가. 전선은 절연전선 또는 케이블일 것.
   나. 전선이 케이블인 경우 이외에는 인장강도 2.30[kN] 이상의 것 또는 지름 2.6[mm] 이상의 인입용 비닐절연전선일 것. 다만, 경간이 15[m] 이하인 경우는 인장강도 1.25[kN] 이상의 것 또는 지름 2[mm] 이상의 인입용 비닐절연전선일 것.
   다. 전선이 옥외용 비닐절연전선인 경우에는 사람이 접촉할 우려가 없도록 시설하고, 옥외용 비닐절연전선 이외의 절연전선인 경우에는 사람이 쉽게 접촉할 우려가 없도록 시설할 것.
   라. 전선이 케이블인 경우에는 「가공 케이블의 시설」의 규정에 준하여 시설할 것. 다만, 케이블의 길이가 1[m] 이하인 경우에는 조가 하지 않아도 된다.
   마. 전선의 높이는 다음에 의할 것.
   　① 도로(차도와 보도의 구별이 있는 도로인 경우에는 차도)를 횡단하는 경우에는 노면상 5[m](기술상 부득이한 경우에 교통에 지장이 없을 때에는 3[m]) 이상

② 철도 또는 궤도를 횡단하는 경우에는 레일면상 6.5[m] 이상

③ 횡단보도교의 위에 시설하는 경우에는 노면상 3[m] 이상

④ 전항 이외의 경우에는 지표상 4[m](기술상 부득이한 경우에 교통에 지장이 없을 때에는 2.5[m]) 이상

2. 저압 가공인입선을 직접 인입한 조영물에 대하여는 위험의 우려가 없을 경우에 한하여 제1항에서 준용하는 「저압 가공전선과 다른 시설과의 접근 또는 교차」 및 「고압 가공전선과 건조물의 접근」의 규정은 적용하지 아니한다.

3. 기술상 부득이한 경우는 저압 가공인입선을 직접 이입한 조영물 이외의 시설물인 경우에 저압 가공인입선과 다른 시설물 사이의 이격거리는 표 2-23에서 정한 값 이상이어야 한다.

표 2-23 저압 가공인입선 조영물의 구분에 따른 이격거리

시설물의 구분		이격거리
조영물의 상부 조영재	위 쪽	2[m] (전선이 옥외용 비닐절연전선 이외의 저압 절연전선인 경우는 1.0[m], 고압 절연전선, 특고압 절연전선 또는 케이블인 경우는 0.5[m])
	옆 쪽 또는 아래 쪽	0.3[m] (전선이 고압 절연전선, 특고압 절연전선 또는 케이블인 경우는 0.15[m])
조영물의 상부 조영재 이외의 부분 또는 조영물 이외의 시설물		0.3[m] (전선이 고압 절연전선, 특고압 절연전선 또는 케이블인 경우는 0.15[m])

(2) 연접 인입선의 시설

저압 연접(이웃 연결) 인입선은 「저압 가공인입선의 시설」 1의 규정에 준하여 시설하는 이외에 다음에 따라 시설하여야 한다.(KEC 221.2)

① 인입선에서 분기하는 점으로부터 100[m]를 초과하는 지역에 미치지 아니할 것.

② 폭 5[m]를 초과하는 도로를 횡단하지 아니할 것.

③ 옥내를 통과하지 아니할 것

② 옥측 전선로

1. 저압 옥측전선로는 다음의 어느 하나에 해당하는 경우에 한하여 시설할 수 있다.
   가. 1구내 또는 동일 기초구조물 및 여기에 구축된 복수의 건물과 구조적으로 일체화된 하나의 건물(이하 "1구내 등"이라 한다)에 시설하는 전선로의 전부 또는 일부로 시설하는 경우
   나. 1구내 등 전용의 전선로 중 그 구내에 시설하는 부분의 전부 또는 일부로 시설하는 경우

2. 저압 옥측전선로는 다음에 따라 시설하여야 한다.
   가. 저압 옥측전선로는 다음의 공사방법에 의할 것.
   ① 애자공사(전개된 장소에 한한다.)
   ② 합성수지관공사
   ③ 금속관공사(목조 이외의 조영물에 시설하는 경우에 한한다)
   ④ 버스덕트공사[목조 이외의 조영물(점검할 수 없는 은폐된 장소는 제외한다)에 시설하는 경우에 한한다]
   ⑤ 케이블공사(연피 케이블, 알루미늄피 케이블 또는 무기물절연(MI) 케이블을 사용하는 경우에는 목조 이외의 조영물에 시설하는 경우에 한한다)
   나. 애자공사에 의한 저압 옥측전선로는 다음에 의하고 또한 사람이 쉽게 접촉될 우려가 없도록 시설할 것.
   ① 전선은 공칭단면적 4[mm²] 이상의 연동 절연전선(옥외용 비닐절연전선 및 인입용 절연전선은 제외한다)일 것.
   ② 전선 상호 간의 간격 및 전선과 그 저압 옥측전선로를 시설하는 조영재 사이의 이격거리는 표 2-24에서 정한 값 이상일 것
   ③ 전선의 지지점 간의 거리는 2[m] 이하일 것.
   ④ 전선에 인장강도 1.38[kN] 이상의 것 또는 지름 2[mm]이상의 경동선을 사용하고 또한 전선 상호 간의 간격을 0.2[m] 이상, 전선과 저압 옥측전선로를 시설한 조영재 사이의 이격거리를 0.3[m] 이상으로 하여 시설하는 경우에 한하여 옥외용 비닐절연전선을 사용하거나 지지점 간의 거리를 2[m]를 초과하고 15[m] 이하로 할 수 있다.

표 2-24 시설장소별 조영재 사이의 이격거리

시설장소	전선 상호 간의 간격		전선과 조영재 사이의 이격거리	
	사용전압이 400[V] 이하인 경우	사용전압이 400[V] 초과인 경우	사용전압이 400[V] 이하인 경우	사용전압이 400[V] 초과인 경우
비나 이슬에 젖지 않는 장소	0.06[m]	0.06[m]	0.025[m]	0.025[m]
비나 이슬에 젖는 장소	0.06[m]	0.12[m]	0.025[m]	0.045[m]

⑤ 사용전압이 400[V] 이하인 경우에 다음에 의하고 또한 전선을 손상할 우려가 없도록 시설할 때에는 ① 및 ② (전선 상호 간의 간격에 관한 것에 한한다)에 의하지 아니할 수 있다.

(가) 전선은 공칭단면적 4[mm²]이상의 연동 절연전선 또는 지름 2[mm]이상의 인입용 비닐절연전선일 것.

(나) 전선을 바인드선에 의하여 애자에 붙이는 경우에는 각각의 선심을 애자의 다른 홈에 넣고 또한 다른 바인드선으로 선심 상호 간 및 바인드선 상호 간이 접촉하지 않도록 견고하게 시설할 것.

(다) 전선을 접속하는 경우에는 각각의 선심의 접속점은 0.05[m] 이상 띄울 것.

(라) 전선과 그 저압 옥측전선로를 시설하는 조영재 사이의 이격거리는 0.03[m] 이상일 것

⑥ ⑤에 의하는 경우로 전선과 그 저압 옥측전선로를 시설하는 조영재 사이의 이격거리를 0.3[m] 이상으로 시설하는 경우에는 지지점 간의 거리를 2[m]를 초과하고 15[m] 이하로 할 수 있다.

⑦ 애자는 절연성·난연성 및 내수성이 있는 것일 것.

다. 합성수지관공사에 의한 저압 옥측전선로는 「합성수지관 공사」규정에 준하여 시설할 것.

라. 금속관공사에 의한 저압 옥측전선로는 「금속관 공사」의 규정에 준하여 시설할 것.

마. 버스덕트공사에 의한 저압 옥측전선로는 「버스덕트 공사」의 규정에 준하여 시설하는 이외의 덕트는 물이 스며들어 고이지 않는 것일 것.

바. 케이블공사에 의한 저압 옥측전선로는 다음의 어느 하나에 의하여 시설할 것.

　① 케이블을 조영재에 따라서 시설할 경우에는 「케이블 공사」의 규정에 준하여 시설할 것.

　② 케이블을 조가용선에 조가하여 시설할 경우에는 「가공 케이블의 시설」(1의 "라"및 3을 제외한다)의 규정에 준하여 시설하고 또한 저압 옥측전선로에 시설하는 전선은 조영재에 접촉하지 않도록 시설할 것.

3. 애자공사에 의한 저압 옥측전선로의 전선이 다른 시설물과 접근하는 경우 또는 애자공사에 의한 저압 옥측전선로의 전선이 다른 시설물의 위나 아래에 시설되는 경우에 저압 옥측전선로의 전선과 다른 시설물 사이의 이격거리는 표 2-25에서 정한 값 이상이어야 한다.

표 2-25 저압 옥측전선로 조영물의 구분에 따른 이격거리

다른 시설물의 구분	접근 형태	이격거리
조영물의 상부 조영재	위 쪽	2[m] (전선이 고압 절연전선, 특고압 절연전선 또는 케이블인 경우는 1[m])
	옆 쪽 또는 아래 쪽	0.6[m] (전선이 고압 절연전선, 특고압 절연전선 또는 케이블인 경우는 0.3[m])
조영물의 상부 조영재 이외의 부분 또는 조영물 이외의 시설물		0.6[m] (전선이 고압 절연전선, 특고압 절연전선 또는 케이블인 경우는 0.3[m])

4. 애자공사에 의한 저압 옥측전선로의 전선과 식물 사이의 이격거리는 0.2[m] 이상이어야 한다. 다만, 저압 옥측전선로의 전선이 고압 절연전선 또는 특고압 절연전선인 경우에 그 전선을 식물에 접촉하지 않도록 시설하는 경우에는 적용하지 아니한다.

3 옥상전선로

1. 저압 옥상전선로(저압의 인입선 및 연접인입선의 옥상부분은 제외한다.)는 다음의 어느 하나에 해당하는 경우에 한하여 시설할 수 있다.(KEC 221.3)

가. 1구내 또는 동일 기초 구조물 및 여기에 구축된 복수의 건물과 구조적으로 일체화된 하나의 건물에 시설하는 전선로의 전부 또는 일부로 시설하는 경우

나. 1구내 등 전용의 전선로 중 그 구내에 시설하는 부분의 전부 또는 일부로 시설하는 경우

2. 저압 옥상전선로는 전개된 장소에 다음에 따르고 또한 위험의 우려가 없도록 시설하여야 한다.

　가. 전선은 인장강도 2.30[kN] 이상의 것 또는 지름 2.6[mm]이상의 경동선을 사용할 것.

　나. 전선은 절연전선(OW전선을 포함한다) 또는 이와 동등 이상의 절연성능이 있는 것을 사용할 것.

　다. 전선은 조영재에 견고하게 붙인 지지주 또는 지지대에 절연성·난연성 및 내수성이 있는 애자를 사용하여 지지하고 또한 그 지지점 간의 거리는 15[m] 이하일 것.

　라. 전선과 그 저압 옥상 전선로를 시설하는 조영재와의 이격거리는 2[m](전선이 고압 절연전선, 특고압 절연전선 또는 케이블인 경우에는 1[m]) 이상일 것.

3. 전선이 케이블인 저압 옥상전선로는 다음의 어느 하나에 해당할 경우에 한하여 시설할 수 있다.

　가. 전선을 전개된 장소에 「가공 케이블의 시설」의 규정에 준하여 시설하는 외에 조영재에 견고하게 붙인 지지주 또는 지지대에 의하여 지지하고 또한 조영재 사이의 이격거리를 1[m] 이상으로 하여 시설하는 경우

　나. 전선을 조영재에 견고하게 붙인 견고한 관 또는 트라프에 넣고 또한 트라프에는 취급자 이외의 자가 쉽게 열 수 없는 구조의 철제 또는 철근 콘크리트제 기타 견고한 뚜껑을 시설하는 외에 「케이블 공사 시설조건」의 규정에 준하여 시설하는 경우

4. 저압 옥상전선로의 전선이 저압 옥측전선, 고압 옥측전선, 특고압 옥측전선, 다른 저압 옥상전선로의 전선, 약전류전선 등, 안테나·수관·가스관 또는 이들과 유사한 것과 접근하거나 교차하는 경우에는 저압 옥상전선로의 전선과 이들 사이의 이격거리는 1[m](저압 옥상전선로의 전선 또는 저압 옥측전선이나 다른 저압 옥상전선로의

전선이 저압 방호구에 넣은 절연전선 등·고압 절연전선·특고압 절연전선 또는 케이블인 경우에는 0.3[m]) 이상이어야 한다.

5. 제4의 경우 이외에는 저압 옥상전선로의 전선이 다른 시설물과 접근하거나 교차하는 경우에는 그 저압 옥상전선로의 전선과 이들 사이의 이격거리는 0.6 m(전선이 고압 절연전선, 특고압 절연전선 또는 케이블인 경우에는 0.3[m]) 이상이어야 한다.

6. 저압 옥상전선로의 전선은 상시 부는 바람 등에 의하여 식물에 접촉하지 않도록 시설하여야 한다.

7.2 가공전선로

전력 전송로로서의 가공전선로는 전기적 성능과 가혹한 자연환경에도 견딜 수 있는 기계적 성능을 겸비하여, 발전소에서 발생된 전력을 효율이 높으면서 안전하고 경제적으로 전송하여야 한다. 이러한 가공전선로는 전선, 애자, 지지물, 가공지선과 매설지선 및 부속 장치로 되어있다.

1 가공전선 및 지지물의 시설

① 가공전선로의 지지물은 다른 가공전선, 가공약전류전선, 가공광섬유케이블, 약전류 전선 또는 광섬유케이블 사이를 관통하여 시설해서는 안 된다.(판단기준 58)
② 가공전선은 다른 가공전선로, 가공전차전로, 가공약전류전선로 또는 가공광섬유케이 블선로의 지지물을 사이에 두고 시설해서는 안 된다.
③ 가공전선과 다른 가공전선, 가공약전류전선, 가공광섬유케이블 또는 가공전차선을 동일 지지물에 시설하는 경우는 전항에 의하지 않을 수 있다.

2 가공전선로 지지물의 철탑오름 및 전주오름 방지

가공전선로의 지지물은 전기취급자가 오르고 내리는데 사용하는 발판 볼트 등을 지표상 1.8[m] 미만에 시설해서는 안 된다. 다만, 다음 각 호에 해당하는 경우는 적용하지 않는다. (판단기준 60)

① 발판 볼트 등을 내부에 넣을 수 있는 구조로 되어 있는 지지물에 시설하는 경우
② 지지물의 주위에 취급자 이외의 사람이 출입할 수 없도록 울타리·담 등을 시설하는 경우
③ 지지물이 산간(山間) 등에 있으며 사람이 쉽게 접근할 우려가 없는 곳에 시설하는 경우

❸ 지지물의 강도

가공전선로의 지지물의 강도는 지지물의 종류에 따라서 다음 각 호에 의하여야 한다.(판단기준 74, 77, 78, 129)

① 목주 말구의 굵기는 다음과 같을 것
  - 고압주의 경우 지름 12[cm] 이상
  - 저압주에서 보안공사의 경우 지름 12[cm] 이상

  [주] 저압주에서 보안공사 이외의 경우는 지름 10[cm] 이상이 바람직하다.

② 목주, 철주, 철근콘크리트주와 철탑 등의 강도는 판단기준 제66조, 제115조에 따를 것

7.3 지중전선로

송전선로로서 다음과 같은 경우에 지중전선로를 채택하게 된다.

① 도시 미관을 중요시하는 경우
② 수용밀도가 현저하게 높은 지역에서 공급할 경우
③ 가공전선로를 설치하기 어려운 경우
④ 뇌·풍수해 등 사고에 대해 높은 신뢰도가 요구되는 경우

❶ 지중전선로의 시설

1. 지중전선로는 전선에 케이블을 사용하고 또한 관로식(管路式), 암거식(暗渠式) 또는 직접매설방식에 의하여 시설하여야 한다.(판단기준 136)

2. 지중전선로를 관로식에 의하여 시설하는 경우에는 매설 깊이를 1.0[m] 이상으로 하되, 매설 깊이가 충분하지 못한 장소에는 견고하고 차량 기타 중량물의 압력에 견디며, 물기가 스며들지 않는 관을 사용하여야 한다. 다만, 중량물의 압력을 받을 우려가 없는 곳은 60[cm]이상으로 한다.

   암거식에 의하여 시설하는 경우는 견고하고 차량, 기타 중량물의 압력에 견디며, 물기가 스며들지 않는 암거를 사용하여야 한다.

3. 지중전선로를 직접매설식에 의하여 시설하는 경우는 다음 각 호에 의하여야 한다.
   ① 매설깊이는 표 2-26에 따를 것.

표 2-26 지중전선로의 매설 깊이

시설 장소	매설 깊이 [m]
차량, 기타 중량물의 압력을 받을 우려가 있는 장소	1.2 이상
기타 장소	0.6 이상

   ② 케이블은 콘크리트제의 견고한 트라프 기타 견고한 관 또는 트라프에 넣어서 시설할 것.

② 지중함의 시설

지중전선로에 사용하는 지중함은 다음 각 호에 의하여 시설하여야 한다.

① 지중함은 견고하고 차량 기타 중량물의 압력에 견디며, 물기가 쉽게 스며들지 않는 구조일 것.
② 지중함은 그 안에 고인 물을 쉽게 제거할 수 있는 구조일 것.
③ 폭발성 또는 연소성가스가 침입할 우려가 있는 곳에 시설하는 지중함으로서 그 크기가 $1[m^3]$ 이상인 것은 통풍장치 기타 가스를 방산하기 위한 적당한 장치를 시설할 것.
④ 지중함의 뚜껑은 시설자 이외의 사람이 쉽게 열 수 없도록 시설할 것.

8 | 인입선

인입선(引入線)은 인입선 접속점으로부터 수용장소의 인입구에 이르는 부분을 말한다. 인입선은 전력회사의 배전선 지지물에서 분기하여 수용장소의 인입구까지 부분의 전선으로 그 가공부분을 **가공인입선**이라고 한다. 또한 건물의 옥측부분, 건물의 지중부분(지중인입선), 건물의 옥상부분도 인입선에 포함한다.

8.1 저압 구내 가공인입선의 시설

1 저압 구내 가공인입선

저압 구내 가공인입선은 다음 각 호에 따라 시설하여야 한다.

1. 전선이 케이블인 경우 이외에는 인장강도 2.30[kN] 이상의 것 또는 지름 2.6[mm] 이상의 인입용 비닐절연전선일 것. 다만, 경간이 15[m] 이하인 경우는 인장강도 1.25[kN] 이상의 것 또는 지름 2[mm] 이상의 인입용 비닐절연전선일 것.
2. 전선은 절연전선, 다심형 전선 또는 케이블일 것.
3. 인입선 시설 수의 제한
   수용장소에서 인입선의 회선수는 동일 전기방식에 대하여 1개로 한다. 다만, 전기사업자가 특별히 지정하는 아파트, 기타 기술적으로 곤란한 경우 등에서는 그렇지 않다.

2 전선의 종류 및 굵기

전선의 종류 및 굵기는 표 2-27에 따를 것.

표 2-27 전선의 종류 및 굵기

전선의 종류	전선의 굵기	
	전선의 길이 15[m] 이하	전선의 길이 15[m] 초과
OW전선, DV전선, 고압 절연전선, 특고압 절연전선	2.0[mm] 이상	2.6[mm] 이상
450/750 V 일반용 단심 비닐절연전선	4[mm²] 이상	6[mm²] 이상
케이블	기계적 강도면의 제한은 없음	

③ 저압 가공인입선과 다른 시설물과의 이격거리

저압 가공인입선과 다른 시설물과의 이격거리는 표 2-28에 의한다.(판단기준 100)

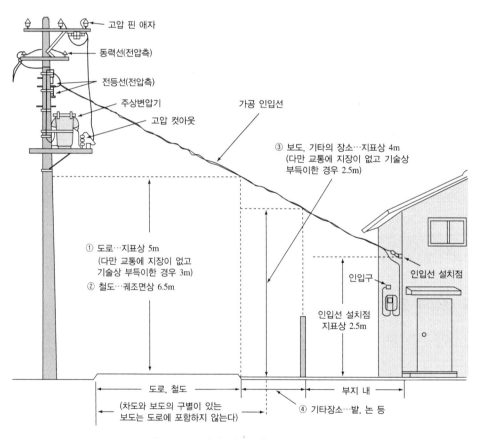

그림 2-25 저압 가공 인입선의 시설(예)

표 2-28 저압 인입선과 다른 시설물과의 이격거리

다른 시설물의 구분	접근형태	이격거리
조영물의 위쪽 조영재	위쪽	2[m] (전선이 다심형 전선, 옥외용 비닐절연전선 이외의 저압 절연전선인 경우에는 1[m], 고압 절연전선, 특고압 절연전선 또는 케이블인 경우에는 0.50[m])
	옆쪽 또는 아래쪽	0.3[m] (전선이 고압 절연전선, 특고압 절연전선 또는 케이블인 경우에는 0.15[m])
조영물의 위쪽 조영재 이외의 부분 또는 조영물 이외의 시설물		0.3[m] (전선이 고압 절연전선, 특고압 절연전선 또는 케이블인 경우에는 0.15[m])

4 저압 가공인입선의 높이

저압 가공인입선의 높이는 다음 각 호에 의하여 시설하여야 한다.(판단기준 100, 101)

1. 도로[농로 기타 교통이 번잡하지 않은 도로 및 횡단보도교를 제외한다.]를 횡단하는 경우에는 지표상 6[m] 이상
2. 철도 또는 궤도를 횡단하는 경우에는 레일면상 6.5[m] 이상
3. 횡단보도교의 위에 시설하는 경우에는 저압 가공전선은 그 노면상 3.5[m] [전선이 저압 절연전선(인입용 비닐절연전선·450/750[V] 비닐절연전선·450/750[V] 고무 절연전선·옥외용 비닐절연전선을 말한다.)·다심형 전선 또는 케이블인 경우에는 3[m] 이상]
4. 전항 이외의 경우에는 지표상 5[m] 이상. 다만, 저압 가공전선을 도로 이외의 곳에 시설하는 경우 또는 절연전선이나 케이블을 사용한 저압 가공전선으로서 옥외 조명용에 공급하는 것으로 교통에 지장이 없도록 시설하는 경우에는 지표상 4[m] 까지로 감할 수 있다.

8.2 고압 가공인입선의 시설

1. 고압 구내 가공인입선의 전선의 종류 및 굵기는 다음 표 2-29에 의하여 시설하여야 한다.(판단기준 102).

표 2-29 전선의 종류 및 굵기

전선의 종류	전선의 굵기 [mm]
고압 절연전선, 특고압 절연전선	5.0 이상
고압 케이블, 특고압 케이블	기계적 강도면의 제한은 없음

2. 고압 가공 인입선의 높이는 다음 표 2-30에 의하여야 한다.

표 2-30 고압 가공 인입선의 높이

구 분	이격거리
도로	도로를 횡단하는 경우 지표상 6[m] 이상
철도 또는 궤도를 횡단	레일면상 6.5[m] 이상
횡단보도교의 위쪽	횡단보도교의 노면 상 3.5[m] 이상
상기 이외의 경우	지표상 5[m] 이상 (다만, 고압 가공인입선이 케이블이외의 것인 때에는 그 전선의 아래쪽에 위험 표시를 할 경우에 3.5[m] 까지로 감할 수 있다.

[주] 공장 구내에서는 지표상 5[m] 이상, 다만 전선의 아래쪽에 「위험 표시」를 한 경우에는 고압에서는 지표상 3.5[m]까지, 특별 고압에서는 지표상 4[m]까지 감할 수 있다.

8.3 특고압 가공전선의 높이

표 2-31 특고압 가공전선의 높이

사용전압의 구분	지표상의 높이
35[kV] 이하	5[m] (철도 또는 궤도를 횡단하는 경우에는 6.5[m], 도로를 횡단하는 경우에는 6[m], 횡단보도교의 위에 시설하는 경우로서 전선이 특고압 절연전선 또는 케이블인 경우에는 4[m])
35[kV] 초과 160[kV] 이하	6[m] (철도 또는 궤도를 횡단하는 경우에는 6.5[m], 산지(山地) 등에서 사람이 쉽게 들어갈 수 없는 장소에 시설하는 경우에는 5[m], 횡단보도교의 위에 시설하는 경우 전선이 케이블인 때는 5[m])
160[kV] 초과	6[m] (철도 또는 궤도를 횡단하는 경우에는 6.5[m] 산지 등에서 사람이 쉽게 들어갈 수 없는 장소를 시설하는 경우에는 5[m])에 160[kV]를 초과하는 10[kV] 또는 그 단수마다 0.12[m]를 더한 값

특고압 가공전선의 지표상(철도 또는 궤도를 횡단하는 경우에는 레일면상, 횡단보도교를 횡단하는 경우에는 그 노면상)의 높이는 표 2-31에서 정한 값 이상이어야 한다.

8.4 가공 인입선 등의 접속점의 선정

전기사업자로부터 저압의 전기를 공급받는 경우의 인입선의 접속점은 다음의 각호에 의하여 선정하는 것을 원칙으로 한다.

① 가공배전선로에서 최단거리로 인입선이 시설될 수 있을 것
② 인입선이 외상을 받을 우려가 없을 것
③ 인입선이 옥상을 가급적 통과하지 않도록 시설할 것
④ 인입선은 타 전선로 또는 약전류 전선로와 충분히 이격할 것
⑤ 인입선이 금속제의 굴뚝, 안테나 및 이들의 지선 또는 수목과 접근하지 않도록 시설할 것
⑥ 인입선은 장력에 충분히 견딜 것

8.5 저압 인입선 접속점에서 인입구 장치까지의 시설

인입선 접속점에서 인입구 장치까지의 전선은 절연전선 또는 케이블을 사용하고, 전선의 굵기는 단면적 4[mm^2] 이상의 동 전선으로 접속되는 간선과 동등 이상의 허용전류를 갖는 것이어야 한다(판단기준 94, 100).

> [주] 고압 인입선은 지름 5[mm]의 경동선과 동등 이상의 세기 및 굵기의 고압 절연전선, 특고압 절연전선 또는 인하용 절연전선을 애자사용 공사에 의하여 시설하거나 케이블을 사용한다(판단기준 102).

1. 인입선 접속점이 건축물로부터 떨어진 장소인 경우에는 인입선 접속점으로부터 건축물까지의 부분은 다음에 의하여 시공할 것
   ① 가공전선로(가공 케이블을 포함)
   ② 지중전선로

2. 건축물 등의 측면에 시설하는 부분은 다음에 의하여 시공할 것
   ① 애자사용 옥측공사(노출 장소에 한함)

② 금속관 배선(목조 이외의 조영물에 시설하는 경우에 한함)

③ 합성수지관 배선

④ 케이블 배선(알루미늄피 케이블 또는 MI 케이블을 사용하는 경우에는 목조 이외의 조영물에 시설하는 경우에 한함)

3. 전항의 시설은 다음 각 호에 의하여야 한다 (판단기준 94, 100).

① 전선지표상의 높이가 450/750[V] 일반용 단심 비닐절연전선 또는 DV 전선을 사용하는 경우에는 2[m] 이상에 한하는 것으로 하고, 2[m] 미만의 장소는 금속관 배선, 합성수지관배선 또는 케이블 배선에 의할 것

② 인입구의 절연관은 인입용 테두리 애관 또는 두께 4[mm] 이상의 애관(어느 것이나 비닐제의 것을 포함한다)을 사용할 것

[주] 배선은 옥외계기 등에 인하 또는 인상된 부분을 제외하고는 지표상 2.5[m] 이상의 높이로 하는 것이 바람직하다.

4. 금속관 배선 및 합성수지관 배선에 의하는 경우는 다음에 의하여 시설할 것

① 관의 중도에 박스(box)류 또는 엘보우(elbow) 등을 설치하지 말 것

② 수급계기류의 전원측 배선과 부하측 배선과는 동일 금속관 또는 합성 수지관에 넣지 말 것

[주] 금속관 및 부속품에는 페인트 등을 도포하여 녹을 방지하는 것이 바람직하다.

5. 케이블 배선에 의하는 경우는 다음에 의하여 시설할 것

① 케이블의 중도에 접속점을 만들지 말아야 한다. 다만, 아파트 등에서 각 호의 분기는 별도로 정하는 규정에 따라 접속할 수 있다.

② 알루미늄 피복이 없는 케이블을 사용하는 경우에는 인입구에서 피복의 손상을 방지하기 위하여 애관, 합성수지관 등을 사용하고, 이것을 밖에서 하향으로 설치하며, 또한 옥내에 비가 스며들지 못하도록 케이블을 하향으로 구부릴 것

③ 알루미늄 피복이 있는 케이블에 의하는 경우에는 금속관 또는 합성수지관에 넣을 것

8.6 수급계기 등의 설치

수급계기류(전력량계, 전류제한기 등을 말한다)의 설치는 다음과 같이 설치하여야 한다.

1. 다음에 명시하는 장소 중에서 검침, 보수 및 검사가 용이한 장소에 설치할 것
   ① 손상을 받을 우려가 없는 장소
   ② 진동의 영향이 적은 장소
   ③ 매연, 먼지가 적은 장소
   ④ 앞으로 건조물이 새로 증설되거나 또는 변경될 때 검침, 보수 등이 곤란하게 될 우려가 없는 장소
   ⑤ 온도의 변화가 적은 장소
   ⑥ 화학약품으로 인한 부식작용의 영향을 받지 않는 장소
   ⑦ 자기(磁氣)의 영향이 적은 장소
   ⑧ 통행에 지장을 주지 않는 장소
   ⑨ 기타 적당한 장소

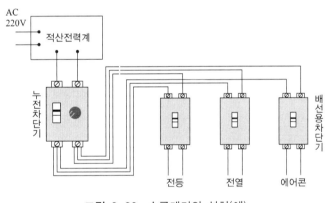

그림 2-26 수급계기의 설치(예)

2. 옥외에 설치하는 경우에는 인입선 접속점과 인입구 사이의 지표상 1.5[m] 이상, 2.0[m] 이하의 높이에 시설할 것. 또한 매입 시설할 경우에는 지표상 1.0[m]~2.0[m] 이하의 높이에 시설할 수 있다. 다만, 공사상 부득이한 경우에는 검침, 보수 등에 지장이 없는 한 이의 제한을 받지 않는다.

3. 옥내에 설치하는 경우에는 인입구 근처 바닥에서 1.5[m] 이상, 2.0[m] 이하의 높이로 설치할 것. 다만, 케비닛 속에 넣어 설치하는 경우는 1.8[m] 이하로 할 수 있다.

   [주] 수급용 전력량계를 옥내에 설치하는 경우는 전기사업자와 협의하여야 한다.

4. 전력량계 등의 부속변류기를 옥외에 설치하는 경우에는 지표상 2.5[m] 이상, 또 옥내에 설치하는 경우에는 바닥에서 2.2[m] 이상의 높이에 설치할 것. 다만, 배선을 케이블 또는 금속관으로 시설하는 경우에는 전력량계와 동일 높이(동일 케비닛 속에 넣는 경우 등)로 할 수 있다.

5. 계기 등을 우선(雨線) 밖에 설치하는 경우에는 이것을 함 속에 넣거나 비막이 등을 설치하여 보호할 것(부속 변류기에 대하여도 동일하다).

6. 금속제 함을 부착하는 부분이 금속판을 사용한 목조 건축물일 경우에는 두께 20[mm] 이상의 합성수지제판 또는 목판 등으로 조영재와 절연하여 설치할 것

---

9 │ 전로의 보호

전등·전열기·전동기 등에 전기를 공급할 때에는 인축에 대한 감전사고나 기계기구에 대한 손상이 일어나지 않도록 하기 위해 전로 보호용으로 개폐기, 과전류 차단기, 누전차단기 등을 시설하여야 한다.

9.1 개폐기

1 개폐기의 시설

1. 전로 중에 개폐기를 시설하는 경우에는 그곳의 각 극에 설치하여야 한다. 다만, 다음의 경우에는 그렇지 않다(판단기준 37, 169, 176).
   ① 특고압 가공전선로로서 다중 접지를 한 중성선을 가지는 것의 그 중성선 이외의 각 극에 개폐기를 시설하는 경우

② 제어회로 등에 조작용 개폐기를 시설하는 경우

2. 고압용 또는 특고압용의 개폐기는 그 작동에 따라 그 개폐상태를 표시하는 장치가 되어 있는 것이어야 한다. 다만, 그 개폐상태를 쉽게 확인할 수 있는 것은 그렇지 않다.

3. 고압용 또는 특고압용의 개폐기로서 중력 등에 의하여 자연히 작동할 우려가 있는 것은 자물쇠장치 기타 이를 방지하는 장치를 시설하여야 한다.

4. 고압용 또는 특고압용의 개폐기로서 부하전류를 차단하기 위한 것이 아닌 개폐기는 부하전류가 통하고 있을 경우에는 개로(開路)할 수 없도록 시설하여야 한다.

5. 전로에 이상이 생겼을 때 자동적으로 전로를 개폐하는 장치를 시설하는 경우에는 그 개폐기의 자동 개폐 기능에 장해가 생기지 않도록 시설하여야 한다.

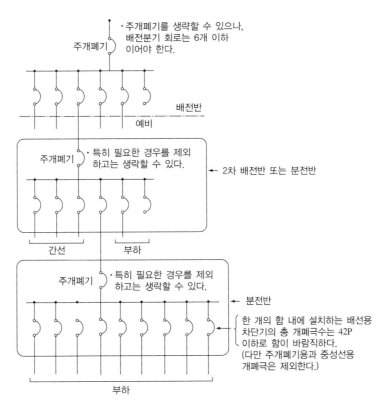

그림 2-27 주 개폐기의 시설

① 고압수전의 경우

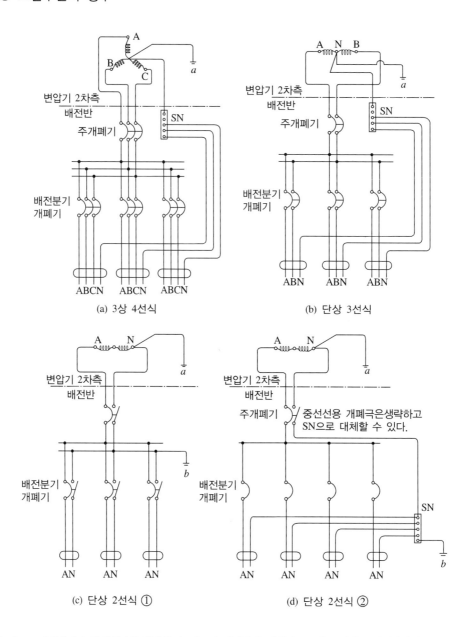

(a) 3상 4선식

(b) 단상 3선식

(c) 단상 2선식 ①

(d) 단상 2선식 ②

[비고] 1. 배전반에서 주개폐기를 생략할 수 있으나 배전분기 개폐기는 6회로 이하로 시설하여야 한다.
2. 주개폐기로 누전차단기를 사용하는 경우 누전 검지장치에 중성선도 함께 관통시켜야 한다.
3. 중성선 접속단자(SN)에 접속하는 모든 전선은 개별로 접속하여야 하고 쉽게 분리할 수 있어야 한다.
4. 중성선 등 접지된 전선에 개폐기를 시설하는 경우에는 다른 극과 동시에 개폐가 되어야 하고 어떠한 과전류장치도 시설해서는 안 된다.

그림 2-28(1) 개폐기를 생략할 수 있는 경우의 설명도 (1)

② 저압수전의 경우

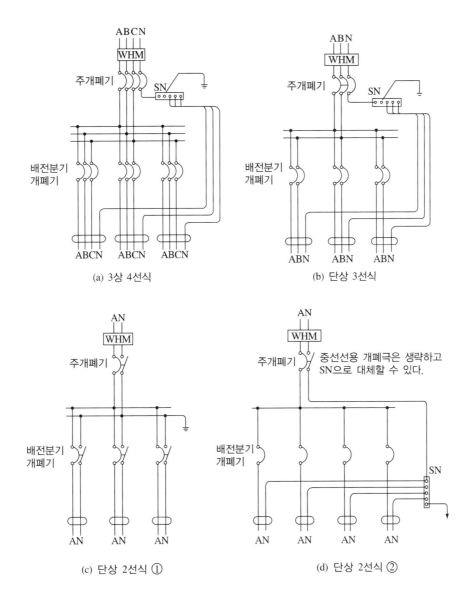

(a) 3상 4선식

(b) 단상 3선식

(c) 단상 2선식 ①

(d) 단상 2선식 ②

중선선용 개폐극은 생략하고 SN으로 대체할 수 있다.

[비고] 1. 주개폐기로 누전차단기를 사.용하는 경우 누전 검지장치에 중성선도 함께 관통시켜야 한다.
2. 중성선 접속단자(SN)에 접속하는 모든 전선은 개별로 접속하여야 하고 쉽게 분리할 수 있어야 한다.

그림 2-28(2) 개폐기를 생략할 수 있는 경우의 설명도 (2)

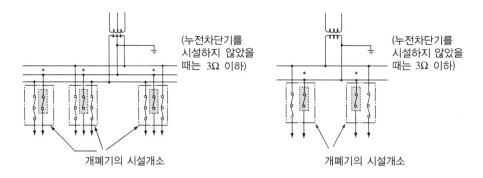

[비고] 1. * 표시부분을 중성선 또는 접지측 전선으로부터 쉽게 분리할 수 있도록 시설할 것

2. ──◦──는 생략할 수 있는 개폐기를 표시함

그림 2-28(3) 개폐기를 생략할 수 있는 경우의 설명도 (3)

9.2 과전류 차단기

과전류 차단기는 배선용차단기(MCCB), 퓨즈(fuse), 기중(氣中)차단기(ACB) 등과 같이 전로에 과전류 및 단락전류가 흐를 때, 자동적으로 전로를 차단하는 장치를 말한다. 여기서 **과전류**(過電流)란 **단락전류**(短絡電流)와 **과부하전류**(過負荷電流)의 양자를 의미한다. 저압 전로에서는 퓨즈, 배선용차단기(MCCB), 기중차단기(ACB) 등이 이에 해당하고, 고압이나 특고압 전로에서는 퓨즈 및 과전류 계전기의 동작으로 인하여 동작하는 **차단기**(CB)가 이에 해당한다.

1 과전류 차단기(퓨즈)의 시설

과전류 차단기는 전로에 과전류 및 단락전류가 흐를 때 자동적으로 전로를 차단하여 전선 및 기계기구를 보호하기 위한 목적으로 사용하며, 전로 중 필요한 개소는 과전류차단기를 시설하여야 한다.(판단기준 175, 176, 218)

[주1] "필요한 개소"란 인입구, 간선의 전원측, 분기점 등의 보호상 또는 보안상 필요가 있는 개소를 말한다.

[주2] 개폐기와 과전류차단기를 겸하는 배선용차단기를 시설하는 경우는 절연저항을 쉽게 측정할 수 있도록 시설할 것.

- **비포장 퓨즈** : 비포장 퓨즈에는 실 퓨즈, 판 퓨즈, 링크 퓨즈 등이 있는데 이것은 납, 아연, 주석 또는 합금으로 만들어진 선상 또는 판상 형태의 퓨즈이다.
- **포장 퓨즈** : 퓨즈 소자(element)가 절연물 용기에 수납된 것으로 통형 퓨즈, 플러그 퓨즈 등이 있다. 과전류에 의해 차단 작동했을 때 아크염, 가스 또는 금속 입자 등의 방출에 의한 위험염려가 없게 절연물 통 속에 은, 동, 아연 등 단금속 또는 합금의 퓨즈 소자를 수납한 것으로 통 속에 소호제가 충전된 것이 많다. 소호제가 충전된 퓨즈는 밀폐형 한류형 퓨즈라고 하며 고장전류를 한류 차단한다.

② 퓨즈의 규격

과전류 차단기의 시설의 규정에 따라 과전류 차단기로서 저압전로에 사용되는 퓨즈는 수평으로 시설하였을 경우 다음에 적합한 것이어야 한다.(판단기준 38)

① A종 퓨즈 및 B종 퓨즈의 특성은 표 2-32에 표시한 시간 내에 용단될 것.
② 전동기용 퓨즈의 특성은 표 2-33에 표시된 시간 내에 용단될 것.

표 2-32 A종 퓨즈 및 B종 퓨즈의 용단특성

정격전류[A]	용단 시간의 한도[분]	
	A종은 정격전류의 135 % B종은 정격전류의 160 %	정격전류의 200 %
1 ~ 30	60	2
31 ~ 60	60	4
61 ~ 100	120	6
101 ~ 200	120	8
201 ~ 400	180	10
401 ~ 600	240	12
601~ 1000	240	20

A종은 정격전류의 110 %, B종은 정격전류의 130 % 전류에 용단되지 않을 것

표 2-33 전동기용 퓨즈의 특성

정격전류[A]	용단 시간의 한도		
	정격전류의 135 %	정격전류의 200 %	정격전류의 500 %
60 이하	120 분	4 분	3초 이상 45초 이하
60 초과	180 분	8 분	3초 이상 45초 이하
정격전류의 110 % 전류에 용단되지 않을 것			

③ 제1호 및 제2호 이외의 IEC 표준을 도입한 과전류차단기로 저압전로에 사용하는 퓨즈는 표 2-34에 적합한 것이어야 한다.

표 2-34 퓨즈의 용단 전류

정격전류의 구분	시 간 [분]	정격전류의 배수	
		불용단 전류	용단 전류
4 A 이하	60	1.5 배	2.1 배
4 A 초과 16 A 미만	60	1.5 배	1.9 배
16 A 이상 63 A 이하	60	1.25 배	1.6 배
63 A 초과 160 A 이하	120	1.25 배	1.6 배
160 A 초과 400 A 이하	180	1.25 배	1.6 배
400 A 초과	240	1.25 배	1.6 배

[주] **퓨즈(fuse)** : 사용 중인 전기 기기에 과부하 또는 선간 단락 등으로 과전류가 흘렀을때, 장치의 일부를 이루는 가용체(element : 납, 납·주석의 합금 또는 아연 등)가 녹아 끊어져서 전로(電路)를 차단하여 기기 및 전로를 보호하는 과전류 보호장치의 일종을 말한다.

예제 12

전기설비에 있어서의 과전류(過電流)란 무엇인가?

풀이 과전류(過電流)란 과부하전류(過負荷電流)와 단락전류(短絡電流)를 의미하며, 그 뜻은 다음과 같다.
① 과부하 전류 : 부하의 증가 등에 의하여 전선 또는 기기에 대하여 규정된 정격전류 또는 허용전류의 양을 초과하는 전류
② 단락 전류 : 전로의 선간이 임피던스가 적은 상태로 서로 혼촉(short)했을 때 그 부분을 통하여 흐르는 큰 전류

2 배선용차단기의 규격

(1) 과전류차단기로 저압전로에 사용하는 배선용차단기는 다음 각 호에 적합한 것이어야한다(판단기준 38).

① 정격전류에 1배의 전류로 자동적으로 동작하지 않을 것.

② 정격전류의 1.25배 및 2배의 전류를 통한 경우에 표 2-35에서 정한 시간 내에 자동적으로 동작할 것.

표 2-35 배선용 차단기의 특성

정격전류의 구분	시 간	
	정격전류의 1.25배의 전류가 흐를 때 [분]	정격전류의 2배의 전류가 흐를 때 [분]
30[A] 이하	60	2
30[A] 초과 50[A] 이하	60	4
50[A] 〃 100[A] 〃	120	6
100[A] 〃 225[A] 〃	120	8
225[A] 〃 400[A] 〃	120	10
400[A] 〃 600[A] 〃	120	12
600[A] 〃 800[A] 〃	120	14
800[A] 〃 1,000[A] 〃	120	16
1,000[A] 〃 1,200[A] 〃	120	18
1,200[A] 〃 1,600[A] 〃	120	20
1,600[A] 〃 2,000[A] 〃	120	22
2,000[A] 〃	120	24

(2) 저압전로에 사용하는 배선차단기 중 산업용은 표 2-36에, 주택용은 표 2-37 및 표 2-38에 적합한 것이어야 한다. 다만, 일반인이 접촉할 우려가 있는 장소에는 주택용 배선차단기를 시설하여야 한다.

표 2-36 산업용 배선용차단기의 동작 전류

정격전류의 구분	시간 [분]	정격전류의 배수 (모든 극에 통전)	
		부동작 전류	동작 전류
63[A] 이하	60	1.05 배	1.3 배
63[A] 초과	120	1.05 배	1.3 배

표 2-37 주택용 배선용차단기의 특성

형	순시 트립 범위
B	$3I_n$ 초과 ~ $5I_n$ 이하
C	$5I_n$ 초과 ~ $10I_n$ 이하
D	$10I_n$ 초과 ~ $20I_n$ 이하

[비고] 1. B, C, D : 순시트립전류에 따른 차단기 분류
　　　 2. I_n : 차단기 정격전류

표 2-38 주택용 배선용차단기의 동작전류

정격전류의 구분	시간 [분]	정격전류의 배수(모든 극에 통전)	
		부동작 전류	동작 전류
63[A] 이하	60	1.13 배	1.45 배
63[A] 초과	120	1.13 배	1.45 배

③ 저압전로에 시설하는 과부하 보호장치

(1) 과전류차단기로 저압전로에 시설하는 과부하 보호장치(전동기가 손상될 우려가 있는 과전류가 생겼을 경우에 자동적으로 이것을 차단하는 것에 한한다)와 단락보호 전용 차단기 또는 과부하 보호장치와 단락보호 전용 퓨즈를 조합한 장치는 전동기만에 이르는 저압전로에 사용하고 또한 다음 각 호에 적합한 것이어야 한다(판단기준 38).

① 과부하 보호장치의 구조는 단락보호 전용 차단기와 조합하여 사용하는 교류전자 개폐기의 구조에 적합한 것일 것.

② **단락보호 전용 차단기**는 다음 표준에 적합한 것일 것.

- 정격전류의 1배의 전류에서 자동적으로 작동하지 아니할 것.
- 정정전류 값은 정격전류의 13배 이하일 것.
- 정정전류 값의 1.2배의 전류를 통하였을 경우에 0.2초 이내에 자동적으로 작동할 것.

③ **단락보호 전용 퓨즈**는 다음에 적합한 것일 것.

- 정격전류의 1.3배의 전류에 견딜 것.
- 정정전류의 10배의 전류를 통하였을 경우에 20초 이내에 용단될 것.

④ 산업용 단락보호 전용 퓨즈는 표 2-39의 용단 특성에 적합한 것일 것

표 2-39 산업용 단락보호 전용 퓨즈의 특성

정격전류의 배수	불용단시간	용단시간
4 배	60초 이내	–
6.3 배	–	60초 이내
8 배	0.5초 이내	–
10 배	0.2초 이내	–
12.5 배	–	0.5초 이내
19 배	–	0.1초 이내

⑤ 과부하 보호장치와 단락보호 전용 차단기 또는 단락보호 전용 퓨즈를 하나의 전용함 속에 넣어 시설한 것일 것.

⑥ 과부하 보호장치가 단락전류에 의하여 손상되기 전에 그 단락전류를 차단하는 능력을 가진 단락보호 전용 차단기 또는 단락보호 전용 퓨즈를 시설한 것일 것.

⑦ 과부하 보호장치와 단락보호 전용 퓨즈를 조합한 장치는 단락보호 전용 퓨즈의 정격전류가 과부하 보호장치의 정정전류(整定電流)의 값 이하가 되도록 시설한 것(그 값이 단락보호 전용 퓨즈의 표준 정격에 해당하지 아니하는 경우는 단락보호 전용 퓨즈의 정격전류가 그 값의 바로 상위의 정격이 되도록 시설한 것을 포함)일 것.

4 과전류 차단기의 차단용량

저압전로에 시설하는 과전류차단기는 이를 시설하는 곳을 통과하는 단락전류를 차단하

는 능력을 가지는 것이어야 한다. 다만, 그 곳을 통과하는 최대단락전류가 10[kA]를 초과하는 경우에 과전류차단기로서 10[kA] 이상의 단락전류를 차단하는 능력을 가지는 배선용차단기를 시설하고 그 곳으로부터 전원측의 전로에 그 배선용차단기의 단락전류를 차단하는 능력을 초과하고 그 최대단락전류 이하의 단락전류를 그 배선용차단기보다 빨리 또는 동시에 차단하는 능력을 가지는 과전류차단기를 시설하는 때에는 그렇지 않다(판단기준 38).

[주] 단서의 내용에 의하여 시설되는 것을 예를 들어 빌딩 내 전기실 등의 저압측 전로의 단락전류가 수만 [A] 또는 수십만 [A]일 때, 여기에 당해 최대 단락전류 이상의 전력용 퓨즈를 시설하고, 이 전로의 다른 곳에 시설하는 배선용 차단기에 10[kA] 이상의 차단용량이 있는 것을 설치할 때 등임

⑤ 비포장 퓨즈의 사용제한

비포장 퓨즈는 고리퓨즈가 아니면 사용해서는 안 된다. 다만, 다음 각 호의 것을 사용하는 경우에는 그렇지 않다(판단기준 38).

① 로우젯 또는 이와 유사한 것에 넣는 정격전류가 5[A] 이하인 것.
② 경(硬)금속제로서 단자 사이의 간격은 그 정격전류에 따라 다음 값 이상인 것.
- 정격전류 10[A] 미만 10[cm]
- 정격전류 20[A] 미만 12[cm]
- 정격전류 30[A] 미만 15[cm]

⑥ 고압 및 특고압 전로 중의 과전류차단기의 시설

(1) 과전류차단기로 시설하는 퓨즈 중 고압전로에 사용하는 포장 퓨즈는 정격전류의 1.3배의 전류에 견디고 또한 2배의 전류로 120분 안에 용단되는 것 또는 고압전류제한퓨즈이어야 한다(판단기준 39).

(2) 과전류차단기로 시설하는 퓨즈 중 고압전로에 사용하는 비포장 퓨즈는 정격전류의 1.25배의 전류에 견디고 또한 2배의 전류로 2분 안에 용단되는 것이어야 한다.

(3) 고압 또는 특고압의 전로에 단락이 생긴 경우에 동작하는 과전류차단기는 이것을 시설하는 곳을 통과하는 단락전류를 차단하는 능력을 가지는 것이어야 한다.

(4) 고압 또는 특고압의 과전류차단기는 그 동작에 따라 그 개폐상태를 표시하는 장치가 되어있는 것이어야 한다. 다만, 그 개폐상태가 쉽게 확인될 수 있는 것은 적용하지 않는다.

[주] **고압전류제한퓨즈** : 전력용 퓨즈(power fuse)를 말한다.

고압 및 특별고압기기의 퓨즈로서, 과부하전류나 과도전류로부터의 보호는 기대하지 않는다. 차단기와 계전기(릴레이) 변류기의 3가지 기기의 역할을 하는 특성이 있다.

동작대상의 일정한 값 이상의 과전류에 대해서 오동작이 없는 완벽한 동작특성을 가지고 있다. 동작원리는 높은 아크저항을 발생하여 사고전류를 강제로 한류 억제하여 차단하는 방식이다.

⑦ 과전류차단기의 시설 제한

접지공사의 접지선, 다선식 전로의 중성선 및 전로의 일부에 접지공사를 한 저압 가공전선로의 접지측 전선에는 과전류차단기를 시설해서는 안 된다. 다만, 다선식 전로의 중성선에 시설한 과전류차단기가 동작한 경우에 각 극이 동시에 차단될 때 또는 저항기·리액터 등을 사용하여 접지공사를 한 때에 과전류차단기의 동작에 의하여 그 접지선이 비접지 상태로 되지 아니할 때는 적용하지 않는다(판단기준 40).

01 전압의 종류와 그 범위는?

02 송전계통에서의 중성점 접지방식 4가지를 쓰시오.

03 길이 100[m], 200[V], 3상 3선식의 간선이 있다. 부하전류가 50[A]일 때 전압강하를 4[V] 이하로 하려면 동선의 최소굵기는 얼마인가? 약산식에 의하여 구하시오. (단, 부하의 역률은 1이다.)

04 3상 3선식 220[V]로 수전하는 수전가의 부하전력이 95[kW], 부하역률이 85[%], 구내배선의 길이는 150[m]이며 배선에서의 전압강하는 6[V]까지 허용하는 경우 구내배선의 굵기를 계산하시오.

05 그림과 같은 단상3선식 110/220[V] 수전의 경우 설비 불평형률을 구하고 그림과 같은 설비가 양호하게 되어있는지의 여부를 판단하시오. 단, Ⓗ는 전열기 부하이고, Ⓜ은 전동기 부하임.

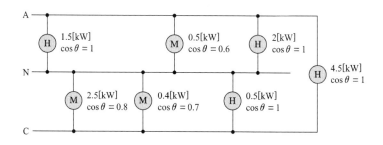

06 그림과 같은 3상 3선식 220[V] 수전의 경우 설비불평형률을 구하시오.

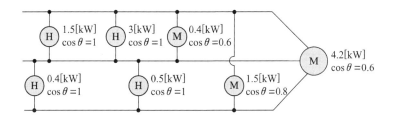

07 절연전선을 접속할 때 유의하여야 할 사항 3가지는?

08 접지공사를 실시하는 목적을 열거하시오.

09 사용전압이 220[V]이고, 용량은 3[kW]이내 일 때, 여기에 적합한 배전용 차단기는 어떤 차단기인가?

10 정격 소비전력이 몇 [kW] 이상이면 전기기계기구에 전기를 공급하기 위한 전로에 전용의 개폐기 및 과전류 차단기를 시설하는가?

11 주택의 옥내전로의 대지전압은 몇 [V]를 초과할 수 없는가?

12 대지전압이란 무엇과 무엇 사이의 전압을 말하는지 접지식 전로와 비접지식 전로를 구분하여 설명하시오.

13 단상 3선식 옥내배선인 경우의 중성선(절연전선, 케이블 및 코드)에는 규정상 어떤 색의 표시를 하여야 하는가?

14 3ø 3W, 380[V] 회로에 그림과 같이 부하가 연결되어 있다. 간선의 허용전류를 구하시오. (단, 전동기 평균역률은 80[%]이다)

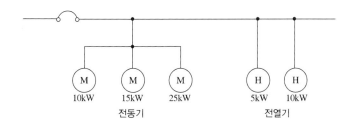

15 전동기 Ⓜ과 전열기 Ⓗ가 간선에 접속되어 있을 때 간선의 허용전류 최소값은 몇 [A]인가?

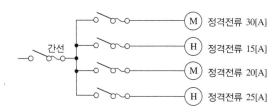

간선

Ⓜ 정격전류 30[A]
Ⓗ 정격전류 15[A]
Ⓜ 정격전류 20[A]
Ⓗ 정격전류 25[A]

16 3로 점멸기 또는 4로 점멸기를 사용하여 전등을 점멸할 경우는 이극전환방식과 동극전환 방식 중 어느 방식을 사용하여야 하는가?

17 과전류 차단기의 시설이유를 기술하시오.

18 옥내간선에서 과전류 차단기를 설치하여서는 안 되는 3가지의 경우를 기술하시오.

19 배전선로에 있어서 전압을 3[kV]에서 6[kV]로 상승시켰을 경우 승압 전과 승압 후의 장단점을 설명하시오.

20 저압 연접 인입선은 「저압 가공인입선의 시설」 규정에 준하여 시설하는 이외에 어떠한 조건에 만족하도록 설치하여야 하는가?

21 소선의 직경이 3.2[mm]인 37가닥 연선의 외경은 몇 [mm]인지 구하시오.

22 소선수가 19이고 소선경이 2.6[mm]인 CABLE의 공칭 단면적은 몇 [mm^2]인가?

23 큰 고장전류가 접지도체를 통하여 흐르지 않을 경우 다음과 같은 도체의 최소 단면적은 몇 [mm^2] 이상이 되어야 하는가?
① 구리   ② 철제

24 주접지 단자에 접속하기 위한 등전위본딩 도체는 설비 내에 있는 가장 큰 보호접지도체 단면적의 1/2 이상의 단면적을 가져야 하고 다음의 도체인 경우 단면적은 얼마 이상이어

야 하는가?

① 구리도체   ② 알루미늄 도체   ③ 강철 도체

25 직류 송전방식의 장점 3가지를 쓰시오.

26 송전선로에 경동선보다 ACSR(강심알루미늄연선)을 많이 사용하는 이유 2가지를 쓰시오.

27 고압 인하용 절연전선의 용도에 대하여 설명하시오.

28 케이블에 대한 품명이다. 주어진 답안지에 기호를 기입하시오.
    (예 : 캡타이어 케이블 : CTF)
    1. 부틸고무절연 클로로프렌 외장 케이블
    2. 가교 폴리에틸렌 절연 폴리에틸렌 외장 케이블
    3. 가교 폴리에틸렌 절연 비닐 외장 케이블
    4. 접지용 비닐 전선
    5. 리드용 1종 케이블

29 소형 기계기구라 함은 소비전력 몇 [A] 이하, 전동기에서는 정격출력 몇 [W] 이하의 가정용 전기기계를 말하는가?

30 누전 차단기를 시설하여서는 안 되는 장소 5곳은 무엇인가?

31 특별저압(ELV)이란 인체에 위험을 초래하지 않을 정도의 저압을 말한다. 2차 전압이 교류 또는 직류 전압이 몇 [V] 이하의 회로를 말하는가?

32 SELV 또는 PELV 계통의 공칭전압이 교류 또는 직류 전압이 몇 [V]를 초과하지 않는 경우에는 기본보호를 하지 않아도 되는가?

33 저압전로의 보호도체 및 중성선의 접속방식에 따라 접지계통에는 어떠한 것들이 있는가?

34 다음은 건축전기설비에 관한 사항이다. 각 물음에 답하시오.

    (1) 다음 ( )안에 알맞은 내용을 쓰시오.

        TN계통(TN System)이란 전원의 한 점을 직접접지하고 설비의 노출 도전성부분을 보호선(PE)을 이용하여 전원의 한 점에 접지하는 접지계통을 말한다. TN계통은 중성선 및 보호선의 배치에 따라 (   )계통, (   )계통, ( )계통이 있다.

    (2) TT계통(TT System)이란?

35 건축전기설비에서 사용하는 용어중 PEL 선이란 어떤 전선인가 간단히 쓰시오.

CHAPTER 03

배선설비

1 | 간선과 분기회로

1.1 간선의 정의

건물 내의 전력계통 중 전력회사로부터 수전하는 인입점, 발전기 또는 축전지 등의 전원으로부터 변압기 또는 배전반 사이를 접속하는 배전선로 및 배전반에서 각 전등분전반 또는 동력제어반에 이르는 배전선로를 **전력간선**(電力幹線) 또는 **간선**(幹線)이라고 한다.

그림 3-1에서 전등분전반 또는 동력제어반으로부터 각 부하에 이르는 분기회로(分岐回路)와 간선을 비교하면, 1개의 간선에는 많은 분기회로가 포함되어 있으므로 전력 공급면에서 볼 때 간선 쪽이 분기회로보다 훨씬 크다는 것을 알 수 있다. 따라서 간선에서 고장이 발생하면 분기회로 쪽에서 고장이 발생하였을 때보다 그 피해는 상당히 넓은 범위까지 파급된다. 그러므로 간선설계는 높은 공급 신뢰도를 갖도록 유의하여야 한다.

간선은 하나의 배전선로이므로 그 목적은 소정의 장소까지 필요한 전력을 전송하는 것이다. 따라서 간선을 설치하는 건물의 사용목적, 규모, 입지조건 등을 충분히 검토하여 설계상으로나 시공상으로 착오가 없어야 한다. 또한 간선의 성능상 부하전류를 충분히 흘릴 수 있는 허용전류를 가져야하며, 전기적인 사고나 기계적인 사고에 대하여 충분한

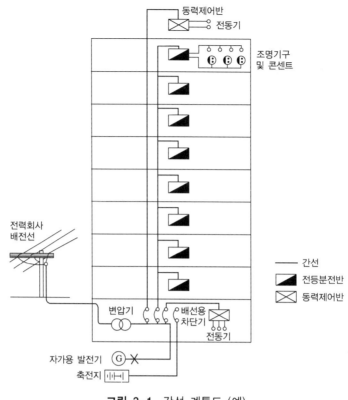

그림 3-1 간선 계통도 (예)

대책을 세워야 하며, 보수·점검 및 장래의 수요증가에 대한 고려를 충분히 할 필요가 있다.

간선의 용량은 그 간선이 전력을 공급하고자 하는 부분에 설비한 전력부하의 합계용량을 기준으로 하여 결정한다. 그러나 합계용량에 적합한 간선으로 설계하면 일반적으로 너무 여유가 많은 간선이 되는 수가 많다. 이러한 현상은 모든 전력부하가 동시에 동작상태로 되는 일이 거의 없기 때문이다.

간선을 분류하는 방법에는 사용목적에 따른 분류, 사용전압에 따른 분류, 전기방식에 의한 분류 등 세 종류가 있다. 이외에 그림 3-2와 같이 간선계통의 형태에 따라 평행식, 나뭇가지식(수지상식), 병용식 등이 있다.

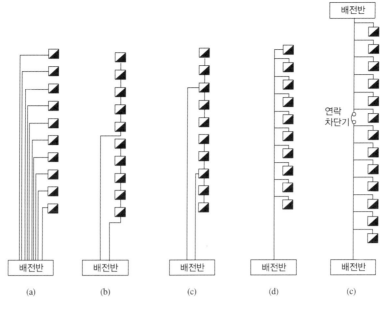

그림 3-2 간선계통의 종류

1.2 분기회로

1️⃣ 저압간선을 분기하는 경우의 과전류차단기의 시설

저압간선(이하 "굵은 간선"이라 한다)에서 다른 저압간선(이하 "가는 간선"이라 한다)을 분기하는 경우는 그 접속개소에 가는 간선을 단락전류로부터 보호하기 위하여 과전류차단기를 시설하여야 한다. 다만, 다음 각 호의 경우는 과전류차단기를 생략할 수 있다(판단기준 175).

① 가는 간선이 굵은 간선에 직접 접속되어 있는 과전류차단기로 보호될 수 있는 경우
② 가는 간선의 허용전류가 굵은 간선에 직접 접속되어 있는 과전류차단기의 정격전류의 55[%] 이상일 경우
③ 굵은 간선 또는 제②호의 가는 간선에 접속하는 길이 8[m] 이하의 가는 간선으로서 해당 가는 간선의 허용전류가 굵은 간선에 직접 접속되어 있는 과전류차단기의 정격전류의 35[%] 이상일 경우
④ 굵은 간선 또는 제②호나 제③호의 가는 간선에 접속하는 길이 3[m] 이하의 가는 간선으로서 해당 가는 간선의 부하측에 다른 간선을 접속하지 않는 경우

[주] 1. 제②호 및 제③호의 대표적인 경우를 들어 예시하면 표 3-1과 같다.
 2. 단서에서 말하는 간선의 접속개소에서 과전류차단기 시설이 생략되는 경우는 그림 3-3과 같다.

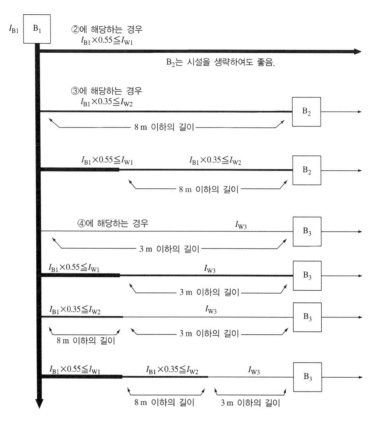

그림 3-3 저압간선의 과전류차단기의 시설

[비고] 기호의 뜻은 다음과 같음.

 (1) I_{H1} : $I_{H1} \geq 0.55 B_1$의 허용전류를 갖는 가는 간선
 (2) I_{H2} : $I_{H2} \geq 0.35 B_1$의 허용전류를 갖는 가는 간선(단, 가는 간선의 길이 8[m] 이하)
 (3) I_{H3} : 가는 간선의 길이 3[m] 이하(단, 부하측에 다른 간선을 접속하지 않는 경우)
 (4) B_1 : 굵은 간선을 보호하는 과전류차단기
 (5) B_2 : 가는 간선을 보호하는 과전류차단기 또는 분기회로를 보호하는 과전류차단기
 (6) B_3 : 분기회로를 보호하는 과전류차단기
 (7) I_{B1} : 굵은 간선을 보호하는 과전류차단기의 정격전류

표 3-1 허용전류 55[%] 및 35[%] 산정(동선) (예)

(450/750 V 일반용 단심 비닐절연전선)

허용전류가 큰 전선 (굵은 전선) [mm²]	허용전류가 작은 전선(가는 전선)	
	허용전류가 큰 전선에 대하여 허용전류 55 % 이상이 되는 최소 굵기 [mm²]	허용전류가 큰 전선에 대하여 허용전류 35 % 이상이 되는 최소 굵기 [mm²]
6	2.5	2.5
10	4	2.5
16	6	4
25	10	6
35	16	10
50	25	10
70	35	16
95	50	25
120	50	25
150	70	35
185	70	35
240	95	50
300	120	70

② 전선을 보호하는 배선용차단기의 조절

수전실의 배전반 등에 시설하는 조절가능한 배선용차단기로서「배선용차단기의 규격」에 규정한 용도 이외의 것의 동작전류는 표 3-2의 값 이하이어야 한다.

표 3-2 배선용차단기의 조절

배선용차단기의 종별	배선용차단기의 정격에 대한 비율
한시 동작형	125[%]
순시 동작형	150[%]

③ 전선을 보호하는 배선용차단기의 과전류소자 및 개폐부의 수

(1) 전선을 보호하는 배선용차단기의 과전류소자 및 이것으로 동작하는 개폐부의 수는 표 3-3보다 적어서는 안 된다.

(2) 과전류소자는 과부하나 단락 중 어느 것에 대하여도 확실하게 동작하는 것이어야 한다.

(3) 다선식 전로에 배선용차단기를 시설하는 경우는 중성선에 접속하는 차단기구의 극은 다른 극과 동시에(또는 다른 극보다 늦게) 차단할 수 있는 것이어야 한다.

표 3-3 배선용차단기의 과전류소자 및 개폐부의 수

회로의 전기방식	배선용 차단기		
	소자를 장치한 극	소자의 수	개폐부의 수
단상 2선식(1선 접지)	각 극 1개	*2	2
단상 2선식(중성점 접지)	각 극 1개	2	2
단상 3선식(중성점 접지)	중성극을 제외한 다른 극 1개	2	3
3상 3선식(1선 접지)	각 극 1개	3	3
3상 3선식(1상의 중성점접지)	각 극 1개	3	3
3상 3선식(중성점 접지)	각 극 1개	3	3
3상 4선식(중성점 접지)	중성극을 제외한 다른 극 1개	3	3

[비고] *표시한 것은 내선규정 1470-7(과전류차단기의 극) 제2항 ③의 경우에 해당하는 대지전압이 300[V] 이하로서 접지측이 확정되었을 경우는 접지측 선에서 소자를 생략할 수 있다.

④ 기계기구를 보호하는 과전류차단기의 정격전류

50[A]를 초과하는 분기회로(전동기회로는 제외한다)에서 기계기구를 보호하는 과전류차단기의 정격은 다음 각 호에 의하는 것을 원칙으로 한다.

① 퓨즈를 사용하는 경우는 기계기구의 정격전류의 100[%] 이상, 150[%] 이하의 것.
② 배선용차단기를 사용하는 경우는 기계기구의 정격전류의 130[%] 이상, 180[%] 이하의 것.

[주] 전선을 보호하는 과전류차단기는 기계기구를 보호하는 과전류차단기와 공용할 수 있다.

1.4 간선

간선의 주요 사고의 종류에는 과전류에 의한 사고, 지락전류에 의한 사고, 단락전류에 의한 사고 등이 있다. 이러한 사고를 미연에 방지하기 위해 전기설비기술기준에서는 과전

류, 지락전류, 단락전류 등에 대한 보호장치를 의무화 하고 있다.

🔳 과전류차단기의 시설

(1) 전선 및 기계기구를 보호하기 위한 목적으로 전로 중 필요한 개소는 과전류차단기를 시설하여야한다.(판단기준 175, 176, 218)

(2) 저압간선에 이것보다 가는 전선을 사용하는 다른 저압간선을 접속하는 경우는 과전류차단기를 시설하여야 한다(판단기준 175).

[주] 1. 이 규정에 의한 과전류차단기의 시설을 예시하면 그림 3-3과 같다.
　　　2. 그림 3-3 굵은 간선 및 가는 간선에 사용하는 전선도체의 재질(동 또는 알루미늄) 및 종류가 동일할 경우에 가는 간선의 단면적이 굵은 간선단면적의 1/5 이상일 경우는 굵은 간선 허용전류의 35[%]이상에, 1/2 이상일 경우는 굵은 간선 허용전류의 55[%] 이상에 적합한 것으로 간주할 수 있다.

(3) 저압옥내간선을 보호하기 위하여 시설하는 과전류차단기는 그 저압옥내간선의 허용전류 이하의 정격전류의 것이어야 한다. 다만, 그 간선에 전동기 등이 접속되는 경우는 그 전동기 등의 정격전류 합계의 3배에 다른 전기사용기계기구의 정격전류의 합계를 가산한 값(그 값이 간선허용전류의 2.5배를 초과할 경우는 그 허용전류를 2.5배한 값) 이하의 정격전류인 것(간선의 허용전류가 100[A]를 초과하는 경우에 그 값이 정격에 해당하지 않으면 그 값의 바로 위의 정격)을 사용할 수 있다.

🔳 간선의 전선 굵기

(1) 간선의 전선 굵기는 「전압강하」 및 「허용전류」를 참고하고, 또한 다음 각 호에 의하여야 한다(판단기준 175).
　　① 전선은 저압옥내간선의 각 부분마다 그 부분을 통하여 공급되는 전기사용기계기구의 정격전류 합계 이상의 허용전류를 가지는 것. 이때 전기사용기계기구의 정격전류 합계 값은 「부하의 상정」의 규정에 따라 이것을 상정할 수 있다.
　　② ①의 경우로 수용률(需用率), 역률(力率) 등이 명확한 경우는 이것으로 적당히 수정한 부하전류 값 이상의 허용전류를 가지는 전선을 사용할 수 있다.

　　[주] 전등 및 소형전기기계기구의 용량합계가 10[kVA]를 초과하는 것은 그 초과용량에 대하여 표 3-4의 수용률을 적용할 수 있다.

표 3-4 간선의 수용률

건축물의 종류	수용률(%)
주택, 기숙사, 여관, 호텔, 병원, 창고	50
학교, 사무실, 은행	70

[비고] 상기 표에 의하여 계산한 여관인 경우의 예를 들면 다음과 같다.
전등 및 소형전기기계기구 30[kVA], 대형전기기계기구 5[kVA]인 경우 여관의 적용수용률 50[%]이므로
최대사용부하 $= (30\,kVA - 10\,kVA) \times 0.5 + 10\,kVA + 5\,kVA = 25\,kVA$

(2) 일반주택의 간선(인입선 접속점에서 인입구장치까지의 배선을 포함한다)의 전선 굵기는 「전압강하」의 규정에 의하는 외에 분기회로 수에 따라 표 3-5에 표시한 값 이상으로 하는 것을 원칙으로 한다.

표 3-5 일반주택의 간선 굵기

분기 회로수	전선 굵기			
	단상 2선식 (110V)		단상 3선식 (110V/220V) 단상 3선식 (220V/440V, 비고 3참조) 단상 2선식 (220V)	
	동		동	
	연선 [mm²]	단선 [mm]	연선 [mm²]	단선 [mm]
2 이하	5.5	2.6	3.5	2.0
3	8	3.2	5.5	2.6
4	14	–	5.5	2.6
5 또는 6	–	–	8	3.2

[비고] 1. 이 표는 15[A] 분기회로 또는 20[A] 배선용차단기 분기회로만을 대상으로 하고 있으므로 이 이외에 특수 분기회로가 있거나 분기회로수가 상기표 이상일 경우는 제1항의 규정에 의하여 전선의 굵기를 결정할 것.
　　　2. 전선 굵기는 금속관(몰드)배선 및 합성수지관(몰드)배선에 있어서 동일관 내에 3본(本) 이하의 전선을 넣을 경우, 금속덕트, 플로어덕트 또는 셀룰라덕트배선의 경우 및 VV케이블배선에 있어서 심선수(心線數)가 3본(本) 이하인 것을 1조 시설하는 경우(VV케이블을 굴곡이 심하지 않은 2[m] 이하의 금속관에 넣는 경우를 포함함)에도 적용한다. 또한 애자사용배선일 경우는 표보다 일 단계 가늘어도 된다.
　　　3. 단상 3선식 220[V]/440[V]의 경우 사용전압은 220[V]에 한한다.

3 간선의 전선 굵기 및 기구의 용량

부하상정에 의하여 간선(인입선 접속점에서 인입구장치까지 배선을 포함)에 흐르는 전류 값이 명확한 경우는 간선의 전선 굵기 및 간선을 보호하는 과전류차단기를 표 3-6에 의하여 시설할 수 있다.

표 3-6 간선의 굵기, 개폐기 및 과전류차단기의 용량

최대 상정 부하 전류 [A]	배선종류에 의한 간선의 동 전선 최소 굵기 [mm²]												개폐기의 정격 [A]	과전류차단기의 정격 [A]	
	공사방법 A1				공사방법 B1				공사방법 C						
	2개선		3개선		2개선		3개선		2개선		3개선			B종 퓨즈	A종 퓨즈 또는 배선용 차단기
	PVC	XLPE, EPR	PVC	XLPE, EPR	PVC	XLPE, EPR	PVC	XLPE, EPR	PVC	XLPE, EPR	PVC	XLPE, EPR			
20	4	2.5	4	2.5	2.5	2.5	2.5	2.5	2.5	2.5	2.5	2.5	30	20	20
30	6	4	6	4	4	2.5	6	4	4	2.5	4	2.5	30	30	30
40	10	6	10	6	6	4	10	6	6	4	6	4	60	40	40
50	16	10	16	10	10	6	10	10	10	6	10	6	60	50	50
60	16	10	25	16	16	10	16	10	10	10	16	10	60	60	60
75	25	16	35	25	16	10	25	16	16	10	16	16	100	75	75
100	50	25	50	35	25	16	35	25	25	16	35	25	100	100	100
125	70	35	70	50	35	25	50	35	35	25	50	35	200	125	125
150	70	50	95	70	50	35	70	50	50	35	70	50	200	150	150
175	95	70	120	70	70	50	95	50	70	50	70	50	200	200	175
200	120	70	150	95	95	70	95	70	70	50	95	70	200	200	200
250	185	120	240	150	120	70	–	95	95	70	120	95	300	250	250
300	240	150	300	185	–	95	–	120	150	95	185	120	300	300	300
350	300	185	–	240	–	120	–	–	185	120	240	150	400	400	350
400	–	240	–	300	–	–	–	–	240	150	240	185	400	400	400

[비고 1] 단상 3선식 또는 3상 4선식 간선에서 전압강하를 감소하기 위하여 전선을 굵게 할 경우라도 중성선은 표의 값 보다 굵은 것으로 할 필요는 없다.

[비고 2] 1. 간선의 중성선 부하부담은 회로에 발생할 수 있는 최대불평형 부하에 의하여 결정되어야 하며 최대불평형 부하는 중성선과 전압측 전선간의 부하로 산출하여야 한다.
2. 가정용 전기레인지, 오븐, 조리기구, 전기건조기에 전원을 공급하기 위한 간선의 중성선은 전압 측 전선간의 최대부하의 70[%] 이상이어야 한다.
3. 직류 3선식, 교류 단상 3선식, 3상 4선식 계통의 간선 중 중성선은 최대 불평형 전류가 200[A]를 초과하는 전류에 한하여 70[%] 이상으로 한다. 다만, 고조파가 발생하는 장소에서 중성선의 굵기는 전압선과

동일하게 하여야 한다.

> **예:** 최대 불평형 전류가 300[A]시 200[A]는 100[%], 나머지는 100[A]는 70[%] 즉 70[A]가 되므로 중성선의 허용전류를 270[A] 이상이어야 한다.

4. 전기방전등이나 데이터처리장치(Data Processing) 또는 이와 유사한 기구에 공급되는 전원이 3상 4선식 Y결선인 경우는 간선 중 중성선은 줄여서는 안된다.

[비고 3] 최소 전선 굵기는 1회선에 대한 것이며, 2회선 이상일 경우는 부록 A8의 복수회로 보정계수를 적용하여야 한다.

[비고 4] 공사방법 A1은 벽 내의 전선관에 공사한 절연전선 또는 단심케이블, B1은 벽면의 전선관에 공사한 절연전선 또는 단심케이블, 공사방법 C는 벽면에 공사한 단심 또는 다심케이블을 시설하는 경우의 전선 굵기를 표시하였다.

[비고 5] B종 퓨즈의 정격전류는 전선의 허용전류의 0.96배를 초과하지 않는 것으로 한다.

[비고 6] 이 표의 전선 굵기 및 허용전류는 부록 A8에서 공사방법 A1, 공사방법 B1, 공사방법 C는 표 A-9에서 A-12까지에 의한 값으로 하였다.

４ 옥내의 사용전압과 회로의 구성

백열전등(방전등을 포함한다) 및 가정용 전기기계기구를 시설하는 회로(콘센트회로를 포함한다)는 220[V]로 시설하여야 한다. 다만, 다음 각 호 의 경우는 적용하지 않는다.

① 기설 단상 110[V]급 및 단상 3선식으로 공급을 받는 주택으로 기존 전기설비를 개보수 하는 경우

② 주택이 아닌 건축물(의료시설, 연구시설, 공장 등)에서 표준전압이 아닌 특수한 전압 을 필요로 하는 경우

２ | 배선에 사용하는 전선

간선에 사용되는 배선재료 중 도체(導體)에는 비닐전선, 케이블, 버스 덕트(bus-duct), 나도체 등이 있으며, 전로(電路)에 사용되는 재료(材料)에는 금속 전선관, 합성수지 전선관, 케이블 래크(cable-rake), 금속 덕트 등이 있다.

이러한 전선재료는 부설되는 장소의 상황과 간선의 전기방식·용량 및 경제성 등을 고려하여 선정하게 된다. 예를 들면, 비닐전선을 사용하는 간선은 전선관이나 금속 덕트에

부설하고, 케이블을 사용하는 간선은 금속 덕트나 케이블 래크를 사용하는 것으로 되어 있다.

배선재료에 대하여 개략적인 설명을 하면 다음과 같다.

1 비닐전선

가장 일반적인 전선에 속하며, 간선은 물론 조명용·동력용·통신용 등 건축 전기설비의 모든 분야에 걸쳐 사용되고 있다. 연동선 또는 연동연선을 비닐로 절연한 것이고, 도체의 허용온도는 약 60[℃]이다.

2 케이블

전력간선에 사용되는 케이블에는 그 종류가 대단히 많다. 현재 널리 사용되고 있는 대표적인 것을 살펴보면 다음과 같다.

가교 폴리에틸렌 비닐외장 케이블(CV 케이블)은 절연재료로서 가교 폴리에틸렌 또는 폴리에틸렌을 사용하고 그 위를 비닐로 외장(sheath)한 것이고, 부틸 고무절연 클로로프렌 외장 케이블(BN 케이블)은 절연재료로서 부틸 고무를 사용한 후 그것을 클로로프렌으로 다시 피복한 것이다. 이러한 케이블은 각각 다음과 같은 특징을 갖고 있다.

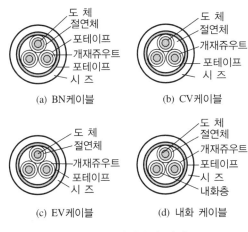

그림 3-4 케이블의 단면도

(1) CV 케이블

가교 폴리에틸렌은 내열성(耐熱性) 및 내수성(耐水性)이 우수한 관계로 상당한 고온에서도 케이블이 변형을 일으키는 수가 적고, 또한 케이블 피트(pit) 내에 침수가 일어나도 안전하다. 한편, 비닐외장은 난연성(難燃性)인 관계로 탄다고 하여도 연소성(燃燒性)이 없어 열에 대하여 강한 내열성을 갖고 있으나, 기름이나 알칼리 등에 의하여 경화(硬貨)을 일으키는 결점을 가지고 있다. 또한 CV 케이블은 단단한 관계로 굽히기가 어려워 다루기가 힘들다.

도체의 최고 허용온도는 연속 90[℃]이고, 단락시(1초 이내)에는 약 2300[℃]이다. 허용전류는 EV · BN 케이블보다 크다.

(2) EV 케이블

EV 케이블의 약점은 내연성(耐燃性)이 낮은 점이다(CV 케이블은 이 점을 개량한 것임). 온도 문제만을 제외하면 그 성능은 거의 CV 케이블과 같다.

EV 케이블은 절연물인 폴리에틸렌이 100[℃] 이상의 온도가 되면 녹아서 변형을 일으킨다. 따라서 도체의 최고 허용온도는 연속 75[℃], 단락시(1초 이내) 140[℃]이다. 또한 허용전류는 CV · BN 케이블보다 낮다.

(3) BN 케이블

내열성(耐熱性)은 CV 케이블보다 약간 떨어지지만 상당한 고온에서도 변형을 일으키는 일이 없다. 또한 내연성(耐燃性)에 있어서는 CV 케이블이나 EV 케이블보다 떨어지지만 클로로프렌 외장이 자소성(自消性)을 갖고 있는 관계로 연소하는 일이 적다. 내유성(耐油性)은 가장 떨어지며, 휘발유 · 중유 · 벤졸 · 변압기유 등에 의하여 부풀어 파괴되지만 내알칼리성은 양호하다.

BN 케이블은 굽히기 쉽고, 또한 충격에 대하여 강하므로 다루기가 가장 쉽다. 허용전류는 CV 케이블과 EV 케이블의 중간이고, 도체의 최고 허용온도는 연속 80[℃], 단락시(1초 이내)는 230[℃]이다.

이상 3종의 케이블 외에 내열성이나 내화성을 특히 요구하는 장소의 시설에 적합한 내열 · 내화 케이블 등이 있다.

[비고] 자소성(自消性) : 불꽃이 저절로 꺼지는 성질

(4) 내열 · 내화 케이블

옥내 소화전, 스프링클러, 자동화재 탐지기, 비상경보, 유도등, 배연설비 비상 콘센트 등에 전력을 공급하는 간선은 내화 케이블을 사용하거나 또는 내화재로 전선을 보호하는 설계를 하지 않으면 유사시에 원래의 목적을 달성하기가 힘들다. 비상용 승강기 · 비상등 등도 이러한 점을 고려하여야 한다.

[주] 내열전선은 300[℃]에서 10분 간, 내화전선은 840[℃]에서 30분 간 견뎌야 하는 것으로 규정하고 있다.

③ 버스 덕트

버스 덕트는 도체와 덕트 부분(housing이라고도 함)의 재료에 따라 알루미늄도체 강(鋼) 덕트(Al-Fe), 알루미늄도체 알루미늄덕트(Al-Al), 동도체 강(鋼)덕트(Cu-Fe) 및 동도체 알루미늄덕트(Cu-Al)의 4종이 있고, 각각 그에 적합한 장소에 사용된다.

알루미늄 도체는 가볍고 또한 알루미늄과 동과의 접속기술이 발달한 관계로 접속이 용이하여 Al-Fe 버스 덕트가 많이 사용된다. 각 도체간에 콤파운드를 넣는 절연 버스 덕트는 부피가 적어지는 관계로 샤프트(shaft)의 면적을 작게 할 수 있는 이점이 있다.

버스 덕트는 용량 200[A]에서 5,000[A]에 이르는 것까지 제조되고 있으며, 대용량 간선에 적합하다.

---

3 | 가열장치

3.1 가열장치 회로의 간선과 분기회로

(1) 가열장치에 공급하는 분기회로는 다음 각 호에 의하여 시설하여야 한다.
  ① 정격전류가 50[A] 이하의 가열장치는 다음과 같이 하여야 한다.
    가) 과전류 차단기의 정격전류는 50[A] 이하로 하고, 또한 「분기회로의 종류」의 규정에 따라 시설하여야 한다.
    나) 전선은 「분기회로의 전선 굵기」 규정에 따라 시설하여야 한다.
  ② 정격전류가 50[A]를 초과하는 단독가열장치일 경우에는 다음과 같이 하여야 한다.

가) 분기회로를 보호하기 위한 과전류 차단기는 그 정격전류가 당해 가열장치의 정격전류의 1.3배의 값을 초과하지 않는 것(그 값이 과전류 차단기의 표준정격에 해당되지 않을 경우에는 그 값에 가장 가까운 상위의 정격인 것)이어야 한다.

나) 전선의 허용전류는 당해 가열장치와 과전류 차단기의 정격전류 이상이어야 한다.

다) 당해 가열장치 이외의 부하를 접속하지 않아야 한다.

(2) 가열장치에 공급하는 간선은 다음 각 호에 의하여 시설하여야 한다.

① 전선은 그 부분을 통하여 공급되는 가열장치의 정격전류 합계 이상의 허용전류를 가지는 것이어야 한다. 이 경우 수용률, 역률 등이 명확한 것은 이것을 참작하여 수정할 수 있다.

② 간선을 보호하기 위한 과전류 차단기는 그 간선의 허용전류 이하의 정격전류인 것이어야 한다.

3.2 가열장치 회로의 간이설계

간선과 분기회로의 전선 굵기 및 개폐기, 과전류 차단기 등의 기구용량을 표 3-7과 표 3-8에 의하여 시설할 경우에는 앞에서 언급한 규정에 적합한 것으로 한다.

[주] 표 3-7과 표 3-8은 정격 전부하전류가 400[A] 이하의 가열장치에 대하여 표시하였음

표 3-7 전선 및 개폐기, 과전류 차단기의 정격

(단상 2선식 220 V일 경우) (참고)

전부하 전류 [A] 이하	용량 [kVA] 이하 역률=1	배선종류에 의한 동 전선의 최소 굵기 [mm²]						개폐기 의 용량 [A]	과전류차단기의 정격 [A]	
		공사방법 A1 2개선		공사방법 B1 2개선		공사방법 C 2개선			B종퓨즈	배선용 차단기
		PVC	XLPE, EPR	PVC	XLPE, EPR	PVC	XLPE, EPR			
15	3.3	2.5	2.5	2.5	2.5	2.5	2.5	15	15	20
20	4.4	4	2.5	2.5	2.5	2.5	2.5	30	20	20
30	6.6	6	4	4	2.5	4	2.5	30	30	30
40	8.8	10	6	6	4	6	4	60	40	40
50	11	16	10	10	6	10	6	60	50	50
60	13.2	16	10	16	10	10	10	60	60	60
75	16.5	25	16	16	10	16	10	100	75	75
100	22	50	25	25	16	25	16	100	100	100
125	27.5	70	35	35	25	35	25	200	150	125
150	33	70	50	50	35	50	35	200	150	150
175	38.5	95	70	70	50	70	50	200	200	175
200	44	120	70	95	70	70	50	200	200	200
250	55	185	120	120	70	95	70	300	300	250
300	66	240	150	–	95	150	95	300	300	300
350	77	300	185	–	120	185	120	400	–	350
400	88	–	240	–	–	240	150	400	–	400

[비고] 1. 최소 전선 굵기는 1회선에 대한 것이며, 2회선 이상일 경우는 부록 A8의 복수회로 보정계수를 적용하여야 한다.
2. 공사방법 A1은 벽내의 전선관에 공사한 절연전선 또는 단심케이블, B1은 벽면의 전선관에 공사한 절연전선 또는 단심케이블, 공사방법 C는 벽면에 공사한 단심 또는 다심케이블을 시설하는 경우의 전선 굵기를 표시하였다.
3. B종 퓨즈의 정격전류는 전선의 허용전류의 0.96배를 초과하지 않는 것으로 한다.
4. 이표의 전선 굵기 및 허용전류는 부록 A8에서 공사방법 A1, B1, C는 표 A-9와 표 A-10에 의한 값으로 하였다.

표 3-8 전선 및 개폐기, 과전류 차단기의 정격

(3상 220V, 380V 일 경우) (참고)

전부하 전류 [A] 이하	용량 [kVA] 이하 역률=1		배선종류에 의한 동 전선의 최소 굵기 [mm²]						개폐기 의 용량 [A]	과전류차단기의 정격 [A]	
			공사방법 A1 2개선		공사방법 B1 2개선		공사방법 C 2개선				
	220 V	380 V	PVC	XLPE, EPR	PVC	XLPE, EPR	PVC	XLPE, EPR		B종퓨즈	배선용 차단기
15	6	10	2.5	2.5	2.5	2.5	2.5	2.5	15	15	20
20	8	13	4	2.5	2.5	2.5	2.5	2.5	30	20	20
29	11	19	6	4	6	4	4	2.5	30	30	30
40	15	26	10	6	10	6	6	4	60	40	40
49	19	32	16	10	10	10	10	6	60	50	50
58	22	38	25	16	16	10	16	10	60	60	60
72	27	47	25	16	25	16	16	16	100	75	75
87	33	57	35	25	25	16	25	16	100	100	100
101	38	66	50	35	35	25	35	25	200	150	125
115	44	76	70	35	50	25	35	25	200	150	125
144	55	95	95	70	70	35	50	35	200	150	150
173	66	114	120	70	95	50	70	50	200	200	175
202	77	133	150	95	95	70	95	70	300	300	225
246	94	162	240	120	—	95	120	95	300	300	250
303	115	199	300	185	—	120	185	120	400	—	350
346	132	228	—	240	—	—	240	150	400	—	350

[비고] 1. 최소 전선 굵기는 1회선에 대한 것이며, 2회선 이상일 경우는 부록 A8의 복수회로 보정계수를 적용하여야 한다.
2. 공사방법 A1은 벽 내의 전선관에 공사한 절연전선 또는 단심케이블, B1은 벽면의 전선관에 공사한 절연전선 또는 단심케이블, 공사방법 C는 벽면에 공사한 단심 또는 다심케이블을 시설하는 경우의 전선 굵기를 표시하였다.
3. 고리퓨즈는 250[V] 이하에서 사용하여야 하며, B종 퓨즈의 정격전류는 전선의 허용전류의 0.96배를 초과하지 않아야 한다.
4. 이표의 전선 굵기 및 허용전류는 부록 A8에서 공사방법 A1, B1, C는 표 A-9와 표 A-10에 의한 값으로 하였다.

3.3 전열기의 배선설계

전열기의 분기회로는 다음에 열거한 「대용량 전열기의 분기회로에서 소용량 전열기의 분기사용」의 경우를 제외하고는, 1개의 용량이 12[A]를 초과하는 전열기는 전용 분기회로로 사용하여야 한다(판단기준 176).

① 1개의 용량이 12[A]를 초과하는 전열기는 전용 분기회로로 사용하여야 한다.

[주] 1개의 용량이 12[A] 이하의 전열기는 15[A] 분기회로 또는 20[A] 배선용 차단기 분기회로로 다른 부하와 공용할 수 있다.

---

4 | 간선설계

4.1 전력부하의 군별

간선설계에 있어 건물 내에 설치되는 전력부하가 명확한 경우이면, 비교적 설계하기가 용이하다. 전력부하가 명확하지 않을 때는 건물의 종류·규모·건물의 질 등을 토대로 해서 그와 유사한 기성건물의 부하밀도를 참고하여 추정하여야 한다.

설치부하에 대하여 상세히 알 수 없는 기본설계의 단계에서는 표 3-9에 의해서 총부하용량을 추정한다. 표 3-9에 의해서 부하를 상정하려면 전등 부하는 각 층마다의 바닥면적당의 부하로부터 일반 동력·냉방용 동력 등의 전부하를 산출하고, 그 결과와 기계실의 배치계획·공기조화·설비계통 등을 토대로 건물 내에서의 분포상황을 산정한다.

또한 각 층별의 상용 전등부하, 비상용 전등부하, 공조설비용 동력부하, 일반 동력부하, 승강기용 동력부하, 비상용 동력부하, 특수부하 등으로 분류한다. 동력부하는 경우에 따라 기계의 종류·사용상황·관련성 등에 의해서 분류할 필요가 있다.

표 3-9 최근의 건물의 부하밀도

건물의 종별	전등 콘센트 [VA/m²]	일반 동력 [VA/m²]	냉방 동력 [VA/m²]	합 계 [VA/m²]
사무소(大)(20,000[m²]이상)	32	38	40	110
사무소(中)(5,000~20,000[m²])	30	32	35	97
사무소(小)(5,000[m²])	27	30	33	90
점포	62	43	55	160
고급 아파트 · 호텔	31	25	38	94
일반 아파트 · 호텔	20	23	35	78
극장	45	44	40	139

이와 같은 과정을 통해서 얻은 결과를 토대로 해서 표 3-10과 같은 부하분포도를 작성한다. 분포도에 의해서 대략적인 건물 내의 수요전력 분포를 입체적으로 파악할 수 있으므로, 수변전설비와 관련지으면서 간선의 계통을 정한다.

표 3-10 부하분포도 (예)

전등 · 콘센트		동력				특수	
상 용	비상용	공조용	일반	승강기	비상용		
5[kVA]	0.5[kVA]	20[kW]		15[kW]	20[kW]		기계실 RFL
15[kVA]	1[kVA]					전산기 50[kW]	사무실 5FL
15[kVA]	1[kVA]						사무실 4FL
15[kVA]	1[kVA]						사무실 3FL
15[kVA]	1[kVA]						사무실 2FL
25[kVA]	3[kVA]	20[kW]	5[kW]				상점 1FL
10[kVA]	2[kVA]	60[kW]	50[kW]	30[kW]			주차장 1FL 기계실

4.2 설비의 분할

(1) 전기 설비는 다음 목적을 위해 필요에 따라서 몇 개의 회로로 분할시켜야 한다.

① 고장시 위험 방지와 파급 범위를 한정한다.

② 안전 검사, 시험과 보수를 용이하게 한다.

③ 조명 회로 등 단일 회로의 고장으로 발생할 수 있는 위험을 고려한다.

(2) 개별적으로 제어가 필요한 설비 부분에는 기타의 회로 고장의 영향이 미치지 않도록 전용 배선회로를 설치하여야 한다.

4.3 전력계통의 결정

간선의 계통을 결정하려면 수전점에서 분전반·제어반까지에 이르는 전력계통 전체를 고려하여야 한다. 따라서 전력계통을 고려할 때는 대단히 많은 요인들이 서로 관련되어 있으므로, 단순한 검토만으로 가장 좋은 안을 얻기란 매우 어려운 일이다.

여기서는 전력계통을 검토할 경우에 각 단계에 있어 특히 유의하여야 할 점에 대하여 살펴보기로 한다.

🔳 전기방식의 결정

전기방식을 결정함에 있어 중요한 요소로는 대상건물 내에서 가장 광범위하게 사용될 부하의 정격전압, 간선 1회로의 용량 및 비상용 발전기의 정격전압 등 세 가지를 들 수 있다.

건물의 사용목적에 따라 주요부하의 전압이 달라진다.

현재 일반적으로 많이 사용되고 있는 전기방식에 대하여 그 특징을 비교하면 다음과 같다.

(1) 단상 2선식

단상 2선식은 단상 교류 전력을 전선 2가닥으로 배전하는 것으로서 전등용 저압 배전에 가장 많이 쓰이고 있다. 이 방식은 전선수가 적고 가선 공사가 간단하다는 것, 그리고 공사비가 저렴하다는 등의 특징이 있다.

일반 주택에서 이 방식을 간선으로 주로 사용하고 있다.

(2) 단상 3선식 110/220[V]

이 방식은 변압기의 저압측의 2개의 권선을 직렬로 하고 그 접속의 중간점으로부터 중성선(neutral line) 을 끌어내어서 전선 3가닥으로 배전하는 방식이다.

이 방식에서는 중성선과 외선 간에 110[V](또는 220[V]) 전등부하를, 바깥쪽의 양외선 간에 220[V](또는 380[V]) 동력부하를 공급하도록 한다.

(3) 3상 3선식 220[V]

3상 3선식은 널리 사용되고 있는 배전 방식으로서 3상 교류를 3가닥의 전선을 사용해서 배전하는 것이다. 이 경우 단상 부하는 전체로서 상평형이 되도록 조합과 접속 방법에 주의 하여야 한다. 배전 변압기의 2차측 결선에는 3종류가 있는데 비교적 용량이 클 때에는 단상 변압기 3대를 △결선으로 해서 사용하는 경우가 많다. 그러나, 경우에 따라서는 변압기 2대만 가지고 V결선으로 쓰다가 부하가 늘어날 때 한대 더 증설해서 △결선으로 사용하는 경우도 있다. 물론 단상 변압기 대신에 3상 변압기를 그대로 사용하는 경우도 있다.

(4) 3상 4선식 220/380[V]

3상 4선식은 변압기의 2차측을 Y접속하고 그 중성점으로부터 중성선을 인출해서 3선식의 전선 3가닥과 조합시킴으로써 단상 220[V]와 3상 380[V]의 2가지 전압을 공급할 수 있게 한 것이다

220/380[V] 3상 4선식 방식은 중성선과 각 상간의 전압을 단상 220[V], 각 상간의 전압을 380 V로 하는 3상전원방식이며, 종래의 방식보다 약 2배 이상의 전압이 얻어지는 관계로 대용량의 부하를 시설하는 빌딩·공장 등의 간선에 적합하다. 이 방식을 채택하는 경우 전동기는 380[V](또는 460[V]), 형광등은 220[V](또는 265[V]) 정격인 것을 필요로 한다. 400[V]급 전동기는 300[kW] 정도까지 제작되고 있으므로, 200[V]에서 30[kW]까지가 한계였던 점을 고려하면 상당히 대용량인 전동기에도 저압으로 전력을 공급할 수 있으므로, 제어장치와 배선에 소요되는 비용이 절감된다.

(5) 3상 3선식 6[kV] (또는 3[kV])

400[V]급 배전방식에서는 100[V] 전원을 얻으려면 부하 가까이에 변압기를 설치할

필요가 있었다. 이 방식을 더욱 확대한 것이 6[kV](또는 3[kV])방식이며, 수용장소 가까이에 설치한 변압기의 일차 전압을 6[kV]로 공급한다. 이 방식은 각 층마다의 부하가 100[kVA]를 넘고 또한 층수가 20층 이상인 대규모의 건물에서 실용성이 있을 것으로 본다.

위에서 다룬 각종 전기방식의 경제성을 비교해 보는 하나의 기준으로서 부하용량·회로의 길이·전압강하·허용전류를 일정하게 하고, 필요한 배전선의 총동량(總銅量)을 계산하여 제시하면 표 3-11과 같다.

표 3-11 전기방식별의 소요동량

전 기 방 식		소요동량(銅量) [%]	
		전압강하기준[1]	허용전류기준[2]
단상 2선식	100[V]	100	100
	200[V]	25	35
	240[V]	17	26
단상 3선식	100/200[V]	37.5	53
	220/440[V]	8	16
3상 3선식	100[V]	75	66
	200[V]	19	23
	440[V]	3.9	7.1
3상 4선식	100/173[V]	33.8	38
	120/208[V]	23	29
	200/346[V]	8.3	14
	242/420[V]	5.7	10

[비고] 1. 회로의 리액터스, 역률의 영향은 무시한다.
2. 허용전류는 도체 단면적의 2/3승에 비례하는 것으로 보고 구하였다. 첨자 1, 2 모두 단상 2선식 외는 모든 부하가 평형되어 있고, 또한 중성선의 크기는 외측 전압선의 크기와 동일한 것으로 보았다.

② 간선보호

간선 사고(事故)를 미연에 방지하기 위해서 과전류(過電流)·지락전류(地絡電流)·단락전류(短絡電流) 등에 대한 보호장치를 시설하여야 한다.

(1) 과전류보호(과전류 차단기 설치)

각 간선의 전원측에는 그 간선을 과전류로부터 보호할 수 있는 과전류 차단기를 시설하여야 한다. 이때 과전류 차단기의 정격전류는 간선에 사용하는 전선・케이블 또는 버스 덕트의 허용전류치보다 적은 것으로 하여야 한다. 그러나 동력간선 또는 공동간선으로서 전동기가 접속되어 있는 경우에는 전동기의 기동전류를 보상하기 위해서, 과전류 보호기의 정격전류는 전동기 정격전류의 합계를 3배한 값에 전동기 이외의 부하전류를 가산한 값과 간선의 허용전류를 2.5배한 값 중 적은 쪽의 값을 선정할 수도 있다. 일반적으로 전동기는 전부가 동시에 기동하는 경우는 거의 없으므로, 과전류 차단기의 정격전류는 이에 접속된 전동기 중 최대기동전류를 가진 것에 대하여 검토하여야 할 것이다.

간선이 그보다 가는 전선으로 분기하는 장소에는 원칙적으로 분기점으로부터 3[m] 이내에 과전류 차단기를 설치하여야 한다. 그러나 이때 분기하는 전선의 허용전류가 주간선의 정격전류의 55[%](주간선과의 분기점에서 개폐기 및 과전류 차단기까지의 전선의 길이가 8[m] 이하일 경우에는 35[%]) 이상의 허용전류를 갖는 것을 사용할 경우에는 3[m]를 초과하는 장소에 시설할 수 있다(판단기준 176).

(2) 지락전류보호(지락차단기 설치)

간선이 접지를 일으켰을 때 자동적으로 전로를 차단하게 하려면 지락차단기를 설치하여야 한다. 지락차단기는 보통 지락계전기를 이용해서 수전용 차단기나 간선용 차단기를 동작하게 한다. 그러나 규모가 큰 빌딩에서는 400[V]급 대용량의 간선으로 건물 전체를 단일 계통 간선으로 공급하는 수가 많으므로, 1개소에서 지락사고가 일어나면 건물 전체에 정전이 파급되어 수용가에게 불편을 초래하므로, 가급적 적은 범위(각 간선)에 지락차단기를 설치한다.

비상조명・비상용 승강기・유도등 등이 접속되어 있는 간선에는 지락차단기 대신에 경보기만을 설치하는 수도 있다.

[주] 300[V] 이하의 저압전로의 경우 간선의 시설방법에 따라서 지락차단기의 설치에 관한 완화 규정도 있으나, 300[V]를 초과하는 전로에서는 지락차단기의 설치가 의무화되어 있다.

(3) 단락보호(단락차단기 설치)

간선에 사용하고 있는 전선・케이블 또는 버스 덕트에서 단락사고가 발생하면, 단락전류에 의해서 도체 상호간에 큰 전자력이 작용하게 되어 변형 또는 파손에 이르는 수가 있다. 따라서 간선의 전원측에서는 단락전류를 차단할 수 있는 단락용량을 가진 단락차단기를 설치할 필요가 있다. 일반적으로 단락차단기는 변압기의 1차측이나 2차측에 설치하고 있다.

건물규모가 커지면 변압기용량도 이에 따라 커진다. 또한 간선으로는 400[V]급 저(低)임 피던스(low impedance)버스 덕트를 사용하는 경우가 많으므로, 단락사고가 일어났을 때의 단락전류의 값은 대단히 커진다. 더욱이 1개소에서의 고장일지라도 정전으로 인한 파급범위가 넓은 관계로 단락보호를 어떻게 설계할 것인가 하는 문제는 신중히 고려하여야 한다.

4.4 도체의 크기 결정

간선에 사용한 전기방식이 결정되고 나면 도체의 크기를 결정한다. 도체의 크기를 결정하는 3가지 요소는 허용전류·전압강하·기계적 강도이다. 이 3요소는 모두 전선의 부설조건에 따라서 여러 가지 영향을 받게 되므로, 설계를 할 때에는 각각 부설조건을 면밀히 검토하여 사용조건에 알맞은 굵기를 선정하여야 한다.

1 허용전류

허용전류(許容電流)는 다음과 같이 구분되어 있다.

① 연속시 허용전류
② 단락시 허용전류
③ 단시간 허용전류

통상적으로 허용전류라는 것은 연속시 허용전류를 뜻한다. 도체의 허용전류는 도체를 피복한 절연물의 최고사용온도를 기준으로 하여 계산되고, 전선이 시설된 주위의 온도조건이나 부설상황에 따라 허용전류치가 달라진다. 허용전류 이상의 전류를 전선에 흐르게 하면, 전선이 발열하여 절연물이 파괴되거나 더 나아가서는 화재를 일으킬 위험마저 발생하기 때문에 일정한 굵기의 전선에 대해 흘릴 수 있는 전류가 제한되어 있다. 한편, 부하용량이 정해지고 전압과 전기방식이 정해지면 흐르는 전류의 크기가 결정되므로, 그 전류치보다 허용전류가 큰 전선의 굵기를 선정하여야 한다.

2 전압강하

전압강하가 크면 전등은 광속이 감소되어 어둡게 되고, 전동기는 회전력이 약해지며, 전열기는 발열량이 적어지므로 전압강하가 너무 크지 않게 적합한 굵기의 전선을 선정하여야 한다.

옥내배선의 경우 전선의 길이가 대체로 짧으므로, 배선 전체의 저항이 적어서 전압강하도 적은 관계로 전선의 굵기를 선정할 때 전압강하를 고려하지 않아도 좋은 경우가 많지만, 간선과 같이 전류가 많고 장거리일 경우에는 전압강하가 전선의 굵기를 결정하는 데 중요한 요소가 된다.

3 기계적 강도

전선의 기계적 강도는 전선굵기의 가느다란 한도를 정하는 것으로서 전류치가 아주 작은 회로에서는 허용전류 및 전압강하에서 허용되는 굵기는 상당히 가느다란 것이 된다. 그러므로 전선이 용이하게 단선되는 일이 없도록 충분한 기계적 강도가 있는 것을 선정하도록 하여야 한다. 전기설비 기술기준에서도 사용 전선의 최소굵기를 특별한 경우를 제외하고는 저압옥내배선에는 공칭단면적 $2.5[\text{mm}^2]$이상의 세기 및 굵기의 절연전선을 사용하여야 한다고 규정하고 있다.

[주] 구(舊) KS 규격에서 지름 1.6[mm]는 IEC 규격으로는 $2.5[\text{mm}^2]$이다.

4.5 용량의 검토

앞에서 설명한 방법에 의하여 간선도체의 크기를 결정하지만, 수용률과 장차의 부하증가에 대하여는 고려되어 있지 않으므로, 수용률과 부하증가에 대한 여유 등에 관하여 검토할 필요가 있다.

표 3-12 각종 부하의 수용률

수용률(평균값)	백화점 · 임대점포	사 무 실
전등부하 수용률	100.0 ~ 74.1	78.4 ~ 43.2
동력부하 수용률	63.3 ~ 38.0	53.8 ~ 41.0
냉동부하 수용률	57.7 ~ 44.7	89.2 ~ 56.3
종합부하 수용률	47.9 ~ 62.7	41.4 ~ 56.1

1 수용률

수용률은 과거의 데이터에서 얻어지는 경험치를 토대로 하여 설비용량으로부터 최대사용전력을 예상하는 것이므로 대상건물의 사용상황을 참작하여 조정하여야 한다.

$$수용률 = \frac{최대사용전력[kW]}{설비용량[kW]}$$

2 장차의 부하증가

간선의 최대사용용량은 경제적 여건의 성장, 조도의 향상, 사무기기의 보급, 가전제품(家電製品)의 보급, 공조(空調) 및 환기부하의 증가 등에 의한 원인으로 해마다 증가하는 경향이 있다.

따라서 설계를 할 때, 어느 정도의 증가분을 예측하여 간선의 허용전류용량을 다소 크게 하든가, 아니면 간선의 허용전류용량을 초과하는 시점에서 개조하도록 하든가 하는 방책이 수립되어야 한다.

---

5 | 옥내배선 공사

5.1 배선설비 공사의 종류

(1) 사용하는 전선 또는 케이블의 종류에 따른 배선설비의 설치방법(버스바트렁킹시스템 및 파워트랙시스템은 제외)은 표 3-13에 따르며, 외부적인 영향을 고려하여야 한다.

표 3-13 전선 및 케이블의 구분에 따른 배선설비의 공사방법

전선 및 케이블		공사방법							
		케이블공사			전선관 시스템	케이블 트렁킹 시스템 (몰드형, 바닥 매입형 포함)	케이블 덕팅 시스템	케이블 트레이 시스템 (래더, 브래킷 등 포함)	애자 공사
		비고정	직접 고정	지지선					
나전선		–	–	–	–	–	–	–	+
절연전선[b]		–	–	–	+	+[a]	+	–	+
케이블 (외장 및 무기질 절연물을 포함)	다심	+	+	+	+	+	+	+	0
	단심	0	+	+	+	+	+	+	0

[주] + : 사용할 수 있다.
　　　 – : 사용할 수 없다.
　　　 0 : 적용할 수 없거나 실용상 일반적으로 사용할 수 없다.
　　　 a : 케이블트렁킹시스템이 IP4X 또는 IPXXD급의 이상의 보호조건을 제공하고, 도구 등을 사용하여
　　　　　 강제적으로 덮개를 제거할 수 있는 경우에 한하여 절연전선을 사용할 수 있다.
　　　 b : 보호 도체 또는 보호 본딩도체로 사용되는 절연전선은 적절하다면 어떠한 절연 방법이든 사용할 수 있고
　　　　　 전선관시스템, 트렁킹시스템 또는 덕팅시스템에 배치하지 않아도 된다.

(2) 시설상태에 따른 배선설비의 설치방법은 표 3-14를 따르며 이 표에 포함되어 있지
　　않는 케이블이나 전선의 다른 설치방법은 이 규정에서 제시된 요구사항을 충족할
　　경우에만 허용하며 또한 표 3-14의 33, 40 등 번호는 KS C IEC 60364(배선설비)"부
　　속서 A(설치방법)"에 따른 설치방법을 말한다.

표 **3-14** 시설 상태를 고려한 배선설비의 공사방법

시설 상태		공사방법							
		케이블공사			전선관 시스템	케이블 트렁킹 시스템 (몰드형, 바닥 매입형 포함)	케이블 덕팅 시스템	케이블 트레이 시스템 (래더, 브래킷 등 포함)	애자 공사
		비고정	직접 고정	지지선					
건물의 빈공간	접근 가능	40	33	0	41*, 42*	6, 7, 8, 9, 12	43, 44	30, 31, 32, 33, 34	–
	접근 불가	40	0	0	41*, 42*	0	43	0	0
케이블채널		56	56	–	54, 55	0		30, 31, 32, 34	–
지중 매설		72, 73	0	–	70, 71	–	70, 71	0	–
구조체 매입		57, 58	3	–	1, 2, 59, 60	50, 51, 52, 53	46, 45	0	–
노출표면에 부착		–	20, 21, 22, 23, 33	–	4, 5	6, 7, 8, 9, 12	6, 7, 8, 9	30, 31, 32, 34	36
가공/기중		–	33	35	0	10, 11	10, 11	30, 31, 32, 34	36
창틀 내부		16	0	–	16	0	0	0	–
문틀 내부		15	0	–	15	0	0	0	–
수중(물속)		+	+	–	+	–	+	0	

[주] – : 사용할 수 없다.

0 : 적용할 수 없거나 실용상 일반적으로 사용할 수 없다.

+ : 제조자 지침에 따름.

* : 이중천장(반자속 포함)내에는 합성수지관 공사를 시설할 수 없다.

(3) 표 3-13 및 표 3-14의 설치방법에는 아래와 같은 배선방법이 있다.

표 3-15 공사방법의 분류

종류	공사방법
전선관 시스템	합성수지관공사, 금속관공사, 가요전선관공사
케이블트렁킹 시스템	합성수지몰드공사, 금속몰드공사, 금속트렁킹공사[a]
케이블덕팅 시스템	플로어덕트공사, 셀룰러덕트공사, 금속덕트공사[b]
애자공사	애자공사
케이블트레이 시스템 (래더, 브래킷 포함)	케이블트레이공사
케이블공사	고정하지 않는 방법, 직접 고정하는 방법, 지지선 방법

[주] a : 금속본체와 커버가 별도로 구성되어 커버를 개폐할 수 있는 금속덕트공사를 말한다.
　　 b : 본체와 커버 구분 없이 하나로 구성된 금속덕트공사를 말한다.

5.2 배선설비 적용 시 고려사항

1 회로 구성

(1) 하나의 회로도체는 다른 다심케이블, 다른 전선관, 다른 케이블덕팅 시스템 또는 다른 케이블트렁킹시스템을 통해 배선해서는 안 된다. 또한 다심케이블을 병렬로 포설하는 경우 각 케이블은 각상의 1가닥의 도체와 중성선이 있다면 중성선도 포함하여야 한다.

(2) 여러 개의 주회로에 공통 중성선을 사용하는 것은 허용되지 않는다. 다만, 단상 교류 최종 회로는 하나의 선 도체와 한 다상 교류회로의 중성선으로부터 형성 될 수도 있다. 이 다상회로는 모든 선도체를 단로하도록 단로장치에 의해 설치하여야 한다.

2 전기적 접속

(1) 도체상호간, 도체와 다른 기기와의 접속은 내구성이 있는 전기적 연속성이 있어야 하며, 적절한 기계적 강도와 보호를 갖추어야 한다.

(2) 접속 방법은 다음 사항을 고려하여 선정한다.

① 도체와 절연재료

② 도체를 구성하는 소선의 가닥수와 형상

③ 도체의 단면적

④ 함께 접속되는 도체의 수

3 교류회로-전기자기적 영향(맴돌이 전류 방지)

(1) 강자성체(강제금속관 또는 강제덕트 등) 안에 설치하는 교류회로의 도체는 보호도체를 포함하여 각 회로의 모든 도체를 동일한 외함에 수납하도록 시설하여야한다.

(2) 강선외장 또는 강대외장 단심케이블은 교류회로에 사용해서는 안 된다. 이러한 경우 알루미늄외장케이블을 권장한다.

4 배선설비와 다른 공급설비와의 접근

(1) 애자공사에 의하여 시설하는 때에는 저압 옥내배선과 약전류전선 등 또는 수관·가스관이나 이와 유사한 것과의 이격거리는 0.1[m](전선이 나전선인 경우에 0.3 [m]) 이상이어야 한다.

(2) 지중 통신케이블과 지중 전력케이블이 교차하거나 접근하는 경우 0.1[m] 이상의 간격을 유지하여야 한다.

(3) 지중 전선이 지중 약전류전선 등과 접근하거나 교차하는 경우에 상호 간의 이격거리가 저압 지중 전선은 0.3[m] 이하인 때에는 지중 전선과 지중 약전류전선 등 사이에 견고한 내화성의 격벽(隔壁)을 설치하여야 한다.

(4) 가스계량기 및 가스관의 이음부(용접이음매를 제외한다)와 전기설비의 이격거리는 다음에 따라야 한다.

　① 가스계량기 및 가스관의 이음부와 전력량계 및 개폐기의 이격거리는 0.6[m] 이상

　② 가스계량기와 점멸기 및 접속기의 이격거리는 0.3[m] 이상

　③ 가스관의 이음부와 점멸기 및 접속기의 이격거리는 0.15[m] 이상

5 수용가 설비에서의 전압강하

(1) 수용가 설비의 인입구로부터 기기까지의 전압강하는 표 3-16의 값 이하이어야 한다.

표 3-16 수용가설비의 전압강하

설비의 유형	조명 (%)	기타 (%)
A - 저압으로 수전하는 경우	3	5
B - 고압 이상으로 수전하는 경우[a]	6	8

[주] a : 가능한 한 최종회로 내의 전압강하가 A 유형의 값을 넘지 않도록 하는 것이 바람직하다.
사용자의 배선설비가 100[m]를 넘는 부분의 전압강하는 미터 당 0.005% 증가할 수 있으나
이러한 증가분은 0.5[%]를 넘지 않아야 한다.

(2) 다음의 경우에는 표 3-16보다 더 큰 전압강하를 허용할 수 있다.
① 기동 시간 중의 전동기
② 돌입전류가 큰 기타 기기

(3) 다음과 같은 일시적인 조건은 고려하지 않는다.
① 과도과전압
② 비정상적인 사용으로 인한 전압 변동

5.3 합성수지관공사

1 시설조건

(1) 전선은 절연전선(옥외용 비닐절연전선을 제외한다)일 것.

(2) 전선은 연선일 것. 다만, 다음의 것은 적용하지 않는다.
① 짧고 가는 합성수지관에 넣은 것.
② 단면적 10[mm²](알루미늄선은 단면적 16[mm²]) 이하의 것.

(3) 전선은 합성수지관 안에서 접속점이 없도록 할 것.

(4) 중량물의 압력 또는 현저한 기계적 충격을 받을 우려가 없도록 시설할 것.

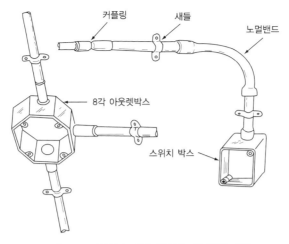

그림 3-5 합성수지관 공사(노출배관) (예)

2 합성수지관 및 부속품의 시설

(1) 관 상호 간 및 박스와는 관을 삽입하는 깊이를 관의 바깥지름의 1.2배(접착제를 사용하는 경우에는 0.8배) 이상으로 하고 또한 꽂음 접속에 의하여 견고하게 접속할 것.

(2) 관의 지지점 간의 거리는 1.5[m] 이하로 하고, 또한 그 지지점은 관의 끝관과 박스의 접속점 및 관 상호 간의 접속점 등에 가까운 곳에 시설할 것.

(3) 습기가 많은 장소 또는 물기가 있는 장소에 시설하는 경우에는 방습 장치를 할 것.

5.4 금속관공사

1 시설조건

(1) 전선은 절연전선(옥외용 비닐절연전선을 제외한다)일 것.

(2) 전선은 연선일 것. 다만, 다음의 것은 적용하지 않는다.
   ① 짧고 가는 합성수지관에 넣은 것.
   ② 단면적 10[mm^2](알루미늄선은 단면적 16[mm^2]) 이하의 것.

(3) 전선은 금속관 안에서 접속점이 없도록 할 것.

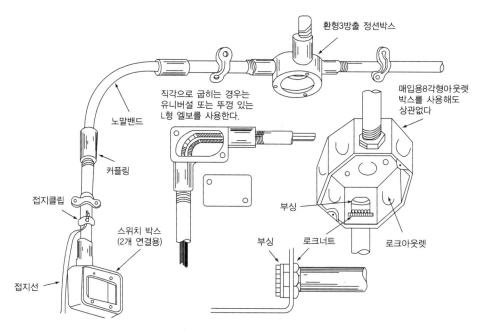

그림 3-6 금속관 공사(노출배관) (예)

2 금속관 및 부속품의 선정

(1) 금속관의 방폭형 부속품은 다음의 표준에 적합할 것.

① 재료는 건식아연도금법에 의하여 아연도금을 한 위에 투명한 도료를 칠하거나 기타 적당한 방법으로 녹이 스는 것을 방지하도록 한 강(鋼) 또는 가단주철(可鍛鑄鐵)일 것.

② 안쪽 면 및 끝부분은 전선을 넣거나 바꿀 때에 전선의 피복을 손상하지 아니하도록 매끈한 것일 것.

③ 전선관과의 접속부분의 나사는 5턱 이상 완전히 나사결합이 될 수 있는 길이일 것.

(2) 관의 두께는 다음에 의할 것.

① 콘크리트에 매입하는 것은 1.2[mm] 이상

② 콘크리트에 매입하는 이외의 것은 1[mm] 이상.

다만, 이음매가 없는 길이 4[m] 이하인 것을 건조하고 전개된 곳에 시설하는 경우에는 0.5[mm]까지로 감할 수 있다.

(3) 관의 끝부분 및 안쪽 면은 전선의 피복을 손상하지 아니하도록 매끈한 것일 것.

❸ 금속관 및 부속품의 시설

(1) 관 상호 간 및 관과 박스 기타의 부속품과는 나사접속 기타 이와 동등 이상의 효력이 있는 방법에 의하여 견고하고 또한 전기적으로 완전하게 접속할 것.

(2) 관의 끝 부분에는 전선의 피복을 손상하지 아니하도록 적당한 구조의 부싱을 사용할 것. 다만, 금속관공사로부터 애자사용공사로 옮기는 경우에는 그 부분의 관의 끝부분에는 절연부싱 또는 이와 유사한 것을 사용하여야 한다.

(3) 습기가 많은 장소 또는 물기가 있는 장소에 시설하는 경우에는 방습 장치를 할 것.

(4) 관에는 접지공사를 할 것. 다만, 사용전압이 400[V] 이하로서 다음 중 하나에 해당하는 경우에는 그렇지 않다.
  ① 관의 길이가 4[m] 이하인 것을 건조한 장소에 시설하는 경우
  ② 옥내배선의 사용전압이 직류 300[V] 또는 교류 대지 전압 150[V] 이하로서 그 전선을 넣는 관의 길이가 8[m] 이하인 것을 사람이 쉽게 접촉할 우려가 없도록 시설하는 경우 또는 건조한 장소에 시설하는 경우

5.5 금속제 가요전선관공사

❶ 시설조건

(1) 전선은 절연전선(옥외용 비닐절연전선을 제외한다)일 것.
(2) 전선은 연선일 것. 다만, 단면적 10[mm²](알루미늄선은 단면적 16[mm²]) 이하인 것은 그렇지 않다.
(3) 가요전선관 안에는 전선에 접속점이 없도록 할 것.
(4) 가요전선관은 2종 금속제 가요전선관일 것. 다만, 전개된 장소 또는 점검할 수 있는 은폐된 장소에는 1종 가요전선관(습기가 많은 장소 또는 물기가 있는 장소에는 비닐 피복 1종 가요전선관에 한한다)을 사용할 수 있다.

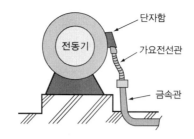

그림 3-7 전동기에 접속하는 가요전선관 (예)

2 가요전선관 및 부속품의 시설

(1) 관 상호 간 및 관과 박스 기타의 부속품과는 견고하고 또한 전기적으로 완전하게 접속할 것.

(2) 가요전선관의 끝부분은 피복을 손상하지 아니하는 구조로 되어 있을 것.

(3) 2종 금속제 가요전선관을 사용하는 경우에 습기 많은 장소 또는 물기가 있는 장소에 시설하는 때에는 비닐 피복 2종 가요전선관일 것.

(4) 1종 금속제 가요전선관에는 단면적 2.5[mm^2] 이상의 나연동선을 전체 길이에 걸쳐 삽입 또는 첨가하여 그 나연동선과 1종 금속제가요전선관을 양쪽 끝에서 전기적으로 완전하게 접속할 것. 다만, 관의 길이가 4[m] 이하인 것을 시설하는 경우에는 그렇지 않다.

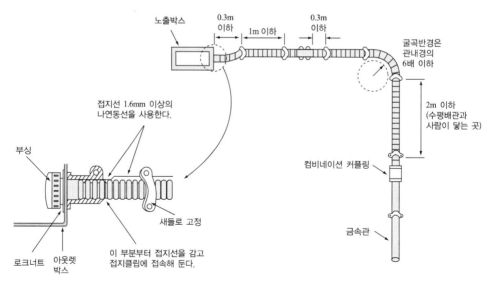

그림 3-8 1종 가요전선관 배선 (예)

(5) 가요전선관공사는 접지공사를 할 것.

5.6 합성수지몰드공사

1 시설조건

(1) 전선은 절연전선(옥외용 비닐절연전선을 제외한다)일 것.
(2) 합성수지몰드 안에는 전선에 접속점이 없도록 할 것. 다만, 합성수지몰드 안의 전선을 합성 수지제의 조인트 박스를 사용하여 접속할 경우에는 그렇지 않다.
(3) 합성수지몰드 상호 간 및 합성수지 몰드와 박스 기타의 부속품과는 전선이 노출되지 아니하도록 접속할 것.
(4) 합성수지몰드는 홈의 폭 및 깊이가 35[mm] 이하, 두께는 2[mm] 이상의 것일 것. 다만, 사람이 쉽게 접촉할 우려가 없도록 시설하는 경우에는 폭이 50[mm] 이하, 두께 1[mm] 이상의 것을 사용할 수 있다.

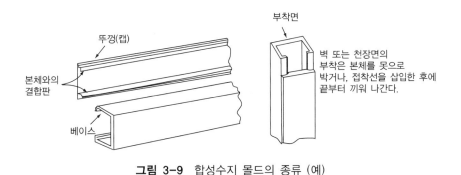

그림 3-9 합성수지 몰드의 종류 (예)

5.7 금속몰드공사

1 시설조건

(1) 전선은 절연전선(옥외용 비닐절연 전선을 제외한다)일 것.
(2) 금속몰드 안에는 전선에 접속점이 없도록 할 것. 다만, 금속제 조인트 박스를 사용할 경우에는 접속할 수 있다.

(3) 금속몰드의 사용전압이 400[V] 이하로 옥내의 건조한 장소로 전개된 장소 또는 점검할 수 있는 은폐장소에 한하여 시설할 수 있다

② 금속몰드 및 박스 기타 부속품의 선정

금속몰드공사에 사용하는 금속몰드 및 박스 기타의 부속품은 다음에 적합한 것이어야 한다.

(1) 금속제의 몰드 및 박스 기타 부속품 또는 황동이나 동으로 견고하게 제작한 것으로서 안쪽면이 매끈한 것일 것.
(2) 황동제 또는 동제의 몰드는 폭이 50[mm] 이하, 두께 0.5[mm] 이상인 것일 것.

③ 금속몰드 및 박스 기타 부속품의 시설

(1) 몰드 상호 간 및 몰드 박스 기타의 부속품과는 견고하고 또한 전기적으로 완전하게 접속할 것.

(2) 몰드에는 규정에 준하여 접지공사를 할 것. 다만, 다음 중 하나에 해당하는 경우에는 그렇지 않다.
  ① 몰드의 길이가 4[m] 이하인 것을 시설하는 경우
  ② 옥내배선의 사용전압이 직류 300[V] 또는 교류 대지 전압이 150[V] 이하로서 그 전선을 넣는 관의 길이가 8[m] 이하인 것을 사람이 쉽게 접촉할 우려가 없도록 시설하는 경우 또는 건조한 장소에 시설하는 경우

5.8 금속덕트공사

① 시설조건

(1) 전선은 절연전선(옥외용 비닐절연전선을 제외한다)일 것.
(2) 금속덕트에 넣은 전선의 단면적(절연피복의 단면적을 포함한다)의 합계는 덕트의 내부 단면적의 20[%](전광표시장치 기타 이와 유사한 장치 또는 제어회로 등의

배선만을 넣는 경우에는 50[%]) 이하일 것.

(3) 금속덕트 안에는 전선에 접속점이 없도록 할 것. 다만, 전선을 분기하는 경우에는 그 접속점을 쉽게 점검할 수 있는 때에는 그렇지 않다.

(4) 금속덕트 안의 전선을 외부로 인출하는 부분은 금속 덕트의 관통부분에서 전선이 손상될 우려가 없도록 시설할 것.

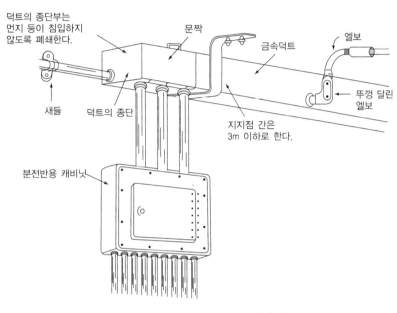

그림 3-10 금속 덕트의 시설 (예)

② 금속덕트의 선정

(1) 폭이 40[mm] 이상, 두께가 1.2[mm] 이상인 철판 또는 동등 이상의 기계적 강도를 가지는 금속제의 것으로 견고하게 제작한 것일 것.

(2) 안쪽 면은 전선의 피복을 손상시키는 돌기(突起)가 없는 것일 것.

(3) 안쪽 면 및 바깥 면에는 산화 방지를 위하여 아연도금 또는 이와 동등 이상의 효과를 가지는 도장을 한 것일 것.

③ 금속덕트의 시설

(1) 덕트 상호 간은 견고하고 또한 전기적으로 완전하게 접속할 것.

(2) 덕트를 조영재에 붙이는 경우에는 덕트의 지지점 간의 거리를 3[m](취급자 이외의 자가 출입할 수 없도록 설비한 곳에서 수직으로 붙이는 경우에는 6[m]) 이하로 하고 또한 견고하게 붙일 것.

(3) 덕트의 본체와 구분하여 뚜껑을 설치하는 경우에는 쉽게 열리지 아니하도록 시설할 것.

(4) 덕트의 끝부분은 막을 것.

(5) 덕트는 접지공사를 할 것.

5.9 플로어덕트공사

1 시설조건

(1) 전선은 절연전선(옥외용 비닐절연전선을 제외한다)일 것.

(2) 전선은 연선일 것. 다만, 단면적 $10[\text{mm}^2]$(알루미늄선은 단면적 $16[\text{mm}^2]$) 이하인 것은 그렇지 않다.

(3) 플로어덕트 안에는 전선에 접속점이 없도록 할 것. 다만, 전선을 분기하는 경우에 접속점을 쉽게 점검할 수 있을 때에는 그렇지 않다.

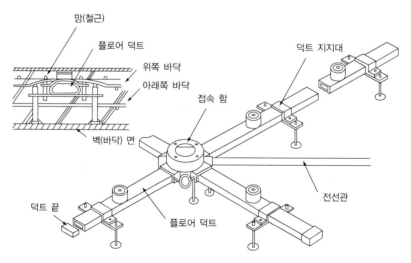

그림 3-11 플로어덕트 및 부속품 시설 (예)

2 플로어덕트 및 부속품의 시설

(1) 덕트 상호 간 및 덕트와 박스 및 인출구와는 견고하고 또한 전기적으로 완전하게
    접속할 것.
(2) 덕트 및 박스 기타의 부속품은 물이 고이는 부분이 없도록 시설하여야 한다.
(3) 박스 및 인출구는 마루 위로 돌출하지 아니하도록 시설하고 또한 물이 스며들지
    아니하도록 밀봉할 것.
(4) 덕트의 끝부분은 막을 것.
(5) 덕트는 접지공사를 할 것.

5.10 셀룰러덕트공사

1 시설조건

(1) 전선은 절연전선(옥외용 비닐절연전선을 제외한다)일 것.
(2) 전선은 연선일 것. 다만, 단면적 10[mm^2](알루미늄선은 단면적 16[mm^2]) 이하의
    것은 그렇지 않다.
(3) 셀룰러덕트 안에는 전선에 접속점을 만들지 아니할 것. 다만, 전선을 분기하는 경우
    그 접속점을 쉽게 점검할 수 있을 때에는 그렇지 않다.

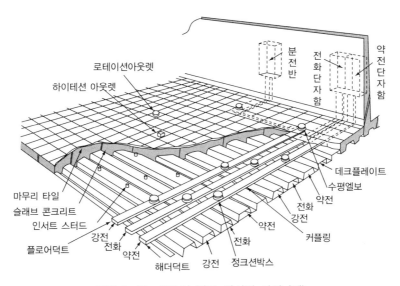

그림 3-12 셀룰러 덕트 배선의 설치 (예)

(4) 셀룰러덕트 안의 전선을 외부로 인출하는 경우에는 그 셀룰러덕트의 관통 부분에서 전선이 손상될 우려가 없도록 시설할 것.

② 셀룰러덕트 및 부속품의 선정

(1) 강판으로 제작한 것일 것.
(2) 덕트 끝과 안쪽 면은 전선의 피복이 손상하지 아니하도록 매끈한 것일 것.
(3) 덕트의 안쪽 면 및 외면은 방청을 위하여 도금 또는 도장을 한 것일 것.
(4) 셀룰러덕트의 판 두께는 표 3-17에서 정한 값 이상일 것.

표 3-17 셀룰러덕트의 선정

덕트의 최대 폭	덕트의 판 두께
150[mm] 이하	1.2[mm]
150[mm] 초과 200[mm] 이하	1.4[mm]
200[mm] 초과하는 것	1.6[mm]

(5) 부속품의 판 두께는 1.6[mm] 이상일 것.

③ 셀룰러덕트 및 부속품의 시설

(1) 덕트 상호 간, 덕트와 조영물의 금속 구조체, 부속품 및 덕트에 접속하는 금속체와는 견고하게 또한 전기적으로 완전하게 접속할 것.
(2) 덕트 및 부속품은 물이 고이는 부분이 없도록 시설할 것.
(3) 인출구는 바닥 위로 돌출하지 아니하도록 시설하고 또한 물이 스며들지 아니하도록 할 것.
(4) 덕트의 끝부분은 막을 것.
(5) 덕트는 접지공사를 할 것.

5.11 케이블트레이공사

케이블트레이공사는 케이블을 지지하기 위하여 사용하는 금속재 또는 불연성 재료로 제작된 유닛 또는 유닛의 집합체 및 그에 부속하는 부속재 등으로 구성된 견고한 구조물을 말하며 사다리형, 펀칭형, 메시형, 바닥밀폐형 기타 이와 유사한 구조물을 포함하여 적용한다.

1 시설 조건

(1) 전선은 연피케이블, 알루미늄피 케이블 등 난연성 케이블 또는 기타 케이블 또는 금속관 혹은 합성수지관 등에 넣은 절연전선을 사용하여야 한다.

(2) 케이블트레이 안에서 전선을 접속하는 경우에는 전선 접속부분에 사람이 접근할 수 있고 또한 그 부분이 측면 레일 위로 나오지 않도록 하고 그 부분을 절연처리 하여야 한다.

(3) 수평으로 포설하는 케이블 이외의 케이블은 케이블 트레이의 가로대에 견고하게 고정시켜야 한다.

(4) 저압 케이블과 고압 또는 특고압 케이블은 동일 케이블 트레이 안에 포설하여서는 아니 된다. 다만, 견고한 불연성의 격벽을 시설하는 경우 또는 금속외장 케이블인 경우에는 그렇지 않다.

(5) 수평 트레이에 다심케이블을 포설 시 다음에 적합하여야 한다.
   ① 사다리형, 바닥밀폐형, 펀칭형, 메시형 케이블트레이 내에 다심케이블을 포설하는 경우 이들 케이블의 지름의 합계는 트레이의 내측폭 이하로 하고 단층으로 시설할 것.
   ② 벽면과의 간격은 20[mm] 이상 이격하여 설치하여야 한다.

(6) 수평 트레이에 단심케이블을 포설 시 다음에 적합하여야 한다.
   ① 사다리형, 바닥밀폐형, 펀칭형, 메시형 케이블 트레이 내에 단심케이블을 포설하는 경우 이들 케이블의 지름의 합계는 트레이의 내측폭 이하로 하고 단층으로 포설하여야 한다. 단, 삼각포설 시에는 묶음단위 사이의 간격은 단심케이블 지름의 2배 이상 이격하여 포설하여야 한다.
   ② 벽면과의 간격은 20[mm] 이상 이격하여 설치하여야 한다.

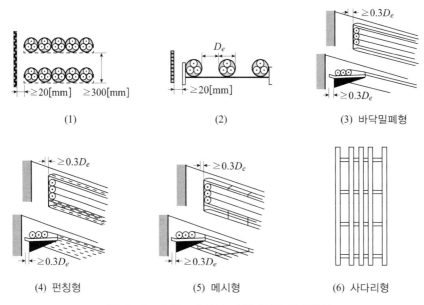

그림 3-13 수평트레이의 다심케이블 공사방법

2 케이블트레이의 선정

(1) 케이블 트레이의 안전율은 1.5 이상으로 하여야 한다.

(2) 지지대는 트레이 자체 하중과 포설된 케이블 하중을 충분히 견딜 수 있는 강도를 가져야 한다.

(3) 전선의 피복 등을 손상시킬 돌기 등이 없이 매끈하여야 한다.

(4) 금속재의 것은 적절한 방식처리를 한 것이거나 내식성 재료의 것이어야 한다.

(5) 금속제 케이블트레이시스템은 기계적 및 전기적으로 완전하게 접속하여야 하며 금속제 트레이는 접지공사를 하여야 한다.

5.12 케이블공사

1 시설조건

케이블공사에 의한 저압 옥내배선은 다음에 따라 시설하여야 한다.

(1) 전선은 케이블 및 캡타이어케이블일 것.

(2) 중량물의 압력 또는 현저한 기계적 충격을 받을 우려가 있는 곳에 포설하는 케이블에는 적당한 방호 장치를 할 것.

(3) 전선을 조영재의 아랫면 또는 옆면에 따라 붙이는 경우에는 전선의 지지점 간의 거리를 케이블은 2[m](사람이 접촉할 우려가 없는 곳에서 수직으로 붙이는 경우에는 6[m]) 이하 캡타이어케이블은 1[m] 이하로 하고 또한 그 피복을 손상하지 아니하도록 붙일 것.

② 수직 케이블의 포설

(1) 전선을 건조물의 전기 배선용의 파이프 샤프트 안에 수직으로 매어 달아 시설하는 저압 옥내배선은 다음에 따라 시설하여야 한다.

① 전선은 다음 중 하나에 적합한 케이블일 것.

　가. 도체에 동을 사용하는 경우는 공칭단면적 25[mm²] 이상,

　　　도체에 알루미늄을 사용한 경우는 공칭단면적 35[mm²] 이상의 것

　나. 강심알루미늄 도체 케이블

　다. 수직조가용선 부(付) 케이블

② 전선 및 그 지지부분의 안전율은 4 이상일 것.

③ 전선 및 그 지지부분은 충전부분이 노출되지 아니하도록 시설할 것.

④ 전선과의 분기부분에 시설하는 분기선은 케이블일 것.

⑤ 분기선은 장력이 가하여지지 아니하도록 시설하고 또한 전선과의 분기부분에는 진동 방지장치를 시설할 것.

5.13 애자공사

① 시설조건

(1) 전선은 다음의 경우 이외에는 절연전선(옥외용 비닐절연전선 및 인입용 비닐절연전선을 제외한다)일 것.

① 전기로용 전선

② 전선의 피복 절연물이 부식하는 장소에 시설하는 전선

③ 취급자 이외의 자가 출입할 수 없도록 설비한 장소에 시설하는 전선

(2) 전선 상호간 및 지지점 간의 이격거리는 표 3-18과 같다.

표 3-18 애자사용공사의 이격거리

전 압	전선과 조영재와의 이격거리		전선 상호간의 간격	전선 지지점 간의 거리	
				조영재의 윗면 또는 옆면에 따라 시설	조영재에 따라 시설하지 않는 경우
400[V] 이하	2.5 [cm] 이상		6 [cm] 이상	2 [m] 이하	–
400[V] 초과	건조한 장소	2.5 [cm] 이상			6 [cm] 이하
	기타의 장소	4.5 [cm] 이상			

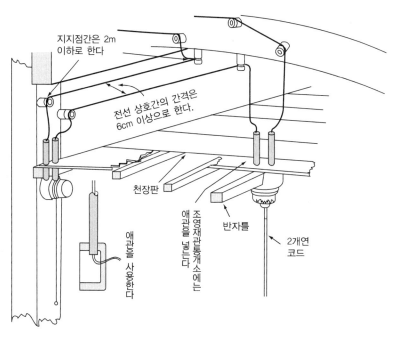

그림 3-14 애자사용공사(예)

5.14 버스덕트공사

1 시설조건

(1) 덕트 상호 간 및 전선 상호 간은 견고하고 또한 전기적으로 완전하게 접속할 것.

(2) 덕트를 조영재에 붙이는 경우에는 덕트의 지지점 간의 거리를 3[m](취급자 이외의 자가 출입할 수 없도록 설비한 곳에서 수직으로 붙이는 경우에는 6[m]) 이하로 하고 또한 견고하게 붙일 것.

(3) 덕트의 끝부분은 막을 것.

(4) 덕트의 내부에 먼지가 침입하지 아니하도록 할 것.

(5) 덕트는접지공사를 할 것.

(6) 습기가 많은 장소 또는 물기가 있는 장소에 시설하는 경우에는 옥외용 버스덕트를 사용하고 버스덕트 내부에 물이 침입하여 고이지 아니하도록 할 것.

2 버스덕트의 선정

(1) 도체는 단면적 20[mm^2] 이상의 띠 모양, 지름 5[mm] 이상의 관모양이나 둥글고 긴 막대 모양의 동 또는 단면적 30[mm^2] 이상의 띠 모양의 알루미늄을 사용한 것일 것.

(2) 도체 지지물은 절연성·난연성 및 내수성이 있는 견고한 것일 것.

(3) 덕트는 표 3-19의 두께 이상의 강판 또는 알루미늄판으로 견고히 제작한 것일 것.

표 3-19 버스덕트의 선정

덕트의 최대 폭(mm)	덕트의 판 두께(mm)		
	강 판	알루미늄판	합성수지판
150 이하	1.0	1.6	2.5
150 초과 300 이하	1.4	2.0	5.0
300 초과 500 이하	1.6	2.3	–
500 초과 700 이하	2.0	2.9	–
700 초과하는 것	2.3	3.2	–

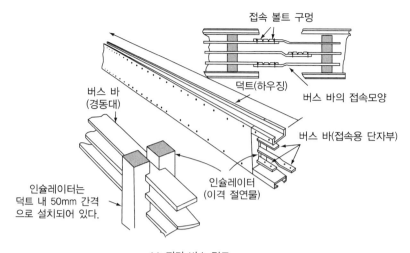

접속 볼트 구멍

덕트(하우징)

버스 바의 접속모양

버스 바
(경동대)

버스 바(접속용 단자부)

인슐레이터
(이격 절연물)

인슐레이터는
덕트 내 50mm 간격
으로 설치되어 있다.

(a) 피더 버스 덕트

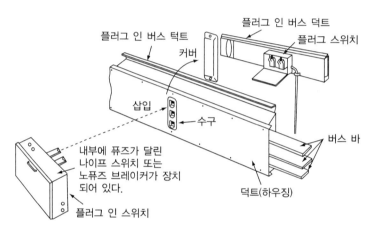

플러그 인 버스 덕트

플러그 인 버스 턱트

플러그 스위치

커버

삽입

수구

버스 바

내부에 퓨즈가 달린
나이프 스위치 또는
노퓨즈 브레이커가 장치
되어 있다.

덕트(하우징)

플러그 인 스위치

(b) 플러그 인 버스 덕트

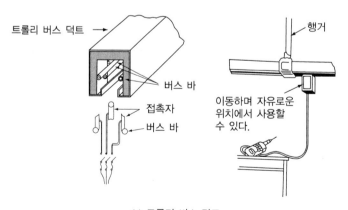

트롤리 버스 덕트

버스 바

접촉자

버스 바

행거

이동하며 자유로운
위치에서 사용할
수 있다.

(c) 트롤리 버스 덕트

그림 3-15 버스 덕트의 종류

5.15 라이팅덕트공사

1 시설조건

(1) 덕트 상호 간 및 전선 상호 간은 견고하게 또한 전기적으로 완전히 접속할 것.

(2) 덕트는 조영재에 견고하게 붙일 것.

(3) 덕트의 지지점 간의 거리는 2[m] 이하로 할 것.

(4) 덕트의 끝부분은 막을 것.

(5) 덕트의 개구부(開口部)는 아래로 향하여 시설할 것. 다만, 사람이 쉽게 접촉할 우려가 없는 장소에서 덕트의 내부에 먼지가 들어가지 아니하도록 시설하는 경우에 한하여 옆으로 향하여 시설할 수 있다.

(6) 덕트는 조영재를 관통하여 시설하지 아니할 것.

(7) 덕트에는 합성수지 기타의 절연물로 금속재 부분을 피복한 덕트를 사용한 경우 이외에는 접지공사를 할 것. 다만, 대지 전압이 150[V] 이하이고 또한 덕트의 길이가 4[m] 이하인 때는 그렇지 않다.

(8) 덕트를 사람이 용이하게 접촉할 우려가 있는 장소에 시설하는 경우에는 전로에 지락이 생겼을 때에 자동적으로 전로를 차단하는 장치를 시설할 것.

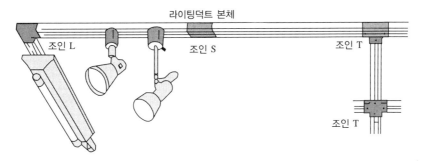

그림 3-16 라이팅 덕트의 설치 (예)

5.16 옥내에 시설하는 저압 접촉전선 배선

(1) 이동기중기 · 자동청소기 그밖에 이동하며 사용하는 저압의 전기기계기구에 전기를 공급하기 위하여 사용하는 접촉전선을 옥내에 시설하는 경우에는 기계기구에 시설하는 경우 이외에는 전개된 장소 또는 점검할 수 있는 은폐된 장소에 애자공사 또는

버스덕트공사 또는 절연트롤리공사에 의하여야 한다.

(2) 저압 접촉전선을 애자공사에 의하여 옥내의 전개된 장소에 시설하는 경우에는 기계기구에 시설하는 경우 이외에는 다음에 따라야 한다.
① 전선의 바닥에서의 높이는 3.5[m] 이상으로 하고 또한 사람이 접촉할 우려가 없도록 시설할 것.
② 전선은 인장강도 11.2[kN] 이상의 것 또는 지름 6[mm]의 경동선으로 단면적이 28[mm²] 이상인 것일 것. 다만, 사용전압이 400[V] 이하인 경우에는 인장강도 3.44[kN] 이상의 것 또는 지름 3.2[mm] 이상의 경동선으로 단면적이 8[mm²] 이상인 것을 사용할 수 있다.
③ 전선의 지저점간의 거리는 6[m] 이하일 것.
④ 전선 상호 간의 간격은 전선을 수평으로 배열하는 경우에는 0.14[m] 이상, 기타의 경우에는 0.2[m] 이상일 것.
⑤ 전선과 조영재 사이의 이격거리 및 그 전선에 접촉하는 집전장치의 충전부분과 조영재 사이의 이격거리는 습기가 많은 곳 또는 물기가 있는 곳에 시설하는 것은 45[mm] 이상, 기타의 곳에 시설하는 것은 25[mm] 이상일 것.
⑥ 애자는 절연성, 난연성 및 내수성이 있는 것일 것.

(3) 저압 접촉전선을 애자공사에 의하여 옥내의 점검할 수 있는 은폐된 장소에 시설하는 경우에는 기계기구에 시설하는 경우 이외에는 다음에 따라 시설하여야 한다.
① 전선 상호 간의 간격은 0.12[m] 이상일 것.
② 전선과 조영재 사이의 이격거리 및 그 전선에 접촉하는 집전장치의 충전부분과 조영재 사이의 이격거리는 4.5[cm] 이상일 것.

(4) 저압 접촉전선을 버스덕트공사에 의하여 옥내에 시설하는 경우에, 기계기구에 시설하는 경우 이외에는 다음에 따라 시설하여야 한다.
① 버스덕트는 다음에 적합한 것일 것.
　가. 도체는 단면적 20[mm2] 이상의 띠 모양 또는 지름 5[mm] 이상의 관모양이나 둥글고 긴 막대 모양의 동 또는 황동을 사용한 것일 것.
　나. 도체지지물은 절연성·난연성 및 내수성이 있는 견고한 것일 것.

다. 덕트는 그 최대 폭에 따라 표 3-19의 두께 이상의 강판·알루미늄판 또는 합성수지판으로 견고히 제작한 것일 것.

② 덕트의 개구부는 아래를 향하여 시설할 것.

③ 덕트의 끝 부분은 충전부분이 노출하지 아니하는 구조로 되어 있을 것.

(5) 저압 접촉전선을 절연 트롤리 공사에 의하여 시설하는 경우에는 기계기구에 시설하는 경우 이외에는 다음에 따라 시설하여야 한다.

① 절연 트롤리선은 사람이 쉽게 접할 우려가 없도록 시설할 것.

② 절연트롤리선의 도체는 지름 6[mm]의 경동선 또는 이와 동등 이상의 세기의 것으로서 단면적이 28[mm^2] 이상의 것일 것.

③ 절연 트롤리선의 개구부는 아래 또는 옆으로 향하여 시설할 것.

④ 절연 트롤리선의 끝 부분은 충전부분이 노출되지 아니하는 구조의 것일 것.

⑤ 절연 트롤리선 지지점 간의 거리는 표 3-20에서 정한 값 이상일 것.

표 3-20 절연 트롤리선의 지지점 간격

도체 단면적의 구분	지지점 간격
500[mm^2] 미만	2[m] (굴곡 반지름이 3[m] 이하의 곡선 부분에서는 1[m])
500[mm^2] 이상	3[m] (굴곡 반지름이 3[m] 이하의 곡선 부분에서는 1[m])

(6) 옥내에서 사용하는 기계기구에 시설하는 저압 접촉전선은 다음에 따라야 하며 또한 위험의 우려가 없도록 시설하여야 한다.

① 전선은 사람이 쉽게 접촉할 우려가 없도록 시설할 것.

② 전선은 절연성·난연성 및 내수성이 있는 애자로 기계기구에 접촉할 우려가 없도록 지지할 것. 다만, 건조한 목재의 마루 또는 이와 유사한 절연성이 있는 것 위에서 취급하도록 시설된 기계기구에 시설되는 주행 레일을 저압 접촉전선으로 사용하는 경우에 다음에 의하여 시설하는 경우에는 그렇지 않다.

가. 사용전압은 400[V] 이하일 것.

나. 전선에 전기를 공급하기 위하여 변압기를 사용하는 경우에는 절연 변압기를 사용할 것. 이 경우에 절연 변압기의 1차측의 사용전압은 대지전압 300[V]

이하이어야 한다.

　　다. 전선에는 접지공사를 할 것.

(7) 옥내에 시설하는 접촉전선이 다른 옥내전선, 약전류전선 등 또는 수관가스관이나 외와 유사한 것과 접근하거나 교차하는 경우에는 상호 간의 이격거리는 0.3[m](가스 계량기 및 가스관의 이음부와는 0.6[m]) 이상이어야 한다.

(8) 옥내에 시설하는 저압 접촉전선에 전기를 공급하기 위한 전로에는 접촉전선 전용의 개폐기 및 과전류 차단기를 시설하여야 한다. 이 경우에 개폐기는 저압 접촉전선에 가까운 곳에 쉽게 개폐할 수 있도록 시설하고, 과전류 차단기는 각 극(다선식 전로의 중성극을 제외한다)에 시설하여야 한다.

01 옥내 저압배전 간선의 전선 굵기를 결정하는 3대 요소는?

02 호텔의 전등 및 소형 전기기계기구 용량이 30[kVA], 전동기 용량이 5[kVA]로 되어 있다. 이 호텔의 저압간선의 굵기를 결정할 [kVA]는 얼마가 되는가? (단, 전등 및 소형 전기기계기구의 용량합계가 10[kVA]를 초과하는 것에 대한 수용률은 50[%]로 되어 있다.)

03 어느 주택시공에서 바닥면적 $90[\text{m}^2]$의 일반주택 배선설계에서 전등수구 14개 소형 기기용 콘센트 8개 및 2[kW] 전열기 1대를 사용하는 경우의 최소분기회로 수는 몇 회선인가? (단, 전등 및 콘센트는 15[A]의 분기회로로 하고, 바닥 $1[\text{m}^2]$ 당 전등(소형기기 포함)의 표준부하는 30[VA], 전체에 가산하는 [VA] 수는 1000[VA]로 한다.)

04 100[V]로 인입하는 어느 주택의 총부하설비용량이 5,100[VA]이라면, 이 주택에 설치하여야 할 최소분기회로의 수는 몇 회로로 하여야 하는가? (단, 부하설비는 전등과 콘센트 부하이다.)

05 합성수지관 공사에 의한 옥내배선의 사용전압의 한도는 몇 [V]인가?

06 합성수지관 공사에서 관상호 및 관과 박스와의 접속시에 삽입하는 깊이는 관 바깥지름의 몇 배 이상으로 하여야 하는가? (단, 접착제를 사용하지 않는 경우이다.)

07 금속관 공사를 할 때 함께 넣는 전선의 피복절연물을 포함한 단면적의 합계는 관의 내단면적의 몇 [%] 이하가 되어야 하는가? (단, 전선의 굵기는 $8[\text{mm}^2]$를 초과하는 것으로 동일한 굵기의 절연전선이다.)

08 콘크리트에 매입할 수 있는 금속관의 최소두께 [mm]는?

09 저압 옥내배선에서 케이블을 조영재에 따라 시설하는 경우, 지지점간의 최대거리 [m]는?

10 차량 등 중량물의 압력을 받을 우려가 있는 장소에 지중전선로를 직접매설식으로 시설하는 최소 깊이 [m]는?

11 간선용 버스 덕트의 종류 3가지를 열거하고, 그 특징을 간단히 설명하시오.

12 공사의 굴곡장소가 많아서 금속관 공사에 의하기 어려운 경우, 전동기와 옥내배선 등을 연결하는 경우에 적합한 공사방법은 무엇인가?

13 금속관 공사에 사용되는 부품의 명칭을 쓰시오.
① 인입구, 인출구 수직배관의 상부에 사용되어 비의 침입을 막는데 사용되는 부품의 명칭은?
② 노출배관공사에서 관을 직각으로 굽히는 곳에 사용되는 부품의 명칭은?
③ 지름이 다른 관을 연결할 때 사용되는 부품의 명칭은?

14 금속관 배선에서 교류회로는 1회로의 전선 전부를 동일관내에 넣는 것을 원칙으로 하는데 그 이유는 무엇인가?

15 지중 전선로는 어떤 방식에 의하여 시설하는지 그 3가지를 쓰시오.

16 가공선로의 ACSR에 Damper를 설치하는 목적을 쓰시오.

17 Joint Box와 Pull Box의 사용 목적과 그 설치 개소에 대하여 쓰시오.

18 브랭크 와셔란 무엇인가?

19 조가선(Messanger Wire)이란 무엇인가?

20 동일 굵기의 절연전선을 동일관 내에 넣을 경우 관 단면적 선정에 대하여 간단히 기술하시오.

21 22.9[kV] 선로의 저압 인입 장주도에서 사용되는 인류스트랍이란 어떤 용도인지 간단히 쓰시오.

22 765[kV], 6도체 가공송전 선로 방식에서 (345[kV], 4도체 방식도 동일) 각 도체간의 간격 유지와 진동방지를 위하여 설치하는 것의 정확한 명칭은?

23 경완금 취부 현수애자 부속자재 중 소켓아이 용도에 대하여 설명하시오.

24 다음의 설명에 맞는 배선자재의 명칭을 쓰시오.
(1) 주상변압기를 전주에 설치하기 위해 사용되는 밴드는?
(2) 전주에 암타이 및 랙을 설치하기 위해 사용되는 밴드는?
(3) 가공 배전선로 및 인입선 공사에서 인류애자를 취부하기 위하여 사용되는 금구류는?
(4) 현수애자를 설치한 가공 ACSR배전선의 인류 및 내장개소에 ACSR 전선을 현수애자에 설치하기 위해 사용되는 금구류는?

25 폴리머 애자 설치에 관한 그림이다. 각 기호의 ①, ②, ③, ④ 명칭을 쓰시오.

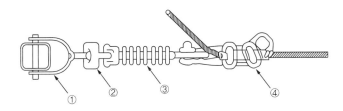

26 지선밴드를 이용한 현수애자 설치이다. ①, ②, ③, ④, ⑤ 각 기호의 명칭을 쓰시오.

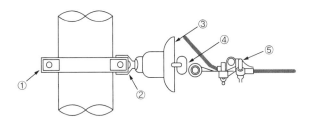

27 그림은 경완철에서 현수애자를 설치하는 순서이다. 명칭을 보고 번호를 기입하시오.

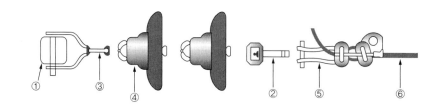

[보기]   Ⓐ 경완철   Ⓑ 현수애자   Ⓒ 소켓아이

           Ⓓ 볼쇄클   Ⓔ 데드앤드 클램프   Ⓕ 전선

28 디음 애자의 용도를 간략하게 쓰시오.
   ① 핀 애자   ② 현수애자
   ③ 라인포스트 애자   ④ 인류애자

조명설비

1 │ 조명의 기초

(1) 광속 : F [lm]

방사 에너지를 눈으로 보아서 빛으로 느끼는 크기로서 나타낸 것으로 광원으로부터 발산되는 빛의 양을 광속(光束)이라고 한다. 단위는 루멘(lumen; lm)을 사용한다.

① 전광속(全光束) : 광원으로부터 방사되는 전체 광속
② 초광속(初光束) : 광원의 점등 초기의 전광속

(2) 광도 : I [cd]

광도(光度)란 광원에서 어떤 방향에 대한 단위 입체각당 발산되는 광속으로서 광원의 세기를 나타낸다. 단위는 칸델라(candela; cd) 이다.

$$I = \frac{F}{\omega}$$

단, I : 광도 [cd], F : 광속 [lm], ω : 입체각

$$입체각 \quad \omega = \frac{A}{r^2} = 2\pi(1 - \cos\theta)$$

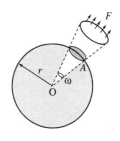

단, r : 구의 반지름 [m]

A : 반지름 r인 구의 표면적 [m^2]

그림 4-1 입체각

(3) 조도 : E [lm]

조도(照度)는 어떤 면의 단위 면적당의 입사 광속으로서 피조면의 밝기를 나타낸다. 단위는 럭스(lux; lx)와 포트(phot; ph)를 사용한다.

$$E = \frac{F}{A}$$

단, E : 조도 [lx] F : 광속 [lm] A : 면적 [m^2]

$$1[\text{lx}] = 1[\text{lm/m}^2] \qquad 1[\text{ph}] = 1[\text{lx/cm}^2]$$

① 거리 역제곱의 법칙

광도 I의 균등 점광원을 반지름 R인 구(球)의 중심에 놓았을 때, 구면상의 모든 점의 조도 E는

$$E = \frac{F}{A} = \frac{4\pi I}{4\pi R^2} = \frac{I}{R^2}$$

즉, 조도는 광도에 비례하고, 거리의 제곱에 반비례한다.

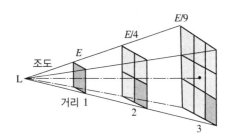

그림 4-2 거리 역제곱의 법칙

② 입사각 여현의 법칙

평면 A에 평행광선에 의한 광속 F가 입사하고 있을 때, 그 면의 조도 E는 $E = F/A$ 이다.

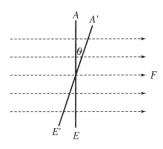

그림 4-3 입사각 여현의 법칙

광속과 θ 경사를 이루는 A'면의 조도는 직교하는 면의 조도의 $\cos\theta$ 이다. 따라서 A'면의 조도는

$$E' = E \cdot \cos\theta = \frac{I}{R^2} \cdot \cos\theta$$

법선조도 : $E_n = \dfrac{I}{R^2}$

수평면조도 : $E_h = E_n \cos\theta = \dfrac{I}{R^2} \cos\theta$

수직면조도 : $E_v = E_n \sin\theta = \dfrac{I}{R^2} \sin\theta$

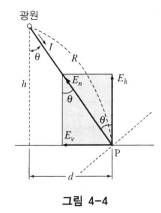

그림 4-4

(4) 휘도 : B [sb]

광원의 임의의 방향에서 본 단위 투영면적당의 광도로서 광원의 빛나는 정도를 휘도(輝度)라고 한다. 단위는 니트(nit; nt)와 스틸브(stilb; sb)가 있다.

$$B = \frac{I}{A'}$$

단, B : 휘도 [nt] I: 광도 [cd] A': 투영면적 [m²]

$$1[\text{nt}] = 1[\text{cd/m}^2] \qquad 1[\text{sb}] = 1[\text{cd/cm}^2]$$

(5) 광속발산도 : R [rlx]

광속발산도(光束發散度)란 어느 면의 단위면적으로부터 발산하는 광속, 즉 발산광속의 밀도를 말한다. 단위는 조도와 구분하여 라드럭스(rad lux; rlx)와 라드포트(rad phot; rph)를 사용한다.

$$R = \frac{F}{A}$$

단, R ; 광속발산도 [rlx]　　F : 광속 [lm]　　A : 면적 [m^2]

$$1[\text{rlx}] = 1[\text{lm/m}^2]　　1[\text{rph}] = 1[\text{lm/cm}^2]$$

(6) 조명률 : U

광원의 전 광속과 작업면에 입사하는 광속의 비를 말한다.

$$U = \frac{F}{F_0} \times 100$$

단, F : 작업면의 광속 [lm]　　F_0 : 광원의 전광속 [lm]

(7) 감광보상률 : D

조명설계를 할 때 점등 중에 광속의 감소를 미리 예상하여 소요 광속의 여유를 두는 정도를 말하며, 항상 1보다 큰 값이다. 감광보상률의 역수를 **유지율**(M) 또는 **보수율**이라고 한다.

(8) 램프의 효율

$$\text{램프의 효율} = \frac{\text{광속}}{\text{소비전력}}\ [\text{lm/W}]$$

(9) 완전확산면

어느 방향에서 보아도 휘도가 동일한 면을 완전확산면이라고 한다.

$$R = \pi B = \rho E = \tau B$$

(10) 색온도

흑체를 고온으로 가열하면 광색은 적색, 황색, 청록색, 백색으로 변화한다. 흑체의 어느 온도에서의 광색과 광원의 광색이 같을 때, 그 흑체의 온도를 광원의 **색온도**라고 한다.

> **참고**
>
> **흑체** : 입사하는 방사 에너지(광속)를 모두 흡수해 버리는 물체로서 반사나 투과가 전혀 없는 이상적인 물체이며, 이에 가까운 것은 숯과 검정 등이다.

(11) 연색성

빛의 분광특성이 색의 보임에 미치는 효과를 **연색성**이라 하며, 인공광원 중에서 연색성이 가장 좋은 등은 제논등이며, 연색성이 가장 나쁜 등은 나트륨등이다.

(12) 배광곡선

균등 점광원에서는 광원의 각 방향의 광도가 일정하지만 균등 점광원 이외에서는 방향에 따라 광도가 다르다. 이러한 광도의 분포상태를 나타낸 것을 **배광곡선**이라고 한다.

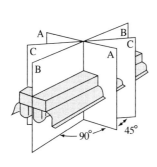

그림 4-5 형광등의 배광면

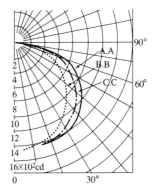

그림 4-6 형광등에 대한 3개 면의 배광곡선

2 | 좋은 조명의 조건

조명의 주목적은 물체를 눈으로 쉽게 식별(명시)할 수 있게 하기 위한 것이나, 그렇지 않은 경우도 있다.

- 명시조명 : 사무실·학교·교통 도로 등과 같이 명시(明視)를 중요시하는 조명
- 상업조명 : 공장, 탄광, 상점, 음식점, 극장 등과 같이 매상을 증진시키기 위한 조명
- 경관조명 : 고궁이나 큰 빌딩 또는 교량 등에 조명을 하여 도시의 야경을 좋게 하기 위한 조명

(1) 적당한 조도

밝을수록 잘 보이고 시력이 올라가지만, 사람의 생리와 심리적인 여건에 적합하여야 하고 경제적인 설계가 되어야 한다.

(2) 광속발산도의 분포

균일한 조도를 얻으려면 다음 사항에 유의하여야 한다.
① 조명방식과 기구의 선정, 취부위치를 검토한다.
② 전반조명과 국부조명의 조도 차를 가급적 작게 한다.
  (전반조명의 조도는 국부조명에 의한 조도의 1/10 이상이 되게 한다.)
③ 천장이나 벽을 밝게 한다.
④ 실내의 색채조절을 잘 한다.

(3) 눈부심 방지

눈부심을 일으키는 원인
① 밝은 광원을 직시함으로써 일어나는 직접 글레어
② 휘도의 대비가 원인이 되는 대비 글레어
  (예 : 야간의 자동차 헤드라이트가 주간보다 더 눈부시다.)
③ 빛을 잘 반사하는 면으로부터 반사된 빛에 의한 반사 글레어

※ 눈부심을 방지하기 위한 방법

① 휘도가 낮은 광원(형광램프)을 사용하던가 또는 플라스틱 커버가 되어 있는 조명기구를 선정한다.
② 시선을 중심으로 해서 30° 범위 내의 글레어 존(glare zone)에는 광원을 설치하지 않는다.
③ 광원의 주위를 밝게 한다.

(4) 적당한 그림자

그림자는 사물을 보는데 있어서 필요한 경우와 필요하지 않은 경우가 있다. 대체로 물체 표면의 요철부에 생기는 그림자는 입체감을 주는 관계로 오히려 필요하다.
명암의 대비는 3 : 1 정도일 때 가장 입체적으로 보인다.

※ 작업에 지장을 주는 그림자를 방지하는 방법

① 광원의 위치를 바꾼다.
② 광원수를 늘인다.
③ 형광램프와 같은 넓은 발광면적을 가지는 광원을 사용한다.

(5) 분광분포

빛의 색온도가 높을수록 밝고 쾌적한 조명이 얻어진다.

(6) 기분(심리적 효과)이 좋을 것

일반 작업에 대한 조명의 경우에는 천장·벽의 윗부분이 밝고, 벽 아래 부분, 바닥의 순서로 어둡게 보이는 것이 밝은 날 옥외의 환경과 유사하여 좋다고 한다.

(7) 의장(미적 효과)이 좋을 것

조명기구의 디자인이나 배치는 건축양식과 조화가 이루어져야 한다. 조명기구의 모양은 단순하고 불필요한 장식은 없는 것이 좋다. 또한 기구의 배치는 기하학적으로 간단한 배열이 좋다.

(8) 경제적이고 보수가 용이할 것

조명기구는 효율이 높고, 보수 및 관리가 쉬우며, 경제적인 것을 선택하여야 한다. 생산조명에서는 증산의 가능성과 사고(事故)의 감소 등을 고려하고, 상업조명에서는 매상의 증가와 상품의 명료화가 되어야 한다.

3 | 광원의 종류

1 백열전구

백열전구는 유리구 속을 진공으로 하거나 질소 또는 아르곤 따위의 불활성 가스를 봉입 (封入)하여 텅스텐으로 만든 가는 저항선(필라멘트)을 넣고 여기에 전류를 흐르게 하여 필라멘트에서 발생하는 고온에 의한 방사속을 이용하는 것이다. 그러나 에너지 효율이 매우 낮고(소비전력의 95[%]가 열로 소비) 소비전력이 높은 까닭으로 2014년 1월부터 제작 및 판매가 중지되었다.

(1) 백열전구의 필라멘트 구비조건

① 융해점이 높을 것
② 고유저항이 클 것
③ 선팽창 계수가 적을 것
④ 온도 계수가 정확할 것
⑤ 가공이 용이할 것
⑥ 높은 온도에서 증발(승화)이 적을 것
⑦ 고온에서 기계적 강도가 감소하지 않을 것

(2) 할로겐 램프

할로겐 램프는 미량의 할로겐 물질을 함유한 불활성 가스를 봉입해서 할로겐 물질의 화학반응을 응용한 가스입 텅스텐 전구이다.

용도 : 옥외용 투광 조명, 고천장 조명

※ 할로겐 램프의 특징

① 초소형의 경량램프이다.
② 연색성이 좋다.
③ 동정곡선이 극히 완만하여 수명 및 광속의 변화가 거의 없다.
④ 수명이 길다.
⑤ 빛의 3원색(적색, 청색, 녹색)에 가장 가깝다.
⑥ 할로겐 사이클에 의해 필라멘트 증발이 없다(흑화현상이 없다).
⑦ 정확한 빔(beam)을 갖고 있다.
⑧ 열 충격에 강하다(전구에 물이 묻어도 파열되지 않는다).
⑨ 조광기를 사용할 수 있다.
⑩ 휘도가 높다.

② 형광등

형광등은 열음극을 갖는 수은증기 방전램프이며, 그 방전에 따라 발생하는 자외선으로 유리관 내벽에 칠해진 형광체를 자극시켜 가시광선으로 변환하여 이용하는 것이다. 백열전구와 다르게 점등장치를 필요로 하는 결점은 있지만 효율이 높다.

빛은 확산광으로 부드러우며(저휘도), 선광원으로 빛의 분포가 한결같다. 또한 열방사가 적고 수명이 길다는 우수한 특징을 갖고 있다.

※ 형광등의 특징(백열전구와 비교)

① 효율이 높다(백열전구의 약 3배).
② 희망하는 광색을 얻을 수 있다.
③ 램프의 휘도가 낮다($0.5{\sim}1[cd/cm^2]$).
④ 수명이 길다(평균수명 7,000시간).
⑤ 열을 거의 발산하지 않는다(백열전구의 1/5~1/7).
⑥ 전원전압의 변동에 대하여 광속변동이 적다(전압 1[%] 변동에 대하여 광속은 1~2[%] 변한다).

⑦ 전원 주파수의 변동이 광속과 수명에 영향을 미친다.

⑧ 기동에 시간이 걸린다(약 3초).

⑨ 주위 온도의 영향을 받는다(20~25[°C]일 때 효율이 가장 좋다).

⑩ 저역률이다(전원에 병렬로 3.5~5.5[μF]의 콘덴서를 접속).

⑪ 빛의 어른거림이 있다.

⑫ 라디오 잡음 장해를 준다(점등관에 병렬로 0.006[μF]의 콘덴서를 접속).

3 수은등

수은등은 수은증기 중의 방전을 이용한 것이다. 상온의 수은증기압은 매우 낮으므로이것만으로 가동시키려면 고전압이 필요하다. 그러므로 미량의 아르곤을 혼합시켜서 **페닝효과**(Penning effect)를 이용하여 기동을 용이하게 하고 있다.

> **참고**
>
> **페닝효과(Penning effect)** : 준안정 상태를 형성하는 기체에 다른 종류의 기체를 소량 혼합하면, 첨가기체의 전리전압이 원래 기체의 여기전압보다 낮을 때 방전개시전압이 저하하는 현상.

※ 고압 수은등의 특징(백열전구와 비교)

① 휘도가 높다(1,000~10,000[cd/cm^2]).

② 등당의 전력 및 광속이 크다.

③ 백열전구에 비하여 효율이 높다.

④ 연색성이 나쁘다.

⑤ 기동하여 정상상태에 도달하는 데 시간이 걸린다.

⑥ 재점등에 많은 시간이 걸린다.

4 나트륨 램프(Sodium Lamp)

(1) 저압 나트륨 램프

나트륨 램프(Sodium Lamp)는 나트륨 증기를 통하여 방전할 때 생기는 D선(580~

589.6[nm])을 광원으로 이용한 것이다.

(2) 고압 나트륨 램프

나트륨 증기압을 저압 나트륨 램프의 증기압(4×10^{-3}[mmHg])보다 높여 가면 발광효율은 자기흡수 때문에 떨어진다. 그러나 더욱더 증기압을 높여가면 발광효율은 다시 상승하고, 분광분포는 나트륨의 D선 부근을 중심으로 폭넓게 밴드 스펙트럼(band spectrum)을 상반하지만, 약 100~200[mmHg]에서 발광효율은 최대로 되고, 최고효율의 황백색광이 얻어진다.

400[W] 고압 나트륨 램프의 전광속은 4400[lm], 램프효율 110[lm/W], 색온도 2200[K], 평균수명은 9,000[시간] 정도이다.

5 메탈 할라이드 램프(Metal Halide Lamp)

메탈 할라이드 램프(Metal Halide Lamp)는 고압 수은등의 발광관에 할로겐화 금속을 첨가하여, 금속원자에 의한 금속 특유의 빛을 발광하는 것으로 효율과 연색성을 개선하였다. 봉입하는 금속증기의 종류에 따라 각 금속에서 나오는 선 스펙트럼을 이용한 것과 분자(分子)발광에 의한 연속 스펙트럼을 이용한 고연색성형이 있다.

일반적으로 효율이 높은 선 스펙트럼형의 것이 쓰이고 있다

6 제논 램프(Xenon Discharge Lamp)

제논 램프(Xenon Discharge Lamp)의 모양은 초고압 수은등과 같은 것이며, 발광관 부가 약간 더 가늘고 긴 것을 많이 사용하고 있다. 내부에 봉입하는 제논가스의 압력은 1~10[기압] 정도이다.

제논 램프는 램프 전압이 낮고, 램프 전류는 크다. 또 같은 크기의 초고압 수은등보다 약 3배의 램프 전류가 흐른다.

제논 램프의 가장 큰 특징은 발산하는 빛이 천연주광과 거의 비슷하며, 인공광원 중에서 연색성이 가장 좋은 램프라는 것이다. 제논 램프의 더욱 큰 특징은 기동에 시간을 요하지 않고 순시 재점등도 가능하다는 것이다.

7 LED 전구

LED(Light-Emitting Diode)는 반도체의 P-N 접합구조를 이용하여 소수 캐리어(전자 및 정공)를 만들어 내고 이들의 재결합에 의하여 발광시키는 원리를 이용한 램프이다. LED 램프는 소형이고 수명이 길며, 전기 에너지가 빛 에너지로 직접 변환되기 때문에 전력 소모가 적은 에너지 절감형 광원이다.

8 광원의 효율

일반적인 백열전구의 효율은 소비전력의 5~10[%]만이 빛으로 나오고 나머지는 열로 발산하게 되어 만져보면 상당히 뜨겁다. 이렇게 뜨거운 열은 램프의 수명을 단축시킨다.

표 4-1 광원의 종류별 효율

램 프	효율 [lm/W]	램 프	효율 [lm/W]
저압 나트륨 램프	130~175	수은등	30~65
고압 나트륨 램프	92~130	제논 램프	21~28
메탈할라이드 램프	65~100	할로겐 램프	20
형광 램프	40~90	백열 전구	16~20

4 | 조명기구 및 조명방식

1 조명기구의 사용목적

① 전등에서 방사되는 광속을 가급적으로 피조면에 집중시켜 광속의 손실을 감소시킨다.
② 광원의 고유휘도를 부드럽게 하여 눈부심을 방지한다.
③ 광원에서 나오는 빛을 받아 이것을 소요되는 방향으로 집중시켜서 유효적절한 배광으로 변형시킨다.
④ 시감(視感)을 좋게 하고, 예술적인 면에서 외관의 미를 좋게 한다.

② 조명기구의 종류

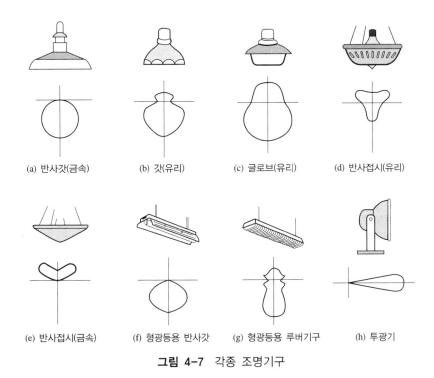

(a) 반사갓(금속)　　(b) 갓(유리)　　(c) 글로브(유리)　　(d) 반사접시(유리)

(e) 반사접시(금속)　　(f) 형광등용 반사갓　　(g) 형광등용 루버기구　　(h) 투광기

그림 4-7　각종 조명기구

③ 조명기구의 설치방법에 따른 분류

① 직부기구　　② 매입기구　　③ 반매입기구　　④ 펜던트기구　　⑤ 벽취부기구

④ 기구의 배치에 의한 분류

(1) 전반조명

　조명기구를 일정한 높이에 일정한 간격으로 배치하여 실내 전체를 균일하게 조명하는 방식이다.

　전반조명의 특징은 다음과 같다.

① 시작업(視作業)의 위치가 변동하여도 조명기구의 배치를 변경시킬 필요가 없다.
② 조도의 불균일이 적다.

③ 그림자가 부드럽다.

④ 체제(體制, structural plan)가 비교적 좋다.

⑤ 유지 보수 및 관리가 용이하다.

(2) 국부조명

작업상 필요한 국부적인 장소만 고조도로 비추어주는 방식을 말한다. 특별히 이 국부조명은 조명을 하는 곳에서 희망하는 방향으로 충분한 조도를 줄 수 있으며, 불필요한 곳은 소등할 수 있어 편리하다

(3) 전반, 국부병용조명

일반적으로 정밀작업을 하는 장소에서는 전반조명에 의하여 조명환경을 좋게 할뿐만 아니라 또한 여기에 국부조명을 병용할 필요가 있는 장소만 국부조명방식을 채택하면 경제적으로 높은 조도를 얻을 수 있다.

그러므로 이 전반, 국부병용조명방식은 정밀공장, 설계실 등에 널리 채용되고 있다.

⑤ 기구의 배광에 의한 분류

조명기구에서 방사되는 전광속의 상향광속과 하향광속의 배광 비율에 따라 분류하는 것으로서 다음과 같다.

① 직접 조명 방식

② 반직접 조명 방식

③ 전반 확산 조명 방식

④ 반간접 조명 방식

⑤ 간접 조명 방식

※ 직접조명의 장점

① 조명률이 크므로 소비전력은 간접조명의 1/2~1/3이다.

② 설비비가 저렴하며 설계가 단순하다.

③ 그늘이 생기므로 물체의 식별이 입체적이다.

④ 조명기구의 점검, 보수가 용이하다.

표 4-2 조명방식의 종류와 장단점

조명방식	기구의 형 또는 방식	장 점	단 점
직접 조명 10~0 ↑ 90~100 ↓	천장매입형	근대적인 건축화 조명이 가능하다.	하면개방일 때는 광원과 천장간의 명암 차가 심하다. 아크릴 또는 플라스틱 커버를 달았을 때는 결점이 적다.
	반사판이 달린 홀더형	높은 장소에서 시설하였을 때 벽에 의한 손실이 적고, 경제적이며, 효율이 좋다.	천장이 어두워지고, 낮은 천장이면 벽이 조명되지 않아 불쾌하다.
	광천장(wall-to-wall fluorescent lighting)	고조도이고, 또한 조도차나 그림자가 적은 아주 근대적인 조명이 가능하다.	효율이 약간 떨어지고 기구 면의 오손개소가 눈에 잘 띤다.
반직접 조명 10~40 ↑ 60~90 ↓	홀더형	천장이나 벽이 밝으며, 기구가 단순하고, 기구 효율이 좋다.	천장색, 벽색에 따라 조도가 크게 영향 받는다. 어두운 색으로 된 천장이나 벽을 가진 방은 눈부심의 원인이 된다.
	하면 플라스틱 취부형	광원의 눈부심이 없고, 디자인이 아름답다.	효율이 약간 떨어진다. 청소에 주의를 요한다.
전반확산 조명 40~60 ↑ 40~60 ↓	노출형 샹데리아	천장이나 벽이 모두 밝고, 천장에 매달았을 때 그림자가 없다.	어두운 색의 천장이나 벽으로 된 실내이면 눈부심의 원인이 되고 효율이 저하한다.
반간접 조명 60~90 ↑ 10~40 ↓	반투명갓	눈부심이 없고 천장이 밝아 쾌적한 느낌을 준다.	천장색의 색에 따라 효율의 변동이 일어난다.
간접 조명 90~100 ↑ 0~10 ↓	코브(cove) 조명	눈부심이 없고, 조도분포가 균일하며, 부드러운 빛 때문에 온화한 분위기를 얻을 수 있다. 그림자가 연하다.	효율이 나쁘고 또한 천장색에 따라 변동한다. 설비비가 높고, 보수도 용이하지 않다.

[비고] ↑표 옆에 표시된 숫자는 상향광속[%]을 ↓표 옆에 표시된 숫자는 하향광속[%]을 각각 표시한다.

※ 간접조명의 장점

① 눈부심이 적고 피조면의 조도가 균일하다.

② 그림자가 부드럽다.

③ 등기구의 사용을 최소화하여 조명효과를 얻을 수 있다.

⑥ 건축화 조명

최근의 건축설계팀은 건축전기안전의 합리적 측면과 더불어, 조명 디자인에 중점을 둔 장기적 측면에서의 전기조명을 강조하고 있다.

다시 말하면, 전기조명의 효과는 건축물의 강조에만 그치지 않고, 주변전체의 미관에도

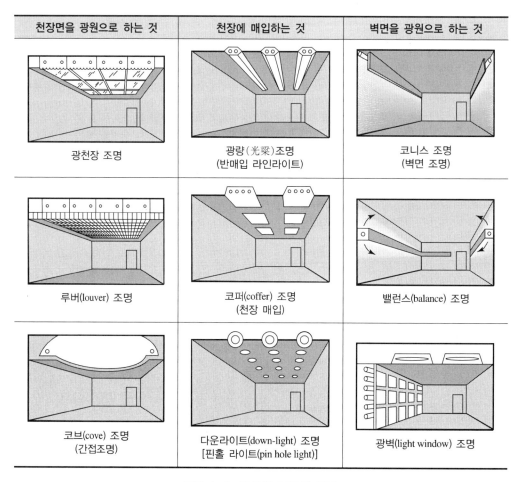

천장면을 광원으로 하는 것	천장에 매입하는 것	벽면을 광원으로 하는 것
광천장 조명	광량(光樑)조명 (반매입 라인라이트)	코니스 조명 (벽면 조명)
루버(louver) 조명	코퍼(coffer) 조명 (천장 매입)	밸런스(balance) 조명
코브(cove) 조명 (간접조명)	다운라이트(down-light) 조명 [핀홀 라이트(pin hole light)]	광벽(light window) 조명

그림 4-8 건축화 조명의 종류

영향을 주며 방문객에게 주변지역을 인상깊게 하는 심리적 효과에도 기여하는 바가 크다.

현대 예술적 건축물은 야간에 단순히 빛의 이용에만 국한되는 것이 아니라, 조명 빛에 의해서 건물을 미화함은 물론, 장식효과나 심리적 선전효과를 목적으로 설계가 이루어지고 있는 것이다. 건축물의 인상을 방문객의 기억 속에 오랫동안 남게 하는 설계 작업은, 단순히 조도계산만으로 해결될 문제가 아니고, 새로운 조명에 의한 색채효과와 심리적 조명효과, 실내 디자인의 충분한 협동연구가 요구되는 것이다.

(1) 천장을 광원으로 하는 것

① 광천장 조명

천장면에 확산 투과재인 메탈 아크릴 수지판을 붙이고 천장 내부에 광원을 배치하여 조명하는 방식이며, 천장면이 낮은 휘도의 광천장이 되므로 부드럽고 깨끗한 조명이 된다. 보수가 비교적 용이하므로 많이 채용되고 있다.

② 루버(Louver) 조명

천장면에 루버(louver)판을 부착하고 천장 내부에 광원을 배치하여 시야 범위 내에 광원이 노출되지 않게 조명하는 방식이며, 직사현휘가 없고 낮은 휘도의 밝은 직사광을 얻고 싶은 경우에 훌륭한 조명효과가 나타난다.

③ 코브(Cove) 조명

천장면에 플라스틱, 목재 등을 이용하여 활 모양으로 굽힌 곳에 램프를 감추고 간접조명을 이용하여 그 반사광으로 채광하는 조명방식이며, 천장과 벽이 2차 광원이 되므로 반사율과 확산성이 높아야 한다. 효율면에서는 가장 뒤떨어지나 방 전체가 부드럽고 차분한 분위기가 된다. 코브의 치수는 방의 크기 및 천장높이에 따라 결정된다.

(2) 천장에 매입하는 것

① 광량 조명

광량(光梁) 조명은 일종의 라인 라이트(line light) 조명이고, 연속열 등기구를 천장에 매입하거나 들보에 설치하는 조명방식으로서 건축화 조명의 가장 간단한 방법이다.

확산 플라스틱을 사용하여 조명기구를 천장에 반매입하면 천장도 밝게 할 수 있어 전반조명으로 추장되고 있다.

② 코퍼(Coffer) 조명

천장면을 여러 형태의 사각, 동그라미 등으로 오려내고 다양한 형태의 매입기구를 취부하여 실내의 단조로움을 피하는 조명방식으로 천장면에 매입된 등기구 하부에는 주로 플라스틱판을 부착하고, 천장 중앙에 반간접형 기구를 매다는 조명방식이 일반적이다. 적용 장소는 높은 천장의 은행 영업실, 대형홀, 백화점 1층 등이다.

③ 다운 라이트(Down light) 조명

천장면에 작은 구멍을 많이 뚫어 그 속에 여러 형태의 하면 개방형, 하면 루버형, 하면 확산형, 반사형 전구 등의 등기구를 매입하는 조명방식이며, 구멍 지름의 대소와 재료마감 및 의장, 전체 구멍수, 배치 등에 따라 분위기를 변화시킬 수 있다.

(3) 벽면을 광원으로 하는 것

① 코니스(Cornice) 조명

코너(corner) 조명과 같이 벽면 상방 모서리에 건축적으로 둘레 턱을 만들어 내부에 등기구를 배치하여 조명하는 방식이며, 아래 방향의 벽면을 조명하는 방식으로 형광등의 건축화 조명에 적합하다.

② 밸런스(Balance) 조명

벽면을 밝은 광원으로 조명하는 방식으로 숨겨진 램프의 직접광이 하향광속은 아래쪽벽의 커튼을, 상향광속은 천장면을 조명하므로 분위기 조성에 효과적인 조명방식이며, 특히 실내면은 황색으로 마감하고, 밸런스판으로는 목재, 금속판 등 투과율이 낮은 재료를 사용하고 램프로는 형광등이 적당하다.

③ 광벽(Light window) 조명

지하실 또는 자연광이 들어오지 않는 실내에 조명하는 방식이며, 이 방식을 이용하면 주간에 창으로부터 채광되는 것과 같은 느낌을 준다

5 | 실내조명 설계

실내조명에서는 광원으로부터의 직사조도 이외에 실내면 및 가구로부터의 확산조도를 고려하여야 하므로 에너지 보존의 법칙을 응용한 광속법(lumen method)을 이용하여 조명설계를 하는 것이 보통이다. 건축물에 대한 조명계획을 구상하기에 앞서 건축도면을 먼저 입수하여야 한다. 건축도면이 입수되면 건물의 규모, 실(室)의 상태(넓이, 천장높이, 벽의 마무리 공사 상황), 건축적 구조, 그 건물에서 하게 될 작업의 성질, 배선이나 기구취부 등의 난이성 등에 대하여 조사 및 검토를 함과 동시에 건물주의 의견 등을 청취하여야 한다.

그리고 나서, 다음의 순서에 의하여 조명설계를 한다.

① 소요조도의 결정   ② 광원의 선정
③ 조명방식의 선정   ④ 조명기구의 선정
⑤ 실지수의 결정   ⑥ 조명률의 결정
⑦ 감광보상률(또는 유지율)의 결정   ⑧ 총 광속의 결정
⑨ 광원의 수 및 크기의 결정   ⑩ 조명기구의 배치
⑪ 조도분포와 휘도에 대한 점검   ⑫ 점멸방법의 검토
⑬ 스위치, 콘센트류의 배치   ⑭ 전기배선설계도의 작성

(1) 소요조도의 결정

실내에서 눈으로 물체를 바라보거나 또는 시작업을 하는데 필요한 밝음을 소요조도라한다. 일반적으로 건축조명에서 실내조명은 조도가 높을수록 시력이 높아지므로 좋은 조명이라고 한다. 그러나 실내의 조도가 높을수록 조명설비비가 상승하여 경제성은 저하되는 단점이 있다. 방의 크기, 용도 및 경제적인 사정 등을 감안하여 작업장의 목적에 적합하도록 충분한 조도를 주어야 하며, 일반적인 조도의 크기는 조도기준표를 참고로 하여 임의로 결정한다. 세부적인 조도기준은 한국산업규격(KS A 3011)에 따른다.

(2) 광원의 선정

연색성과 눈부심을 고려한 광색, 광질과 밝음 그리고 유지관리 및 보수를 감안한 수명,

경제면에서의 효율 등이 조명하려는 목적에 적합하도록 광원을 선정한다.

양품점, 양복점, 식료품점 및 염색실 등의 색채를 위주로 하는 곳의 조명은 무엇보다도 연색성을 주로 고려하여야 하므로 광색에 중점을 두어야 하고, 높은 천장, 도로 및 투광조명에는 유지관리 및 보수와 경제면을 우선하여야 하므로 효율과 수명에 중점을 두어 광원을 선정하여야 한다.

(3) 조명방식의 선정

조명방식을 기구의 배광에 의하여 분류하면, 직사조도가 확산조도보다 높은 직접조명(直接照明)과 직사조도가 거의 없고 확산조도가 높은 간접조명(間接照明)이 있으며, 기구의 배치에 의하여 분류하면, 조명기구를 일정한 높이·일정한 간격으로 배치하여 방 전체를 균일하게 조명하는 전반조명(全般照明)과 작업상 필요한 장소에만 국부적으로 조명하는 국부조명(局部照明) 및 전반조명과 국부조명을 병용하여 조명하는 전반·국부 병용조명 등이 있다. 이들 조명방식에 따라 각각 나타나는 효과가 다르므로 충분히 검토하여 적합한 방식을 선정하여야 한다.

(4) 조명기구의 선정

방의 크기·용도 등에 의하여 적당한 조도와 광원 및 조명방식이 결정되면 조명기구를 선정하여야 된다. 이때 조명기구를 선정함에 있어서 고려하여야 할 사항은 다음과 같다.

① 작업장의 특색 　　　　　　　　② 재료의 특징
③ 직사눈부심이 일어나지 않을 것 　④ 반사눈부심이 적을 것
⑤ 설비의 효율 　　　　　　　　　⑥ 수직면과 사면 위의 조도
⑦ 진한 그림자가 일어나지 않을 것 　⑧ 유지관리가 용이할 것

(5) 실지수의 결정

방의 형태에 따라 흡수율이 상이하게 되므로 광속의 이용률이 달라지게 된다. 즉 천장, 벽 및 바닥 상호간의 거리에 따라 동일한 광원을 사용하는 경우에도 조도가 달라지게 된다. 그러므로 **실지수**(room index)는 광속의 이용에 대한 방의 크기의 치수로 나타낸다.

$$실지수 = \frac{XY}{H(X+Y)}$$

단, X : 방의 가로 길이 [m], Y : 방의 세로 길이 [m]

H : 작업면으로부터 광원의 높이 [m]

위의 식으로부터 구한 실지수는 표 4-3에 적용하여 실지수 기호를 결정한다.

표 4-3 실지수와 분류기호표

실지수	5	4	3	2.5	2	1.5	1.25	1	0.8	0.6
기 호	A	B	C	D	E	F	G	H	I	J

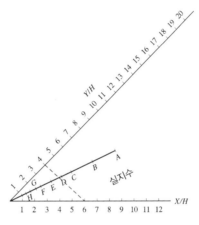

그림 4-9 실지수 도표

예제 1

방의 폭이 12[m], 세로의 길이가 18[m], 방바닥에서 천장까지의 높이가 3.8[m]인 방에서 조명기구를 천장에 직접 취부 하고자 한다. 이 방의 실지수를 구하시오. 단, 시작업은 책상 위에서 행하여지고 책상의 높이는 0.85[m]이다.

풀이 작업면(방바닥에서 0.85[m])에서 조명기구까지의 높이 H는

$$H = 3.8 - 0.85 = 2.95 \approx 3 [m]$$

$$\therefore \ \ 실지수 = \frac{XY}{H(X+Y)} = \frac{12 \times 18}{3(12+18)} = 2.5$$

---

(6) 조명률의 결정

조명률(coefficient of utilization)이란 사용광원의 전광속과 작업면에 입사하는 광속과의 비를 말한다. 즉

$$조명률\ U = \frac{작업면의\ 광속}{광원의\ 전광속}$$

이 값은 조명기구의 종류, 실지수(방의 크기) 및 실내(천장, 벽)의 반사율 등에 의해서 표 4-5로부터 결정한다.

표 4-4 실내면의 반사율

재 료	반사율 [%]	재 료	반사율 [%]
타일(백색)	60	목재(노란 니스칠)	30~50
텍스(백색)	50~70	목재(생지)	40~60
텍스(회색)	40	창호지	40~50
슬레이트	30~40	베니어판	30~40
콘크리트	25	유리(투명)	6~8
화강암	20~30	에나멜(백색)	65~75
적벽돌	10	멜라민(백색)	80~85
흙	10~20	회벽	80
오크나무	15~40	흡수지(백색)	70~80
백색 페인트	60~80	거울	95
연분홍색 페인트	30~60	리노륨	15
흑색 페인트	5	벽돌	15

(7) 감광보상률의 결정

조명기구를 사용함에 따라 작업면의 조도가 점차적으로 감소되는 원인은 다음과 같다.

① 점등 중 광원의 노화로 인한 광속의 감소
② 조명기구에 붙은 먼지, 오물, 반사면의 화학적 변질에 의한 광속의 흡수율 증가
③ 실내반사면(천장, 벽, 바닥)에 붙은 먼지, 오물, 반사면의 화학적 변질에 의한 광속의 흡수율 증가

표 4-5 조명률, 감광보상률 및 등의 가설간격

배 광 / 가설간격	등기의 예	감광보상률 [D] 보수상태			반사율	천장 0.75			0.50			0.30	
		상	중	하	벽 실지수	0.5	0.3	0.1	0.5	0.3	0.1	0.3	0.1
						조명률 U [%]							
간접 0.80 / 0 / S≤1.2H	1 전구 / 형광등	1.5 (1.9)	1.8 (2.0)	2.0 (2.4)	J	16	13	11	12	10	08	06	05
					I	20	16	15	15	13	11	08	07
					H	23	20	17	17	14	13	10	08
					G	28	23	20	20	17	15	11	10
					F	29	26	22	22	19	17	12	11
					E	32	29	26	25	21	19	13	12
					D	36	32	30	26	24	22	15	14
					C	38	35	32	28	25	22	16	15
					B	42	39	36	30	29	27	18	17
					A	44	41	39	33	30	29	19	18
반간접 0.70 / 0.10 / S≤1.2H	2 전구 / 형광등	1.4 (1.9)	1.5 (1.8)	1.8 (2.0)	J	18	14	12	14	11	09	08	07
					I	22	19	17	17	15	13	10	09
					H	26	22	19	20	17	15	12	10
					G	29	25	22	22	19	17	14	21
					F	32	28	25	24	21	19	15	14
					E	35	32	29	27	24	21	17	15
					D	39	35	32	29	26	24	19	18
					C	42	38	35	31	28	27	20	19
					B	46	42	39	34	31	29	22	21
					A	48	44	42	36	33	31	23	22
전반확산 0.40 / 0.40 / S≤1.2H	3 전구 / 형광등	1.4 (1.4)	1.5 (1.5)	1.7 (1.7)	J	24	19	16	22	18	15	16	14
					I	27	25	22	27	23	20	21	19
					H	33	28	26	30	26	24	24	21
					G	37	32	26	33	29	26	26	24
					F	40	36	31	36	32	29	29	26
					E	45	40	36	40	36	33	32	29
					D	48	43	39	43	39	36	34	33
					C	51	46	42	41	38	38	37	34
					B	55	50	47	49	42	42	40	33
					A	57	53	49	51	47	44	41	40
반직접 0.25 / 0.55 / S≤H	4 전구 / 형광등	1.5 (1.3)	1.6 (1.5)	1.7 (1.8)	J	26	22	19	24	21	18	19	17
					I	33	28	26	30	29	24	25	23
					H	36	32	20	33	30	28	28	26
					G	40	36	33	36	33	30	30	29
					F	43	39	35	39	35	33	33	31
					E	47	44	40	43	39	36	36	34
					D	51	47	43	46	42	40	39	37
					C	54	49	45	48	44	42	42	38
					B	57	53	50	51	47	45	43	41
					A	59	55	52	53	49	47	47	43
직접 0 / 0.75 / S≤1.3H	5 전구 / 형광등	1.3 (1.5)	1.5 (1.7)	1.7 (2.0)	J	34	29	26	34	29	26	29	26
					I	43	38	35	42	37	35	37	34
					H	47	43	40	46	43	40	42	40
					G	50	47	44	49	46	43	45	43
					F	52	50	47	51	49	46	48	46
					E	58	55	52	57	54	51	53	51
					D	62	58	56	60	59	56	57	56
					C	64	61	58	62	60	58	59	58
					B	67	64	62	65	63	61	62	60
					A	68	66	64	66	64	63	63	63
직접 0 / 0.60 / S≤0.9H	6 전구 / 형광등	1.4 (1.4)	1.5 (1.6)	1.7 (1.8)	J	32	29	27	32	29	27	29	27
					I	39	37	35	39	36	35	36	34
					H	42	40	39	41	40	38	40	38
					G	45	44	42	44	43	41	42	41
					F	48	46	44	46	44	43	44	43
					E	50	49	47	49	48	46	47	46
					D	54	51	50	52	51	49	50	49
					C	55	53	51	54	52	51	51	50
					B	56	54	54	55	53	52	52	52
					A	58	55	54	56	54	53	54	52

이상의 원인으로 인해 광속의 감소가 발생하므로 조명설계를 할 때, 이러한 감소를 예 상하여 소요광속에 여유를 두는데 그 정도를 **감광보상률**(depreciation factor)이라 한다. 감광보상률(D)의 역수를 **유지율**(M) 또는 **보수율**이라 한다. 직접조명인 경우 감광보상률은 일반장소에서는 1.3 그리고 먼지나 오물 등이 많은 장소에서는 1.5~2.0 정도이다.

(8) 총 광속의 결정

광속법에 따라 다음 식에 의하여 소요되는 총 광속을 구한다.

$$NF = \frac{AED}{U} = \frac{AE}{UM} \ [\text{lm}]$$

단, F : 광원의 광속 [lm]　　　　N : 광원의 수
　　U : 조명률　　　　　　　　A : 방의 면적 [m^2]
　　E : 작업면상의 평균조도 [lx]　D : 감광보상률
　　M : 유지율

(9) 광원의 수 및 광원의 크기 결정

소요 광속이 결정되면 건축의 구조·용도·조도의 분포·글레어·경제성 등을 고려하여 광원의 수를 몇 개로 할 것인가를 결정하고, 광원 한 개가 발산하는 광속이 정해지면 광원의 규격표(조명등 회사에서 발행하는 팜플렛 참조)에서 발산 광속에 해당하는 광원의 크기를 결정하면 된다.

(10) 조명기구의 배치

광속이 많은 광원을 이용하여 간격을 넓게 배치하면 등수가 감소되어 배선비·기구비 등이 절감되어 경제적이지만 균일한 조도를 얻을 수 없다. 따라서 전반조명을 하기 위해서는 조명 기구 상호간 및 기구와 벽 사이의 간격을 적절히 조정하여야 한다.

① 광원의 높이

$$H = \text{천장의 높이} - \text{작업면의 높이}$$

② 등기구의 간격

- 등기구 상호 간격 : $S \leq 1.5\,H$

- 등기구와 벽 사이의 간격 : $S_0 = \dfrac{1}{2}\,H$ (벽측을 사용하지 않을 경우)

- 등기구와 벽 사이의 간격 : $S_0 = \dfrac{1}{3}\,H$ (벽측을 사용할 경우)

6 | 배선 설계

6.1 부하의 상정(想定)

배선을 설계하기 위한 전등 및 소형 전기기계기구의 부하용량 상정은 다음 각 호에 의하는 것을 원칙으로 한다. 다만, 시설자의 희망, 건축물의 종류 등에 따라 부득이한 경우에는 그렇지 않다.(내규 3315)

(1) 설비부하 용량은 다음 ① 및 ②에 표시하는 건축물의 종류 및 그 부분에 해당하는 표준부하에 바닥면적을 곱한 값에, ③에 표시하는 건축물 등에 대응하는 표준부하 [VA]를 더한 값으로 할 것

[주] 위의 내용을 식으로 표시하면 다음과 같다.

$$\text{설비용량} = PA + QB + C$$

단, P : 표 4-6의 건축물의 바닥면적 $[\mathrm{m}^2]$ (Q 부분을 제외)

Q : 표 4-7의 건축물 부분의 바닥면적 $[\mathrm{m}^2]$

A : 표 4-6의 표준부하 $[\mathrm{VA/m}^2]$

B : 표 4-7의 표준부하 $[\mathrm{VA/m}^2]$

C : 가산하여야 할 $[\mathrm{VA}]$ 수

① 건축물의 종류에 대응한 표준부하

표 4-6 표준부하

건축물의 종류	표준부하 [VA/m^2]
공장, 공회당, 사원, 교회, 극장, 영화관, 연회장 등	10
기숙사, 여관, 호텔, 병원, 학교, 음식점, 다방, 대중목욕탕	20
사무실, 은행, 상점, 이발소, 미장원	30
주택, 아파트	40

[비고] 1. 건축물이 음식점과 주택부분의 2종류로 될 때에는 각각 그에 따른 표준부하를 사용할 것
2. 학교와 기타 건축물의 일부분이 사용되는 경우에는 그 부분만을 적용한다

② 건축물(주택, 아파트를 제외) 중 별도 계산할 부분의 표준부하

표 4-7 부분적인 표준부하

건축물의 부분	표준부하 [VA/m^2]
복도, 계단, 세면장, 창고, 다락	5
강당, 관람석	10

③ 표준부하에 따라 산출한 수치에 가산하여야 할 [VA] 수

가. 주택, 아파트(1세대마다)에 대하여는 500~1,000[VA]

나. 상점의 진열장에 대하여는 진열장 폭 1[m]에 대하여 300[VA]

다. 옥외의 광고등, 전광사인, 네온사인 등의 [VA] 수

표 4-8 수구의 종류에 의한 예상부하

수구의 종류	예상 부하 [VA/개]
소형 전등 수구, 콘센트	150
대형 전등 수구	300

[비고] 1. 콘센트는 1구이든 2구이든 몇 개의 구로 되어 있더라도 1개로 본다.
2. 전등 수구의 종류는 다음과 같다.
소형 : 공칭지름이 26[mm]의 베이스인 것
대형 : 공칭지름이 39[mm]의 베이스인 것

6.2 분기회로

1 분기회로의 종류

분기회로의 종류는 이것을 보호하는 분기과전류차단기의 정격전류에 따르고 표 4-9와 같다.(판단기준 176)

표 4-9 분기회로의 종류

분기회로의 종류	분기과전류차단기의 정격전류
15[A] 분기회로	15[A]
20[A] 배선용차단기 분기회로	20[A](배선용차단기에 한한다)
20[A] 분기회로	20[A](퓨즈에 한한다)
30[A] 분기회로	30[A]
40[A] 분기회로	40[A]
50[A] 분기회로	50[A]
50[A]를 초과하는 분기회로	배선의 허용전류 이하

2 분기회로의 수

사용전압 220[V]의 15[A], 20[A](배선용차단기에 한한다)분기회로의 수는 앞에서 설명한 「부하의 상정」에 따라 상정한 설비부하용량(전등 및 소형 전기기계기구에 한한다)을 3,300[VA]로 나눈 값(사용전압이 110[V]인 경우에는 1,650[VA]로 나눈 값)을 원칙으로 한다. 이 경우 계산결과에 단수가 생겼을 때에는 절상한다.

$$분기회로의\ 수 = \frac{표준\ 부하\ 밀도[VA/m^2] \times 바닥면적[m^2]}{전압[V] \times 분기회로의\ 전류[A]}$$

예제 2

다음 그림과 같은 건물에 대한 배선을 설계하기 위하여 전등 및 소형 전기기계기구의 부하용량을 상정하여 최소분기회로 수를 결정하고자 한다. 주어진 그림과 표준부하표를 이용하여 최대부하용량을 상정하고 최소분기회로 수를 결정하시오. (단, 분기회로는 15[A] 분기회로이며 적용 가능한 최대부하로 상정할 것. 계산조건은 그림에 표시한 점포 병설의 주택이다.)

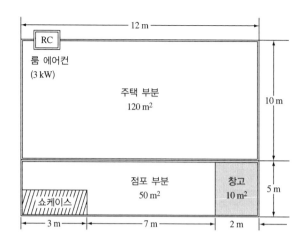

풀이 우선 부하설비 용량을 구한다. 즉 부하의 상정식에 대입하면,

P_1 : (주택부분의 바닥면적) $-$ 120[m²]

P_2 : (상점부분의 바닥면적) $-$ 50[m²]

Q : (창고의 바닥면적) $-$ 10[m²]

A_1 : (표 4-6에 의한 주택부분의 표준부하) $-$ 30[VA/m²]

A_2 : (표 4-6에 의한 점포부분의 표준부하) $-$ 30[VA/m²]

B : (표 4-7에 의한 창고의 표준부하) $-$ 5[VA/m²]

C_1 : (주택에 대한 가산 [VA] 수) $-$ 1,000[VA]

C_2 : (쇼 케이스 폭 3[m]에 대한 가산 [VA] 수) $-$ 900[VA]

$$P_1 A_1 + P_2 A_2 + QB + C_1 + C_2$$
$$= 120 \times 40 + 50 \times 30 + 10 \times 5 + 1,000 + 900$$
$$= 8,250[\text{VA}]$$

① 사용전압이 220[V]인 경우

설비부하 8,250[VA]를 3,300[VA]로 나누어 회로수를 구한다

$$8,250 \div 3,300 = 2.5$$

가 되어 단수를 절상하면 3회로가 된다. 또한 그 밖에 3[kW]의 룸 에어컨이 설치되어 있으므로, 별도로 전용분기회로 1회로를 추가하면 합계 회로 수는 4회로가 된다.

② 사용전압이 110[V]인 경우

설비부하 8,250[VA]를 1,650[VA]로 나누어 회로수를 구한다.

$$8,250 \div 1,650 = 5$$

이 되어 단수를 절상하면 5회로가 된다. 또한 그 밖에 3[kW]의 룸 에어컨이 설치되어 있으므로, 별도로 전용분기회로 1회로를 추가하면 합계 회로 수는 6회로가 된다.

③ 분기회로의 개폐기 및 과전류차단기의 시설

1. 분기회로에는 저압 옥내간선과 분기점에서 전선의 길이가 3[m] 이하의 장소에 개폐기 및 과전류차단기를 시설하여야 한다. 단, 간선과 분기점에서 개폐기 및 과전류차단기까지의 전선에 그 전원 측 저압 옥내간선을 보호하는 과전류차단기 정격전류의 55[%](간선과의 분기점에서 개폐기 및 과전류차단기까지의 전선길이가 8[m]이하일 경우는 35[%]) 이상의 허용전류를 갖는 것을 사용할 경우는 3[m]를 초과하는 장소에 시설할 수 있다.

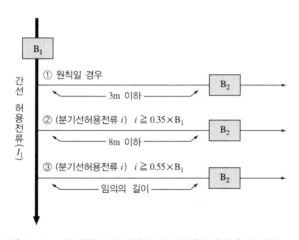

그림 4-10 분기회로의 개폐기 및 과전류차단기의 시설

[비고] 1. 전등회로만이거나 또는 전동기부하의 합계가 전등부하합계보다 적을 경우는 $B_1 B1$을 I_1으로 대치할 수 있다.
2. 간선과 분기선에 사용하는 전선의 종류 및 재질(동 또는 알루미늄)이 동일한 경우로 분기선의 단면적이 간선의 1/5 이상일 때는 ②에, 1/2 이상일 때는 ③에 각각 적합한 것으로 볼 수 있다.

2. 분기회로의 과전류차단기로 플러그퓨즈와 같이 안전하게 바꿀 수 있고, 절연저항측정이 쉬운 것을 사용할 경우는 특별히 필요한 때를 제외하고 개폐기를 생략할 수 있다 (판단기준 176).

(3) 정격전류가 50[A]를 초과하는 하나의 전기사용기계기구(전동기 등 기동전류가 큰 것은 제외 함)에 이르는 분기회로를 보호하는 과전류차단기는 그 정격전류가 그 전기사용기계기구의 정격전류를 1.3배한 값을 초과하지 않는 것(그 전기사용기계기구의 정격전류를 1.3배한 값이 과전류차단기의 표준정격에 해당하지 않을 때는 그 값의 바로 위 정격의 것을 포함함)이어야 한다(판단기준 176).

(4) 주택의 분기회로용 과전류차단기는 배선용차단기를 사용하는 것이 바람직하다.

4 분기회로의 전선 굵기

1. 분기회로의 전선 굵기는 「분기회로의 종류」에서 규정하는 분기회로의 종류에 따라 표 4-10에 표시하는 값(분기점에서 하나의 수구에 이르는 부분으로 길이가 3[m] 이하의 부분에 콘센트를 시설하는 경우는 그 부분을 통과하는 부하전류 이상의 허용전류)이상의 것이어야 한다.

2. 분기회로의 전선 굵기는 위의 규정 이외에 「전압강하」 및 「허용전류」의 규정을 고려하여 결정하여야 한다.

3. 위에서 규정하는 15[A] 분기회로 또는 20[A] 배선용차단기 분기회로의 전선은 정격전류가 15[A] 이하의 수구를 시설하는 경우에 한하며(정격전류가 20[A]의 수구를 시설하는 경우는 전항의 규정에 의할 것) 다음 각 호의 굵기 이상의 것을 사용하는 것을 원칙으로 한다.

① 110[V]급 단상 2선식 및 110/220[V]급 단상3선식으로 공급하는 110[V] 및 220[V] 회로의 경우는 표 4-11에 따를 것

② 비상등 또는 110/220[V]급 전기시계의 전용부분은 전 회로를 단면적 2.5[mm^2]의 연동선으로 할 수 있다.

③ 220[V]급 단상 2선식, 220/440[V] 단상 3선식 및 220/380[V] 3상4선식 또는 그 이상의 전압으로 공급하는 3상 3선식일 경우는 전 회로를 단면적 2.5[mm^2]의 연동선으로 할 수 있다.

④ 분기과전류차단기부터 최종단 수구까지의 전선 길이가 110[V]인 경우 44[m], 220[V]인 경우 88[m]을 초과하는 경우는 계산에 의할 것

표 4-10 분기회로의 전선굵기

분기회로의 종류	분기회로 일반			분기점에서 하나의 수구 (콘센트는 제외)에 이르는 부분 (길이 3[m] 이하일 때에 한한다)
	동·전선의 굵기 [mm²]	라이팅덕트		동·전선의 굵기 [mm²]
15[A]	2.5 (1.5)	15[A]		–
20[A] 배선용차단기	2.5 (1.5)	15[A] 또는 20[A]		–
20[A] (퓨즈에 한한다)	4 (1.5)	20[A]		2.5(1.5)
30[A]	6 (2.5)	30[A]		2.5 (1.5)
40[A]	10 (6)			4 (1.5)
50[A]	16 (10)			4 (1.5)
50[A] 초과	해당 과전류차단기의 정격전류 이상의 허용전류를 가지는 것			

[비고] 1. 분기점에서 하나의 수구에 이르는 부분 난의 – 에 대하여는 분기회로 일반 난에 규정하고 있는 전선굵기 이상의 것을 사용하면 길이 3[m] 이하에 한정하지 않아도 좋다는 것을 표시한다.
2. 동선의 ( )는 MI 케이블의 경우를 표시한다.
3. 전광사인장치와 같이 일정한 부하의 경우로 최대사용전류 5[A] 이하의 것은 전회로에 걸쳐 단면적 2.5[mm²]의 동선을 사용할 수 있다.
4. 라이팅 덕트는 덕트 본체에 표시한 정격전류를 말한다.

표 4-11 15[A] 및 20[A] 배선용차단기 분기회로의 전선 굵기

분기과전류차단기에서 최종단 수구까지의 전선 길이	예 도	동 전선의 굵기 [mm²]		비 고
		a	b	
110[V]시 20[m] 이하 220[V]시 40[m] 이하		2.5	–	–
110[V]시 20[m] 초과 30[m] 이하 220[V]시 40[m] 초과 60[m] 이하		2.5	4	b는 분기과전류차단기에서 최초의 수구분기점까지를 표시한다.
110[V]시 30[m] 초과 40[m] 이하 220[V]시 60[m] 초과 80[m] 이하		2.5	4	a는 1개의 수구에 도달하는 부분을 표시한다.

4. 분기회로에 접속하는 전구선 또는 이동전선의 굵기는 단면적 $0.75[\text{mm}^2]$(15[A] 분기회로 또는 20[A] 배선용차단기 분기회로 이외의 분기회로에 시설하는 경우는 단면적 $1.5[\text{mm}^2]$) 이상으로 하고, 또한 그 부분을 통과하는 부하전류 이상의 것을 사용하여야 한다.

5 분기회로의 수구

1. 분기회로에 접속하는 수구는 분기회로의 종류에 따라서 표 4-12에 의하여 설치하여야 한다(판단기준 176).
2. 주택의 콘센트 설치 수는 표 4-13을 참조할 것

표 4-12 분기회로에 접속하는 수구의 설치

분기회로의 종류	수 구	
	콘센트의 정격전류 [A]	나사형 접속기 및 소켓
15[A] 분기회로	15[A] 이하	• 나사형의 소켓으로 공칭지름이 39[mm] 이하의 것
20[A] 배선용차단기 분기회로	20[A] 이하 (비고 2참조)	• 나사형 이외의 소켓 • 공칭지름이 39[mm] 이하의 나사형 접속기
20[A] 분기회로 (퓨즈에 한한다)	20[A] 이하 (비고 1참조)	
30[A] 분기회로	20[A] 초과 30[A] 이하 (비고 1참조)	• 할로겐 전구용의 소켓 • 백열전등용의 공칭지름이 39[mm]인 소켓 • 방전등(형광등, 나트륨등 등)용의 소켓 • 공칭지름이 39[mm]의 나사형 접속기
40[A] 분기회로	30[A] 초과 40[A] 이하	
50[A] 분기회로	40[A] 초과 50[A] 이하	

[비고] 1. 20[A] 분기회로(퓨즈에 한한다) 및 30[A] 분기회로에 시설하는 콘센트는 15[A] 이하의 플러그가 삽입될 수 있는 20[A] 콘센트(15[A], 20[A] 겸용 콘센트)는 사용하여서는 안 된다.
2. 20[A] 배선용 차단기 분기회로에 단면적 $2.5[\text{mm}^2]$의 0.6/1[kV] 비닐절열 비닐시스 케이블 등을 사용하는 경우는 원칙적으로 정격전류 20[A]의 콘센트는 사용하지 말 것.
3. 냉·난방장치 등의 전동기 전용회로에 시설하는 콘센트의 정격전류는 본 표의 값에 관계없이 전동기의 정격전류 이상의 것이면 된다(판단기준 176)

표 4-13 주택의 콘센트 수

방의 크기	표준적인 설치 수	바람직한 설치 수
5[m²] 미만	1	2
5[m²] 이상 10[m²] 미만	2	3
10[m²] 이상 15[m²] 미만	3	4
15[m²] 이상 20[m²] 미만	3	5
부엌	2	4

[비고] 1. 콘센트는 구수(口數)에 관계없이 1개로 본다.
2. 콘센트는 2구 이상 콘센트를 설치하는 것이 바람직하다.
3. 대형 전기기계기구의 전용콘센트 및 환풍기, 전기시계 등을 벽에 붙이는 전용 콘센트는 위 표에 포함되지 않는다.
4. 다용도실이나 세면장에는 방수형 콘센트를 설치하는 것이 바람직하다.

표 4-14 분기회로의 최대 수구 수

분기회로의 종류	수구의 종류		최대 수구 수
15[A] 분기회로 20[A] 배선용 차단기분기회로	전등수구 전용		제한하지 않음
	콘센트 전용	주택 및 아파트	제한하지 않음. 다만, 정격소비전력이 공칭전압 220 V는 3 kW, 공칭전압 110 V는 1.5 kW이상인 냉방기기, 취사용기기 등 대형전기기계기구를 사용하는 경우 콘센트는 1개로 함.
		기 타	110 V 회로에는 10개 이하, 220 V 회로에는 15개 이하, 미장원, 세탁소 등에서 업무용 기계기구를 사용하는 콘센트는 1개를 원칙으로 하고 동일 실내에 설치하는 경우에 한하여 2개까지로 한다.
	전등수구와 콘센트 병용		전등수구는 제한하지 않음. 콘센트는 콘센트 전용 난에 따른다.
20[A] 분기회로 30[A] 분기회로 40[A] 분기회로 50[A] 분기회로	대형 전등 수구 전용		제한하지 않음.
	콘센트 전용		2개 이하

6 분기회로의 설계

(1) 분기회로의 설계

분기회로를 구성하는 전등이나 콘센트 부하전류의 합계가 분기회로의 80[%] 정격이 되도록 그룹을 만드는 것이 좋다. 즉 15[A] 분기회로의 부하용량의 합계는 100[V] 전원 전압인 경우 1,200[VA] 정도로 하는 것이 좋다.

부하용량의 계산은

① 백열전등인 경우는 와트수를 그대로 사용하여 부하를 산출한다.
② 형광등인 경우는 보통 다음과 같은 요령으로 부하를 산출한다.
　　가) 고역률형 : FL 와트수 × 1.5
　　나) 저역률형 : FL 와트수 × 2.0
③ 수은등은 점등 후 특성이 안정될 때까지 수분 동안 정격전류의 150[%]에 해당하는 전류가 흐르므로, 정격전류의 150[%]로 부하전류를 산정한다.
④ 메탈 할라이드 램프는 점등 후 특성이 안정될 때까지 큰 시동전류가 흐르므로, 제작회사의 기술자료(catalog)에 기재된 무부하 전류값을 가지고 부하전류를 산정한다.
⑤ 콘센트는 콘센트에 접속할 부하가 명백할 때는 그 부하의 정격전류를 사용하면 되지만, 부하가 분명하지 않은 실제과정에서는 정격전류 15[A]의 일반 콘센트는 1개소당 용량을 150[VA]로 산정한다.

(2) 분기회로의 수구수

분기회로에 접속하는 수구의 수는 표 4-16에 표시하였으며, 이에 대하여 보충 설명을 하면 다음과 같다.

① 주택 및 아파트의 경우 15[A] 분기회로에서의 콘센트 수는 무제한으로 되어 있다. 그러나 정격소비전력이 1[kW]를 초과하는 냉방기구·주방용 기기 등 대형 전기기계 기구를 사용하는 콘센트는 1분기 1회로당 1개로 하여야 할 것이다.
② 전등회로는 접속수구의 제한이 없으나 부하전류의 합계가 15[A]의 80[%]에 해당하는 12[A] 정도로 하는 것이 좋다.
③ 콘센트 전용 회로는 일반 사무실용 빌딩의 경우 7~8개를 가지고 1회로로 하는 것이

바람직하다. 주택에서의 콘센트의 수는 건물의 크기 및 입주자의 생활수준에 따라 일률적으로 규정하기는 곤란하나 급속한 가정용 전기제품의 보급에 비추어 표 4-15 의 수를 적용하는 것이 바람직하다.

6.3 간선

■1 과전류차단기의 시설

1. 저압간선에는 그 전선을 보호하기 위하여 전원측에 과전류차단기를 시설하여야 한다.
2. 저압간선에 이것보다 가는 전선을 사용하는 다른 저압간선을 접속하는 경우는 제3장 「저압간선을 분기하는 경우의 과전류차단기 시설」의 규정에 의하여 과전류차단기를 시설하여야 한다.
3. 저압옥내간선을 보호하기 위하여 시설하는 과전류차단기는 그 저압옥내간선의 허용 전류 이하의 정격전류의 것이어야 한다. 다만, 그 간선에 전동기 등이 접속되는 경우 는 그 전동기 등의 정격전류 합계의 3배에 다른 전기사용기계기구의 정격전류의 합계를 가산한 값(그 값이 간선허용전류의 2.5배를 초과할 경우는 그 허용전류를 2.5배한 값) 이하의 정격전류인 것(간선의 허용전류가 100[A]를 초과하는 경우에 그 값이 정격에 해당하지 않으면 그 값의 바로 위의 정격)을 사용할 수 있다.

■2 간선의 전선 굵기

1. 간선의 전선 굵기는 「전압강하」 및 「허용전류」를 참고하고, 또한 다음 각 호에 의하여 야 한다.
    ① 전선은 저압옥내간선의 각 부분마다 그 부분을 통하여 공급되는 전기사용 기계기 구의 정격전류 합계 이상의 허용전류를 가지는 것일 것.
    ② 위의 경우에 수용률, 역률 등이 명확한 경우에는 이것으로 적당히 수정한 부하 전류값 이상의 허용전류를 가지는 전선을 사용할 수 있다.

    [주] 전등 및 소형 전기기계기구의 용량 합계가 10[kVA]를 초과하는 것은 그 초과용량에 대하여 다음 표의 수용률을 적용할 수 있다.

표 4-15 간선의 수용률

건물의 종류	수용률 [%]
주택 · 기숙사 · 여관 · 호텔 · 병원 · 창고	50
학교 · 사무실 · 은행	70

예제 3

전등 및 소형 전기기계기구 30[kVA], 대형 전기기계기구 5[kVA]를 시설하는 주택의 경우 최대사용부하[kVA]를 구하시오. (단, 적용 수용률은 50[%]이다.)

풀이 표 4-17에서 주택의 수용률은 50 %이므로

$$최대사용부하 = (30 - 10) \times 0.5 + 10 + 5 = 25[kVA]$$

따라서, 이 건물에 대한 설계의 부하설비는 총 35[kVA]이지만, 간선의 굵기를 결정할 때에는 25[kVA] 부하설비에 대하여 전력을 공급할 수 있는 것으로 계산하면 된다.

2. 일반주택의 간선(인입선 접속점에서 인입구장치까지의 배선을 포함한다)의 전선 굵기는 「전압강하」의 규정에 의하는 것 이외에 분기회로 수에 따라 표 4-16에 표시한 값 이상으로 하는 것을 원칙으로 한다.

표 4-16 일반주택의 간선 굵기

분기 회로 수	동 전선의 최소 굵기 [mm²]	
	단상 2선식 110 V	단상 2선식 220 V
2 이하	6	4
3	10	6
4	16	6
5 또는 6	–	10

[비고] 1. 이 표는 15[A]분기회로 또는 20[A] 배선용차단기 분기회로만을 대상으로 하고 있으므로 이 외에 특수 분기회로가 있거나 분기회로수가 상기표 이상일 경우는 제1항의 규정에 의하여 전선의 굵기를 결정할 것.

2. 전선의 굵기는 1회선에 대한 2개선을 부록 A8에서 표 A-9와 표 A-10의 공사방법 B1, C로 시설하는 경우에 적용한다. 또한 1회선에 대한 3개선 경우에도 적용할 수 있다.

3. 단상 3선식 220[V]/440[V]의 경우 사용전압은 220[V]에 한한다.

6.4 배선설비

일반적인 경우 목조주택이면 비닐외장 케이블에 의한 케이블 배선, 철근 콘크리트 건물이면 금속관 배선에 의한 배선방법이 많이 사용되고 있다. 금속관 배선이란 절연전선(일반적으로 비닐절연전선)을 금속관에 수용하는 공사를 말한다. 따라서 금속관 배선에 대한 배선설계는 허용전류를 고려한 전선굵기 외에 이를 넣는 금속관 굵기까지도 선정하여야 한다. 금속관에는 박강관(thin-wall conduit)과 후강관(rigid conduit)이 있으나 일반 조명설비에서는 후강관이 주로 사용되고 있다.

■ 관의 굵기 선정

① 동일 굵기의 절연전선을 동일관내에 넣는 경우의 금속관 굵기는 표 4-19에서부터 표 4-21에 따라 선정하여야 한다
② 관의 굴곡이 적어 쉽게 전선을 끌어낼 수 있는 경우는 전항의 규정에 관계없이 동일 굵기로, 10[mm²] 이하에서는 표 4-22, 기타의 경우는 표 4-23에서부터 표 4-26까

표 4-17 후강 전선관 굵기의 선정

도체 단면적 [mm²]	전선 본수									
	1	2	3	4	5	6	7	8	9	10
	전선관의 최소 굵기 [mm²]									
2.5	16	16	16	16	22	22	22	28	28	28
4	16	16	16	22	22	22	28	28	28	28
6	16	16	22	22	22	28	28	28	36	36
10	16	22	22	28	28	36	36	36	36	36
16	16	22	28	28	36	36	36	42	42	42
25	22	28	28	36	36	42	42	54	54	54
35	22	28	36	42	54	54	54	70	70	70
50	22	36	54	54	70	70	70	82	82	82
70	28	42	54	54	70	70	70	82	82	82
95	28	54	54	70	70	82	82	92	92	104
120	36	54	54	70	70	82	82	92		
150	36	70	70	82	92	92	104	104		
185	36	70	70	82	92	104				
240	42	82	82	92	104					

[비고] 1. 전선 1본에 대한 숫자는 접지선 및 직류회로의 전선에도 적용한다.
　　　 2. 이 표는 실험결과와 경험을 기초로 하여 결정한 것이다.
　　　 3. 이 표는 KS C IEC 60227-3의 450/750[V] 일반용 단심 비닐절연전선을 기준한 것이다.

지에 의하여 전선의 피복절연물을 포함한 단면적의 총합계가 관내 단면적의 48[%]
이하가 되도록 할 수 있다.

③ 굵기가 다른 절연전선을 동일관내에 넣는 경우의 금속관의 굵기는 표 4-23에서부터
표 4-26까지에 따라 전선의 피복 절연물을 포함한 단면적의 총합계가 관내 단면적의
32[%] 이하가 되도록 선정하여야 한다.

표 4-18 박강 전선관 굵기의 선정

도체 단면적 [mm²]	전선 본수									
	1	2	3	4	5	6	7	8	9	10
	전선관의 최소 굵기 [mm²]									
2.5	19	19	19	25	25	25	25	31	31	31
4	19	19	19	25	25	25	31	31	31	31
6	19	19	25	25	31	31	31	31	39	39
10	19	25	25	31	31	31	39	39	39	51
16	19	25	31	31	39	39	51	51	51	51
25	25	31	31	39	51	51	51	51	63	63
35	25	31	39	51	51	63	63	63	75	75
50	25	39	51	51	51	63	63	75	75	
70	31	51	51	63	63	75	75	75		
95	31	51	63	75	75	75				
120	39	63	75	75	75					
150	39	63	75	75						
185	51	75	75							
240	51	75	75							

[비고] 1. 전선 1본에 대한 숫자는 접지선 및 직류회로의 전선에도 적용한다.
　　　2. 이 표는 실험결과와 경험을 기초로 하여 결정한 것이다.
　　　3. 이 표는 KS C IEC 60227-3의 450/750[V] 일반용 단심 비닐절연전선을 기준한 것이다.

표 4-19 최대전선본수(10본을 초과하는 전선을 넣는 경우)

도체 단면적 [mm²]	전선 본수							
	후강 전선관(본)				박강 전선관(본)			
	28호	36호	42호	54호	31호	39호	51호	63호
2.5	12	21	28	45	12	19	35	55
4		17	23	36		15	28	44
6		14	19	30		12	23	37
10			13	21			16	26

표 4-20 관의 굴곡이 적어 쉽게 전선을 끌어낼 수 있는 경우의 최대전선본수
(450/750[V] 일반용 단심 비닐절연전선)

도체 단면적 [mm²]	전선 본수			
	후강 전선관(본)		박강 전선관(본)	
	16 호	22 호	19 호	25 호
2.5	6	11	5	11
4	5	9	4	9
6	4	7	3	7
10	3	5	2	5

표 4-21 전선(피복 절연물을 포함한다)의 단면적

도체 단면적 [mm²]	절연체 두께 [mm]	평균완성 바깥지름 [mm]	전선의 단면적 [mm²]
1.5	0.7	3.3	9
2.5	0.8	4.0	13
4	0.8	4.6	17
6	0.8	5.2	21
10	1.0	6.7	35
16	1.0	7.8	48
25	1.2	9.7	74
35	1.2	10.9	93
50	1.4	12.8	128
70	1.4	14.6	167
95	1.6	17.1	230
120	1.6	18.8	277
150	1.8	20.9	343
185	2.0	23.3	426
240	2.2	26.6	555
300	2.4	29.6	688
400	2.6	33.2	865

[비고] 1. 전선의 단면적은 평균완성 바깥지름의 상한 값을 환산한 값이다.
2. KS C IEC 60227-3의 450/750[V] 일반용 단심 비닐절연전선(연선)을 기준한 것이다.

표 4-22 절연전선을 금속관 내에 넣을 경우의 보정계수

도체 단면적 [mm²]	보정계수
2.5, 4	2.0
6, 10	1.2
16이상	1.0

표 4-23 후강전선관의 내단면적의 32[%] 및 48[%]

전선관의 굵기 [mm]	내단면적의 32% [mm²]	내단면적의 48% [mm²]	전선관의 굵기 [mm]	내단면적의 32% [mm²]	내단면적의 48% [mm²]
16	67	101	54	732	1,098
22	120	180	70	1,216	1,825
28	201	301	82	1,701	2,552
36	342	513	92	2,205	3,308
42	460	690	104	2,843	4,265

표 4-24 박강전선관의 내단면적의 32[%] 및 48[%]

전선관의 굵기 [mm]	내단면적의 32% [mm²]	내단면적의 48% [mmv]	전선관의 굵기 [mm]	내단면적의 32% [mm²]	내단면적의 48% [mm²]
19	63	95	51	569	853
25	123	185	63	889	1,333
31	205	308	75	1,309	1,964
39	305	458			

예제 4

전선 4[mm²] 3본, 10[mm²] 3본을 넣을 수 있는 최소 전선관의 굵기를 구하시오.

풀이 표 4-21로부터 전선 단면적의 합계는 각각 다음과 같다.

$$4[mm^2]\ 3본\ ---------\ 17[mm^2] \times 3 = 51[mm^2]$$
$$10[mm^2]\ 3본\ ---------\ 35[mm^2] \times 3 = 105[mm^2]$$

산출한 전선의 단면적의 합계에 표 4-22(절연전선을 금속관에 넣을 때의 보정계수)의 보정계수를 곱하여 단면적을 구한다.

$$51[mm^2](단면적의\ 합계) \times 2.0(보정계수) = 102[mm^2]$$
$$105[mm^2](단면적의\ 합계) \times 1.2(보정계수) = 126[mm^2]$$

합계   228[mm²]

위와 같이 전선의 계산 단면적의 총합계는 228[mm²]가 된다. 표 4-23에서 228[mm²]가 내단면적의 32[%]가 되는 관의 최소굵기는 36호의 후강전선관이 된다. 즉 이것이 구하는 최소 굵기의 후강전선관이 된다.
위와 같이하여 표 4-24로부터 박강 전선관의 최소 굵기는 39호가 된다.

② 금속관 공사시의 유의사항

① 금속관 1본의 길이는 3.66[m]이므로 커플링을 사용하여 얼마든지 길게 접속할 수 있다. 그러나 관이 길어지면 전선을 넣을 때 통선이 어려워지므로, 편의상 박스 간의 거리를 30[m] 이하로 하는 것이 바람직하다.

② 금속관 공사에서 굴곡 개소가 너무 많으면 배관 후에 통선이 어려워지므로, 굴곡개소가 가급적 적게 하고 각 박스 사이에는 3개소를 초과하는 직각 또는 직각에 가까운 굴곡개소를 만들어서는 안 된다.

01 조명에서 사용되는 다음 용어의 정의를 설명하고, 그 단위를 쓰시오

① 광속 ② 광도 ③ 조도

④ 휘도 ⑤ 광속발산도

02 기구의 배광에 의한 분류에 따른 조명방식의 종류에는 어떤 것들이 있는지 5가지를 쓰시오.

03 다음 광원 중에서 효율이 가장 좋은 것부터 순서대로 번호를 쓰시오.

① 백열전구 ② 형광등

③ 메탈 할라이드 램프 ④ 나트륨 램프

04 다음 부하 용량은 어떻게 산정하는 것이 적당한가?

① 고역률 형광등 ② 저역률 형광등

③ 콘센트 ④ 대형 전등수구

05 일반적 조명기구의 그림 기호에 문자와 숫자가 다음과 같이 방기되어 있다. 그 의미를 쓰시오.

① H500 ② N200 ③ F40 ④ X200 ⑤ M200

06 기존 광원에 비하여 LED 램프의 특성 5가지만 쓰시오.

07 조명 배치시 참고하여야 할 사항 2가지만 쓰시오.

08 전반조명과 국부조명과의 조도차는 가급적 작아야 한다. 전반조명의 조도는 국부조명에 의한 조도의 얼마 이상이 좋은가?

09 건물 내에 시설된 조명설비의 조도가 시설 당시보다 점차 떨어지는 주요 이유 3가지는 무엇인가?

10 어떤 건물에 시공이 끝난 천장 속에 설치한 $40 \times 80[\text{cm}^2]$ 유백색 유리판이 $800[\text{lm}]$의 광속을 방사하고 있으며, 이 면의 광속발산도와 이 유리판의 투과율을 80 %라면 유리면 상의 조도는 얼마인가?

11 폭 15[m]인 도로의 양쪽에 간격 20[m]를 두고 대칭 배열로 가로등이 점등되어 있다. 한 등의 전광속은 3000[lm], 조명률은 45[%]일 때, 도로의 평균조도를 계산하시오.

12 지름 40[cm]인 완전 확산성 구형 글로브의 중심에 모든 방향의 광도가 균일하게 120[cd]되는 전구를 넣고, 탁상 2[m]의 높이에서 점등하였다. 이 전등 바로 밑의 탁상 위의 조도는 몇 [lx]인가? (단, 글로브 내면의 반사율은 40[%], 투과율은 50[%]이다)

13 모든 작업이 작업대(방바닥에서 0.85[m] 높이)에서 행하여지는 작업장의 가로가 8[m], 세로가 12[m], 방바닥에서 천장까지의 높이가 3.8[m]인 방에서 조명기구를 천장에 설치하고자 한다. 이 방의 실지수는 얼마가 되겠는가?

14 폭 10[m], 길이 20[m], 천장의 높이 5[m]이고 조명률이 0.5되는 실내의 탁상 위 평균 수평조도를 100[lx]로 하기 위해서는 형광등 40[W] 2등용을 몇 개 사용하면 되는가? (단, 형광등 40[W] 1구의 광속은 2300[lm], 감광보상률을 1.8로 한다)

15 100[V]로 인입하는 어느 주택의 총부하설비용량이 5,100[VA]이라면, 이 주택에 설치하여야 할 최소분기회로의 수는 몇 회로로 하여야 하는가? (단, 부하설비는 전등과 콘센트 부하이다)

16 직경 40[m]의 완전 확산성 반구를 이용하여 평균휘도를 $1[\text{m}^2]$당 0.3[cd]되는 천장등을 설치하고자 한다. 기구효율을 0.8이라고 하면 몇 [W]의 전구를 사용하면 되겠는가? (단, 전구의 규격에 따른 광속은 다음 표와 같다.)

전구의 규격 [W]	60	100	150	200	300
광속 [lm]	760	1,500	2,450	3,450	5,500

17 조명설계를 하고자 할 때, 눈부심(glare)이 일어나면 조명효과를 저하하는 원인이 된다. 눈부심을 방지하는 방법 3가지를 쓰시오.

18 가로 10[m], 세로 20[m]인 사무실에 평균조도 200[lx]가 되도록 하기위해 40[W], 전광속 2,500[lm]인 형광등을 사용하였을 때 필요한 등수는 얼마인가? (단, 조명률은 0.5, 감광보상률은 1.25이다)

19 점멸기와 콘센트의 일반적인 취부높이는 얼마인가?

20 전등용 분기회로는 몇 [A]분기회로인가?

21 건축화 조명 중에서 천장면을 광원으로 하는 조명의 종류 3가지는?

22 폭 15[m]인 도로의 양쪽에 간격 20[m]를 두고 대칭 배열로 가로등이 점등되어 있다. 한 등의 전광속은 3000[lm], 조명률은 45[%]일 때, 도로의 평균조도를 계산하시오.

23 도로의 폭이 24[m]인 곳에 양쪽으로 30[m] 간격으로 지그재그식으로 등주를 배치하여 도로위의 평균조도를 5[lx]가 되도록 하려면 각 등주에 사용되는 수은등은 몇 [W]의 것을 사용하면 되겠는가? (단, 노면의 광속 이용률은 30[%], 등 기구 유지율 76[%]로 한다.)
수은등의 광속표는 다음과 같다.

크기 [W]	램프 전류 [A]	전광속 [lm]
100	1.0	3,200-4,000
200	1.9	7,700-8,500
250	2.1	10,000-11,000
300	2.5	13,000-14,000
400	3.7	18,000-20,000

24 천장면에 작은 구멍을 뚫어 많이 배치한 방법이며, 건축의 공간을 유효하게 하는 조명방식은 무엇인가?

25 가로 10[m], 세로 16[m], 천장높이 3.85[m], 작업면 높이 0.85[m]인 사무실에 천장
직부 형광등 F40W2를 설치하고자 한다.

(1) 이 사무실의 실지수는 얼마인가?

(2) 이 사무실의 작업면 조도를 300[lx], 천장 반사율 70[%], 벽 반사율 50[%], 바닥반사
율 10[%], 40[W] 형광등 1등의 광속 3,150[lm], 보수율 70[%], 조명률 61[%]로
한다면 이 사무실에 필요한 소요 등수는 몇 등인가?

26 가로 10[m], 세로 14[m], 천장 높이 2.75[m], 작업면 높이 0.75[m]인 사무실에 천장
직부 형광등 F32×2를 설치하려고 한다. 다음 각 물음에 답하시오.

(1) 이 사무실의 실지수는 얼마인가?

(2) F32×2의 그림 기호를 그리시오.

(3) 이 사무실의 작업면 조도를 250[lx], 천장 반사율 70[%], 벽 반사율 50[%], 바닥반사
율 10[%], 32[W] 형광등 1등의 광속 3200[lm], 보수율 70[%], 조명율 50[%]로
한다면 이 사무실에 필요한 형광등 기구의 수를 구하시오.

동력설비

건축물 내의 모든 동력설비(엘리베이터, 에스컬레이터 등)와 공기조화설비, 환기설비, 급배수 위생설비, 배연(제연)설비, 소화설비 등의 건축기계설비의 동력과 사무기기, 의료 기기, 통신기기, 주방설비 등의 전동기와 전열부하에 전원을 공급하는 일반동력설비공사 의 배선 및 기기의 보호, 제어, 접지 등의 설비를 동력설비라 한다.

동력원으로 사용되는 전동기는 유도전동기·동기전동기·정류자전동기·직류전동기 등이 있다.

---

1 │ 전동기

1.1 전동기의 종류

전동기는 산업동력원의 중추를 이루는 것으로서 일반 산업계는 물론, 농사용·가정 전기기구용, 빌딩의 각종 동력원으로 널리 사용되고 있다.

유도전동기는 가격이 싸고 또한 구조가 간단하여 보수와 점검이 용이한 장점이 있는 반면, 회전자계를 만드는 여자전류(勵磁電流)가 전원측으로부터 흐르는 관계로 역률이 나쁜 결점이 있다. 이에 비하여 동기전동기는 역률은 좋으나, 구조가 복잡하고, 보수

점검도 불편하며 또한 가격도 비싼 편이다. 정류자전동기는 유도전동기에 비하여 구조가 복잡하고 소요자재도 많아지므로 설비비가 비싸다. 직류전동기는 운전에 있어 직류전원장치를 필요로 하며 또한 정류자는 보수가 쉽지 않은 편이고, 가격도 비싼 편이다.

이상과 같은 장단점을 비교할 때 특별한 경우도 있으나. 건축설비에서 가장 많이 사용되고 있는 것은 유도전동기이며, 그 이유를 정리하면 다음과 같다.

① 구조가 간단하고, 취급·보수가 용이하다.
② 가격이 싸다.
③ 종류가 많으므로 주위환경, 부하조건에 적합한 특성의 것을 쉽게 선정할 수 있다.
   (특히 0.2~37[kW] 범위는 일반용의 규격이며, 범용성이 높다.)
④ 복잡한 기동장치나 운전제어장치가 불필요하고, 3상의 상용전원으로 쉽게 사용할 수 있다. 한편, 간단하게 제어할 수 있으므로 자동제어나 원격제어를 쉽게 할 수 있다.
⑤ 효율이 좋고, 신뢰성과 안전도(安全度)가 높다.

유도전동기를 분류하여 보면 다음과 같다.

```
                        ┌ 보통 농형 전동기
           ┌ 농형 유도전동기 ┤                    ┌ 2중 농형 전동기
3상 유도전동기 ┤           └ 특수 농형 전동기 ┤
           └ 권선형 유도전동기                   └ 심구형 전동기
```

단상 유도전동기는 기동방식에 따라 다음과 같은 것들이 있다.

① 분상 기동형 전동기
② 콘덴서 기동형 전동기
③ 반발 기동형 전동기
④ 셰이딩 코일형 전동기

1 농형 유도전동기

농형 유도전동기의 특징은 구조가 간단하고 견고하며, 보수와 점검이 용이하고 또한

가격이 싸다는 점이다. 그러나 기동전류가 큰 관계로 전원용량이 적은 경우에는 기동전류로 인한 전압강하(電壓降下) 때문에 다른 부하에 나쁜 영향을 주는 수가 있다.

특수 농형 유도전동기는 기동 토크(torque)를 크게 하고, 기동전류를 적게 하기 위해서 회전자의 구조를 특수하게 설계한 것으로서 37[kW] 이상에 많이 사용된다.

② 권선형 유도 전동기

권선형 유도전동기는 2차 권선을 고정자 권선처럼 절연도선으로 권선한 전동기로서, 2차 권선의 단자를 슬립 링(slip ring)에 연결하여 브러시를 통하여 외부로 뽑은 전동기이다. 외부로 뽑은 2차측 권선에 기동용 저항기를 접속함으로써, 기동전류의 경감을 도모할 뿐만 아니라 비례추이(比例推移)에 의하여 큰 기동 토크를 얻을 수 있다.

따라서 농형 유도전동기에 비하여 기동전류는 적고 기동 토크는 크게 할 수 있다. 또한 외부에 접속한 저항기의 값을 변화시켜서 속도제어를 할 수 있다. 그러나 가격은 농형 유도전동기에 비하여 비싸고 보수와 점검도 다소 복잡하지만, 대형전동기에 주로 사용된다.

③ 유도전동기의 특성

3상 유도전동기 중에서 일반적으로 많이 사용되는 것에 대하여는 KS C4202(저압)에 전부하일 때의 효율·역률·기동전류를 규정하고, 전부하전류·무부하전류·전부하 슬립 등이 표시되어 있다. 이를 참고로 하여 회전자의 종류에 따라 특성과 용도를 비교하면 표 5-1과 같으며, 단상 유도전동기의 특성은 표 5-2와 같다. 전원전압이나 주파수의 변동에 따라 전동기의 특성이 영향을 받지만 유도 전동기인 경우 전압의 변동 ±10[%], 주파수의 변동 ±5[%], 전압과 주파수와의 변동 합이 ±10[%] 이하이면 실용상에 있어서는 지장이 없도록 설계되어 있다.

표 5-1 3상 유도전동기의 특성과 용도

종류	기동 토크의 전부하 토크에 대한 [%]	기동전류의 전부하전류에 대한 %]	운전특성	정격출력	주요용도
보통 농형	125[%] 이상	500~800[%]	속도는 거의 일정함. 전부하일 때는 무부하일 때보다 약 5~10% 늦다. 속도 조정 불가능	0.2~3.7[kW]	소용량. 일반적인 용도
특수 농형 1종	100[%] 이상	600[%] 전후	동상	5.5~37[kW], 11[kW] 이상은 기동기 사용	펌프·송풍기·콤프레셔 등
특수 농형 2종	150[%] 이상	600[%] 전후	동상	동상	권상기·공작기계·엘리베이터 등
권선형	기동전류가 전부하 전류의 150[%]일 때(기동저항기 등 노치에서) 전부하 토크의 약 150 %		회전자회로에 저항을 삽입함으로써 속도 조정이 가능	5.5~37[kW], 53.5[kW] 이상은 기동기 사용	송풍기·크레인·압연기·분쇄기 등

표 5-2 단상 유도전동기의 특성과 용도

종류	기동토크의 전부하 토크에 대한 [%]	정동 토크의 전부하 토크에 대한 [%]	기동 전류의 전부하 전류에 대한 [%]	운전특성	정격출력 [%]	주요용도
분 상 기동형	125[%] 이상	175~300	500[%] 전후	역률·효율은 다른 전동기보다 약간 적음	0.1~0.4	팬·세탁기 등
반 발 기동형	3000[%] 이상	175~300	300[%] 전후	기동 토크 큼	01.~0.75	펌프·콤프레서 등
콘덴서 기동형	250[%] 이상 0.4[kW]의 것은 200[%] 이상	175~300	400~500[%]	운전중 콘덴서가 계속 접속되는 것은 역률이 양호함	0.4~04	냉장고용콤프레서·펌프 등

1.2 전동기의 기동

단상 유도전동기는 고정자의 주권선(운전권선)만으로는 기동 토크를 얻을 수 없으므로, 기동에 필요한 회전자계를 얻기 위하여 **분상기동·콘덴서 기동·반발기동·셰이딩코일형**

기동 등에 의하여 기동하고 있다. 이러한 단상 유도 전동기의 기동장치는 대부분이 기기의 내부에 시설되어 있으므로 기동할 때 특별한 조작을 필요로 하지 않는다.

3상 유도전동기는 처음부터 회전자계를 발생하므로, 회전자는 회전자계의 방향으로 회전하게 된다. 그러므로 3상 유도전동기는 특별한 조작을 하지 않고도 직접 기동시킬 수 있다. 그러나 대출력 농형 유도전동기는 전전압 기동시 큰 기동전류로 인한 전압강하가 발생하여 기동 불능 또는 인접 전력설비에 나쁜 영향을 미치게 된다. 따라서 기동전류를 줄이기 위해서는 전동기 1차 전압을 감압하거나 또는 기동전류를 제한하여야한다. 그러나 기동전류는 단자전압에 비례하고 기동 토크는 전압의 제곱에 비례하므로 전동기 부하에 따라서는 기동 토크가 부족한 경우가 일어날 수도 있으므로 전동기 1차 전압을 감압하거나 또는 기동전류를 제한하여 전동기를 기동시키고자 할 경우 전동기 기동이 가능한지를 사전에 이를 검토하여야 한다.

전동기 기동방식에는 다음과 같은 것들이 있다.

① 농형 유동전동기의 기동

(1) 전전압(직입) 기동

전동기 단자에 정격전압을 직접 인가하여 기동하는 방법이며, 기동방법으로서는 가장 간단한 방식이다. 그러나 기동전류는 정격전류의 5~7배까지 흐르므로, 기동시간이 오래 걸리거나 빈번한 기동을 요하는 경우에는 기동전류로 인하여 코일이 파열되는 수가 있다. 따라서 이 방식은 3.7[kW](특수 농형 유도전동기인 경우에는 11[kW]) 이하의 소용량 전동기일 때 사용한다.

그림 5-1은 전전압 기동의 예로서 가장 표준적인 것이다. 나이프 스위치(KS)로 단락보호를 하고, 열동계전기(Thr)로 과부하보호를 하고, 전자접촉기(MC)로 개폐를 한다.

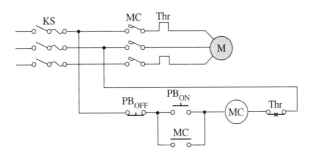

그림 5-1 전전압 기동방식 (예)

(2) Y-△ 기동

이 방식은 기동전류를 경감하기 위하여 고정자 권선이 △결선인 전동기를 기동시에 한하여 Y결선으로 하고, 정격전압을 인가하여 기동한 후에 △결선으로 변환하여 주는 방법이다. 일반적으로 5.5~15[kW]의 전동기에 사용된다. 이 방식은 무부하 또는 경부하에서 기동할 수 있는 공작기계 등에 적합한 방식이다.

이 방식에 의한 기동방법은 그림 5-2에서 나이프 스위치(KS)를 먼저 투입하고 기동 스위치 PB-on을 누르면 전자 접촉기의 코일 MC_1에 의하여 자기유지되며 MC_2가 여자되어 접점 MC_2가 동작하여 전동기는 Y결선으로 기동하게 된다. 그리고 한시 계전기에 설정한 일정한 시간이 경과한 후에 한시동작 접점 T가 동작하여 MC3는 여자되고 MC_2는 소자(消磁)되어 전동기는 △로 결선이 전환되어 운전을 계속하게 된다.

이 Y-△ 기동법으로 기동하면 전전압 기동에 비해 전압은 $1/\sqrt{3}$로 감소하고, 기동전류 및 기동 토크는 1/3로 감소한다. 이에 대하여 간단하게 설명하면 다음과 같다.

전동기 각 상의 임피던스를 Z, 전원전압을 V라 하면 Y결선시의 전류는 $I_Y = V/\sqrt{3}\,Z$,

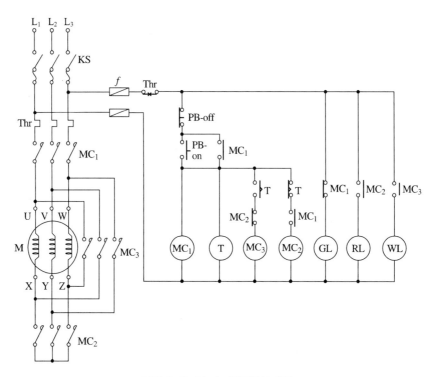

그림 5-2 Y-△ 기동방식 (예)

△ 결선시의 전류는 $I_\Delta = \sqrt{3}\ V/Z$이므로 $I_Y / I_\Delta = 1/3$이 된다. 또한 토크는 전압의 2승에 비례하므로 Y 결선시의 토크는 $T_Y / T_\Delta = 1/3$ 이다.

(3) 기동보상기에 의한 기동

기동보상기에 의한 기동은 전원측에 3상 단권변압기를 시설하고 전압을 감압(정격전압의 50~80[%])하여 기동하는 기동법의 일종이며, 가속된 후에 전원을 인가하여주는 것으로, 기동회로에서 운전회로의 전환을 무정전으로 부하를 절체시키는 폐쇄 트랜지션(closed transition)으로 하는 것이다. 이 방식은 비교적 기동손실이 적고 전압을 가감할 수 있는 이점이 있다. 기동보상기에 사용되는 탭 전압은 보통 50[%], 65[%], 80[%]를 표준으로 하고 있다. 이 방식은 15[kW]를 초과하는 전동기에 주로 사용된다.

전동기에 흐르는 기동전류는 전압비에 비례하지만, 전원에 흐르는 것은 단권변압기의 1차 전류이므로 전압비의 제곱에 비례한다. 따라서 전류의 저감율과 토크의 저감률이 거의 같으며, 또 탭(tab)에 의해 기동전류, 기동 토크의 조정을 할 수 있으므로 가장 우수한 기동법이다. 기동보상기에 의한 기동의 예는 그림 5-3과 같으며, **단권변압기 기동**이라고도 부른다.

기동회로에서 운전회로로 전환할 때, 단권변압기의 중성점을 열고(MCN개로), 단권변압기를 리액터로 작동시켜 그것을 단락(MCR 폐로)한 후에 단권변압기를 회로에서 분리(MCS 개로)시킴으로써 폐쇄 트랜지션이 된다.

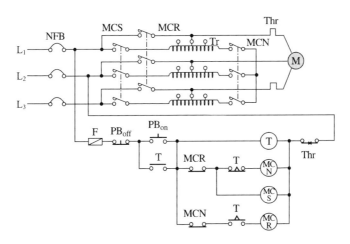

그림 5-3 기동보상기에 의한 기동 (예)

(4) 리액터 기동

리액터 기동은 전동기의 전원측에 직렬로 리액터(reactor)를 접속함으로써, 리액터에서의 전압강하를 이용해서 전동기의 단자전압을 낮게 하고 기동전류를 줄여서 기동하는 방식이다. 기동전류는 전압비로 감소되지만 토크는 전압비의 제곱으로 감소하므로, 기동전류의 감소율을 너무 크게 하면 토크 부족으로 기동을 할 수 없게 되는 경우가 있으므로 충분히 검토하여야 한다.

리액터에 탭(전압의 90-80-70-60-50[%] 또는 80-65-50[%])이 설치되어 있으므로, 시운전(試運轉) 시에 최적의 탭으로 조정할 수 있어 편리하다. 가속과 함께 전동기 전류가 감소되므로 리액터에서의 전압강하가 감소되어 전동기의 단자접압이 상승하고, 운전에 대한 탭 전환시의 충격(shock)은 거의 없다. 따라서, 기동전류를 줄이는 목적이아니라, 다만 기동시의 충격을 줄이는 목적의 완충 기동기로 사용하는 경우도 많다. 또 리액터 기동은 폐쇄 트랜지션이므로 전기적 충격도 적다.

기동보상기의 결점을 보완한 방식이 **콘도르퍼 방식**(Kondorfer system)이다.

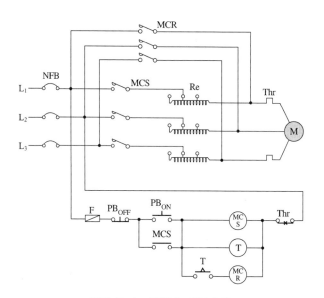

그림 5-4 리액터 기동 (예)

(5) 1차 저항 기동

1차 저항 기동은 리액터 기동에서 리액터를 저항으로 대체한 것으로, 소용량은 가격이 싸므로 사용하는 경우가 있지만 점차 사용하지 않게 되었다.

이 방식은 리액터 기동방식과 같이 전동기의 전원측에 직렬로 저항을 접속하여 전원전압을 낮게 감압하여 기동한 후, 서서히 저항을 감소시켜 가속하고, 전속도에 도달하면 이를 단락하는 방법이다. 이 기동방식은 주로 소용량 전동기를 기동할 때 기계적 충격을 완화하기 위해 사용하는 수가 많다. 이 방식은 다른 방식에 비하여 기동효율이 떨어지며, 기동전류가 감소하는 비율보다도 기동 토크의 감소율이 큰 관계로 무부하 또는 경부하기동에 사용된다.

그림 5-5(b)와 같이 저항기의 삽입 상(相, phase)을 2상이나 1상에만 기동저항을 접속하고 1차 불평형 기동을 행하는 수가 있는 데, 이를 특히 **쿠사**(kusa) **기동**이라 한다. 이 방식은 기동토크만을 감소시키는 것을 목적으로 한 것이며 기동전류는 거의 감소되지 않는다. 각 상의 전류가 불평형을 일으켜 어느 한 상의 전류가 직입기동일 때보다 많이 흐르는 수가 있으므로, 과전류 보호의 전류치 설정에 특히 유의할 필요가 있다. 이 방식은 소용량 전동기에 한하여 기동시의 충격을 방지하고자 할 때 사용되는 경우가 있다.

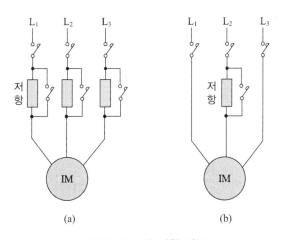

(a)   (b)

그림 5-5 1차 저항 기동

(6) 소프트스타트(Soft Starter) 기동

사이리스터(thyristor) 점호각을 제어하여 전동기 기동전류를 조정하는 소프트스타트 방식은 별도의 차단기 설치가 필요 없어 기존의 기동방식이 갖는 설치 공간 문제 및 기동시 전동기 등에 가해지는 전기적, 기계적 충격이 적고, 유지보수 비용도 저렴한 장점들이 있어 오늘날 이의 적용이 점진적으로 확대되고 있는 추세이다. 반면에 비선형 특성인 사이리스터에 의해 기동시 고조파가 발생하는 단점이 있다.

② 권선형 유도전동기의 기동

기동특성의 면에서 볼 때 권선형 유동전동기는 농형 유도전동기에 비하여 다음과 같은 이유로 훨씬 우수하다. 즉, 2차 회로에 접속한 저항을 증가하면 전류는 감소하지만 최대 토크에는 변함이 없고, 다만 최대 토크를 발생하는 점의 슬립(slip)만이 이동한다. 최대 토크가 발생하는 슬립은 $s \simeq r_2/x_2 (r_2 :$ 2차 저항, $x_2 :$ 2차 리액턴스)이므로 2차 저항을 증가하면 최대 토크의 점은 슬립이 큰 쪽(속도가 낮은 쪽)으로 이동하게 된다.

[주] $s = 1$일 때가 정지상태이고, $s = 0$이면 동기속도로 회전할 때를 말한다.

그림 5-6은 이 방식의 접속도이다. 2차 회로에 저항을 접속하고 전원스위치를 투입하면, 전류 및 토크는 그림 5-7 및 그림 5-8의 곡선 A와 같은 특성으로 된다. 따라서 전동기는 낮은 기동전류에서 큰 기동 토크로 가속하게 된다. 그러나 회전수가 올라가면(슬립은 감소) 곡선 A의 토크는 감소하므로, MC_{11} ON으로 하여 2차 저항을 감소시킨다. 따라서 전류 및 토크 특성은 곡선 B로 기동하고, 가속 토크는 증대하여 계속 가속하게 된다. 이와 같이 MC_{12} 및 MC_{13} ON하여 순차적으로 저항을 감소하면 끝에 가서는 외부저항은 완전히 단락상태로 되고, 전동기는 운전상태로 들어간다. 특별히 속도제어를 행하고자 할 때는 저항을 약간 남겨 놓고 운전상태로 들어가는 수도 있다.

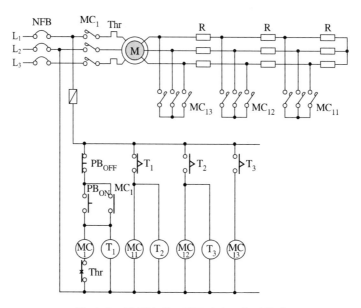

그림 5-6 권선형 유도전동기의 2차 저항기동

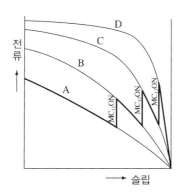

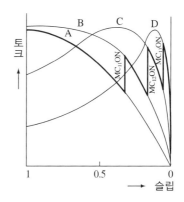

그림 5-7 2차 저항변화에 따른 전류속도 특성   **그림 5-8** 1차 저항변화에 따른 토크-속도 특성

이와 같이 권선형 유도전동기는 정격 토크에서 기동할 때 120[%] 정도의 기동전류로 기동할 수 있으므로, 전원용량이 농형 유도전동기일 때보다 소용량으로 될 수 있음을 알 수 있다.

또한 부하의 GD^2이 클 때 또는 부하 토크가 클 때, 문제가 되는 기동기간 중의 발열(發熱)도 대부분 2차 저항에서 방출되기 때문에 전동기는 영향을 거의 받지 않는다. 그러나 기동시간이 너무 길어지면 기동저항기가 소손될 우려가 있으므로 주의하여야 한다. 이 방식은 하역기계 등에서 많이 사용된다.

[주] GD^2 : 플라이휠 효과 [kg·m^2]
　　G : 회전부의 중량 [kg]
　　D : 회전부의 지름 [m]

1.3 전동기의 제동

운전 중의 3상 유도전동기를 신속히 정지시킬 때나 제한속도 이상으로 상승하지 못하도록 하기 위해서 혹은 역회전시키기 위해서는 **제동**(braking)이 필요하다. 제동에는 기계적 제동법과 전기적 제동법이 있다.

■ 기계적 제동

기계적 제동은 기계적인 마찰에 의하여 제동하는 것으로서, 마찰부분에서 에너지를 흡수함으로써 제동이 된다.

② 전기적 제동

(1) 발전제동(Dynamic Braking)

전동기의 공급전원을 끊고 전동기를 발전기로 동작시켜 회전부에 축적된 기계적 에너지를 전기적 에너지로 바꾸어 이것을 저항기(抵抗器) 내에서 열로 소비시켜 제동하는 방식을 발전제동이라 한다.

(2) 회생제동(Regenerative Braking)

권상기·엘리베이터·기중기 등으로 물건을 내릴 때, 또는 전차가 언덕을 내려가는 경우, 전동기가 가지는 운동 에너지로 전동기를 발전기로 동작시켜서 발생한 전력을 전원에 반환하면서 속도를 점차로 감속시킬 수 있는 경제적인 제동법이다.

(3) 역상제동(Plugging)

한방향으로 운전하는 도중에 역방향으로 접속을 바꾸어서 전동기가 역회전하기 직전에 전원을 차단하여 제동하는 방법이다. 이때 많은 전류가 흐르며 기계적으로도 무리가 따른다. 그러므로 권선형 유도전동기는 외부저항에서 전류를 소비시키며, 농형 유도전동기에서는 2차 권선(회전자 권선)이 과열될 염려가 있다. 이 방법은 가장 신속한 제동법이다.

(4) 와류제동

전동기 축 끝에 구리판 또는 철판을 붙이고, 이것을 직류 전자석의 극 사이에서 회전하도록 하여 전자석을 여자하면 금속판 중에 와류(eddy curent)가 유기(誘起)되어 제동력이 발생하도록 하는 방식이다.

1.4 전동기의 시설

① 전동기의 위치

(1) 전동기는 베어링의 급유, 슬립링의 점검, 브러시 교체 등의 보수점검이 용이하도록 시설하는 것을 원칙으로 한다. 다만, 수중전동기 기타 부득이한 것은 적용하지 않는다.

(2) 정류자 또는 슬립링을 갖는 개방형의 전동기로 스파크가 발생할 우려가 있는 것은 스파크가 그 부근의 가연성 물체에 도달하지 않는 장소에 설치하여야 한다. 다만, 차폐장치를 하였을 경우에는 적용하지 않는다.

② 3상 유도전동기의 기동장치

(1) 정격출력이 수전용변압기 용량[kVA]의 1/10을 초과하는 3상유도전동기(2대 이상을 동시에 기동하는 것은 그 합계출력)는 기동장치를 사용하여 기동전류를 억제하여야 한다. 다만, 기동장치의 설치가 기술적으로 곤란한 경우로 다른 것에 지장을 초래하지 않도록 하는 경우는 적용하지 않는다.

(2) 전항의 기동장치 중 Y-Δ기동기를 사용하는 경우는 기동기와 전동기간의 배선은 해당 전동기 분기회로 배선의 60 % 이상의 허용전류를 가지는 전선을 사용하여야 한다.

③ 단상 전동기의 기동전류

전등과 병용하는 단상 유도전동기를 일반전기설비로 시설할 경우의 기동전류는 전기사업자와 협의한 경우를 제외하고는 원칙적으로 37[A] 이하로 하여야 한다. 다만, 룸쿨러에 한하여 그 제한을 110[V]용은 45[A], 220[V]용은 60[A]이하로 할 수 있다.

④ 권선형 유도전동기의 2차측 회로

(1) 권선형 유도전동기의 2차측 제어회로에 접속하는 전선의 굵기는 다음 각 호에 의하여 시설하는 것을 원칙으로 한다.
　① 연속사용의 것은 2차측 정격 전 부하전류의 1.25배 이상의 허용전류를 가지는 것
　② 연속사용 이외의 것은 사용방법에 따라서 2차측 정격 전 부하전류에 의하지 않고 전선의 온도 상승을 허용값 이하로 한 열적인 등가 전류값에 의하여 결정할 수 있다.

(2) 2차측의 저항기가 제어기에서 떨어져 있을 경우는 제어기와 저항기간을 연결하는 전선의 굵기는 2차측 정격 전 부하전류의 1.1배 이상의 허용전류를 가지는 것을

사용함을 원칙으로 한다. 다만, 연속사용 이외의 것에는 사용빈도에 따라 적절히 감할 수 있다.

---

2 | 배선설계

2.1 전동기의 용량

전동기에 대한 배선설계를 하려면 먼저 전동기의 용량(kW 또는 HP)을 알아야 한다. 이 용량은 일반적인 경우 기계설비를 담당하는 측에서 결정하여 주는 것이 관례이나, 전동기 용량산정 식은 다음과 같다.

1 펌프용 전동기

$$P = \frac{KQH}{6.12\,\eta} \tag{5-1}$$

단, P : 전동기 용량 [kW] K : 여유 계수(1.1~1.2)

Q : 양수량 [m^3/min] H : 전 양정 [m]

η : 펌프 효율

회전수 n_1, n_2일 때 양수량 Q_1, Q_2, 양정 H_1, H_2, 동력 P_1, P_2 사이에는 다음의 관계가 있다.

$$\text{양수량}\quad \frac{Q_2}{Q_1} = \frac{n_2}{n_1} \tag{5-2}$$

$$\text{양 정}\quad \frac{H_2}{H_1} = (\frac{n_2}{n_1})^2 \tag{5-3}$$

$$\text{동 력}\quad \frac{P_2}{P_1} = (\frac{n_2}{n_1})^3 \tag{5-4}$$

② 송풍기용 전동기

$$P = \frac{KQH}{6120\,\eta} \tag{5-5}$$

단, P : 전동기 용량 [kW] K : 여유 계수(1.1~1.5)

　　Q : 풍량 [m³/min] H : 풍압 [mmAq]

　　η : 송풍기 효율

위의 식에서 풍압 단위 [mmAq]는 수주(水主)의 높이 [mmHg]로 환산하면 다음과 같은 관계가 있다.

$$1[\text{mmAq}] = 1[\text{kg/m}^2]$$

$$1[\text{mmHg}] = 13.6[\text{mmAq}]$$

$$760[\text{mmHg}] = 1.003[\text{kg/cm}^2] = 1.033 \times 10^4[\text{kg/m}^2]$$

$$1\ \text{기압(atm)} = 1[\text{kg/cm}^2] = 760[\text{mmHg}]$$

표 5-3 송풍기의 효율과 계수 (여유율)

팬·불로어의 종류	η	K
프로펠러 팬	0.5~0.75	1.3
시로코 팬	0.45~0.6	1.2~1.3
터보 팬	0.60~0.75	1.15~1.25
플레이트 팬	05~0.6	1.15~1.25
터보 불로어 팬(1단)	0.5~0.75	1.1~1.2
터보 불로어 팬(2단)	0.55~0.7	1.1~1.2

③ 권상기 · 기중기용 전동기

$$P = \frac{KWV}{6.12\,\eta} \tag{5-6}$$

단, P : 전동기 용량 [kW] W : 권상하중 [t]

　　V : 권상속도 [m/min] η : 권상기 또는 기중기 효율

4 **엘리베이터용 전동기**

$$P = \frac{KWV}{6.12\,\eta} \tag{5-7}$$

단, P : 전동기 용량 [kW] K : 여유계수(평형률)

W : 권상하준 [t] V : 권상속도 [m/min]

η : 엘리베이터 효율

2.2 부하의 산정

전동기(승강기, 냉난방 장치, 냉동기 등 특수 용도의 전동기는 제외한다)부하의 산정은 개개의 명판에 표시된 정격전류(전부하전류)를 기준으로 하여야 한다. 다만, 일반용 전동기일 경우에는 그 정격출력에 따른 규약전류(설계기준치)를 정격전류로 적용할 수 있다.

엘리베이터, 에어컨디셔너 또는 냉동기 등의 특수한 용도의 전동기 부하의 산정에는 그 전동기 또는 기기의 명판에 표시된 정격전류 외에 특성 및 사용방법을 기준으로 하여야 한다.

[주] 1. 엘리베이터용 전동기의 기동, 가속시의 전류치는 제작회사 제어방식 등에 따라 차이가 있기 때문에 제작 회사의 기술자료(catalogue)를 참조할 것
2. 압축기용 전동기에 내장형 전동기를 사용하는 패키지형 에어컨디셔너는 명판에 표시된 운전전류에 1.2배를 한 전류치를 기준으로 할 것
3. 압축기용 전동기에 내장형 전동기를 사용하는 냉동기는 사용조건이 다른 경우 또는 운전초기 등에는 운전 전류보다도 많은 전류가 흐르기 때문에 제작회사의 기술자료(catalog)를 참조할 것

표 5-4 저압 3상 유도전동기(일반용) 특성(표준보호형 전동기의 전부하특성) (KSC 4202-1993)

정격출력 [kW]	극수	동기회 전속도 [rpm]	전부하 특성		참 고 치		
			효율 η [%]	역률 pf [%]	무부하전류 I_o (각 상의 평균치) [A]	전부하전류 I (각 상의 평균치) [A]	전부하 슬립 S [%]
0.75			70.0이상	77.0이상	1.9	3.5	7.5
1.5			76.5이상	80.5이상	3.1	6.3	7.0
2.2			19.5이상	81.5이상	4.2	8.7	6.5
3.7			82.5이상	82.5이상	6.3	14.0	6.0
5.5			84.5이상	80.0이상	10.0	20.9	6.0
7.5	2	3600	85.5이상	81.0이상	12.7	28.2	6.0
11			86.5이상	82.5이상	16.4	40.2	5.5
15			88.0이상	83.0이상	20.9	52.7	5.5
22			89.0이상	83.5이상	30.0	76.4	5.0
30			89.0이상	84.0이상	40.0	102.7	5.0
37			90.0이상	84.5이상	49.1	125.5	5.0
0.75			71.5이상	70.0이상	2.5	3.8	8.0
1.5			78.0이상	75.0이상	3.9	6.6	7.5
2.2			81.0이상	77.0이상	5.0	9.1	7.0
3.7			83.0이상	78.0이상	8.2	14.6	6.5
5.5			85.0이상	78.0이상	10.9	21.8	6.0
7.5	4	1800	86.0이상8	79.0이상	13.6	28.2	6.0
11			7.0이상	80.0이상	20.0	40.9	6.0
15			88.0이상	80.5이상	25.5	54.5	5.5
18.5			88.5이상	80.5이상	30.9	67.3	5.5
22			89.0이상	89.0이상	34.5	78.2	5.5
30			89.5이상	89.5이상	44.5	104.5	5.5
37			90.0이상	90.0이상	53.6	128.2	3.5
0.75			70.0이상	63.0이상	3.1	4.4	8.5
1.5			76.5이상	69.0이상	4.7	7.3	8.0
2.2			79.5이상	71.0이상	6.2	10.1	7.0
3.7			82.5이상	73.0이상	9.1	15.8	6.5
5.5			84.5이상	73.0이상	13.6	22.7	6.0
7.5	6	1200	85.5이상	74.0이상	17.3	30.9	6.0
11			86.5이상	75.5이상	22.7	43.6	6.0
15			87.5이상	76.5이상	29.1	58.2	6.0
18.5	6	1200	88.0이상	76.5이상	37.3	70.9	5.5
22			88.5이상	77.5이상	39.1	82.7	5.5
30			89.0이상	78.5이상	49.1	110.9	5.5
37			89.5이상	79.0이상	59.1	135.5	5.5

[비고] 이 표의 전부하전류 및 무부하전류의 값은 정격전압 220[V]인 경우의 것으로서 정격전압 E인 경우에는 $\dfrac{220}{E}$을 취하고, 소수점 이하 1자리에서 0.5의 숫자로 끝맺음한다.

표 5-5 단상 유도전동기(일반형)의 전부하특성 및 기동전류표

| 종류 | 정격 출력 [kW] | 극수 | 동기회전 속도 (60[Hz]) | 전부하특성 | | | 기동전류 I_{st} [A] | 무부하 전류 I_o [A] (참고치) |
				효율(η) [%]	역률(pf) [%]	전류 [A]		
분상 기동형	0.1	4	1,800	40 이상	47 이상	4.6 이하	25.5 이하	4.2
	0.2	4	1,800	49 이상	54 이상	6.5 이하	30.0 이하	6.1
콘덴서 기동형	0.1	4	1,800	40 이상	47 이상	4.6 이하	22.7 이하	4.2
	0.2	4	1,800	49이상	54 이상	6.5 이하	29.1 이하	6.1
	0.4	4	1,800	57 이상	60 이상	10.1 이하	33.6 이하	8.7
	075	4	1,800	63 이상	60 이상	15.0 이하	54.5 이하	12.3

[비고] 이 표의 전부하전류, 최대기동전류 및 무부하전류의 값은, 정격전압 100[V]인 것으로서, 정격전압 E인 경우에는 $\frac{110}{E}$를 취한다. 다만, E는 100, 200을 말한다.

표 5-6 3상 유도 전동기의 규약 전류값

| 출력 | | 전류[A] | |
[kW]	환산 [HP]	200 V 용	400 V 용
0.2	1/4	1.8	0.9
0.4	1/2	3.2	1.6
0.75	1	4.8	2.4
1.5	2	8.0	4.0
2.2	3	11.1	5.5
3.7	5	17.4	8.7
5.5	7.5	26	13
7.5	10	34	17
11	15	48	24
15	20	65	32
18.5	25	79	39
22	30	93	46
30	40	124	62
37	50	151	75
45	60	180	90
55	75	225	112
75	100	300	150
110	150	425	220
150	200	570	285

[비고] 사용하는 회로의 표준 전압이 220[V]나 440[V]이면 200[V] 또는 400[V]일 때 의 각각 0.9배로 한다.

표 5-7 단상 전동기의 규약 전류

출 력 [kW]	규 약 전 류 [A]	
	110 V 용	220 V 용
0.035	2.0	1.0
0.065	2.7	2.4
0.1	4.6	2.3
0.2	6.5	3.3
0.4	10.1	5.1
0.75	16.1	8.0

[비고] 사용하는 회로의 표준전압이 200[V]의 경우에는 220[V]인 것의 1.1배로 한다.

표 5-8 고압 3상 농형 유도전동기의 규약전류

출력 [kW]	규 약 전 류 [A]		
	3,000 V	3,300 V	6,600 V
45	14.5	13.2	6.6
55	17.1	15.5	7.8
75	22.5	20.5	9.3
90	26.5	24.1	12.0
110	31.8	28.9	14.5
132	37.7	34.3	17.1
160	45.1	41.0	20.5
200	55.7	50.6	25.3

[비고] 정격전압이 E의 경우는 $\dfrac{\text{규약전류}}{E}$ 로 한다.

표 5-9 직류전동기의 규약 전류

출 력 [kW]	규 약 전 류 [A]		
	110 V 용	220 V 용	440 V 용
0.18	3.2	1.6	–
0.25	4.0	2.0	–
0.37	5.5	2.8	–
0.55	7.8	3.9	2.0
0.75	10.0	5.0	2.5
1.1	14.0	7.0	3.5
1.5	18.8	9.4	4.7
2.2	26.6	13.3	6.7
3.7	43	21.5	10.8
5.5	62	31	15.5
7.5	84	42	21
11	122	61	30.5
15	164	82	41
18.5	200	100	50
22	236	118	59
30	320	160	80
37	392	196	98
45	472	236	118
55	570	286	143
75	–	384	192
90	–	460	230
110	–	560	280
150	–	760	380

[비고] 사용하는 회로의 표준전압이 상기표의 정격과 다른 경우에는 다음 표에 의하여 환산한다.

표준전압이 다를 경우의 환산

사용표준전압 [V]	계산의 기준이되는 전압 [V]	상기표의 규약전류에 곱하여야 할 계수
100	110	1.1
115	110	0.957
200	220	1.1
230	220	0.957
400	440	1.1
500	440	0.88
550	440	0.8

2.3 분기회로의 시설

전동기는 1대마다 전용의 분기회로를 시설하여야 한다. 다만, 다음 각 호에 해당할 경우에는 그렇지 않다.

(1) 15[A] 분기회로(또는 20[A] 배선용차단기 분기회로)에서 사용하는 경우

[주] 15[A] 분기회로(또는 20[A] 배선용차단기 분기회로)에 시설하는 3상 전동기 정격용량의 합계는 4.2[kW] 이하 (200[V]급인 경우는 2.2[kW] 이하)로 하는 것이 바람직하다.

(2) 2대 이상의 전동기로서 각각 과부하 보호장치를 설치하였을 경우

[주] 이 호의 적용은 가급적 단일 제조장치의 유니트 등에 한정하는 것이 바람직하다.

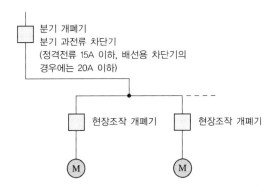

그림 5-9 과전류 차단기의 정격전류가 15 A인 분기회로(예)

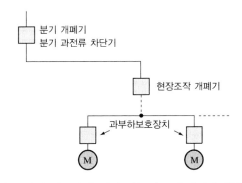

그림 5-10 2대 이상의 전동기에 각각 과부하 보호장치를 설치하였을 경우(예)

(3) 공작기계, 크레인 등에 2대 이상의 전동기를 한 조의 장치로 하여 시설하고, 이것을

자동제어 또는 취급자가 제어하여 운전할 경우 또는 2대 이상의 전동기의 출력축이 기계적으로 상호 접속 되어 단독으로 운전할 수 없는 경우

2.4 분기 개폐기 및 분기 과전류 차단기의 시설

(1) 전동기에 전기를 공급하는 분기회로에는 「분기회로의 개폐기 및 과전류 차단기의 시설」의 규정에 따라 개폐기 및 과전류 차단기를 시설하여야 한다.

(2) 전동기에 전기를 공급하는 분기회로에 시설하는 분기개폐기의 정격전류는 과전류 차단기의 정격전류 이상이어야 한다.

(3) 전동기에 전기를 공급하는 분기회로에 시설하는 과전류 차단기의 선정은 다음 각 호에 의하여야 한다.
① 과전류 차단기의 정격전류는 그 전동기의 정격전류의 3배(전동기의 정격전류가 50[A]를 초과하는 경우에는 2.75배)에 다른 전기사용 기계기구의 정격전류의 합계를 합산한 값 이하로서, 전동기의 기동전류에 의하여 동작하지 않는 정격의 것이어야 한다. 다만, 전동기의 과부하 보호장치와의 보호협조가 잘 되어 있을 경우에는 그 분기회로에 사용하는 전선의 허용전류의 2.5배 이하로 할 수 있다(판단기준 176).
② 분기회로의 전선의 허용전류가 100[A]를 초과하는 경우에 ①에서 산출한 값이 과전류 차단기의 정격에 해당하지 않을 때는 그 값의 최근접 상위 정격으로 할 수 있다.

(4) 전동기에만 전기를 공급하는 분기회로의 과전류 차단기에 「과부하 보호장치와 단락 보호 전용 차단기 또는 단락보호 전용 퓨즈와를 조합한 장치의 규격 및 사용의 제한」에 적합한 것을 사용하는 경우에는 허용전류 이하로 하여야 한다.

(5) 위에서 규정하는 과전류 차단기는 그 분기회로에 시설하는 과부하 보호장치와의 보호협조를 유지하여야 한다.

2.5 전동기용 분기회로의 전선굵기

전동기에 공급하는 분기회로의 전선은 과전류 차단기의 정격전류의 1/2.5(40%) 이상의 허용전류인 것으로서, 다음 각 호에 적합한 것이어야 한다.

(1) 연속운전하는 전동기에 대한 전선은 다음에 표시하는 굵기의 어느 하나를 사용하여야 한다.
  ① 단독의 전동기 등에 전기를 공급하는 부분은 다음에 의할 것
    가. 전동기 등의 정격전류가 50[A] 이하일 경우에는 그 정격전류의 1.25배 이상의 허용전류를 가지는 것
    나. 전동기 등의 정격전류가 50[A]를 초과할 경우에는 그 정격 전류의 1.1배 이상의 허용전류를 가지는 것
  ② 2대 이상의 전동기 등에 전기를 공급하는 부분은 「전동기용 간선의 굵기」의 규정에 따를 것

(2) 단시간 사용, 단속(斷續)사용, 주기적 사용 또는 변동부하에 사용하는 전동기에 대한 전선의 굵기는 전동기의 정격전류에 따르지 않고 배선의 온도상승을 허용치 이하로 하는 열적(熱的)으로 등가한 전류값으로 결정할 수 있다.

2.6 전동기용 간선의 굵기

(1) 전동기에 공급하는 간선의 굵기는 제2장의 「전압강하」 및 「허용전류」의 규정에 따르고 또한 다음의 값 이상의 허용전류를 가지는 전선을 사용하여야 한다(판단기준 175).
  ① 그 간선에 접속하는 전동기의 정격전류의 합계가 50[A] 이하일 경우에는 그 정격전류 합계의 1.25배
  ② 그 간선에 접속하는 전동기의 정격전류의 합계가 50[A]를 초과하는 경우에는 그 정격전류 합계의 1.1배

(2) 전항에서 말하는 전동기의 정격전류 합계로서 380[V] 3상 유도 전동기에 대하여는 정격출력 1[kW]당 2.1[A]로 할 수 있다.

[주] 회로전압이 상기한 것과 상이할 경우에는 전류는 회로전압에 반비례하여 변화하는 것으로 취급한다.

(3) 수용률, 역률 등을 추정할 수 있는 경우에는 이들에 의하여 적절히 산출된 부하전류치 이상의 허용전류를 가지는 전선을 사용할 수 있다.

2.7 전등 및 전력장치 등을 병용하는 간선의 굵기

전동기와 전등, 가열장치 기타 전력장치 등을 병용하여 공급하는 간선의 굵기는 「전압강하」 및 「허용전류」의 규정에 따르고 또한 다음 각 호에 의하여 결정하여야 한다(판단기준 175).

(1) 전선은 저압옥내간선 각 부분마다 그 부분을 통하여 공급되는 전기사용 기계기구의 정격전류의 합계 이상의 허용전류를 가지는 것이어야 한다. 다만, 그 간선에 접속되는 부하 중 전동기 또는 이와 유사한 기동전류가 큰 기기의 정격전류 합계가 그 밖의 전기사용 기계기구의 정격전류 합계보다 큰 경우에는 다른 전기사용 기계기구의 정격전류 합계에 다음 값을 더한 값 이상의 허용전류를 가지는 전선을 사용하여야 한다.

① 전동기의 정격전류 합계가 50[A] 이하의 경우에는 그 정격전류 합계의 1.25배
② 전동기의 정격전류 합계가 50[A]를 넘는 경우에는 1.1배

(2) 수용률, 역률 등을 추정할 수 있는 경우에는 이들에 의하여 적절히 산출된 부하전류 값 이상의 허용전류를 갖는 전선을 사용할 수 있다.

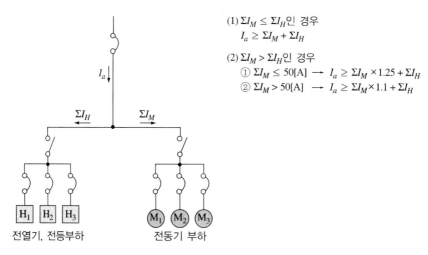

(1) $\Sigma I_M \leq \Sigma I_H$인 경우
$$I_a \geq \Sigma I_M + \Sigma I_H$$

(2) $\Sigma I_M > \Sigma I_H$인 경우
① $\Sigma I_M \leq 50[A] \longrightarrow I_a \geq \Sigma I_M \times 1.25 + \Sigma I_H$
② $\Sigma I_M > 50[A] \longrightarrow I_a \geq \Sigma I_M \times 1.1 + \Sigma I_H$

전열기, 전등부하

전동기 부하

그림 5-11 전동기부하에 전등 및 전열장치를 병용하는 경우

예제 1

다음 그림과 같은 회로에서 간선의 굵기를 결정하는 최대 사용전류는 몇 [A]인가?
(단, ⓜ 전동기, ⓗ 전열기이다.)

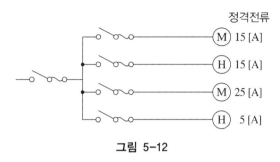

정격전류

그림 5-12

풀이

전동기의 정격전류의 합계 : $\sum I_M = 15 + 25 = 40$ [A]

전열기의 정격전류의 합계 : $\sum I_H = 15 + 5 = 20$ [A]

$\sum I_M > \sum I_H$이고, $\sum I_M \leq 50$ [A]의 경우이므로
따라서, 간선의 굵기를 결정하는 최대 사용전류는

$$I_a = \sum I_M \times 1.25 + \sum I_H = 40 \times 1.25 + 20 = 70 [A]$$

2.9 간선의 과전류 보호

(1) 간선에는 그 전선을 보호하기 위하여 전원측에 과전류 차단기를 시설하여야 한다.

(2) 저압옥내간선에 이것보다 가는 전선을 사용하는 다른 저압옥내간선을 접속할 경우에
는 「저압간선을 분기하는 경우의 과전류 차단기의 시설」의 규정에 따라 과전류 차단
기를 시설하여야 한다.

(3) 옥내간선을 보호하기 위하여 시설하는 과전류 차단기는 그 저압옥내간선이 허용전류
이하인 정격전류의 것이어야 한다. 다만, 그 간선에 접속되는 전동기 등의 정격전류
합계의 3배에 그 밖의 전기사용 기계기구의 정격전류 합계를 더한 값(그 값이 해당
간선의허용전류를 2.5배한 값을 초과할 경우에는 그 허용전류를 2.5배한 값) 이하의
정격전류인 것(해당 간선의 허용전류가 100[A]를 초과하는 경우로 그 값이 과전류
차단기의 표준규격에 해당되지 않을 경우에는 그 값에 가장 가까운 상위의 정격)을
사용할 수 있다.

표 5-10 200[V] 3상 유도전동기 1대인 경우의 분기회로(배선용차단기의 경우)

정격출력 [kW]	전부하전류 [A]	배선종류에 의한 동 전선의 최소 굵기 [mm²]						과전류차단기 (배선용차단기) [A]		전동기용 초과눈금 전류계의 정격전류 [A]	접지선의 최소 굵기 [mm²]
		공사방법 A1 3개선		공사방법 B1 3개선		공사방법 C 3개선		직입기동	기동기 사용 (Y-△ 기동)		
		PVC	XLPE, EPR	PVC	XLPE, EPR	PVC	XLPE, EPR				
0.2	1.8	2.5	2.5	2.5	2.5	2.5	2.5	15	–	3	2.5
0.4	3.2	2.5	2.5	2.5	2.5	2.5	2.5	15	–	5	2.5
0.75	4.8	2.5	2.5	2.5	2.5	2.5	2.5	15	–	5	2.5
1.5	8	2.5	2.5	2.5	2.5	2.5	2.5	30	–	10	2.5
2.2	11.1	2.5	2.5	2.5	2.5	2.5	2.5	30	–	15	2.5
3.7	17.4	2.5	2.5	2.5	2.5	2.5	2.5	50	–	20	2.5
5.5	26	6	4	4	2.5	4	2.5	75	40	30	4
7.5	34	10	6	6	4	6	4	100	50	30	6
11	48	16	10	10	6	10	6	125	75	60	10
15	65	25	16	16	10	16	10	125	100	60	10
18.5	79	35	25	25	16	25	16	125	125	100	10
22	93	50	25	35	25	25	16	150	125	100	10
30	124	70	50	50	35	50	35	200	175	150	10
37	152	95	70	70	50	50	50	250	225	200	16

[비고] 1. 최소 전선 굵기는 1회선에 대한 것이며, 2회선 이상일 경우는 부록 A8의 복수회로 보정계수를 적용하여야 한다.
2. 공사방법 A1은 벽 내의 전선관에 공사한 절연전선 또는 단심케이블, B1은 벽면의 전선관에 공사한 절연전선 또는 단심케이블, 공사방법 C는 벽면에 공사한 단심 또는 다심케이블을 시설하는 경우의 전선 굵기를 표시하였다.
3. 전동기 2대 이상을 동일 회로로 할 경우는 간선의 표를 적용할 것.
4. 이 표는 일반용의 배선용차단기를 사용하는 경우의 표시이지만 전동기보호겸용 배선용차단기(모터브 레이크)는 전동기의 정격출력에 적합한 것을 사용할 것.
5. 배선용차단기의 정격전류는 해당 조항에 규정되어 있는 범위에서 실용상 거의 최대값을 표시함.
6. 배선용차단기를 배·분전반, 제어반 등의 내부에 시설한 경우는 그 반 내(盤 內)의 온도상승에 주의할 것.
7. 교류엘리베이터, 에어컨디셔너, 수냉각기 및 냉동기는 내선규정 부록을 참조할 것.
8. 이표의 전선 굵기 및 허용전류는 부록 A8에서 공사방법 A1, B1, C는 표 A-11과 표 A-12에 의한 값으로 하였다.

표 5-11 220 V 3상 유도전동기 1대인 경우의 분기회로(B종 퓨즈의 경우)

정격출력 [kW]	전부하전류 [A]	배선종류에 의한 동 전선의 최소 굵기 [mm²]						개폐기 용량[A]				과전류차단기 (B종 퓨즈) [A]				전동기용 초과눈금 전류계의 정격전류 [A]	접지선의 최소굵기 [mm²]
		공사방법 A1		공사방법 B1		공사방법 C		직입기동		기동기 사용		직입기동		기동기 사용			
		3개선		3개선		3개선		현장조작	분기	현장조작	분기	현장조작	분기	현장조작	분기		
		PVC	XLPE, EPR	PVC	XLPE, EPR	PVC	XLPE, EPR										
0.2	1.8	2.5	2.5	2.5	2.5	2.5	2.5	15	15			15	15			3	2.5
0.4	3.2	2.5	2.5	2.5	2.5	2.5	2.5	15	15			15	15			5	2.5
0.75	4.8	2.5	2.5	2.5	2.5	2.5	2.5	15	15			15	15			5	2.5
1.5	8	2.5	2.5	2.5	2.5	2.5	2.5	15	30			15	20			10	2.5
2.2	11.1	2.5	2.5	2.5	2.5	2.5	2.5	30	30			20	30			15	2.5
3.7	17.4	2.5	2.5	2.5	2.5	2.5	2.5	30	60			30	50			20	2.5
5.5	26	6	4	4	2.5	4	2.5	60	60	30	60	50	60	30	50	30	4
7.5	34	10	6	6	4	6	4	100	100	60	100	75	100	50	75	30	6
11	48	16	10	10	6	10	6	100	200	100	100	100	150	75	100	60	10
15	65	25	16	16	10	16	10	100	200	100	100	100	150	100	100	60	10
18.5	79	35	25	25	16	25	16	200	200	100	200	150	200	100	150	100	10
22	93	50	25	35	25	25	16	200	200	100	200	150	200	100	150	100	10
30	124	70	50	50	35	50	35	200	400	200	200	200	300	150	200	150	16
37	152	95	70	70	50	70	50	200	400	200	200	200	300	150	200	200	16

[비고] 1. 최소 전선 굵기는 1회선에 대한 것이며, 2회선 이상일 경우는 부록 A8의 복수회로 보정계수를 적용하여야 한다.
2. 공사방법 A1은 벽 내의 전선관에 공사한 절연전선 또는 단심케이블, B1은 벽면의 전선관에 공사한 절연전선 또는 단심케이블, 공사방법 C는 벽면에 공사한 단심 또는 다심케이블을 시설하는 경우의 전선 굵기를 표시하였다.
3. 전동기 2대 이상을 동일회로로 할 경우는 간선의 표를 적용할 것.
4. 전동기용 퓨즈 또는 모터브레이크를 사용하는 경우는 전동기의 정격출력에 적합한 것을 ㅅ·용할 것
5. 이 표의 현장조작개폐기의 과전류차단기는 내선규정 3115-5(전동기의 과부하보호장치의 시설)의 규정에 적합한 것은 아니다.
6. 과전류차단기의 용량은 해당 조항에서 규정된 범위에서 실용상 거의 최대 값을 표시한다.
7. 개폐기 용량이 kW로 표시된 것은 이것을 초과하는 정격출력의 전동기에는 사용하지 말 것
8. 교류엘리베이터, 에어컨디셔너, 수냉각기 및 냉동기는 내선규정 부록을 참조할 것
9. 이 표의 전선굵기 및 허용전류는 부록 A8에서 공사방법 A1, B1, C는 표 A-11과 표 A-12에 의한 값으로 하였다

표 5-12 380[V] 3상유도전동기 1대인 경우의 분기회로(배선용차단기의 경우)

정격 출력 [kW]	전부하 전류 [A]	공사방법 A1 3개선 PVC	공사방법 A1 3개선 XLPE, EPR	공사방법 B1 3개선 PVC	공사방법 B1 3개선 XLPE, EPR	공사방법 C 3개선 PVC	공사방법 C 3개선 XLPE, EPR	배선용 차단기 [A] 직입 기동	배선용 차단기 [A] 기동기 사용 (Y-△ 기동)	접지선의 최소 굵기 [mm²]
0.2	0.95	2.5	2.5	2.5	2.5	2.5	2.5	15	–	2.5
0.4	1.68	2.5	2.5	2.5	2.5	2.5	2.5	15	–	2.5
0.75	2.53	2.5	2.5	2.5	2.5	2.5	2.5	15	–	2.5
1.5	4.21	2.5	2.5	2.5	2.5	2.5	2.5	15	–	2.5
2.2	5.84	2.5	2.5	2.5	2.5	2.5	2.5	15	–	2.5
3.7	9.16	2.5	2.5	2.5	2.5	2.5	2.5	30	–	2.5
5.5	13.68	2.5	2.5	2.5	2.5	2.5	2.5	40	20	2.5
7.5	17.89	2.5	2.5	2.5	2.5	2.5	2.5	50	30	2.5
11	25.26	6	4	4	2.5	4	2.5	75	40	4
15	34.21	10	6	6	4	6	4	100	50	6
18.5	41.58	10	10	10	6	10	6	100	60	6
22	48.95	16	10	10	10	10	6	125	75	10
30	65.26	25	16	16	10	16	10	125	100	10
37	80	35	25	25	16	25	16	150	125	10
45	100	50	35	35	25	35	25	200	150	10
55	121	70	50	50	35	50	35	200	175	10
75	163	95	70	70	50	70	50	300	250	16

[비고] 1. 최소 전선 굵기는 1회선에 대한 것이며, 2회선 이상일 경우는 부록 A8의 복수회로 보정계수를 적용하여야 한다.

2. 공사방법 A1은 벽 내의 전선관에 공사한 절연전선 또는 단심케이블, B1은 벽면의 전선관에 공사한 절연전선 또는 단심케이블, 공사방법 C는 벽면에 공사한 단심 또는 다심케이블을 시설하는 경우의 전선 굵기를 표시하였다.

3. 전동기 2대 이상을 동일회로로 할 경우는 간선의 표를 적용할 것.

4. 이표는 일반용의 배선용 차단기를 사용하는 경우의 표시이지만 전동기보호 겸용 배선용 차단기(모터브레이커)는 전동기의 정격출력에 적합한 것을 사용할 것

5. 배선용차단기의 정격전류는 해당 조항에 규정되어 있는 범위에서 실용상 거의 최대 값을 표시함.

6. 배선용차단기를 배ㆍ분전반, 제어반 등의 내부에 시설한 경우는 그 반 내의 온도상승에 주의할 것.

7. 교류 엘리베이터, 에어컨디셔너, 수냉각기 및 냉동기는 내선규정 부록을 참조할 것.

8. 이 표의 산출근거는 내선규정 부록 300-9를 참조할 것

9. 이표의 산출근거는 내선규정 부록을 참조할 것.

10. 이표의 전선 굵기 및 허용전류는 부록 A8에서 공사방법 A1, B1, C는 표 A-11과 표 A-12에 의한 값

표 5-13 200[V] 3상유도전동기의 간선의 굵기 및 기구의 용량

전동기 kW 수의 총계 ① [kW] 이하	최대 사용 전류 ① [A] 이하	공사방법 A1 3개선 PVC	공사방법 A1 XLPE, EPR	공사방법 B1 3개선 PVC	공사방법 B1 XLPE, EPR	공사방법 C 3개선 PVC	공사방법 C XLPE, EPR	0.75 이하	1.5	2.2	3.7	5.5	7.5	11	15	18.5	22	30	37	45	56
(Y-△ 기동) →								—	—	—	3.7	5.5	7.5	11	15	18.5	22	30	37	45	55
3	15	2.5	2.5	2.5	2.5	2.5	2.5	20	30	30	—	—	—	—	—	—	—	—	—	—	—
4.5	20	4	2.5	2.5	2.5	2.5	2.5	30	30	40	50	—	—	—	—	—	—	—	—	—	—
6.3	30	6	4	6	4	4	2.5	40	40	40	50	75 / 40	—	—	—	—	—	—	—	—	—
8.2	40	10	6	10	6	6	4	50	50	50	60	75 / 50	100 / 50	—	—	—	—	—	—	—	—
12	50	16	10	10	10	10	6	75	75	75	75	75 / 75	100 / 75	125 / 75	—	—	—	—	—	—	—
15.7	75	35	25	25	16	16	16	100	100	100	100	100 / 100	100 / 100	125 / 100	125 / 100	—	—	—	—	—	—
19.5	90	50	25	35	25	25	16	125	125	125	125	125 / 125	125 / 125	125 / 125	125 / 125	125 / 125	—	—	—	—	—
23.2	100	50	35	35	25	35	25	125	125	125	125	125 / 125	125 / 125	125 / 125	125 / 125	125 / 125	150 / 125	—	—	—	—
30	125	70	50	50	35	50	35	175	175	175	175	175 / 175	175 / 175	175 / 175	175 / 175	175 / 175	175 / 175	—	—	—	—
37.5	150	95	70	70	50	70	50	200	200	200	200	200 / 200	200 / 200	200 / 200	200 / 200	200 / 200	200 / 200	200 / 200	—	—	—
45	175	120	70	95	50	70	50	225	225	225	225	225 / 225	225 / 225	225 / 225	225 / 225	225 / 225	225 / 225	225 / 225	250 / 225	—	—
52.5	200	150	95	95	70	95	70	250	250	250	250	250 / 250	250 / 250	250 / 250	250 / 250	250 / 250	250 / 250	250 / 250	250 / 250	300 / 300	—
63.7	250	240	150	—	95	120	95	350	350	350	350	350 / 350	350 / 350	350 / 350	350 / 350	350 / 350	350 / 350	350 / 350	350 / 350	350 / 350	400 / 350
75	300	300	185	—	120	185	120	400	400	400	400	400 / 400	400 / 400	400 / 400	400 / 400	400 / 400	400 / 400	400 / 400	400 / 400	400 / 400	400 / 400
86.2	350	—	240	—	—	240	150	500	500	500	500	500 / 500	500 / 500	500 / 500	500 / 500	500 / 500	500 / 500	500 / 500	500 / 500	500 / 500	500 / 500

- 배선종류에 의한 간선의 최소 굵기 [mm²] ②
- 직입기동 전동기 중 최대용량의 것 / Y-△ 기동기사용 전동기 중 최대용량의 것
- 과전류차단기(배선용차단기) 용량 [A]
- 직입기동···(칸 위 숫자) / Y-△ 기동···(칸 아래 숫자)

[비고] 1. 최소 전선 굵기는 1회선에 대한 것이며, 2회선 이상일 경우는 부록 A8의 복수회로 보정계수를 적용하여야 한다.

2. 공사방법 A1은 벽 내의 전선관에 공사한 절연전선 또는 단심케이블, B1은 벽면의 전선관에 공사한 절연전선 또는 단심케이블, 공사방법 C는 벽면에 공사한 단심 또는 다심케이블을 시설하는 경우의 전선 굵기를 표시하였다.

3. 「전동기중 최대의 것」에는 동시 기동하는 경우를 포함한다.

4. 배선용차단기의 용량은 해당조항에 규정되어 있는 범위에서 실용상 거의 최대 값을 표시함.

5. 배선용차단기의 선정은 최대용량의 정격전류의 3배에 다른 전동기의 정격전류의 합계를 가산한 값 이하를 표시함

6. 배선용차단기를 배·분전반, 제어반 등의 내부에 시설하는 경우에는 그 반 내의 온도상승에 주의할 것

7. 이표의 전선 굵기 및 허용전류는 부록 A8에서 공사방법 A1, B1, C는 표 A-11과 A-12에 의한 값으로 하였다.

참고 표 5-13의 사용 예를 표시하면 다음과 같다.

[사용 예 1]

(1) 전동기(직입기동)의 경우

<table>
<tr><td rowspan="4">부하</td><td>0.75[kW]</td><td>⋯⋯⋯⋯</td><td>직입기동</td><td>4.8[A]</td></tr>
<tr><td>1.5 [kW]</td><td>⋯⋯⋯⋯</td><td>직입기동</td><td>8.0[A]</td></tr>
<tr><td>3.7 [kW]</td><td>⋯⋯⋯⋯</td><td>직입기동</td><td>17.4[A]</td></tr>
<tr><td>3.7 [kW]</td><td>⋯⋯⋯⋯</td><td>직입기동</td><td>17.4[A]</td></tr>
</table>

부하의 총계 9.65[kW]   47.6[A]

전동기 [kW] 수의 총계의 경우는 ①의 12[kW] 이하의 난, 사용전류의 총계의 경우는 ①′의 50[A] 이하의 난(蘭)을 사용

(가) 간선의 최소 굵기는 ②의

> 애자사용배선의 경우는 8[mm²], 전선관·몰드에 3본 이하의 전선을 넣는 경우 및 VV케이블배선 등의 경우는 14[mm²]

로 함.

(나) 과전류차단기의 용량은 직입기동 3.7[kW]의 열(列)을 적용, 75[A]로 함

(2) 3상 200[V] 전동기(직입기동과 기동기 사용의 병용)의 경우

<table>
<tr><td rowspan="4">부하</td><td>1.5[kW]</td><td>⋯⋯⋯⋯</td><td>직입기동</td><td>8.0[A]</td></tr>
<tr><td>3.7[kW]</td><td>⋯⋯⋯⋯</td><td>직입기동</td><td>17.4[A]</td></tr>
<tr><td>3.7[kW]</td><td>⋯⋯⋯⋯</td><td>직입기동</td><td>17.4[A]</td></tr>
<tr><td>7.5[kW]</td><td>⋯⋯⋯⋯</td><td>기동기사용</td><td>34.0[A]</td></tr>
</table>

부하의 총계 16.4[kW]   76.8[A]

전동기 [kW] 수의 총계의 경우는 ①의 19.5[kW] 이하의 난, 사용전류의 총RP의 경우는 ①′의 90[A] 이하의 난을 사용

(가) 간선의 최소 굵기는 ②의
| 애자사용배선의 경우는 22[mm^2], 전선관·몰드에 3본 이하의 전선을 넣는 경우 및 VV케이블배선 등의 경우는 38[mm^2] |
로 함.

(나) 과전류차단기의 용량은 직입기동하는 최대의 것과 기동기를 사용하는 최대의 것을 비교하여 큰 쪽의 기동기사용 7.5[kW]의 열을 적용, 125[A]로 함

[사용 예 2]

(1) 3상 200[V] 전동기 및 전열기 병용의 경우

부하	전동기 1.5[kW]	직입기동	8.0[A]
	전동기 3.7[kW]	직입기동	17.4[A]
	전동기 3.7[kW]	직입기동	17.4[A]
	전동기 15 [kW]	기동기사용	65.0[A]
	전열기 3 [kW]	(3상)	9.0[A]

부하의 총계 26.9[kW]　　　　　　　　116.8[A]

(전동기 [kW] 수의 총계 23.9[kW])

①′의 최대사용전류 125[A] 이하의 난을 적용

(가) 간선의 최소 굵기는 ②의
| 애자사용배선의 경우는 38[mm^2], 전선관·몰드에 3본 이하의 전선을 넣는 경우 및 VV케이블배선 등의 경우는 60[mm^2] |
로 함.

(나) 과전류차단기의 용량은 직입기동 3.7[kW]의 열 및 기동기 사용의 15[kW]]의 열과 전동기 [kW] 수의 총계 30[kW] 이하의 난을 사용, 175[A]로 함

표 5-14 200[V] 3상 유도전동기의 간선의 굵기 및 기구의 용량(B종 퓨즈의 경우) (동선)

전동기 kW수의 총계 ①[kW] 이하	최대 사용 전류 ① [A] 이하	공사방법 A1 PVC	공사방법 A1 XLPE,EPR	공사방법 B1 PVC	공사방법 B1 XLPE,EPR	공사방법 C PVC	공사방법 C XLPE,EPR	0.75 이하	1.5	2.2	3.7	5.5	7.5	11	15	18.5	22	30	37~55
		\-- 배선종류에 의한 간선의 최소 굵기 [mm²] ② --						직입기동 전동기 중 최대용량의 것											
								기동기사용 전동기 중 최대용량의 것:	—	—	—	5.5	7.5	11·15	18.5·22	—	30·37	—	45	55
								과전류 차단기 [A] (칸 위 숫자) ③ / 개폐기 용량 [A] (칸 아래 숫자) ④											
3	15	2.5	2.5	2.5	2.5	2.5	2.5	15/30	20/30	30/30	—	—	—	—	—	—	—	—	—
4.5	20	4	2.5	2.5	2.5	2.5	2.5	23/30	20/30	30/30	50/60	—	—	—	—	—	—	—	—
6.3	30	6	4	6	4	4	2.5	30/30	30/30	50/60	50/60	75/100	—	—	—	—	—	—	—
8.2	40	10	6	10	6	6	4	50/60	50/60	50/60	75/100	75/100	100/100	—	—	—	—	—	—
12	50	16	10	10	10	10	6	50/60	50/60	50/60	75/100	75/100	100/100	150/200	—	—	—	—	—
15.7	75	35	25	25	16	16	16	75/100	75/100	75/100	75/100	100/100	100/100	150/200	150/200	—	—	—	—
19.5	90	50	25	35	25	25	16	100/100	100/100	100/100	100/100	100/100	150/200	150/200	200/200	200/200	—	—	—
23.2	100	50	35	35	25	35	25	100/100	100/100	100/100	100/100	150/200	150/200	200/200	200/200	200/200	—	—	—
30	125	70	50	50	35	50	35	150/200	150/200	150/200	150/200	150/200	150/200	200/200	200/200	200/200	200/200	—	—
37.5	150	95	70	70	50	70	50	150/200	150/200	150/200	150/200	150/200	150/200	150/200	200/200	300/300	300/300	300/300	—
45	175	120	70	95	50	70	50	200/200	200/200	200/200	200/200	200/200	200/200	200/200	200/200	300/300	300/300	300/300	300/300
52.5	200	150	95	95	70	95	70	200/200	200/200	200/200	200/200	200/200	200/200	200/200	300/300	300/300	300/300	400/400	400/400
63.7	250	240	150	—	95	120	95	300/300	300/300	300/300	300/300	300/300	300/300	300/300	300/300	300/300	400/400	400/400	500/600
75	300	300	185	—	120	185	120	300/300	300/300	300/300	300/300	300/300	300/300	300/300	300/300	300/300	400/400	400/400	500/600
86.2	350	—	240	—	—	240	150	400/400	400/400	400/400	400/400	400/400	400/400	400/400	400/400	400/400	400/400	400/400	600/600

[비고]
1. 최소 전선 굵기는 1회선에 대한 것이며, 2회선 이상일 경우는 부록 A8의 복수회로 보정계수를 적용하여야 한다.
2. 공사방법 A1은 벽 내의 전선관에 공사한 절연전선 또는 단심케이블, B1은 벽면의 전선관에 공사한 절연전선 또는 단심케이블, 공사방법 C는 벽면에 공사한 단심 또는 다심케이블을 시선하는 경우의 전선 굵기를 표시하였다.
3. 「전동기중 최대의 것」에는 동시 기동하는 경우를 포함함.
4. 과전류차단기의 용량은 해당 조항에 규정되어 있는 범위에서 실용상 거의 최대 값을 표시함.
5. 과전류차단기의 선정은 최대용량의 정격전류의 3배에 다른 전동기의 정격전류의 합계를 가산한 값 이하를 표시함
6. 이표의 전선 굵기 및 허용전류는 부록 A8에서 공사방법 A1, B1, C는 표 A-11과 표 A-12에 의한 값으로 하였다.
7. 고리퓨즈는 300[A] 이하에서 사용하여야 한다.

3ϕ 3W 200[V], 7.5[kW](10HP) 직입기동, 3상 유도 전동기 1대에 대한 배선설계를 하시오.(공사방법 B1)

풀이 표 5-13으로부터 간선(3개선 XLPE)은 공사방법 B1인 경우의 최소 전선 굵기는 6[mm²]이다. 표 5-11에서 개폐기 용량은 현장조작 개폐기 및 분기개폐기 모두 100[A]이고, 과전류 차단기(B종 퓨즈)의 용량은 현장조작용은 75[A] 분기용은 100[A]이다. 초과눈금 전류계의 정격전류는 30[A]이고, 접지선의 최소굵기는 6[mm²]이다.
이상을 도면으로 표시하면 그림 5-13과 같다.

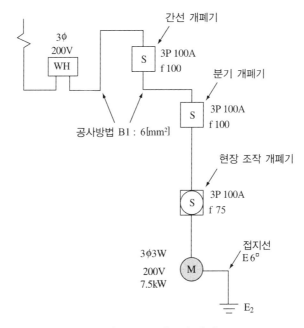

그림 5-13 전동기 배선

다음 전동기를 금속관 공사에 의하여 시설한다고 가정하고 간선 및 분기회로를 설계하시오.

• 3상 200[V] 7.5[kW] 농형 유도전동기(직입기동)
• 3상 200[V] 15[kW] 농형 유도전동기(기동기 사용)
• 3상 200[V] 0.75[kW] 농형 유도전동기(직입기동)
• 3상 200[V] 3.7[kW] 농형 유도전동기(직입기동)

풀이 표 5-7(3상 농형 유도전동기의 규약전류값)로부터 각 전동기의 전류치는 다음과 같다.

전동기 용량 [KW]	7.5	15	0.75	3.7
규약 전류 값 [A]	34	65	4.8	17.4

$$34+65+4.8+17.4=121.2[A]$$

전기설비 기술기준 제195조에 따라 전동기 등의 정격전류의 합계가 50[A]를 넘는 경우에 해당하므로

(1) 간선의 전선굵기는 정격전류의 합계의 1.1배 이상의 허용전류를 가지는 전선을 사용하여야 한다. 따라서

$$121.2 \times 1.1 = 133.3[A]$$

또는 표 5-13 (200[V] 3상유도전동기의 간선의 굵기 및 기구의 용량)에서 전동기 [kW] 수의 총화 (7.5+15+0.75+3.7=26.9)가 30[kW] 이하의 난에서 60[mm²](전압강하 2[%]에서 최대길이 62[m]를 얻는다.)

(2) 간선 개폐기 및 과전류 보호기는 표 5-14에 전동기 [kW]수의 총화가 30[kW] 이하의 란과 기동기 사용의 전동기 중 최대인 것이 15인 난이 만나는 점으로부터 각각 200[A], f 200을 얻는다.

(3) 간선에 대한 금속관은 후강관으로 볼 때 표 3-18로부터 60[mm²] 3가닥을 넣을 수 있는 전선관의 최소굵기는 54[mm] 이다.

(4) 분기회로에 대한 배선은 표 5-12(200[V] 3상 유도전동기 1대인 경우의 분기 회로)와 표 3-18로부터 다음과 같다.

정격 출력 [kW]	전선굵기 (금속관)		개폐기용량 [A]		과전류차단기 [A]		초과 눈금 전류계	접지선 굵기	금속관 크기
	최소 전선	최대 거리	조작	분기	조작	분기			
7.5	8[mm²]	31[m]	100	100	75	100	30	5.5[mm²]	22[mm]
15	22[mm²]	43[m]	100	200	100	150	60	14[mm²]	28[mm]
0.75	1.6[mm²]	54[m]	15	15	15	15	5	1.6[mm²]	16[mm]
3.7	2.0[mm²]	23[m]	30	60	30	50	15	2.0[mm²]	16[mm]

(5) 이상을 도면으로 표시하면 그림 5–14와 같다

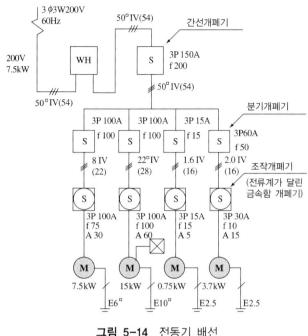

그림 5–14 전동기 배선

---

3 | 역률개선

3.1 역률개선

전등부하·전열부하에서는 역률이 좋으나 전동기 부하는 역률이 나쁘기 때문에 부하설비의 종합역률이 떨어진다. 그러므로 역률을 개선하려면 부하와 병렬로 콘덴서를 접속하여야 하며, 이와 같이 역률을 개선하기 위하여 사용하는 콘덴서를 **진상용 콘덴서**(SC; Static Capacitor) 또는 **전력용 콘덴서**라고 부른다.

전력회사의 전기공급약관에 의하면 수용가측은 역률개선용 콘덴서를 시설하여 역률을 개선하도록 규정하고 있을 뿐만 아니라, 역률이 나쁜 관계로 흐르게 되는 무효전력에 대하여 요금을 지불하도록 하고 있으므로, 동력설비 계획 시에 이를 충분히 고려하여야 한다.

역률 : 교류회로에서 유효전력으로 피상전력을 나눈 값을 말하며, 전류와 전압의 위상차에 대한 코사인 값으로 나타낸다.

$$\text{역률 } \cos \theta = \frac{\text{피상전력 } P}{\text{유효전력 } P_a} \tag{5-8}$$

3.2 역률 개선의 효과

(1) 전압강하의 감소

전압강하는 선로와 변압기 저항, 리액턴스 등으로 발생하게 된다. 전압강하가 클 경우 이로 인해 전기기기 과열, 전동기 출력감소, 수명단축 등의 문제점이 발생한다. 콘덴서 삽입으로 역률을 개선하면 선로전류가 감소하여 선로의 리액턴스 성분에 의한 전압강하를 감소시켜준다.

선로 또는 부하의 전압강하 개선량(ΔV)은

$$\Delta V = I_1(R\cos\theta_1 + X\sin\theta_1) - I_2(R\cos\theta_2 + X\sin\theta_2) \text{ [V]} \tag{5-9}$$

단, ΔV : 전압강하 개선량 [V]

I_1 : 개선 전의 선로전류 [A], I_2 : 개선 후의 선로전류 [A]

R : 선로 저항 [Ω], X : 선로 리액턴스 [Ω]

$\cos\theta_1$: 개선 전의 역률, $\cos\theta_2$: 개선 후의 역률

$\sin\theta_1$: 개선 전의 무효율, $\sin\theta_2$: 개선 후의 무효율

(2) 변압기의 손실 저감

변압기 손실은 철심에서 발생하는 철손과 코일에서 발생하는 동손이 있다. 여기서 동손은 부하전류의 제곱에 비례하여 증가하므로 역률을 개선하면 부하전류가 감소하여 동손이 감소하게 된다.

역률개선에 의한 변압기 손실의 저감량(ΔW_T)은

$$\Delta W_T = \frac{P^2}{P_T}\left(\frac{1}{\cos^2\theta_1} - \frac{1}{\cos^2\theta_2}\right) \times \left(\frac{\alpha}{\alpha+1}\right) \times \left(\frac{100}{\eta} - 1\right) \text{ [kW]} \tag{5-10}$$

단, ΔW_T : 진상콘덴서에 의한 역률개선 후 변압기 손실 감소량 [kW]

    P : 부하의 전력 [kW], P_T : 변압기의 정격용량 [kVA]

    α : 동손/철손의 비, η : 변압기 효율 [%]

    $\cos\theta_1$: 개선 전 역률, $\cos\theta_2$: 개선 후 역률

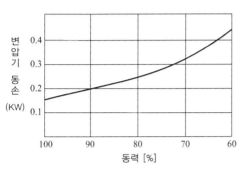

그림 5-16 역률변화에 따른 변압기의 동손

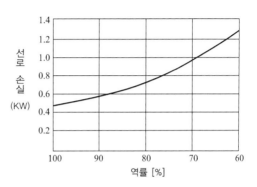

그림 5-17 역률변화에 따른 선로손실

(3) 선로의 손실 저감

부하 역률이 낮은 계통에 전력용 콘덴서를 설치하여 역률을 개선하면 콘덴서 설치 점에서
전원측으로 선로전류가 감소하기 때문에 전력손실이 경감된다.

$$\text{선로의 손실} = (\text{선로 전류})^2 \times (\text{선로 저항})$$

역률개선에 의한 선로손실 감소량(W_L)은

– 단상 2선식 1회선의 경우

$$W_L = \frac{2P^2}{V^2} \times r \times l \times \left(\frac{1}{\cos^2\theta_1} - \frac{1}{\cos^2\theta_2} \right) \text{ [kW]} \qquad (5\text{-}11)$$

– 단상 3선식 1회선의 경우

$$W_L = \frac{P^2}{V^2} \times r \times l \times \left(\frac{1}{\cos^2\theta_1} - \frac{1}{\cos^2\theta_2} \right) \text{ [kW]} \qquad (5\text{-}12)$$

단, W_L : 역률개선 후 선로손실 감소량 [kW] 　　P : 부하전력 [kW]

　　r : 1상의 단위 길이당 선로저항 [Ω/m] 　　V : 선간전압 [V]

　　$\cos\theta_1$: 개선 전 역률, 　　　　　　　　$\cos\theta_2$: 개선 후 역률

　　l : 선로의 길이 [m]

(4) 설비용량의 여유도 증가

피상전력은 유효전력과 무효전력으로 이루어져 있으므로, 역률을 개선할 경우 무효전력을 감소시키게 되는데 피상전력이 그대로라고 가정했을 때 무효전력을 감소시킨 만큼 설비용량의 여유분이 증가하게 된다.

(5) 전기 요금 절감

전기요금은 계약전력으로 정하는 기본요금과 사용전력량으로 정하는 전력요금으로 구성된다.

$$전기요금(원) = 기본요금 + 전력량 요금$$

$$기본요금(원) = 계약전력 \times \left(1 + \frac{90 - 역률}{100}\right) \times 전력단가$$

$$전력량 요금(원) = 사용 전력량 \times 전력단가$$

※ 전기공급약관(발췌)

> 제43조[역률에 따른 요금의 추가 또는 감액]
> ① 수용가의 역률이 90[%]에 미달하는 경우에는 매 1[%]에 대하여 기본요금의 1[%]씩을 추가한다.
> ② 고압 또는 특별고압으로 전기를 공급받는 수용가의 역률이 90[%]를 초과하는 경우에는 95[%]까지의 매 1[%]에 대하여 기본요금의 1[%]씩을 감액한다.

예제 4

역률 과보상으로 인한 현상은 무엇인가?

풀이 ① 단자 전압 상승　　　　　② 보호 계전기의 오동작
　　　③ 과부하 현상 발생　　　　④ 전압 강하 증가
　　　⑤ 전력 손실 증가　　　　　⑥ 전기 요금 증가

예제 5

역률개선에 의한 전력회사 측과 수용가 측의 효과는 각각 무엇인가?

풀이 (1) 전력회사 측의 효과
　　　　　① 전력 계통의 안정　　　② 전력 손실의 감소
　　　　　③ 설비 용량의 효율적 운용　④ 투자비의 경감

　　　(2) 수용가 측의 효과
　　　　　① 전력 손실의 감소　　　② 전압 강하의 감소
　　　　　③ 설비 용량의 여유 증가　④ 전기 요금의 감소

3.3 계산식에 의한 용량산출

콘덴서의 용량을 산출하기 위한 계산식은 다음과 같다.

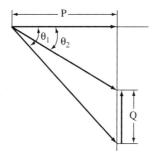

그림 5-18

$$Q = P\left(\tan\theta_1 - \tan\theta_2\right) = P\left(\sqrt{\frac{1}{\cos^2\theta_1} - 1} - \sqrt{\frac{1}{\cos^2\theta_2} - 1}\right) \qquad (5\text{-}13)$$

단, Q : 콘덴서 용량 [kVA]　　　　P : 부하의 유효전력 [kW]

$$\cos\theta_1 \; : \; \text{개선 전의 역률} \qquad \cos\theta_2 \; : \; \text{개선 후의 역률}$$

정전용량 $C[\mu\text{F}]$와 콘덴서 용량 $Q[\text{kVA}]$와의 관계는 다음과 같다.

$$C = \frac{Q}{2\pi f V^2} \times 10^9 \tag{5-14}$$

$$Q = 2\pi f C V^2 \times 10^{-9}[\text{kVA}] \tag{5-15}$$

단, C : 정전용량 $[\mu\text{F}]$ V : 정격전압 $[\text{V}]$ f : 주파수 $[\text{Hz}]$

예제 6

60[kW], 역률 80[%](지상)인 부하 회로에 전력용 콘덴서를 설치하려고 할 때 다음 각 물음에 답하시오.
① 전력용 콘덴서에 직렬 리액터를 함께 설치하는 이유는 무엇인가?
② 전력용 콘덴서에 사용하는 직렬 리액터의 용량은 전력용 콘덴서 용량의 약 몇 [%]인가?
③ 역률을 95[%]로 개선하는 데 필요한 전력용 콘덴서의 용량은 몇 [kVA]인가?

풀이 ① 제 5고조파의 제거
② 이론적 용량은 4[%]이나, 실제적 용량은 2[%]의 여유를 주어 6[%]로 한다.

③ $Q_e = P(\tan\theta_1 - \tan\theta_2) = P\left(\dfrac{\sqrt{1-\cos\theta_1^2}}{\cos\theta_1} - \dfrac{\sqrt{1-\cos\theta_2^2}}{\cos\theta_2}\right)$

$\therefore \; Q_e = 60\left(\dfrac{\sqrt{1-0.8^2}}{0.8} - \dfrac{\sqrt{1-0.95^2}}{0.95}\right) = 25.28[\text{kVA}]$

3.4 콘덴서 용량 산출표에 의한 용량산출

콘덴서 용량산출표는 표 5-17과 같으며, 내선규정에 의한 콘덴서 부설용량 기준표를 소개하면 표 5-18부터 표 5-22와 같다.

표 5-15 역률개선용 콘덴서의 용량 계산표

구분	개선 후의 역률 = $\cos\theta_2$																				
개선 전의 역률 = $\cos\theta_1$	100	0.99	0.98	0.97	0.96	0.95	0.94	0.93	0.92	0.91	0.90	0.89	0.88	0.87	0.86	0.85	0.84	0.83	0.82	0.81	0.80
0.50	173	159	153	148	144	140	137	134	131	128	125	122	119	117	114	111	109	106	103	101	98
0.51	169	154	148	144	140	136	132	129	126	123	120	118	115	112	108	107	104	102	99	95	94
0.52	164	150	144	139	135	131	128	125	122	119	116	113	110	108	106	102	100	97	95	92	89
0.53	160	146	140	135	131	127	124	121	117	114	112	109	106	103	101	98	95	93	90	88	85
0.54	156	142	136	131	127	123	120	116	113	110	108	106	102	99	97	94	91	89	86	84	81
0.55	152	138	132	127	123	119	116	112	108	106	103	101	98	95	92	90	87	85	82	80	77
0.56	148	134	128	123	119	115	112	109	105	102	100	97	94	91	89	86	83	81	78	76	73
0.57	144	130	124	119	115	111	108	105	102	99	96	93	90	88	85	82	80	77	74	72	69
0.58	141	126	120	115	111	108	104	101	98	95	92	89	87	84	81	79	76	73	70	68	66
0.59	137	123	117	112	108	104	101	97	94	91	89	85	83	80	78	75	72	70	67	65	62
0.60	133	119	113	108	104	100	97	94	91	88	85	82	79	77	74	71	69	66	64	61	58
0.61	130	116	110	105	101	97	94	90	87	84	82	79	76	73	71	68	65	63	60	58	55
0.62	127	112	106	102	97	94	90	87	84	81	78	75	73	70	67	65	62	59	57	54	52
0.63	123	109	103	98	94	90	87	84	81	78	75	72	69	67	64	61	59	56	54	51	48
0.64	120	106	100	95	91	87	84	81	78	75	72	69	66	63	61	58	56	53	50	47	45
0.65	117	103	97	92	88	84	81	77	74	71	69	66	63	60	58	55	52	50	47	45	42
0.66	114	100	94	89	85	81	78	74	71	68	65	63	60	57	55	52	49	47	44	41	39
0.67	111	97	91	86	82	78	75	71	68	65	62	60	57	54	52	49	46	44	41	38	36
0.68	108	94	88	83	79	75	72	68	65	62	59	57	54	51	49	46	43	41	38	35	33
0.69	105	91	85	80	76	72	69	65	62	59	57	54	51	48	46	43	40	38	35	33	30
0.70	102	88	82	77	73	69	66	63	59	56	54	51	48	45	43	40	37	35	32	30	27
0.71	99	85	79	74	70	66	63	60	57	54	51	48	45	43	40	37	35	32	29	27	24
0.72	96	82	76	71	67	64	60	57	54	51	48	45	42	40	37	34	32	29	26	24	21
0.73	94	79	73	69	64	61	57	54	51	48	45	42	40	37	34	32	29	26	24	21	19
0.74	91	77	71	68	62	58	55	51	48	45	43	40	37	34	32	29	26	24	21	19	16
0.75	88	74	68	63	59	55	52	49	45	43	40	37	34	32	29	26	24	21	18	16	13
0.76	86	71	65	60	58	53	49	46	43	40	37	34	32	29	26	24	21	18	16	13	11
0.77	83	69	63	58	54	50	47	43	40	37	35	32	29	26	24	21	18	16	13	11	8
0.78	80	66	60	55	51	47	44	41	38	35	32	29	26	24	21	18	16	13	10	8	5
0.79	78	63	57	53	48	45	41	38	35	32	29	26	24	21	18	16	13	10	8	5	2.6
0.80	75	61	55	50	46	42	39	36	32	29	27	24	21	18	16	13	10	8	5	2.6	
0.81	72	58	52	47	43	40	36	33	30	27	24	21	18	16	13	10	8	5	2.6		
0.82	70	53	50	45	41	37	34	30	27	24	21	19	16	13	11	8	5	2.6			
0.83	67	53	47	42	38	34	31	28	25	22	19	16	13	11	8	5	2.6				
0.84	65	50	44	40	35	32	28	25	22	19	16	13	11	8	5	2.6					
0.85	62	48	42	37	33	29	25	23	19	16	14	11	8	5	2.7						
0.86	59	45	39	34	30	28	23	20	17	14	11	8	5	2.6							
0.87	57	42	36	32	28	24	20	17	14	11	8	6	2.7								
0.88	54	40	34	29	25	21	18	15	11	8	6	2.8									
0.89	51	37	31	26	22	18	15	12	9	6	2.8										
0.90	48	34	28	23	19	16	12	9	6	2.8											
0.91	46	31	25	21	16	13	9	8	3												
0.92	43	28	22	18	13	10	8	3.1													

[비고] 1. [kVA]용량과 [μF]용량간의 환산은 다음의 계산식이나 환산표를 이용한다.

$$C = \frac{[\text{kVA}] \times 10^9}{wV^2} = \frac{[\text{kVA}] \times 10^9}{2\pi f V^2} = \frac{[\text{kVA}] \times 10^9}{376.98 \times V^2} \ [\mu\text{F}]$$

$$\text{kVA} = \frac{CV^2 \times 376.98}{10^9} = CV^2 \times 376.98 \times 10^{-9} \ [\text{kVA}]$$

2. [kVA]와 [μF]간의 환산표

전압 [V]	주파수 [Hz]	1 [kVA] 당 [μF] 용량	1[μF]당 [kVA] 용량
110	60	219.22815	0.00456146
200	60	66.31652	0.0150792
220	60	54.80704	0.01824583
380	60	18.37023	0.5443591
440	60	13.70176	0.07298333
460	60	12.53620	0.07976897
3,300	60	0.243587	4.1053122
6,600	60	0.0608967	16.4212488
22,900	60	0.00505837	197.6920818

참고 표 5-15의 사용 예를 표시하면 다음과 같다.

(1) 부하입력 1,000[kW]의 경우

개선 전 역률 $\cos\theta_1 = 0.65$일 때, 부하 출력은 1,000[kW]

개선 후 역률 $\cos\theta_2 = 0.95$ 의 경우, 표 5-15(역률개선용 콘덴서의 용량 계산표)에서 84[%]이므로 콘덴서 용량[kVA] = 1,000×0.84 = 840[kVA]를 얻는다.

(2) 부하입력이 1,500[kVA]의 경우

개선 전 역률 $\cos\theta_1 = 0.65$일 때, 출력은 1500×0.65 = 975[kW]

개선후 역률 $\cos\theta_2 = 0.95$일 때, 표 5-15(역률개선용 콘덴서의 용량 계산표)에서 84[%]이므로 콘덴서 용량[kVA] = 975×0.84 = 819[kVA]를 얻는다.

부하 100[kW], 역률 70[%]를 역률 90[%]로 개선하고자 한다. 용량 산출표를 이용하여 소요 콘덴서의 용량을 산정하시오.

풀이 표 5-15에서 개선 전의 역률 0.7의 난과 개선 후의 역률 0.9의 열이 만나는 교점에서 54[%]이므로, 따라서, 소요 콘덴서의 용량은

$$\therefore \ 100[kW] \ \times \ 0.54 \ = \ 54[kVA]$$

500[kVA], 역률 60[%]의 부하를 역률 90[%]로 개선하고자 한다. 용량 산출표를 이용하여 소요 콘덴서 용량을 산정하시오.

풀이 표 5-15에서 개선 전의 역률 0.6의 난과 개선 후의 역률 0.9의 열이 만나는 교점에서 85[%]를 얻는다.
부하입력이 500[kVA]이므로 부하출력은 $500 \times 0.6 = 300[kW]$

$$\therefore \ 콘덴서 \ 용량은 \ \ \ 300 \times 0.85 = 255[kVA]$$

3.5 저압 진상용 콘덴서

1 저압 진상용 콘덴서의 시설 방식

저압진상용 콘덴서는 개개의 부하에 설치하는 것을 원칙으로 한다.

[주] 1. 저압전동기, 전력장치 등에서 저역률의 것은 역률개선을 위하여 진상용 콘덴서를 설치하여야 한다.
  2. 고조파가 발생하는 제어장치의 출력측에 접속하는 부하에는 진상용 콘덴서를 설치하지 않아야 한다.

2 방전장치

(1) 저압 진상용 콘덴서 회로에는 방전코일, 방전저항, 기타 개로 후의 잔류전하(殘溜電荷)를 방전시키는 장치를 하는 것을 원칙으로 한다. 다만, 다음 각 호의 경우는 그렇지 않다.
  ① 콘덴서가 현장조작 개폐기보다도 부하측에 직접 접속되고 또한 부하기기의 내부

에 개폐기류를 갖추지 않은 경우(콘덴서에 전용의 개폐기, 과전류 차단기 또는
차단기를 설치하여서는 안 된다).

② 콘덴서가 변압기의 2차측에 개폐기 또는 과전류 차단기류를 경유하지 않고 직접
접속되어 있는 경우

(2) 위의 방전장치(放電裝置)는 콘덴서 회로에 직접 접속하여 두거나 또는 콘덴서 회로를
개방하였을 경우, 자동적으로 접속할 수 있도록 장치하고 개로 후 3분 이내에 콘덴서
의 잔류전하를 75[V]이하로 저하시킬 수 있는 능력을 가지는 것이어야 한다(내선규
정 3135-2).

❸ 저압 진상용 콘덴서를 개개의 부하에 설치하는 경우의 시설

저압 진상용 콘덴서를 개개의 부하에 설치하는 경우에는 다음 각 호에 의하여야 한다.

① 콘덴서의 용량은 부하의 무효분보다 크지 않아야 한다.
② 콘덴서는 현장조작 개폐기 또는 이에 상당하는 개폐기보다 부하측에 설치하여야
한다.

[주] 전류계가 있는 경우에는 전류계의 전원측에서 분기하는 것을 원칙으로 한다.

③ 본선에서 분기하여 콘덴서에 이르는 전로에는 개폐기 등의 장치를 해서는 안 된다.
④ 방전저항기(放電抵抗器)붙이 콘덴서를 시설하는 것이 바람직하다.

❹ 저압 진상용 콘덴서를 각 부하에 공용하는 경우의 시설

저압 진상용 콘덴서는 부득이한 경우에 한하여 다음 각 호에 의하여 각 부하에 공용으로
설치할 수 있다.

① 콘덴서는 현장조작 개폐기보다 전원측으로 또한 인입구장치보다 부하측에 접속하여
야 한다. 이 경우. 콘덴서는 간선의 도중에 접속하거나 또는 부하에 이르는 분기회로
의 도중에 접속하여도 된다. 다만, 분기회로에 접속하는 경우 콘덴서의 용량은 그
분기회로에 속하는 부하의 무효분보다 커서는 안 된다.
② 콘덴서는 취급하기 편리한 곳에 전용의 개폐기(필요에 따라서 과전류 차단기) 및

방전코일 또는 기타 적당한 방전장치가 달린 개폐기를 설치하여야 한다.

[주] 개폐기는 아래와 같이 표찰을 달아 표시를 할 것
   (예) 1. 이 개폐기는 매일 아침 전동기의 운전개시와 함께 투입하고, 매일 저녁 운전정지와 함께 개방할 것
        2. 이 개폐기는 매일 작업 시작과 함께 투입하고, 작업이 끝날 때 개방할 것

3.6 고압 및 특별고압 진상용 콘덴서

▨ 개개의 부하에 고압 및 특별고압 진상용 콘덴서를 시설하는 경우

역률을 높게 유지하기 위하여 개개의 부하에 고압 및 특별고압 진상용 콘덴서를 설치하는 경우에는 현장조작 개폐기보다도 부하측에 접속하고 또한 다음 각 호에 의하여 시설하는 것을 원칙으로 한다.

[주] 콘덴서는 개개의 부하에 설치하고 공용하지 않는 것이 좋다.

그림 5-19 진상용 콘덴서

① 콘덴서의 용량은 부하의 무효분보다 크게 하지 말 것
② 콘덴서는 본선에 직접 접속하고, 특히 전용의 개폐기, 퓨즈, 유입 차단기 등을 설치하지 않아야 한다.
   이 경우 콘덴서에 이르는 분기선은 본선의 최소굵기보다는 적게 하지 말 것.
   다만 방전장치가 있는 콘덴서에는 개폐기(차단기 포함)를 설치할 수 있으나 평상시 개폐는 하지 않음을 원칙으로 하여 C.O.S를 설치할 경우에는 다음에 의한다.
   가. 고압 : C.O.S에 퓨즈를 삽입하지 않고 직경 2.6[mm] 이상의 나동선으로 직결한다.
   나. 특별고압 : C.O.S에는 퓨즈를 삽입하며, 콘덴서 용량별 퓨즈정격은 정격전류의 200[%] 이내의 것을 사용한다.

② 각 부하에 공용의 고압 및 특별고압 진상용 콘덴서를 시설하는 경우

수전실 기타 적당한 장소에서 각 부하에 공용의 고압 및 특별고압 진상용 콘덴서를 설치할 경우에는 다음 각 호에 의하여 시설하는 것을 원칙으로 한다.

① 콘덴서는 그의 총용량이 300[kVA] 초과, 600[kVA] 이하인 경우에는 2군 이상, 600[kVA]를 초과할 때에는 3군 이상으로 분할하고 또한 부하의 변동에 따라서 접속 콘덴서의 용량을 변화시킬 수 있도록 시설하여야 한다. 다만, 부하의 성질상 접속 콘덴서의 용량을 변화시킬 필요가 적은 것은 그렇지 않다.
② 콘덴서의 회로에는 전용의 과전류 트립코일부 차단기를 설치하여야 한다. 다만, 콘덴서의 용량이 100[kVA] 이하인 경우에는 유입 개폐기 또는 이와 유사한 것 (인터럽트 스위치 등), 50[kVA] 미만인 경우에는 컷아웃(직결로 한다)을 사용할 수 있다.

③ 고압 진상용 콘덴서의 설치장소

가연성 유봉입(可燃性油封入)의 고압 진상용 콘덴서를 설치하는 경우에는 가연질의 벽, 천장 등과 1[m] 이상 이격하는 것이 바람직하다. 다만, 내화성 물질로서 콘덴서와 조영재 사이를 격리할 경우에는 그렇지 않다.

④ 방전장치

(1) 고압 및 특별고압 **진상용 콘덴서**(SC ; Static Capacitor)의 회로에는 **방전코일**(DC ; Discharge Coil), 기타 개로 후의 잔류전하를 방전시키는 적당한 장치를 하는 것을 원칙으로 한다. 다만, 다음 각 호에 의하는 경우에는 그렇지 않다.
  ① 콘덴서가 현장조작 개폐기보다도 부하측에 직접 접속되어 있는 경우
  ② 콘덴서가 변압기의 1차측에 개폐기·퓨즈·유입차단기 등을 경유하지 않고 직접 접속되어 있는 경우

(2) 위의 방전장치는 콘덴서 회로에 직접 접속하거나 또는 콘덴서 회로를 개방하였을 경우 자동적으로 접속되도록 장치하고 또한 개로 후 5초 이내에 콘덴서의 잔류전하를 50[V] 이하로 저하시킬 능력이 있는 것을 설치하는 것을 원칙으로 한다.

※ 방전 코일의 설치목적은 다음과 같다.

① 콘덴서에 축적된 잔류 전하를 방전하여 감전사고 방지
② 선로에 재투입시 콘덴서에 걸리는 과전압 방지

5 직렬 리액터

고압 및 특별고압 진상용 콘덴서를 설치함으로 인하여 공급회로의 고조파 전류가 현저하게 증대하여 유해할 경우에는 콘덴서 회로에 유효한 **직렬 리액터**(SR ; Series Reactor)를 설치하여야 한다.

직렬 리액터의 설치목적은 다음과 같다.
① 제5고조파 제거
② 돌입전류 방지
③ 계통에의 과전압 억제
④ 고주파에 의한 계전기의 오동작 방지

01 건축설비의 동력으로 유도전동기가 많이 사용되는 이유에 대해서 기술하시오.

02 유도전동기의 기동방식의 종류 4가지를 쓰시오.

03 단상 유도전동기에 기동장치가 필요한 이유에 대하여 쓰시오.

04 콘덴서 모터(condenser motor)란 무엇인가? 간단하게 설명하시오.

05 다음 리액터의 설치 목적을 쓰시오.
　① 분로 리액터　　② 직렬 리액터　　③ 소호 리액터　　④ 한류 리액터

06 역률을 개선하기 위한 기기의 명칭과 설치방법을 간략하게 쓰시오.

07 역률개선에 의한 수용가측의 효과는 무엇인가?

08 부하설비의 역률이 90[%] 이하로 저하하는 경우, 수용가가 볼 수 있는 손해 4가지를 쓰시오.

09 역률 과보상시 나타나는 현상은?

10 권선형 유도전동기의 기동은 일반적으로 어떠한 기동방식을 쓰고 있는가?

11 방전장치는 콘덴서 회로에 직접 접속하거나 또는 콘덴서 회로를 개방하였을 경우 자동적으로 접속되도록 장치하고 또한 개로 후 5초 이내에 콘덴서의 잔류전하를 몇 [V] 이하로 저하시킬 능력이 있는 것을 설치하여야 하는가?.

12 기중기로 100[t]의 하중을 1.5[m/min]의 속도로 권상할 때 소요되는 전동기의 용량 [kW]은? (단, 기계효율은 70[%]이다.)

13 양수량 매분 10[m³], 총양정 10[m]의 펌프용 전동기의 용량 [kW]은 대략 얼마인가? (단, 펌프 효율은 75[%]이고, 여유계수는 1.1이다.)

14 지표면상 22[m] 높이에 수조가 있다. 이 수조에 분당 8[m³]의 물을 양수하는 펌프 모터에 3상 전력을 공급하기 위해서 단상 변압기 2대를 V결선하였다. 펌프 효율이 67[%]이고, 펌프축 동력에 15[%]의 여유를 둔다면 변압기 1대의 용량 [kVA]은 얼마인가? (단, 펌프용 3상 농형 유도전동기의 역률을 100[%]로 가정한다)

15 자가용 수전설비에 진상용 콘덴서를 설치하여 부하설비의 역률을 몇 [%] 이상으로 유지하여야 하는가?

16 역률 75[%], 1000[kVA]의 3상 유도부하가 있다. 여기에 병렬로 콘덴서를 접속하여 합성역률을 85[%]로 개선하고자 한다. 콘덴서의 용량 [kVA]은?

17 어떤 공장에서 정격용량 300[kVA]의 변압기에 역률 70[%]의 부하 300[kVA]가 접속되어 있다. 지금 합성 역률을 90[%]로 개선하기 위하여 전력용 콘덴서를 접속한다면 부하는 몇 [kW] 증가시킬 수 있겠는가?

18 역률 80[%](지상)인 1,000[kVA]의 부하를 전력용 콘덴서로 100[%]의 역률로 개선하는데 필요한 용량 [kVA]은?

19 38[mm²]의 저압 옥내간선에 이것보다 가는 간선 a, b를 그림과 같이 접속하는 경우 최소 굵기는 몇 [mm²]인가? (단, 전선의 허용전류는 다음 표와 같다.)

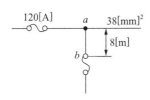

공칭단면적 [mm²]	허용전류 [A]
2.0	27
3.5	37
5.5	49
8	61

20 $3\phi 3W$, 380[V] 회로에 그림과 같이 부하가 연결되어 있다. 간선의 허용전류를 구하시오. (단, 전동기 평균역률은 80[%]이다.)

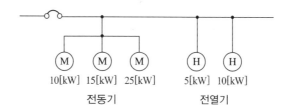

21 전동기 Ⓜ과 전열기 Ⓗ가 간선에 접속되어 있을 때 간선의 허용전류 최소값은 몇 [A]인가?

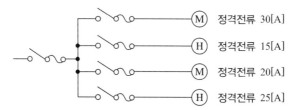

22 고압자가용 수전설비의 주회로에 접속하는 진상용 콘덴서와 조합하여 전압의 파형을 보상하는 목적으로 사용하는 장치는 무엇인가?

23 특고압 진상용 콘덴서의 회로에는 콘덴서 잔류전하를 방전시키기 위하여 어떠한 것을 시설하여야 하는가?

24 고압 또는 특고압 진상용 콘덴서에는 방전 코일을 시설하여야 한다. 방전코일은 개로 후 5초 이내에 콘덴서 잔류전하를 몇 [V] 이하로 저하시킬 능력이 있어야 하는가?

25 진상용 콘덴서와 직렬로 설치하는 직렬 리액터를 모든 콘덴서에 삽입하는 것이 좋으나 비경제적이므로 보통 뱅크 용량 얼마 이상의 것에 설치하는가?

26 1상당의 용량이 75[kVA]인 진상용 콘덴서의 제5 고조파를 제거하기 위해 필요한 직렬 리액터의 기본파에 대한 용량은 몇 [kVA]인가?

27 콘덴서 총용량이 500[kVA]인 특고압회로에 시설할 콘덴서는 몇 군으로 나누어 시설하여야 하는가?

CHAPTER 06

수변전설비

고압이나 특고압으로 수전하는 경우에 전등이나 콘센트에 전압을 그대로 공급할 수는 없으므로, 전력회사로부터 전력을 받아들이기 위한 수전설비(受電設備)와 수용가에서 사용하기에 적합한 전압으로 변환하기 위한 변전설비(變電設備)를 설치하지 않으면 안 된다.

---

1 │ 수변전설비의 설계

1.1 설계의 순서

수변전설비의 설계는 다음과 같은 순서로 한다.

① 부하설비용량을 추정한다.
② 수전용량을 추정한다.
③ 계약전력을 추정한다.
④ 수전전압과 수전방식을 결정한다.
⑤ 주회로의 결선방식을 결정한다.
⑥ 배전방식을 결정하고, 주회로의 결선도를 작성한다.

⑦ 제어방식을 결정한다.

⑧ 변전설비의 형식을 선정한다.

⑨ 변전실의 위치와 넓이를 정한다.

⑩ 기기의 배치를 정하고, 실시설계도를 작성한다.

⑪ 시방서 및 견적서를 작성한다

1.2 설비용량의 추정

수변전설비(受變電設備)에 대한 설계단계에서는 부하가 분명하지 못하므로, 건물의 용도·규모에 따라 과거의 실적을 토대로 해서 전등부하·일반 동력부하·냉방 동력부하 등에 대하여 소요전력을 추정하여야 한다. 일반적으로 단위면적당의 소요전력, 즉 부하밀도[VA/m²]를 추정하고, 이에 연면적(延面積)을 곱해서 설비용량을 산출하는 방법이 채용되고 있다.

$$부하설비용량 = 부하밀도[VA/m^2] \times 연면적[m^2] \tag{6-1}$$

이와 같이 하여 산출된 값을 기초로 하여 설계가 진행됨에 따라 부하의 종류 및 용량이 구체화되므로 수정하여야 한다.

1.3 수전용량의 추정

각 부하마다 추산한 설비용량을 모두 포함하여 수전용량으로 하면 수전설비의 용량이 너무 과다(過多)하게 된다. 그러므로 부하마다 추산한 설비용량에 수용률(需用率), 부등률(不等率), 부하율(負荷率) 등을 고려하여 최대수용전력을 산출하고 수전용량으로 추정한다.

1 최대수용전력

$$최대수용전력 \; [kW] = 부하설비용량 \; [kW] \times 수용률 \tag{6-2}$$

② 수용률, 부하율, 부등률

(1) 수용률(需用率)

수용률(Demand factor)은 총부하설비 용량에 따른 최대수용전력의 백분율로서 나타내며, 최대수용전력 산출시 응용되는 계수이다. 즉 수용가의 부하설비를 [kW]로 환산한 용량과 실제로 걸리는 부하의 최대값과의 비를 말한다.

$$수용률 = \frac{최대수용전력}{설비용량의\ 합계} \times 100\,[\%] \tag{6-3}$$

(2) 부하율(負荷率)

부하율(Load factor)은 사용기간에 따라 일(日), 월(月), 년(年) 부하율로 나뉘며, 일반적으로 사용기간이 길어지면 부하율은 작아지고, 변압기 및 수용가 등에 따라 달라진다.

$$부하율 = \frac{평균전력}{최대수용전력} \times 100\,[\%] \tag{6-4}$$

(3) 부등률(不等率)

일반적으로 수용가 상호간, 변압기 상호간, 배전선 상호간 등에 있어서 각각의 최대수용전력은 동시에 발생하는 것이 아니고 시간적인 차이가 있다. 이 때문에 부하를 종합하였을 때의 최대수용전력은 각 부하의 최대수용전력의 합계보다 작아지는 것이 통례이다.

$$부등률 = \frac{각\ 부하의\ 최대수용전력의\ 합계}{합성\ 최대수용전력} \tag{6-5}$$

부등률은 항상 1보다 크게 된다.

다음 그림은 어느 공장의 하루의 전력부하곡선이다. 이 그림을 보고 다음 각 물음에 답하시오.

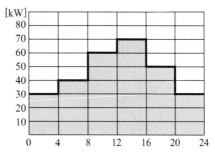

그림 6-1 전력부하곡선

(1) 이 공장의 부하 평균전력은 몇 [kW]인가?

(2) 이 공장의 일 부하율은 얼마인가?

(3) 이 공장의 수용률은 얼마인가? (단, 이 공장의 부하설비용량은 80[kW]라고 한다.)

풀이　(1) 평균전력

$$P = \frac{(30+40+60+70+50+30) \times 4}{24} = 46.67 [\text{kW}]$$

(2) 일 부하율

$$\text{일 부하율} = \frac{\text{평균수용전력}}{\text{최대수용전력}} \times 100 = \frac{46.67}{70} \times 100 = 66.67 [\%]$$

(3) 수용률

$$\text{수용률} = \frac{\text{최대수용전력}}{\text{설비용량의 합계}} \times 100 = \frac{70}{80} \times 100 = 87.5 [\%]$$

③ 변압기 용량과 뱅크의 구성

(1) 변압기 용량

각 부하 설비용량의 합계에 수용률, 부하율, 부등률을 적용하고 장래의 부하 증설을 고려한 예비율을 적정하게 적용하여 계산한다.

$$변압기 용량 \geq 합성 최대수용전력 \tag{6-6}$$

$$\geq \frac{각 부하의 최대수용전력의 합계}{부등률}$$

(2) 변압기의 뱅크 구성

변압기는 수전전압을 부하특성에 맞게 변성하는 기기로서 구성방법에 따라 전기실 면적과도 과있다. 면적이 적게드는 방식으로 변압기 뱅크(bank)를 구성하는 방법과 기능을 우선하여 뱅크를 구성하는 방법이 있다.

① 변압기 총 용량이 500[kVA]를 초과하는 경우에는 가급적 조명용과 동력용으로 구분하여 설치하는 것이 바람직하다.
② 계절성 부하가 있는 경우 별도의 뱅크를 구성하여 계약전력 및 변압기 손실을 감소시키도록 용량을 적용한다.
③ 비상 부하용으로 비상 발전기와의 연계에 따른 변압기 뱅크를 분리 설치한다.
④ 첨두부하의 Peak Cut용으로 뱅크 분리 또는 상용 발전기를 도입하는 방안 등의 구성을 검토하여야 한다.
⑤ 변압기의 뱅크를 2뱅크 이상 구성 시에 유지보수 및 응급대처에 용이하도록 구성하여야 한다.

[주] Peak Cut이란 에너지 사용량이 최대일 때 일정비율의 사용량을 줄이도록 하는 것을 말함

1.4 계약전력의 추정

설비용량이 추정되면 전력회사의 「전기공급약관」에 의하여 계약전력이 추정되므로 공급전압이 결정된다.

전기공급약관(발췌)

제20조【계약전력산정】

① 사용설비에 의한 계약전력은 사용설비 개별 입력의 합계에 다음 표의 계약전력 환산율을 곱한 것으로 합니다.

이때 사용설비 용량이 입력과 출력으로 함께 표시된 경우에는 표시된 입력을 적용하고, 출력만 표시된 경우에는 세칙에서 정하는 바에 따라 입력으로 환산하여 적용합니다.

계약전력	계약전력 환산율	공급방식 및 공급전압
처음 75[kW]에 대하여	100[%]	
다음 75[kW]에 대하여	85[%]	계산의 합계치 단수가 1[kW]
다음 75[kW]에 대하여	75[%]	미만일 경우에는 소숫점 이하
다음 75[kW]에 대하여	65[%]	첫째자리에서 반올림합니다.
300[kW] 초과분에 대하여	60[%]	

다만, 사용설비 1개의 입력이 75[kW]를 초과하는 것이 있을 경우에는 초과 사용설비의 개별입력이 제일 큰 것부터 하나씩 계약전력 환산율을 100[%]부터 60[%]까지 차례로 적용하고, 나머지 사용설비의 입력합계에는 하나씩 적용한 계약전력 환산율이 끝나는 다음 계약전력 환산율부터 차례로 적용합니다.

② 변압기설비에 의한 계약전력은 한전에서 전기를 공급받는 1차 변압기 표시용량의 합계(1[kVA]를 1[kW]로 봅니다)로 하는 것을 원칙으로 합니다.

1.5 수전전압

수전전압은 설비용량(또는 계약전력)이 결정되면 전력회사의 공급계획 · 입지조건 및 다른 수용가에 미치는 영향 등을 고려하여 결정하는 것이며, 최종적으로 전력회사와 수용가의 협의에 의해서 결정되어야 한다.

수전전압이 낮을수록 기기비(機器費)와 설치면적이 적게 들고 또한 보수가 용이하다.

그러나 전압이 높을수록 전력의 질이 좋고 신뢰도도 향상되지만 건설비가 높아지며 설치면적이 증대한다. 한국전력공사의 「전기공급약관」에 의하면 계약전력의 크기에 따라서 전압의 등급이 달라지며 다음과 같이 정하고 있다

전기공급약관(발췌)

제23조 【전기공급방식, 공급전압 및 주파수】

① 고객이 새로 전기를 사용하거나 계약전력을 증가시킬 경우의 공급방식 및 공급전압은 전기사용장소내의 계약전력 합계를 기준으로 다음 표에 따라 결정하되, 특별한 사정이 있는 경우에는 달리 적용할 수 있습니다. 다만, 고객이 희망할 경우에는 아래 기준 보다 상위전압으로 공급할 수 있습니다.

계약전력	공급방식 및 공급전압
1,000[kW] 미만	교류 단상 220[V] 또는 교류 3상 380[V]중 한전이 적당하다고 결정한 한가지 공급방식 및 공급전압
1,000[kW] 이상 ~ 10,000[kW] 이하	교류 3상 22,900[V]
10,000[kW] 초과 ~ 400,000[kW] 이하	교류 3상 154,000[V]
400,000[kW] 초과	교류 3상 345,000[V] 이상

② 제1항에 따라 1,000[kW] 미만까지 저압으로 공급 시에는 전기사용계약단위의 계약전력이 500[kW] 미만이어야 하며, 공급기준은 세칙에서 정하는 바에 따릅니다.

④ 한전이 고객에게 전기를 공급하는 경우의 표준전압별 전압유지범위는 아래와 같으며, 주파수는 60헤르츠(Hz)를 표준주파수로 합니다.

표 준 전 압	유 지 범 위
110[V]	110[V] ± 6[V] 이내
220[V]	220[V] ± 13[V] 이내
380[V]	380[V] ± 38[V] 이내

1.6 수전방식

수전방식에는 수전전압에 따른 분류를 비롯하여 시설장소에 따라 옥외수전, 옥내수전으로 분류하기도 한다. 그리고 수전하는 회선수에 따라 분류를 하면, 저압에서는 1회선 단독 수전방식을 사용하고 있으며 고압 이상에서는 1회선 수전, 병행 2회선 수전, 루프회선 수전 등의 방식이 쓰이고 있다.

(1) 1회선 수전방식

일반적으로 소규모 및 중규모 부하에 널리 사용되며 가장 간단하고 경제적이지만, 배전선 고장 시에는 정전범위가 넓어지며 또한 정전시간도 길어진다.

① 전력회사의 변전소로부터 1회선으로 수전한다.
② 가장 간단하고 공사가 용이하다.
③ 초기 투자비 측면에서 가장 경제적이다.
④ 선로 및 수전용 차단기 사고 시 정전시간이 최대이다.
⑤ 전력공급의 신뢰도가 낮다.

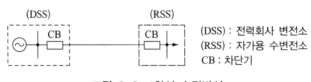

그림 6-2 1회선 수전방식

(2) 병행 2회선 수전방식

① 전력회사의 변전소로부터 2회선으로 수전한다.
② 1회선이 사고로 차단 시 다른 회선으로 전력을 공급받을 수 있으므로, 정전시간이 1회선 수전방식에 비해 단시간이고, 공급신뢰도는 높다.
③ 초기 투자비가 비싸다.

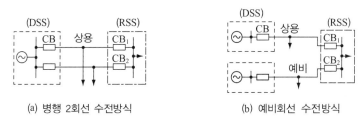

(a) 병행 2회선 수전방식   (b) 예비회선 수전방식

그림 6-3 2회선 수전방식

(3) 예비회선 수전방식

배전선 고장 시에 일단 정전하지만, 예비선으로 전환함으로써 정전시간을 단축할 수 있다.

① 다른 변전소로부터 각각 별도의 배전설로를 통해 전력을 공급받는다.
② 두 개의 변전소에서 전력을 공급 받는 방식이고, 상시에는 한 개의 변전소로부터 전력을 공급받으며, 사고로 변전소가 정전이 되면 다른 변전소에서 전력을 공급받게 된다.
③ 공급신뢰도는 병행 2회선 수전방식보다 높다.
④ 초기 투자비가 비싼 것이 단점이다.

(4) 루프(Loop) 수전방식

주로 대도시의 도심 등 부하밀도가 높고 공급 신뢰도를 높여야 할 필요가 있을 경우에 채용되는 방식이고, 건설 시에는 루프 수전이 아니어도 장래 이 방식으로 변경되기도 하며 전력회사와의 충분한 협의가 필요하다.

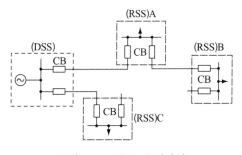

그림 6-4 루프 수전방식

① 전력회사의 변전소로부터 전력을 공급받아 루프형식으로 구성하여 전력을 공급

② 공급신뢰도는 좋다.

③ 각각의 수용가에는 차단기를 2개씩 추가로 설치하여야 하는 부담이 있다.

④ 초기 투자비가 비싸다.

(5) 스폿 네트워크 수전방식

스폿 네트워크 수전방식은 그림 6-5와 같이 변전소로부터 2회선 이상의 배전 선로를 가설하고 그중 한 회선에서 고장이 발생한 경우 그 회선의 변전소측 차단기와 변압기 2차측 네트워크 차단기를 트립(trip)시켜 고장회선을 완전히 분리시키고 나머지 회선으로 무정전으로 전원을 공급하는 신뢰도가 매우 높은 수전방식이다.

① 도심의 고층빌딩과 같은 부하 밀도가 높은 지역에서 사용

② 네트워크 방식을 간소화한 것이다.

③ 기본방식은 배전하던 중 임의의 지점에서 단락사고가 발생한 경우, 우선 변전소 인출구의 차단기가 트립되고, 또 고장구간이 **네트워크 프로텍터**에 의해 분리되므로 사고의 확산과 나머지 회선으로 정전없이 전력공급을 할 수 있도록 한 것이다.

④ 변압기 1차측에는 차단기를 생략하고, 변압기의 여자전류를 개폐 가능한 부하 단로기를 설치하며, 변압기 2차측에는 단락 차단용 네트워크 퓨즈와 네트워크 차단기를 직렬로 접속하여 네트워크 프로텍트회로를 구성한다.

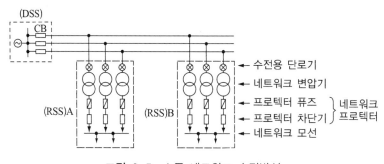

그림 6-5 스폿 네트워크 수전방식

가. 네트워크 변압기

차단기의 자동투입을 위한 전원측과 네트워크측의 차 전압을 검출하기 위한 3차권

선이 있으며 큰 사고전류로 계전기가 파손되지 않도록 정격전류의 4~5배로 포화하는 특성이 있다. 네트워크 변압기는 병렬운전하기 때문에 각 변압기의 임피던스 차를 최소화하여야 한다.

나. 네트워크 프로텍터(Network Protector)

네트워크 프로텍터는 변압기 2차에서 네트워크 모선에 이르는 부분을 말하며, 프로텍트 차단기, 프로텍트 퓨즈 및 이것을 제어하기 위한 계전장치로 구성되며, 프로텍트 차단기는 기중 차단기가 사용되고, 프로텍터 계전장치의 지령에 따라 역전력 차단, 무전압 투입, 차전압 투입의 동작특성을 가지고 있다.

다. 스폿 네트워크 수전방식의 장점

① 무정전 전력공급 가능(공급 신뢰도가 높다.)
② 전압 변동률 감소
③ 전력손실 감소
④ 부하증가에 대한 적응성이 좋다.

1.7 주회로의 결선방식

1 모선방식

모선방식에는 단일 모선방식과 2중 모선방식이 있으며, 자가용 수변전설비의 경우 부하의 중요도에 따라 단일 모선방식 또는 2중 모선방식을 채용하지만, 일반적으로는 경제적인 단일 모선방식을 채용하는 경우가 많다. 2중 모선방식은 신뢰도는 높지만 배선이 복잡해지고 설비비가 비싸지므로, 자가용에는 거의 채용되지 않는다.

2 배전방식

(1) 고압 · 특고압 배전방식

고압 · 특고압 배전방식에는 일반적으로 비접지 3상 3선식과 중성점접지 3상 4선식이 많이 채용되고 있다.

① 비접지 3상 3선식

이 방식은 1선 지락고장시의 지락전류(地絡電流)가 적기 때문에 저압선과 혼촉이
생긴 경우에 저압측 대지 전압 상승을 쉽게 억제할 수 있고 유도장해도 거의 일어나지
않는다. 그러나 지락사고의 선택차단이 비교적 곤란하지만 고감도 보호계전기에
의하면 어느 정도의 고저항 지락고장까지 검출된다. 그런데 이 방식은 1선 지락고장
중의 건전상 대지전압 상승이 높게 되므로 계통절연 레벨은 비교적 높게 잡지 않으면
안 된다. 이 방식은 종래의 3.3[kV]이나 6.6[kV]급의 선로에 많이 사용되고 20[kV]급
배전선에도 사용된다.

② 중성점접지 3상 4선식

이 방식은 중성선의 접지방법에 따라 여러 가지가 있으며, 우리나라에서 채용되고
있는 것은 중성선 다중접지방식이다. 이 중성선 다중접지방식의 특징은 1차측 중성선

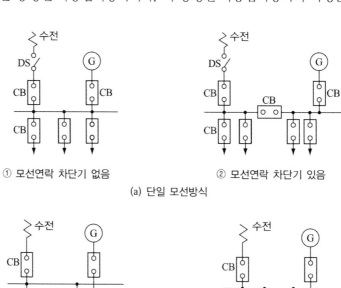

① 모선연락 차단기 없음   ② 모선연락 차단기 있음

(a) 단일 모선방식

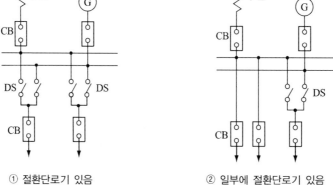

① 절환단로기 있음   ② 일부에 절환단로기 있음

(b) 2중 모선방식

그림 6-6 고압 모선방식

과 저압선의 접지측 전선을 공용하여 중성선을 여러 곳에서 접지한다는 점이다. 또한 1선 지락고장 중의 건전상 대지전압상승이나 혼촉 시의 저압측 전압상승은 억제되지만, 경우에 따라서는 유도장해 대책을 필요로 할 때가 있고 고저항 지락고장의 검출이 어렵다. 11.4[kV], 22.9[kV]급이 3상 4선식 배전에 적용되고 있다.

(2) 저압 배전 방식

① 단상 2선식

단상 2선식은 단상 교류 전력을 전선 2가닥으로 배전하는 것으로서 전등용 저압 배전에 가장 많이 쓰이고 있다. 이 방식은 전선수가 적고 가선 공사가 간단하다는 것, 그리고 공사비가 저렴하다는 등의 특징이 있다.

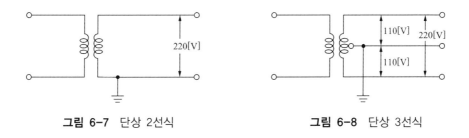

그림 6-7 단상 2선식　　　　　**그림 6-8** 단상 3선식

② 단상 3선식

이 방식은 주상변압기 저압측의 2개 권선을 직렬로 하고 그 접속점의 중간점으로부터 중성선을 끌어내어서 전선 3가닥으로 배전하는 방식이다. 이 단상 3선식은 과거에 농어촌에 대한 승압공사를 하는 과정에 사용되었으나 현재는 한국전력공사로부터 공급이 중단된 방식이다.

③ 3상 3선식

3상3선식은 3상 교류를 3가닥의 전선을 사용해서 배전하는 것이다. 이 경우 단상 부하는 전체적으로 상평형이 되도록 접속방법에 주의하여야 한다. 배전변압기의 2차측 결선에는 비교적 용량이 클 경우에는 단상 변압기 3대를 △결선으로 해서 사용하는 경우가 있다. 그러나 경우에 따라서는 변압기 2대만 가지고 V결선으로 쓰다가 부하가 늘어날 때 한 대 더 증설해서 △결선으로 사용하는 경우도 있다.

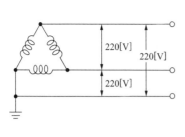

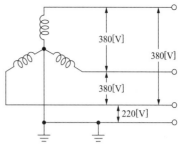

그림 6-9 3상 3선식   **그림 6-10** 3상 4선식

④ 3상 4선식

3상 4선식은 변압기의 2차측을 Y접속하고 그 중성점으로부터 중성선을 인출해서 3선식의 전선 3가닥과 조합시킴으로서 2가지 전압을 공급할 수 있게 한 것이다. 즉 중성점과 각 상간의 전압을 E 라고 하면 선간전압은 $\sqrt{3}\,E$로 된다. 예를 들어 주상 변압기의 2차측 220[V] 단자를 Y접속하면 선간전압은 $\sqrt{3}\,E = 380$ [V]로 되어 두 가지 전압을 1회선으로 동시에 배전할 수 있다.

동력수요의 급증에 따라 부하의 고밀도화로 인하여 현재 우리나라에서 추진하고 있는 220/380[V] 승압은 바로 이 3상 4선식을 채택하여 실시하고 있는 것이다.

예제 2

다중접지 계통에서 수전변압기를 단상 2부싱 변압기로 Y−Δ 결선하는 경우, 1차측 중성점은 접지하지 않고 부동(floating)시켜야 한다. 그 이유를 설명하시오.

풀이   지락 또는 단락 등에 의해서 결상이 발생하는 경우 건전상의 전위상승이 평상시보다 $\sqrt{3}$ 배가 증대하여 기기가 소손될 가능성이 있기 때문에 1차측 중성점은 접지하지 않고 부동시켜야 한다.

---

❸ 배전전압의 승압의 필요성과 효과

(1) 승압의 필요성

가. 전력회사 측의 필요성

① 저압설비의 투자비 절감

② 전력 손실 감소

③ 전력 판매 원가 절감

④ 전압강하 및 전압변동률을 감소시켜 양질의 전기공급

나. 수용가 측의 필요성

① 옥내배선의 증설 없이 대용량 기기 사용가능

② 양질의 전기를 풍족하게 사용가능

(2) 승압의 효과

① 전압에 비례하여 공급능력 증대

② 공급전력 증대(전력 손실률이 동일한 경우 $P \propto V^2$)

③ 전력손실의 감소($P_L \propto 1/V^2$)

④ 전압강하율의 감소($\epsilon \propto 1/V^2$)

⑤ 고압 배전선 연장의 감소

⑥ 대용량 전기기기 사용이 가능

예제 3

송전선로 전압을 154[kV]에서 345[kV]로 승압할 경우 송전선로에 나타나는
효과로서 다음 물음에 답하시오.
① 전력손실이 동일한 경우 공급능력 증대는 몇 배인가?
② 전력손실의 감소는 몇 [%]인가?
③ 전압강하율의 감소는 몇 [%]인가?

풀이　① 전력 공급능력 $P = \sqrt{3}\,VI$ 에서

$$\frac{P'}{P} = \frac{\sqrt{3} \times 345 \times I}{\sqrt{3} \times 154 \times I}$$

$$\therefore P' = 2.24\,P \quad \text{즉 } 2.24 \text{ 배이다.}$$

② 전력손실 $P_l \propto \dfrac{1}{V^2}$ 이므로

$$P_l : P_l' = \frac{1}{154^2} : \frac{1}{345^2}$$

$$P_l' = (\frac{154}{345})^2 P_l = 0.1993$$

$$\therefore \text{ 전력손실 감소 } = 100 - 19.93 = 80.07[\%]$$

② 전압강하율 $\epsilon = \dfrac{1}{V^2}$ 이므로

$$\epsilon : \epsilon' = \frac{1}{154^2} : \frac{1}{345^2}$$

$$\therefore \epsilon' = (\frac{154}{345})^2 \epsilon = 0.1993 \;\rightarrow\; 19.93[\%]$$

따라서 전압강하율의 감소는 $100 - 19.93 = 80.07[\%]$

1.8 변전설비의 형식

변전소의 형식을 분류하면 옥외식과 옥내식, 개방형과 폐쇄형 등이 있다. 빌딩에서는 특별한 경우를 제외하고는 옥내식으로 하며, 공장에서는 특별 고압수전의 경우는 수전 및 변전설비(1차 변전설비)를 옥외식으로 하고 2차 변전설비는 옥내식이거나 옥외폐쇄형으로 한다. 이것은 높은 전압을 옥내식으로 할 경우에 넓은 면적과 높이가 필요하며, 용지나 건물비가 증대하기 때문이다. 이들의 단점을 보완하고 또한 재해방지의 면에서 최근에는 기기를 철제함(鐵製函) 속에 내장(內藏)시킨 폐쇄형이 점차적으로 많이 사용되고 있다.

옥외식은 옥내식에 비하여 다음과 같은 특징을 갖고 있다.

① 자재 및 건물비가 적다.

② 설비 및 배열(lay out)이 쉽고, 보수가 편리하다.

③ 전기사고의 경우 그 파급범위를 좁게 한정시킬 수 있다.

④ 해안지대나 연기·부식성 가스가 발생하는 곳은 보수가 곤란하므로 주의를 요한다.

1.9 변전실의 위치와 면적

(1) 변전실의 위치

일반적으로 빌딩의 주변전실은 동력부하가 적은 지하층에 설치된다. 그러나 침수의 염려가 있거나 지하층에 변전실을 설치하기가 곤란한 경우에는 지상층 또는 옥상부근에 설치한다. 또한 고층 빌딩에서는 중간층, 옥상 부근층에 제2, 제3 변전실을 설치하는 것이 배전상 유리하다.

변전실의 위치를 선정할 때 고려하여야 할 사항은 다음과 같다.

① 수전에 편리하고 배전하기 쉬운 장소이어야 한다.

② 부하의 중심이어야 한다. 이것은 유지관리가 용이할 뿐만 아니라 배선의 감소화도 관련되기 때문이다.

③ 수전·변전·발전 등 전기기기 관련실이 서로 평면적·입체적으로 집약되어 있어야 한다. 이것은 유지 관리가 용이해질 뿐만 아니라 집중감시도 하기 쉽고 또 방화 구획적으로도 처리하기 쉽게 된다.

④ 고온·고습이 되지 않는 장소이어야 한다.

⑤ 주위에 소음이 없고 또 진동이 없어야 한다. 이것은 반대로 소음을 전달하지 않고 진동을 밖으로 전파하지 않도록 방에 조치를 하여야 한다.

⑥ 기기의 반입·반출이 편리하여야 한다.

⑦ 환기가 잘 되는 장소이어야 한다.

⑧ 기술원에 대하여 환경조건이 양호하여야 한다.

⑨ 방의 넓이, 천장의 높이(유효높이)가 충분하여야 한다.

(2) 변전실의 면적

변전실의 면적에 영향을 주는 요소는 다음과 같은 것이 있으나, 특히 변압기의 용량이 가장 큰 영향을 주는 요소이다.

① 수전전압
② 변압기용량 및 수량
③ 콘덴서의 용량 및 수량
④ 고압 수전반과 고압 분기반의 수량
⑤ 저압반의 수량
⑥ 기기의 형식
⑦ 보수 및 감시에 필요한 면적

일반적으로 전기설비의 설계에 착수하기 전에, 즉 위의 요소들이 확정되지 않은 단계에 빌딩의 변전실의 면적을 추정하여야 할 경우가 많으므로 어려움이 많다. 그러나 최근 수 년 동안에 신설된 수변전설비의 데이터로부터 변전실의 면적을 추정하는 계산식은 다음과 같다.

① 종래의 계산식

$$A_t = K_s \cdot W_t^{0.5} \tag{6-7}$$

단, A_t : 변전실의 면적 $[\text{m}^2]$

  W_t : 변압기 용량 $[\text{kVA}]$ (보통 고압수전)

② 최근의 계산식

$$A_t = K_s \cdot W_t^{0.7} \tag{6-8}$$

단, A_t : 변전실의 면적 $[\text{m}^2]$

  W_t : 변압기 용량 $[\text{kVA}]$

  K_s : 정수 0.4~1.3 중앙값 0.98(보통 고압수전)

    1.0~3.0 중앙값 1.7(특고로부터 보통 고압으로 변압)

    1.0~2.0 중앙값 1.4(특고로부터 400 V급으로 변압)

(3) 변전실의 천장 높이

변전실의 천장높이는 바닥에서 보 바로 밑 부분까지의 높이를 말하며,

① 보통 고압수전인 경우 3[m] 이상,
② 특고압수전일 경우 5[m] 이상으로 하는 것이 바람직하다.

높이가 확보되지 못할 때는 기기반입 등에 시간과 노무비가 많이 들게 될 가능성이 있으므로 충분히 검토하여야 한다.

2 │ 수변전 기기

수변전설비를 구성하고 있는 기기(機器)로서는 변압기·차단기·콘덴서·계기용 변성기·배전반·각종 개폐장치·보안장치 등 여러 가지를 들 수가 있다. 이들 각 기기가 정상적으로 기능을 발휘함으로써 수변전설비로서의 맡은 바 역할을 다할 수 있게 된다. 따라서 모든 기기는 신뢰도가 높아야함과 동시에 안전성·난연성·무보수화 등이 요구되고 있으므로, 설계를 할 때 충분히 검토하여야 한다.

2.1 변압기

1 변압기의 종류

변압기는 사용목적, 설치장소, 부하조건 등에 따라 특성상 또는 구조상 여러 가지로 구분된다. 변압기는 오래 전부터 신뢰성이 높은 기기의 하나로 내구성, 수명, 안전성 등으로 널리 이용되고 있다.

(1) 유입변압기

유입변압기(油入變壓器)는 옥내, 옥외를 불문하고 가장 많이 실용되고 있으며, 신뢰도가 높고 값이 싸서 일반적으로 널리 이용되고 있는 범용기이다.

가. 변압기유의 구비조건

① 절연성이 클 것
② 점도가 낮고, 냉각효과가 클 것
③ 인화점은 높고, 응고점은 낮을 것
④ 금속재료와 접해도 화학반응이 없을 것
⑤ 변압기유로는 석유계 광유가 쓰인다.

(a) 전력용 변압기 (power transformer)　　　(b) 배전용 변압기 (distribution transformer)

(c) 배전용 주상 변압기　　　(c) 배전용 주상 변압기　　　(e) 몰드 변압기
(2 bushing pole transformer)　(1 bushing pole transformer)　(mold transformer)

그림 6-11 각종 변압기의 외형

나. 절연유의 열화방지

유(油)보존기인 콘서베이터(conservator)를 부착하여 절연유의 열화를 방지한다.

다. 절연유 절연파괴시험

2년에 1회 이상 절연내력시험 및 산가측정실시

① 절연파괴전압 : 25[kV] 이상
② 전산가 : 0.2[mg KOH/g] 이하는 양호, 0.4[mg KOH/g] 이상은 불량

(2) 건식변압기

건식변압기(乾式變壓器)는 일반적으로 온도상승면에서 유리한 H종 절연이 사용된다. 유입변압기에 비해 절연강도가 낮고, 옥외용으로는 적합하지 않는 결점이 있는 반면, 절연유를 사용하지 않으므로 만일 사고 시에 폭발 또는 화재로 인한 2차적 재해의 위험이 적다. 따라서 화재방지를 중시하는 건물에 사용되며, 다음과 같은 이점이 있다.

① 기름을 전혀 사용하지 않으므로 화재의 위험성이 없다.
② 내습성(耐濕性)·내약품성이 우수하다.
③ 유입식에 비하여 소형·경량이다.
④ 기름이 없으므로 점검 및 보수가 용이하다.
⑤ 기름이 샐 염려가 없으므로 충전부는 완전히 접지된 강판제(鋼板製)인 큐비클 속에 수납할 수 있어 안전하며 또한 근대 건축과 조화할 수 있어 미관상 좋다.

(3) 몰드변압기(성형변압기)

몰드변압기는 본격적으로 채용되기 시작한 지 불과 몇 년을 경과한 새로운 타입의 건식변압기이다. 수지(樹脂)의 특성인 난연성, 절연의 고신뢰성, 보안점검의 용이, 에너지 절감 등 우수한 특징이 있으므로 화재방지를 중시하는 건물에서 수요가 급증하고 있다.

(4) 특수변압기

용도에 따라 특별한 고려가 필요하고, 전기로용, 접지용, 소호용, 정류형, 시동형, 시험용, 차량용, 선박용, 통신용 등이 있다.

예제 4

변압기의 용도를 간단히 열거하시오.

풀이　① 하나의 회로에서 다른 회로로 에너지를 전달힌다.
② 전압의 크기를 바꾼다(승압 또는 강압)
③ 직류는 차단하고 교류는 통과시켜준다. (회로의 분리)
④ 두 회로 간의 임피던스를 변환한다.
　(정합을 통한 최대전력을 전달하거나 부하 경감을 목적으로 한다.)

☑ 변압기의 결선방법

변압기의 결선방법에는 그림 6-12와 같이 여러 가지가 있으며, 각각 장단점이 있으므로 용도에 따라서 적절하게 선택하여야 한다.

(1) 단상 2선식 결선

이 결선방법은 소규모의 전등 또는 전열 또는 전열용 등에 사용된다.

(2) 단상 3선식 결선

이 결선방법은 2차측을 110/220[V]의 3선식으로 하는 것으로, 1분기 회로당의 등수를 약 2배로 할 수 있으므로 분기회로의 수를 감소할 수 있어, 배선 및 배관비가 대단히 경제적으로 된다.

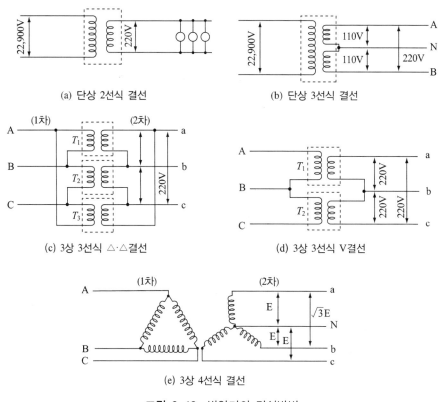

(a) 단상 2선식 결선

(b) 단상 3선식 결선

(c) 3상 3선식 △·△결선

(d) 3상 3선식 V결선

(e) 3상 4선식 결선

그림 6-12 변압기의 결선방법

(3) 3상 3선식(△-△)결선

이 결선방법은 일반 동력용 변압기의 결선에 사용되며, 1차측을 3,300[V](또는6,600[V]), 2차측은 220[V]로 하고 있다.

이 결선방법은 1대가 고장일 때도 나머지 2대를 V결선으로 하여 송전을 계속할 수 있으므로, 변압기 용량을 약간 크게 정해 두면 특별히 예비용 변압기를 두지 않아도 된다. 이때 V결선으로 하면 뱅크 출력은 3대일 때의 $1/\sqrt{3}$ (약 58[%])로 감소한다.

※ △-△결선의 장·단점은 다음과 같다.

가. 장점

① 제3고조파 전류가 △결선 내를 순환하므로 정현파 교류 전압을 유기하여 기전력의 파형이 왜곡되지 않는다.
② 1상분이 고장이 나면 나머지 2대로써 V결선 운전이 가능하다.
③ 각 변압기의 상전류가 선전류의 $1/\sqrt{3}$ 이 되어 대전류에 적당하다.

나. 단점

① 중성점을 접지할 수 있으므로 지락사고의 검출이 곤란하다.
② 권수비가 다른 변압기를 결선하면 순환전류가 흐른다.
③ 각 상의 임피던스가 다를 경우 3상 부하가 평형이 되어도 변압기의 부하전류는 불평형이 된다.

(4) 3상 3선식(V-V) 결선

이 결선방법은 △-△결선에서와 같이 1대가 고장일 때에 일시적으로 V결선으로 하는 경우도 있으나, 처음부터 변압기 2대로 V결선하여 운전하다가 장래에 부하가 증가할 경우에 1대를 증설하여 △결선으로 하기 위하여 1대분의 여유를 비워두는 일도 있다.

※ V-V결선의 장·단점은 다음과 같다.

가. 장점

① 2대의 변압기만으로도 3상 부하에 전력을 공급할 수 있다.

② 설치방법이 간단하고, 소용량이면 가격이 저렴하다.

나. 단점

① 설비의 이용률이 86.6[%]로 저하된다.

② △결선에 비해 출력이 57.7[%]로 저하된다.

③ 부하의 상태에 따라서 2차 단자전압이 불평형이 될 수 있다.

(5) 3상 4선식(△-Y) 결선

이 결선방법은 2차측을 3상 4선식으로 하는 경우에 채용되며, 접지를 한 중성선과 각 전압선 사이를 110[V]로 하고, 각 전압선 상호간에는 190[V]가 된다.

이것은 전등용 간선의 전기방식으로서 가장 경제적인 것으로 알려지고 있었으나, 최근에 대규모 빌딩이나 큰 공장의 배전선의 전압을 올림에 따라, 보다 경제적인 배선을 도모하기 위하여 400[V]급 3상 4선식이 보급되고 있다.

※ △-Y결선의 장·단점은 다음과 같다.

가. 장점

① Y결선의 중성점을 접지할 수 있다.

② Y결선의 상전압은 선간전압의 $1/\sqrt{3}$ 이므로 절연이 용이하다.

③ 1, 2차 중에 △결선이 있어 제3고조파의 장해가 적고, 기전력의 파형이 왜곡되지 않는다.

④ Y-△결선은 강압용으로, △-Y결선은 승압용으로 사용할 수 있어서 송전계통에 융통성 있게 사용된다.

나. 단점

① 1, 2차 선간전압 사이에 30°의 위상차가 있다.

② 1상에 고장이 생기면 전원공급이 불가능해 진다.

③ 중성점 접지로 인한 유도장해를 초래한다.

3 변압기의 병렬운전

(1) 단상 변압기의 병렬운전 조건

① 각 변압기의 극성이 같을 것

극성이 같지 않을 경우 2차권선의 순환회로에 2차 기전력의 합이 가해지고 권선의 임피던스는 작으므로 큰 순환전류가 흘러 권선을 소손 시킨다.

② 각 변압기의 1차 및 2차의 정격전압이 같을 것

1차 및 2차 기전력의 크기가 다르면 순환전류가 흘러 권선을 가열 시킨다.

③ 각 변압기의 % 임피이던스 강하가 같을 것

% 임피던스 강하가 다르면 부하 분담이 각 변압기의 용량의 비와 같게 되지 않아 부하분담이 균형을 이룰 수 없다.

④ 각 변압기의 내부저항과 누설리액턴스 비가 같을 것

각 변압기의 내부저항과 누설리액턴스 비가 다르면 각 변압기의 전류에 위상차가 생겨 동손이 증가한다.

(2) 3상 변압기의 병렬운전 조건

3상 변압기의 병렬운전 조건은 단상 변압기의 병렬운전 조건 이외에 다음의 조건을 만족하여야 한다.

① 상회전 방향이 같을 것
② 위상변위가 같을 것

또한, 3상 변압기를 병렬운전하는 경우 표 6-1과 같이 각 변압기의 1차 권선의 결선 및 2차권선의 결선이 같아야 한다. 1차 권선의 결선이 같다 하더라도 2차 권선의 결선이 다르면, 병렬 변압기의 2차 전압 사이에는 위상차가 생겨서 2차 회로에는 순환전류가 흐르게 되므로 병렬운전이 불가능하게 된다. 또한 단상변압기 3대를 △-△결선으로 한

2뱅크를 병렬운전하고 있다가 한 뱅크 중의 단상 변압기 1대가 고장이 나서 V-V 결선으로 하였을 경우, △-△와 V-V를 병렬 접속시키면 임피던스가 불평형하기 때문에 각 단상 변압기가 병렬운전하는 데 필요한 조건을 갖추고 있다고 하더라도 부하분담은 평형을 유지하지 못하는 결점이 생긴다.

표 6-1 3상 변압기의 결선방식에 따른 병렬운전의 가능여부

병렬운전 가능한 결선	병렬운전 불가능한 결선
△-△ 와 △-△	
Y-△ 와 Y-△	△-△와 Y-△
Y-Y 와 Y-Y	△-△와 △-Y
△-Y 와 △-Y	Y-Y 와 Y-△
△-△ 와 Y-Y	Y-Y 와 △-Y
△-Y 와 Y-△	

4 단상 변압기 3대와 3상 변압기 1대의 득실

변압기의 신뢰도가 향상됨에 따라 동력용으로는 3상 변압기를 사용하는 경우가 많아지고 있다. 단상 변압기 3대와 용량이 동일한 3상 변압기 1대를 비교하면 가격, 치수, 중량, 특성, 보수의 어느 사항에서도 3상 변압기가 우수하다. 그러나 단상 변압기가 사용되는 것은 다음과 같은 이유 때문이다.

① 저압 단상배전이 널리 보급되고 있다.
② 단상 변압기는 2대만으로도 3상 배전이 가능하다. 따라서 3대 중 1대가 고장이 발생하여도 부하를 58[%] 줄이면 통전할 수 있다.
③ 단상 변압기는 3상 변압기보다 크기가 작으므로 운반이 편리하다.

용량이 동일한 변압기를 단상과 3상으로 나누어서 비교하면 표 6-2와 같다. 일반적으로 50[kVA]이하는 단상 변압기를 사용하고, 250[kVA] 이상은 3상 변압기를 사용하고 있다.

표 6-2 단상 변압기와 3상 변압기의 비교

종별	설치 바닥 면적	변압기의 가격	예비용 변압기	운 반
단상	3상 전력을 변환하기 위하여 2~3대를 요하므로 바닥 면적이 크다.	동일한 합계 용량에 대하여 3상식 보다 비싸다.	3상식에 비하여 예비변압기 1대의 용량이 적다. 또한 1대가 고장시에 V결선으로 운전할 수 있으므로 예비를 두지 않아도 되는 경우가 있다.	각 변압기가 3상식보다 적으므로 운반이 편리하다.
3상	1대로 가능하므로 바닥 면적이 적다.	단상식에 비하여 싸다.	예비용으로 큰 3상 변압기를 설치할 필요가 있다.	단상식에 비하여 대형이므로 운반이 불편하다.

5 변압기의 개폐기 및 과전류 차단기

변압기의 1차측에는 과전류 차단기로서 차단기 방출형 퓨즈, 컷아웃스위치 또는 이와 동등 이상의 것을 사용하여야 한다.

다만, 상용전압 3,500[V] 이하일 경우에는 선전류 15[A] 이하의 변압기 보안장치로서 애자형 개폐기를 사용할 수 있다. 이 경우 애자형 개폐기에는 엠파이어 튜브입 퓨즈, 기타 차단용량을 증대시킨 형식의 것을 사용하여야 한다.

6 절연협조, 기준충격 절연강도

(1) 절연 협조

절연 협조(Insulation Coordination)란 계통 내의 각 기기, 기구, 애자 등의 상호간에 적절한 절연강도를 갖게 함으로써 계통 설계를 합리적이고 경제적으로 할 수 있게 한 것을 말한다.

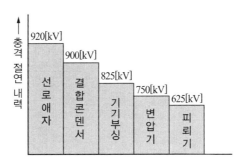

그림 6-13 절연 협조(154[kV] 송전계통)

(2) 절연 계급

절연 계급이란 전력용 기기나 계통, 공작물 등의 절연강도를 표시하는 계급을 말하는 것으로 [절연계급 = 공칭전압/1.1]에 의하여 계산되며, 절연 설계를 할 때, 기준충격 절연강도 산출의 기본이 된다. 절연 계급을 통해 계통 내, 외부에서 발생하는 이상 전압을 표준화할 수 있고 절연 계통을 체계화할 수 있다.

(3) 기준충격 절연강도(BIL)

기준충격 절연강도(Basic Impulse Insulation Level)란 기기나 설비 등의 절연이 그 기기에 가해질 것으로 예상하는 충격 전압에 견디는 강도를 말한다. 일반적인 기준이 되는 것은 절연 계급과 계통에서 발생할 수 있는 최대 전압인 뇌 충격파 등이 있다.

BIL은 절연 계급 20호 이상의 비유효 접지계에 있어서는 다음 식과 같이 계산된다.

$$\text{BIL} = \frac{공칭전압}{1.1} \times 5 + 50 \ [\text{KV}]$$

2.2 차단기

차단기는 전로를 개폐할 수 있을 뿐만 아니라 이상상태(과전류, 단락, 지락 등)가 발생하면 계전기와 트립코일의 조합에 의하여 전로를 자동적으로 개방함으로써 기기를 보호하는 목적에 사용된다.

📵 차단기의 종류

변전소와 자가용 고압 및 특고압 전기설비에 종래에는 유입차단기(OCB)가 많이 사용되었으나, 근래에는 성능 면과 보수 면에서 우수하고 화재의 위험성이 없으며, 최근 전기설비의 소형화 추세에 따라 차단성능 면에서 우수한 차단기들이 개발되어 점점 진공 차단기(VCB), 가스 차단기(GCB) 등으로 바뀌어 가고 있는 추세이다.

차단기는 아크를 소호하는 방식에 따라 다음과 같이 구분한다.

① 공기 차단기(ABB : Air Blast Circuit Breaker)
② 자기 차단기(MBB : Magnetic Blast Circuit Breaker)

③ 진공 차단기(VCB : Vacuum Circuit Breaker)

④ 가스 차단기(GCB : Gas Circuit Breaker)

(a) 누전차단기

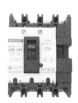
(b) 배선용 차단기

(c) 기중차단기

그림 6-14 저압용 차단기

(a) ABB

(b) MBB

(c) VCB

(d) GCB

그림 6-15 고압용 차단기

표 6-3 차단기의 종류별 특징

구 분	ABB	MBB	VCB	GCB
소호방식	압축공기로 불어서 소호	아크의 자계작용 이용	진공 중의 아크확산	SF₆가스 확산
정격전압[kV]	12~36	12	3.6~36	12~550
차단시간[Hz]	2~5	8, 5	3	2~5
단락전류	대전류 차단	대전류 차단	대전류 차단	대전류 차단
연소성	난연성	난연성	불연성	불연성
보수 · 점검	간단	간단	극히 간단	복잡
개폐시 서지전압	낮다	낮다	매우 높다	낮다
가격	고가	고가	중간	고가

(1) 공기 차단기

공기 차단기(ABB ; Air Blast Breaker)는 차단기를 개방할 때 접촉자가 열리면서 발생하는 아크를 고기압($10{\sim}30[\mathrm{kg/cm^2}]$)의 압축공기를 차단 아크에 불어서 소호하여 주는 구조이다.

차단기에는 저항(비직선성)과 콘덴서가 병렬로 접속되어 있으므로, 각 점의 전압 분포가 균등하게 되도록 되어 있으며, 특징은 다음과 같다.

<장점>

① 화재의 위험이 없다.
② 소호능력이 시간이나 전류 크기에 관계없이 일정하다.
③ 차단 성능이 우수하다.
④ 개폐빈도가 많은 장소에 유리하다.
⑤ 보수, 점검이 비교적 용이하다.

<단점>

① 공기 배출시 소음이 발생한다.
② 압축공기의 누설 우려가 있다.
③ 압축공기 저장용 탱크가 필요하다.

④ 설치 면적이 넓다.

(2) 자기 차단기

자기 차단기(MBB ; Magnetic Blast Circuit Breaker)는 트립(trip) 지령에 따라 주접촉자, 아크 접촉자의 순으로 열리면 아크는 아크슈트(arc shoot) 속의 아크 홈(arc home)으로 이행(移行)함과 동시에 차단전류에 의해서 자기소호(磁氣消弧) 코일 내에 형성된 자계와의 사이의 전자력에 의해서 아크는 아크슈트 속으로 강제적으로 흡입하여 아크 저항의 증대와 강력한 냉각작용을 받아서 차단이 이루어지는 구조이다. 기름을 전혀 사용하지 않으므로 빌딩 등에서 많이 사용된다.

자기 차단기는 3.3~12[kV]의 낮은 전압에서 주로 사용되며, 특징은 다음과 같다.

① 화재, 폭발의 위험이 없다.
② 차단성능의 저하가 없다.
③ 보수가 비교적 쉽다.
④ 소호능력 면에서 특고압에 적당하지 않다.

(3) 진공 차단기

진공 차단기(VCB ; Vacuum Circuit Breaker)는 진공에서의 높은 절연내력과 아크 생성물이 고진공 용기 내에서 급속한 확산을 이용하여 소호하는 구조로서 최근에 36 kV에서 많이 사용되고 있는 교류 차단기이다.

진공 차단기의 특징은 다음과 같다.

① 매우 높은 절연내력과 소형, 경량이다.
② 차단시간(3 cycle)이 짧고 개폐 수명이 길다.
③ 화재의 위험이 없다.
④ 차단성능은 우수하나 동작시 높은 서지전압을 발생시키는 결점이 있다.
⑤ 구조가 간단하고 보수, 점검이 용이하다.

(4) 가스 차단기

가스 차단기(GCB ; Gas Circuit Breaker)는 절연강도와 소호능력이 뛰어난 불활성

가스인 SF_6가스를 이용한 차단기로서 개폐시에 발생한 아크에 SF_6가스를 분사하여 소호 (공기의 약 100배)하는 방식이다.

가스 차단기의 특징은 다음과 같다.

① 절연 내력, 소호 능력이 우수하다.

② 개폐시 소음이 작고, 가격이 고가이다.

③ 설치 면적이 적어 대부분 초고압 계통의 차단기로 많이 사용된다.

④ 화재의 위험이 없다

⑤ 보수, 점검회수가 많다

※ SF_6가스의 특징

(1) 물리적, 화학적 성질

① 열전도성이 뛰어나다.

② 화학적으로 불활성이다.

③ 무색, 무취, 무해, 불연성이다.

④ 비중은 공기의 5배이다.

(2) 전기적 성질

① 절연내력이 높다(공기의 2~3배).

② 소호능력이 우수하다(공기의 약 100배).

③ 절연회복이 빠르다.

④ 아크가 안정적이다.

2 정격전압

차단기의 **정격전압**(rated voltage)은 차단기에 인가하여 사용할 수 있는 회로의 최대허용전압을 말하며, 차단기의 정격전압은 다음 식으로 나타낼 수 있다.

일반적으로 선간전압(실효치)으로 나타낸다.

$$정격전압 = 공칭전압 \times \frac{1.2}{1.1} \ [kV] \tag{6-9}$$

표 6-4 차단기의 정격전압

공칭전압 [kV]	정격전압 [kV]
3.3	3.6
6.6	7.2
22 kV-△ 22.9 kV-Y	24 25.8
66	72.5
154	170
345	362

참고

① **공칭전압(Nomial Voltage)** : 전선로를 대표하는 선간전압

　　220 V, 380 V, 440 V, 3.3 kV, 6.6 kV, 22.9 kV, 154 KV, 345 KV 등

② **정격전압(Rated Voltage)** : 제조사가 보증하는, 규정된 조건에 따라 사용되는 전기회로의 입력 또는 출력 전압의 상한

예제 5

22[kV]의 정격전압은?

풀이　　　　　　　　　　$$22 \times \frac{1.2}{1.1} = 24[\text{kV}]$$

[주] 공칭전압 22[kV]의 정격전압은 24[kV]이나 22.9[kVY] 계통은 정격전압 계산식에 의하여 계산하면 약 25[kV]가 되지만 한국전력공사 표준에 의하여 25.8[kV]로 규정하고 있다.

---

③ 정격전류

차단기의 **정격전류**(rated current)는 정격전압 및 정격주파수에서 규정의 온도상승 한도를 초과하지 않고 연속적으로 통전할 수 있는 전류의 한도를 말한다.

차단기의 정격전류는 부하전류에 따라 결정되지만, 일반 회로에서는 회로전류의 120[%] 이상인 정격전류를 갖는 차단기를 사용하는 것이 좋다. 특히, 콘덴서군(群)에 사용하는 것은 콘덴서군 전류의 150[%]이상인 정격전류를 갖는 차단기를 선정하는 것이 좋다.

3상의 경우 정격전류는 다음과 같이 구한다.

$$I_n = \frac{P}{\sqrt{3}\ V\cos\theta}\ [\text{A}] \tag{6-10}$$

단, P : 설비용량 [kW] V : 정격전압 [kV] $\cos\theta$: 역률

또한 정격전압과 정격주파수에서 규정된 사용조건에 따라 차단할 수 있는 차단전류의 한도를 **정격차단전류**라고 하며 교류분의 실효값으로 표시한다.

과거에는 정격차단용량으로 표시되었으나, 근래에는 정격차단전류로 표시하는 경향이 있다.

차단용량은 다음 식에 의하여 구한 후 참고 값으로 하고 있다.

$$\text{정격차단전류}\ I_S = \frac{100}{\%\,Z}\ I_n\ [\text{kA}]$$

(1) 정격 차단용량

$$\text{차단용량[MVA]} = \sqrt{3} \times \text{정격전압[kV]} \times \text{정격차단전류[kA]} \tag{6-11}$$

$(\sqrt{3}\,$은 3상의 경우$)$

① 3상 단락전류

$$
\begin{aligned}
I_{S3} &= \frac{\text{기준용량[kVA]}}{\sqrt{3} \times \text{공칭(수전)전압[kV]}} \times \frac{100}{\%\,Z} \\
&= \text{정격전류}\,[A] \times \frac{100}{\%\,Z} \tag{6-12}
\end{aligned}
$$

단, I_{S3} : 3상 단락전류 [A] $\%\,Z$: 합성 % 임피던스

② 3상 단락용량

$$
\begin{aligned}
P_S &= \sqrt{3} \times \text{3상 단락전류}\,[A] \times \text{공칭전압}\,[kV] \\
&= \text{기준용량[kVA]} \times \frac{100}{\%\,Z} \tag{6-13}
\end{aligned}
$$

단, P_S : 3상 단락용량 [kVA] $\%\,Z$: 합성 % 임피던스

(2) 수전용 차단기의 차단용량

$$C_S = 기준용량[\text{kVA}] \times \frac{100}{\%Z} \qquad (6\text{-}14)$$

단, C_S : 수전용 차단기의 차단용량 [kVA]

$\%Z = \sqrt{\%R^2 + \%X^2}$: 선로의 합성 %임피던스

(3) 변압기의 2차측용 차단기의 차단용량

$$C_r = 변압기용량[\text{kVA}] \times \frac{100}{\%Z} \qquad (6\text{-}15)$$

단, C_r : 변압기의 2차측용 차단기의 차단용량 [kVA]

$\%Z$: 변압기의 % 임피던스

① 단락전류

$$단락전류 = \frac{정격전압}{변압기\ 임피던스}$$

$$= 정격전류[\text{A}] \times \frac{100}{\%Z} \qquad (6\text{-}16)$$

② %X의 환산

$$\text{P.U.X [per-unit reactance]} = \frac{100}{\%Z} \qquad (6\text{-}17)$$

$$\text{P.U.X (계산기준 kVA에 대한 PUX)} = \frac{R \times 기준\,\text{kVA}}{1{,}000 \times (\text{kV})^2} \qquad (6\text{-}18)$$

③ 기준 [kVA]의 환산

변압기, 발전기, 전동기 등 계통 중의 요소는 자기 [kVA]를 기준으로 하여 P.U.X를 표현하고 있으므로, 계산에 유리한 기준 kVA에 대하여 환산할 필요가 있다.

P.U.X (환산 후의 기준 kVA에 대한)

$$= \frac{환산\ 후의\ 기준\ \text{kVA}}{환산\ 전의\ 기준\ \text{kVA}} \times \text{P.U.X(환산 전의 기준 kVA에 의한 P.U.X)} \qquad (6\text{-}19)$$

예제 6

수전전압 6,600[V], 계약전력 300[kW], 3상 단락전류가 8,000[A]인 자가용 수용가의 수전용 차단기의 차단용량[MVA]은 얼마인가?

풀이 수전전압 6,600[V]의 정격전압은 7,200[V]이므로

$$차단용량[MVA] = \sqrt{3} \times 정격전압[kV] \times 정격차단전류[kV]$$
$$= \sqrt{3} \times 7.2 \times 8$$
$$= 99.76[MVA]$$

따라서, 차단기는 100[MVA]를 선정하면 된다.

---

4 차단기의 투입과 트립방식

(1) 차단기의 투입방식

① **수동직접 조작방식** : 인력에 의하여 직접 투입하는 방식이다.
② **전기 조작 방식** : 전자 솔레노이드(solenoid) 또는 전동기 등에 의하여 투입하는 방식이며, 조작전원에 따라 직류조작과 교류조작으로 나누어진다. 직류조작은 축전지 등의 직류전원에 의하는 것이고, 교류조작은 투입조작용 정류기에 의하여 단상전파정류(單相全波整流)를 하여 직류로 조작하는 방식이다.

(2) 차단기의 트립 방식

차단기의 트립 방식을 선정할 때는 보호하여야 할 대상과 트립 전원을 명확히 하여야 한다.

트립 방식에는 다음과 같은 방식이 있다.

① 과전류 트립 방식 : 차단기 주회로에 접속된 변류기의 2차 전류에 의해 차단기가 트립되는 방식
② 직류전압(DC) 트립 방식 : 별도로 설치된 축전지 등의 제어용 직류전원에 의하여 차단기가 트립되는 방식
③ 콘덴서 트립 방식 : 충전된 콘덴서의 직류 전원에 의하여 차단기가 트립되는 방식

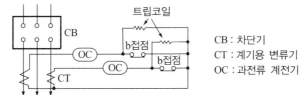

CB : 차단기
CT : 계기용 변류기
OC : 과전류 계전기

[주] 평상시에는 b접점이 폐로 상태로 TC에 전류가 흐르지 않도록 바이패스
되어 있고, 과전류로 계전기가 동작하면 b접점이 열리고 TC에 전류를
흘려 차단기를 트립 한다.

그림 6-16 과전류(변류기 2차 전류) 트립 방식

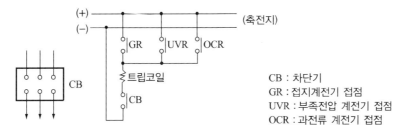

CB : 차단기
GR : 접지계전기 접점
UVR : 부족전압 계전기 접점
OCR : 과전류 계전기 접점

그림 6-17 직류전압 트립 방식

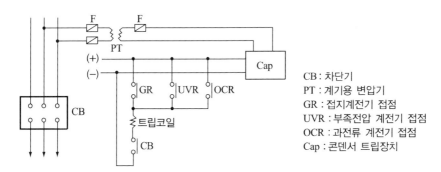

CB : 차단기
PT : 계기용 변압기
GR : 접지계전기 접점
UVR : 부족전압 계전기 접점
OCR : 과전류 계전기 접점
Cap : 콘덴서 트립장치

그림 6-18 콘덴서 트립 방식

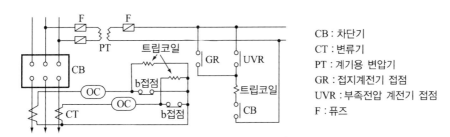

CB : 차단기
CT : 변류기
PT : 계기용 변압기
GR : 접지계전기 접점
UVR : 부족전압 계전기 접점
F : 퓨즈

그림 6-19 과전류 트립방식과 부족전압 트립방식

④ 부족전압 트립 방식 : 부족전압 트립장치에 인가되어 있는 전압의 저하에 의하여 차단기가 트립되는 방식

5 차단기의 표준 동작책무

차단기의 표준 동작책무란 차단기가 1회 또는 2회 이상의 투입, 차단 동작을 일정시간 간격을 두고 행하는 일련의 동작을 말하며, 차단기의 동작에 필요한 동작 책무를 기준으로 하여 그 차단기의 차단성능, 투입성능 등을 정한 것을 **표준 동작책무**라고 한다.

차단기의 표준 동작책무의 예
- 일반용 : CO-15sec-CO (투입/차단-15초후-투입/차단)
- 고속 재투입용 : O-0.3sec-CO-3min-CO (차단-0.3초후-투입/차단-3분후-투입/차단)

여기서, C는 CLOSE(투입), O는 OPEN(차단), CO는 투입 후 차단을 의미한다.

6 과전류 트립 전류의 설정장치

그림 6-20의 과전류 트립 설정장치의 조정 노브(knob)를 돌리면 철심이 상하로 이동할 수 있게 되어 있으며, 눈금판 위의 숫자는 TC로부터 흐르는 전류를 설정하는 값을 나타낸 것이다. 철심이 5의 위치에 있을 때가 3의 위치에 있을 때보다 TC에 가까이 위치하므로 차단기는 차단되기 쉽다.

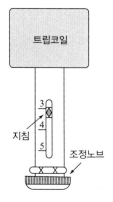

그림 6-20 과전류 트립 설정장치

22.9[kV] 수전설비의 부하전류가 30[A]이며 CT는 60/5(1차 전류/2차 전류)[A]의 변류기를 통하여 과부하 계전기를 시설하였다. 125[%]의 과부하에서 차단하려면 과부하 트립 전류치를 몇 [A]로 설정하여야 하는가?

풀이 부하전류 30[A]에 대하여 125[%]의 과부하 이상의 전류가 흐르면 차단기를 작동하도록 하여야 한다. 따라서 30[A] 의 125[%]에 해당하는 CT의 2차 전류가 트립 전류설정치가 된다.

$$60 \ A : 5 \ A = 30 \ A \times 1.25 : x(설정치)$$

$$\therefore \ x = 30 \times 1.25 \times \frac{5}{60} = 3.1[A]$$

2.3 진상용 콘덴서

전등 및 전열부하는 역률이 좋지만, 유도 전동기를 많이 사용하는 동력부하는 역률이 좋지 않아서 부하설비의 종합역률이 떨어진다. 역률을 개선하기 위해서는 부하와 병렬로 콘덴서를 접속한다. 이를 **진상용 콘덴서**(SC ; Static Capacitor) 또는 **전력용 콘덴서**라 한다.

일반적인 콘덴서 설비의 구성기기는 진상용 콘덴서, 직렬 리액터, 방전장치, 개폐기, 조작반 등으로 구성한다.

1 직렬 리액터

대용량의 콘덴서를 설치하면 고조파전류가 증대하여 파형이 나빠지므로, 파형 개선을 위해 **직렬 리액터**(SR ; Series Reactor)를 설치하여야 한다. 직렬 리액터의 용량은 콘덴서 용량의 6[%]가 표준정격이다. 일반적으로 뱅크 용량이 500[kVA] 이상일 때 설치하며, 100[kVA] 이하인 소용량 뱅크에서는 경제적인 이유로 설치하지 않는 수가 있으나, 양호한 파형을 얻기 위해서는 설치하는 것이 좋다.

2 방전장치

고압 및 특별고압 진상용 콘덴서의 회로에는 방전코일 기타 개로 후의 잔류전하(殘溜電

荷)에 의해 발생하는 위험의 방지와 재투입할 때 콘덴서에 걸리는 과전압의 방지를 위해서 **방전장치**(DC ; Discharging Coil)를 사용한다.

방전장치로서는 방전코일과 방전저항의 두 가지가 있으며, 경제적인 이유에서 대용량 뱅크에서는 방전저항이 사용된다. 방전장치는 콘덴서 회로에 직접 접속하거나 또는 콘덴서 회로를 개방하였을 경우에 자동적으로 접속되도록 장치하고, 개로 후 5초 이내에 콘덴서의 잔류전하를 50[V] 이하(저압진상용 콘덴서는 3분 이내에 75[V] 이하)로 저하시킬 수 있는 능력의 것을 설치하는 것이 원칙이다.

그러나 콘덴서를 현장조작 개폐기보다도 부하측에 직접접속되어 있는 경우와 콘덴서가 변압기의 1차측에 개폐기. 퓨즈. 유입차단기 등을 경유하지 않고 직접접속되어 있는 경우에는 방전장치를 생략할 수 있다.

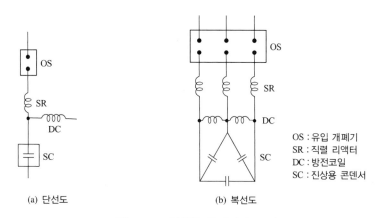

OS : 유입 개폐기
SR : 직렬 리액터
DC : 방전코일
SC : 진상용 콘덴서

(a) 단선도　　　　(b) 복선도

그림 6-21 진상용 콘덴서의 구성

(1) 콘덴서는 그의 총용량이 300[kVA] 초과 600[kVA] 이하의 경우에는 2군 이상, 600[kVA]를 초과할 때에는 3군 이상으로 분할하고 또한 부하의 변동에 따라서 접속 콘덴서의 용량을 변화시킬 수 있도록 개폐기를 시설하여야 한다. 다만, 부하의 성질상 접속 콘덴서의 용량을 변화시킬 필요가 적은 것은 그렇지 않다

(2) 콘덴서의 회로에는 전용의 과전류 트립코일이 있는 차단기를 설치하여야 한다, 다만, 콘덴서의 용량이 100[kVA] 이하의 경우에는 유입 개폐기(O.S) 또는 이와 유사한 것(인터럽터 스위치 등) 50[kVA] 미만의 경우에는 컷 아웃 스위치(직결로 한다)을 사용할 수 있다.

③ 콘덴서 용량의 계산

(1) 계산식에 의한 방법

콘덴서의 소요용량은 현재의 부하 [kW] 또는 [kVA]와 역률을 실측하고, 개선 후의 역률을 예정하면 다음 식에 의해 산출할 수 있다.

$$Q = P \times \left(\sqrt{\frac{1}{\cos^2 \theta_1} - 1} - \sqrt{\frac{1}{\cos^2 \theta_2} - 1} \right) \qquad (6-20)$$

단, Q : 콘덴서 용량 [kVA], P : 부하 [kW] = [kVA] $\times \cos \theta$

    $\cos \theta_1$: 개선 전의 역률, $\cos \theta_2$: 개선 후의 역률

$$C = \frac{Q}{2 \pi f E^2} \qquad (6-21)$$

단, C : 진상용 콘덴서 정전용량 [μF], E : 전압 [V]

    f : 주파수 [Hz]

역률개선은 저압측의 각부하마다 콘덴서를 설치하는 것이 이상적이지만 설비비가 많아지므로 자가용 수변전설비에서는 고압 모선측에 집중해서 콘덴서를 설치하는 것이 보통이다. 개선 후의 역률은 95[%] 이상으로 하면 콘덴서의 용량이 급격히 증가하여 경제적이 못되므로, 95[%]를 목표로 하여 개선하는 것이 바람직하다.

예제 8

역률을 개선하면 전기요금의 절감과 배전선의 손실경감, 전압강하 감소, 설비여력의 증가 등을 기할 수 있으나 너무 과보상하면 역효과가 나타난다. 즉 경부하시에 콘덴서가 과대 삽입되는 경우의 결점은 무엇인가?

풀이   ① 앞선 역률에 의한 전력손실발생
        ② 단자 전압의 상승
        ③ 계전기 오동작

---

(2) 간이 계산표에 의한 방법

콘덴서의 용량은 일반적으로 식 (7-17)에 의하여 계산하는데, 실용상으로는 표 6-17과 같은 간이 계산표를 사용하면 편리하다.

2.4 개폐기

① 단로기(DS)

단로기(DS ; Disconnecting Switch)는 개폐기의 일종으로서 공칭전압 3.3[kV] 이상의 전로에 사용되며, 점검·측정·시험 및 수리를 할 때, 기기를 활선으로부터 분리하여 확실하게 회로를 열어 놓거나 또는 회로변경이 필요할 때 사용된다. 부하전류의 개폐는 차단기·개폐기 등으로 행하고, 단로기는 부하전류의 개폐를 하지 않는 것이 원칙이다. 그러나 배전선로의 **충전전류**(充電電流)와 변압기의 **여자전류**(勵磁電流) 등의 극히 미약한 전류는 개폐할 수 있다. 따라서 단로기는 반드시 차단기를 열고나서 개폐하여야 한다.

(1) 정격전압 및 취부방법

정격전압은 사용회로 공칭전압의 1.2/1.1배로 표시하며, 고압회로용에는 3.6[kV]와 7.2[kV]급이 있다.

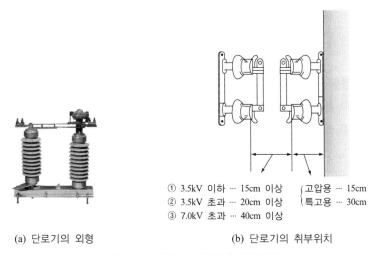

① 3.5kV 이하 … 15cm 이상   고압용 … 15cm
② 3.5kV 초과 … 20cm 이상   특고용 … 30cm
③ 7.0kV 초과 … 40cm 이상

(a) 단로기의 외형   (b) 단로기의 취부위치

그림 6-22 단로기 외형과 취부위치

단로기의 취부방법 주위의 조영재로부터 고압인 것은 15[cm], 특고압인 것은 30[cm]이상 떼어서 취부한다. 또한 단로기와 단로기 사이는 다음에 명시한 값 이상으로 이격하는 것을 원칙으로 한다.

① 사용전압이 3,500[V] 이하인 것은 15[cm] 이상
② 사용전압이 3,500[V] 초과인 것은 20[cm] 이상
③ 사용전압이 7,000[V] 이상 특고압인 것은 40[cm] 이상

(2) 단로기와 차단기의 조작순서

단로기는 아크소호 능력이 없으므로 반드시 무부하시(여자전류, 충전전류 제외)에만 개폐를 하여야 한다.

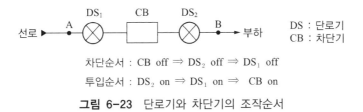

차단순서 : CB off ⇒ DS$_2$ off ⇒ DS$_1$ off
투입순서 : DS$_2$ on ⇒ DS$_1$ on ⇒ CB on

그림 6-23 단로기와 차단기의 조작순서

② 고장구간 자동개폐기

고장구간 자동개폐기(ASS : Automatic Section Switch)는 수용가구내에 사고(지락사고, 단락사고 등)를 자동 분리하고 그 사고의 파급확대를 방지하기 위하여 수용가 구내설비의 피해를 최소한으로 억제하기 위하여 개발된 선로 인입구 개폐기로, 공급변전소 차단기(CB)와 후비 보호장치와 협조하여 사고발생 시 고장구간을 자동 분리하도록 하여야 한다.

③ 자동 부하전환 개폐기

자동 부하전환 개폐기(ALTS : Automatic Load Transfer Switch)는 22.9 kV-Y] 접지계통의 지중 배전선로에 사용되는 개폐기로서 중요 시설(공공기관, 병원, 인텔리전트 빌딩, 상하수도 처리시설 등)의 정전 시에 큰 피해가 예상되는 수용가에 이중전원을 확보하여 주전원의 정전 시나 정격전압 이하로 떨어지는 경우 예비전원으로 자동 전환되어 무정전 전원공급을 수행하는 개폐기이다.

(a) 고장구간 자동개폐기(ASS)   (b) 자동 부하전환 개폐기(ALTS)

그림 6-24 ASS와 ALTS

4 부하 개폐기

부하 개폐기(LBS ; Load Breaker Switch)는 고압 또는 특고압 부하 개폐기는 고압전로에
사용하며, 정상상태에서는 소정의 전류를 개폐 및 통전하고, 그 전로가 단락상태가 되어
이상전류가 흐르면 규정시간 동안 통전할 수 있는 개폐기이다. 여기서, 소정의 전류란
부하전류, 여자전류 및 충전전류를 말하며, 실제로 사용할 때는 전력퓨즈를 부착하여
사용한다.

(a) 기중 부하개폐기   (b) 가스절연 부하개폐기

그림 6-25 기중 부하개폐기와 가스절연 부하개폐기

5 선로 개폐기

선로 개폐기(LS ; Line Switch)는 보안상 책임 분계점에서 보수 점검 시 전로를 개폐하기 위하여 시설하는 것으로 반드시 무부하 상태에서 개방하여야 하며, 단로기와 비슷한 용도로 사용한다. 근래에는 LS 대신 ASS를 사용하며, 22.9[kV-Y] 계통에서는 사용하지 않고 66[kV] 이상의 경우에 LS를 사용한다.(300[kVA] 이하의 경우에는 기중 부하개폐기를 사용한다).

6 인터럽터 스위치

인터럽터 스위치(Interrupter Switch)는 배전선로 및 수용가의 고압 인입구에 설치하여 수동 또는 자동으로 원방조작에 의해 부하의 분리 및 투입시 사용한다. 개폐시 발생하는 아크(arc)는 소호통에 의해 소멸되며 소호통은 개폐시 발생하는 아크를 소호통의 좁은 통로를 지나는 동안에 냉각, 분산하여 소호시킨다.

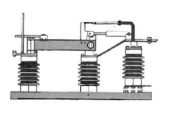
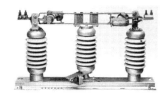

(a) 선로 개폐기   (b) 인터럽터 스위치

그림 6-26   선로 개폐기와 인터럽터 스위치

7 컷아웃 스위치

변압기의 1차측 과전류 차단기로서는 유입차단기, 방출형 퓨즈(EF ; Expulsion Fuse), 고압 컷아웃 스위치(PCS ; Primary Cut-out Switch) 등이 있으나, 현재 사용되고 있는 것은 거의 대부분이 고압 **컷아웃 스위치**(COS)이다.

고압 컷아웃 스위치는 절연내력이 높은 재질로 만들어져 있으며, 개폐기 내부에 퓨즈를 취부 할 수 있는 장치를 갖춘 소형 단극 개폐기로서 공칭전압 6.6[kV] 회로에 사용되는 상자형 또는 통형 형상의 개폐기이다. 22.9[kV]급의 특고압에는 컷아웃 스위치(COS)가 사용된다.

고압 컷아웃 스위치는 퓨즈가 절단되면 자동적으로 뚜껑이 열려 절단된 것을 알 수 있다. 대부분의 고압 컷아웃 스위치는 전력회사에서 사용되고 있으며, 통상 저압수용가에서 전력을 공급하는 배전용 변압기의 보호 및 개폐장치로 그 1차측에 설치된다.

또 이 밖에 일반 고압 수용가에서의 구내 변압기 보호용으로도 사용된다.

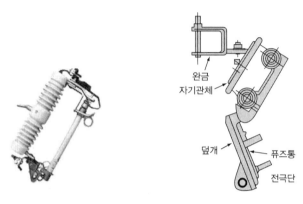

(a) 컷아웃 스위치(COS)　　　　　　(b) 고압 컷아웃(PCS)

그림 6-27 컷아웃 스위치(COS)와 고압 컷아웃(PCS)

표 6-5 개폐기의 종류

구 분	기능 및 성능	용 도
단로기	• 전로의 접속을 바꾸거나 접속을 끊는 목적으로 사용 • 무부하 상태에서만 전로개폐(여자전류, 충전전류 제외) • 전류의 차단능력은 없음	• 변압기, 차단기 등의 보수 점검을 위해 설치하는 회로분리용 • 전력계통 변환을 위한 회로분리용
부하 개폐기	• 평상시 부하전류의 개폐는 가능하나 이상시(과부하, 단락 등)의 보호기능은 없음	• 개폐빈도가 적은 부하개폐용 스위치로 사용
전자 접촉기	• 평상시 부하전류 혹은 과부하 전류 정도까지는 안전하게 개폐 • 부하의 개폐제어를 주목적으로 하고 개폐빈도가 많음 • 전기조작이 주체임	• 부하의 조작, 제어용 스위치로 사용 • 전력용 퓨즈와 조합하여 널리 사용
차단기	• 평상시의 부하전류는 물론 단락전류와 같은 사고시의 대전류도 지장없이 개폐	• 주회로 보호용 차단기로 사용
전력용 퓨즈	• 어느 정도의 과부하전류에서 단락전류까지 대전류 차단 • 전로의 개폐기능은 없음(용단후 재사용불가)	• 고압개폐기와 조합하여 사용

예제 9

가스절연개폐기(GIS)의 구성품 4가지를 쓰시오.

풀이　① 차단기
　　　　② 단로기
　　　　③ 계기용 변압기
　　　　④ 변류기

예제 10

가스절연개폐기(GIS)의 장점을 4가지만 쓰시오.

풀이　① 소형화 할 수 있다.
　　　　② 충전부가 완전히 밀폐되어 안정성이 높다.
　　　　③ 소음이 적고 환경조화를 기할 수 있다.
　　　　④ 대기 중의 오염물의 영향을 받지 않으므로 신뢰도가 높다.

2.5　전력퓨즈

전력퓨즈(PF ; Power Fuse)는 고압 및 특고압의 전선로나 기기를 단락전류로부터 보호할 목적으로 사용하는 것이며, 소호방식에 따라 한류형과 비한류형이 있으며, 한류형 퓨즈는 높은 아크저항을 발생하여 사고전류를 강제적으로 한류(억제)하여 차단하는 퓨즈이며 밀폐절연물 안에 퓨즈 엘레멘트와 규소 등의 소호제를 충전·밀폐한 구조이며, 현재 수변전설비에 많이 쓰이고 있다.

전력퓨즈는 변류기, 과전류 계전기, 차단기의 3가지 기기의 역할을 하는 특성이 있으며, 경제적인 기기이면서도 확실한 동작특성을 가지고 있으며 소형 염가일 뿐만 아니라 오동작이 없는 완전한 차단기로서의 기능을 갖추고 있는 보호 장치이다.

1　전력퓨즈의 기능

① 부하전류를 안전하게 통전시킨다.

　(과도전류나 순간 과부하전류에 용단되지 않는다.)

② 단락 전류는 차단하여 전로나 기기를 보호한다.

② 과전류의 종류

과전류에는 다음과 같이 3종류가 있는데 전력퓨즈는 이중에서 주로 단락 전류의 차단을 주목적으로 사용된다.

① 단락 전류 : 전로에 있어서 부하에 이르는 도중에 혼촉했을 경우에 흐르는 전류로서 정상시 전류보다 매우 큰 전류가 된다. 이 경우 전력퓨즈는 고속한류 차단을 하게 된다.

② 과부하 전류 : 과부하 전류는 정격전류에 대하여 수배이상인 경우가 많고 부하의 변동이 원인이 되어 발생하게 된다. 전력퓨즈로 이를 보호하도록 하면, 수명이 짧아지든가 열화에 의해 결상을 일으키기 쉬우므로 전력퓨즈에서 일반적으로 이 보호를 기대하지 않는다.

③ 과도 전류 : 변압기의 여자돌입전류, 전동기의 기동전류 등 매우 짧은 시간동안만 존재하고 자연히 감소해서 정상값으로 돌아가는 전류이며, 전력퓨즈는 이것 때문에 용단되지 않는 정격전류의 것을 선정하여 사용하여야 한다.

③ 전력퓨즈의 종류와 구조

전력퓨즈는 소호방식에 따라 한류형과 비한류형의 2종류가 있으며 차단특성은 소호량에 따라 변한다.

(1) 한류형 퓨즈

단락전류 차단 시에 높은 아크저항을 발생하여 사고전류를 강제적으로 한류(억제)하여 차단하는 퓨즈이다. 퓨즈 엘레멘트 주위에 규사 모래 등으로 충진한 것으로 퓨즈가 용단되어 아크가 발생되면 이때의 아크를 규사모래에서 소호하는 방식으로 이 아크가 큰 저항의 역할을 하여 고장 전류를 강제적으로 한류시키는 방식이며, 특징은 다음과 같다.

① 소형으로 차단용량이 크다.
② 한류효과가 크다.

③ 차단시 과전압을 발생한다.

④ 최소 차단 전류가 있다.

⑤ 한류퓨즈의 차단시간은 1/4 사이클이다.

⑥ 전압 0에서 차단된다.

(2) 비한류형 퓨즈

전류 차단 시에 소호가스를 아크에 뿜어내어 전류가 0점에서 극간의 절연내력을 재기전압(再起電壓) 이상으로 높여 차단하는 퓨즈이다. 소호가스로는 붕산 혹은 파이버에서의 발생가스를 이용하며, 고장전류 한류(억제)효과는 없으며, 그 특징은 다음과 같다.

① 광범위한 차단영역을 가지고 있다.

② 용단시 과전압을 발생하지 않는다.

③ 과부하 보호가 가능하다.

④ 전류 0점에서 차단한다.

⑤ 차단시 소음이 크다.

⑥ 퓨즈의 크기가 크다.

(a) 한류형

(b) 비한류형

그림 6-28 전력퓨즈

표 6-6 한류형과 비한류형 퓨즈의 장·단점

퓨즈의 종류	장 점	단 점
한류형	① 소형이며 차단 용량이 크다. ② 한류효과가 크다.(후비보호에 적합)	① 과전압을 발생한다. ② 최소 차단전류가 있다.
비한류형	① 과전압을 발생하지 않는다. 　(2중 회로용으로서 최적) ② 용단되면 반드시 차단한다. 　(과부하 보호 기능)	① 대형 ② 한류효과가 적다.

4 특성

(1) 특성곡선

특성곡선은 서로 다르며, 비한류형 퓨즈는 제조업체의 기술자료(catalog)를 참조하고, 한류형 퓨즈는 변압기용, 전동기용, 콘덴서용, 일반용 등 용도에 따라 특성이 다르므로 선정할 때 충분히 고려하여야 한다.

(2) 설치장소

한류형 퓨즈는 고장전류 제한효과가 있는 반면에 과부하보호가 어렵기 때문에 주 기기의 전단에 설치하여 큰 고장전류 차단 및 백업(back up)용으로 사용하는 것이 좋고, 비한류형 퓨즈는 전원(feeder)측에 설치하여 과부하 보호용으로 사용하는 것이 좋다.

(3) 큰 고장전류가 흘렀을 때 차단시간

한류형 퓨즈 용단시간은 1/2 사이클(cycle), 비한류형 퓨즈의 용단시간은 1 사이클 정도이다.

(4) 한류특성

한류특성은 전력퓨즈 이외의 차단기 등에서 낼 수 없는 한류퓨즈의 귀중한 특성이다.
차단기에서는 단락전류가 거의 한류하지 않고 파고값도 그대로 줄지 않고 릴레이의 동작시간을 포함시킨 전 차단시간(약 10 사이클)이 길지만 전력퓨즈는 처음 반파에서 차단하고 그 전류 파고값도 낮아 한류효과가 매우 크므로 회로에 접속되어 있는 직렬기기나 회로가 받는 열적, 기계적 손상을 크게 줄일 수가 있다. 이러한 이유로 전·후비 보호에 다른 차단기와 병행하여 많이 채용되고 있다.

(5) 단시간 허용특성

정격전류를 통전중 퓨즈의 엘레멘트나 퓨즈의 열화 없이 흘릴 수 있는 최대 허용전류와 한계시간과의 관계특성(주 변압기의 여자돌입 전류는 전부하 전류의 10~12배에 달한다.)

(6) 전차단 특성

고장발생으로 퓨즈가 용단을 시작하여 발호가 되고, 차단이 완료될 때까지 최대 소요
시간과 전류 특성과의 관계특성

표 6-7 전력퓨즈의 장·단점

장 점	단 점
① 가격이 저렴하다.	① 재투입을 할 수 없다.
② 소형, 경량이다.	② 과도전류로 용단하기 쉽다.
③ 릴레이나 변성기가 필요 없다.	③ 동작시간 – 전류특성을 계전기처럼 자유롭게
④ 한류형 퓨즈는 차단시에 무소음 무방출이다.	조정할 수 없다.
⑤ 소형으로 큰 차단용량을 갖는다.	④ 한류형 퓨즈에는 용단 때 차단되지 않는 전류범
⑥ 보수가 간단하다.	위를 갖는 것이 있다.
⑦ 고속도 차단한다.	⑤ 비보호영역이 있어 사용 중에 열화로 동작하면
⑧ 한류형 퓨즈는 한류효과가 대단히 크다.	결상을 일으킬 염려가 있다.
⑨ 설치면적이 작아 장치 전체가 소형이다.	⑥ 한류형은 차단시에 과전압을 발생한다.
⑩ 후비보호가 완벽하다.	⑦ 고 임피던스 접지계통의 지락보호는 할 수 없다.

⑤ 최소차단전류

한류형 퓨즈는 큰 전류는 바로 차단하나 용단시간이 긴 소전류 차단은 쉽지 않은 특성이
있다. 최소용단전류 근방에서는 어느 정도 전류값이 커야 차단하게 되는데 이와 같이
차단할 수 있는 최소한도의 전류를 **최소차단전류**라고 한다.

⑥ 정격 연속전류 및 특성 선정

전력퓨즈의 정격선정은 일반적으로 다음 사항을 고려하여야한다.

① 예상되는 과부하전류에 동작하지 않는 것이어야 한다.
② 과도적 서지(surge) 전류에 동작하지 않는 것이어야 한다.
　　가) 주변압기의 여자 돌입전류
　　나) 모터 및 축전지의 기동 돌입전류
③ 다른 보호기기와 협조하여야 한다.

⑦ 정격전압

전력퓨즈의 정격전압은 3상회로에서 사용 가능한 전압의 한도를 표시하는 것으로서 선로의 공칭전압에 대해 다음 식과 같이 구할 수 있다.

$$정격전압 = 공칭전압 \times \frac{1.2}{1.1}\,[kV] \tag{6-22}$$

전력퓨즈의 정격전압은 선로의 계통이 접지, 비접지에 관계없이 계통 최대 선간전압에 의해 선정한다.

표 6-8 전력퓨즈의 정격

계통전압 [kV]	퓨즈 정격	
	정격 전압 [kV]	최대 설계 전압 [kV]
6.6	6.9 또는 7.5	8.25
13.2	15.0	15.5
22 또는 22.9	23.0	25.8
66	69	72.5
154	161	169

⑧ 정격차단용량

전력퓨즈의 정격차단용량은 퓨즈가 차단할 수 있는 단락전류의 최대전류값 [A] 또는 [kA]로 표시한다.

$$정격차단용량[MVA] = \sqrt{3} \times 정격전압\,[kV] \times 정격전류\,[kA] \tag{6-23}$$

표 6-9 전력퓨즈의 정격표준치

정격전압 [kV]	정격전류 [A]	정격주파수	정격차단전류 [kA]
3.6			16, 25, 40
7.2	1(1.5), 2, 3, 5, 7, 10,		12.5, 20, 31.5, 40
12	15, 20, 25, 30, 40,		12.5, 25, 40, 50, 80
24(25.8)	50, (60)65(75), 80,	60[Hz]	12.5, 20, 25, 40, 50
36	100, 125, 150, 200,		8, 12.5, 16.5, 25
72	250, 300, 400		4, 8, 12.5, 20, 31.5
84			31.5, 6.3, 10, 12.5, 20

9 퓨즈의 규격

(1) 고압 퓨즈의 규격

① 과전류 차단기로 시설하는 퓨즈 중 고압전로에 사용하는 포장퓨즈는 정격전류의
1.3배에 견디고 또한 2배의 전류에서 120분 이내 용단되는 것일 것
② 과전류 차단기로 시설하는 퓨즈 중 고압전로에 사용하는 비포장퓨즈는 정격전류의
1.25배에 견디고 또한 2배의 전류에서 2분 이내 용단되는 것일 것

(2) 저압 퓨즈의 규격

① A종 : 정격전류의 110[%] 전류에 용단되지 않을 것
② B종 : 정격전류의 130[%] 전류에 용단되지 않을 것

표 6-10 각종 개폐기 및 차단기의 기능비교

기능 \ 능력	회로분리		사고차단	
	무부하	부하	과부하	단락
퓨 즈	○			○
차단기	○	○	○	○
개폐기	○	○	○	
단로기	○			
전자 접촉기	○	○	○	

2.6 피뢰기

고압 또는 특고압 가공전선로에서 수전하는 경우에는 가공전선로에 이상전압(異常電壓)
이 발생하거나 또는 특고압 전로와의 혼촉으로 특고압이 자가용 변전소에 침입하여 기기를
손상하는 일이 있기 때문에, 이들 기기를 보호하기 위해 수용장소의 인입구 또는 이와
근접한 곳에 피뢰기를 시설하여야 한다.

피뢰기(LA ; Lightning Arrester)는 평상시에는 절연상태로 있다가 뇌 또는 회로 개폐
등에 의한 서지가 침입하면 즉시 뇌전류를 방전시켜 서지전압을 억제하고, 서지가 통과한
후에는 속류를 차단하여 원래의 상태로 자동으로 회복시켜 기기(변압기)를 보호하는 장치
이다. (피뢰기의 제1보호 대상은 전력용 변압기이다.)

◀1▶ 피뢰기의 설치 장소

1. 고압 및 특고압의 전로 중 다음에 열거하는 곳 또는 이에 근접한 곳에는 피뢰기를 시설하여야 한다.
   ① 발전소·변전소 또는 이에 준하는 장소의 가공전선 인입구 및 인출구
   ② 가공전선로에 접속하는 배전용 변압기의 고압측 및 특고압측
   ③ 고압 및 특고압 가공전선로로부터 공급을 받는 수용장소의 인입구
   ④ 가공전선로와 지중전선로가 접속되는 곳

2. 다음 각 호의 어느 하나에 해당하는 경우에는 제1항의 규정에 의하지 아니할 수 있다.
   ① 직접 접속하는 전선이 짧은 경우
   ② 피보호 기기가 보호범위 내에 위치하는 경우

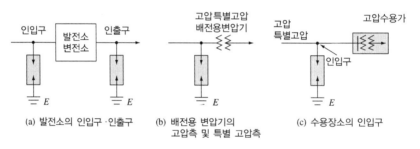

(a) 발전소의 인입구·인출구   (b) 배전용 변압기의 고압측 및 특별 고압측   (c) 수용장소의 인입구

그림 6-29 피뢰기의 설치 장소

◀2▶ 피뢰기의 시설

(1) 옥내에 시설하는 피뢰기는 주요부분은 자기제(磁器製)등의 용기내부에 넣은 형식의 것을 사용하고 또한 목제 기타 연소하기 쉬운 조영재에 설치하는 경우는 내화성 물질의 철판, 석면, 시멘트판 등으로 이격하여야 한다.
(2) 피뢰기에 이르는 전선은 각 극에 전용의 단로기 또는 컷아웃 스위치 등을 설치하여야 한다. 다만, 인입구 단로기 등의 부하 측 단자에서 쉽게 분리할 수 있도록 시설한 것, 또는 단로기 구조의 것, 혹은 기기 내에 피뢰기가 내장되어 있는 것은 적용하지 않는다.

[주] 컷아웃 스위치는 퓨즈를 넣으면 안 된다.

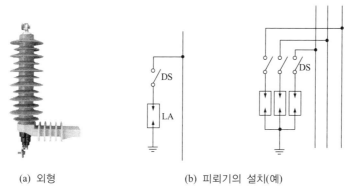

(a) 외형   (b) 피뢰기의 설치(예)

그림 6-30 피뢰기 외형과 설치(예)

표 6-11 1회선 수전의 경우 피뢰기와 피보호기의 최대 유효 이격거리

선로전압 [kV]	유효 이격거리 [m]
154	65
66	45
22	20
22.9	20

③ 정격전압의 결정

전기사업자의 송배전선로의 중성점 접지방식과 전기기기의 절연내력은 이미 정해져 있으므로, 피뢰기의 정격전압은 일반적으로 표 6-12와 같이 적용한다.

표 6-12 피뢰기의 정격전압

전력 계통		피뢰기 정격전압 [kV]	
전압 [kV]	중성점 접지방식	변전소	배전선로
345	유효접지	288	
154	유효접지	144	
66	PC접지 또는 비접지	72	
22	PC접지 또는 비접지	24	
22.9	3상 4선 다중접지	21	18

[비고] 전압 22.9[kV] 이하의 배전선로에서 수전하는 설비의 피뢰기 정격전압[kV]은 배전선로용을 적용한다.

4 피뢰기의 공칭방전전류

피뢰기에 흐르는 정격방전전류는 변전소의 차폐(遮蔽) 유무와 그 지방의 연간 뇌우(雷雨) 발생 일수에 관계되나, 여러 가지 조건을 고려한 일반적인 시설장소별 피뢰기의 공칭방전 전류는 표 6-13과 같이 적용한다.

표 6-13 설치 장소별 피뢰기의 공칭 방전전류

공칭 방전전류	설치장소	적용 조건
10,000[A]	변전소	1. 154[kV] 이상의 계통 2. 66[kV] 및 그 이하의 계통에서 Bank 용량이 3,000[kVA]를 초과하거나 특히 중요한 곳 3. 장거리 송전선 케이블 (배전 feeder 인출용 단거리 케이블은 제외) 및 정전 축전기 Bank를 개폐하는 곳 4. 배전선로 인출측(배전 간선 인출용 장거리 케이블은 제외)
5,000[A]	변전소	66[kV] 및 그 이하의 계통에서 Bank 용량이 3,000[kVA] 이하인 곳
2,500[A]	선로	배전선로

[비고] 전압 22.9[kV] 이하 (22[kV] 비접지 제외)의 배전선로에서 수전하는 설비의 피뢰기의 공칭방전 전류는 일반적으로 2,500[A] 것을 적용한다.

5 피뢰기의 성능

피뢰기는 그 사용목적에 의해서 다음과 같은 성능을 구비할 필요가 있다.

(1) 충격방전 개시전압이 낮을 것

뇌전압에 의해서 피뢰기가 동작하기 전에 피보호 기기가 뇌해를 받는 일이 없도록 피뢰기의 충격방전 개시전압은 피보호 기기의 기준 충격 절연 강도(BIL)보다 충분히 낮은 수치여야 한다.

[주] 충격방전 개시전압 : 충격전압에 대하여 직렬 갭이 방전을 개시하는 전압을 말한다.

(2) 제한전압이 낮을 것

이상전압이 많은 경우 피뢰기 방전 중 과전압이 제한되어 피뢰기 단자전압(파고값)이 제한전압이며, 이 값은 피보호기기의 절연 레벨(level) 보다 충분히 낮아야 안전하게 기기를 보호할 수 있다.

일반적으로 피뢰기 제한전압은 최소한 피보호기기의 절연 레벨(level)의 80[%] 이하로 선정한다.

[주] 제한전압 : 피뢰기의 방전 중 인가충격성 과전압이 저감되어서 피뢰기의 단자간에 남는 전압치로서 보통 파고값으로 표시한다.

(3) 뇌전류 방전능력이 클 것

통상 발생한다고 생각되는 이상전압의 파고값을 충분히 저하시키기 위하여 충분한 크기의 뇌전류를 안전하고 확실하게 대지로 방전시킬 수 있는 능력을 가져야 한다.

(4) 속류차단을 확실하게 할 수 있을 것

전원전압이 가해진 상태에서 낙뢰가 내습하여 피뢰기가 동작한 경우 뇌전류를 대지(大地)에 흘린 후 전원으로부터 계속해서 흐르려는 속류(續流 또는 氣流)를 단시간에 안전하게 차단하고, 접지상태가 되지 않도록 하는 성능을 가질 필요가 있다.

[주] 속류(續流, Follow current) : 피뢰기의 속류(기류라고도 함)란 피뢰기의 방전시 피뢰기가 접속된 회로의 전력전원으로부터 피뢰기를 통해서 계속해서 흐르는 전류를 말한다.

(5) 반복동작이 가능할 것

방전, 속류차단의 반복동작을 하고 오랜 기간의 사용에 견딜 수 있어야 한다.

(6) 구조가 견고하고 특성이 변화하지 않을 것

대전류의 방전에 대해서 전기적 및 기계적으로 견고하고 또한 오랜 세월의 사용 중에 그 기능이 열화(劣化)하지 않아야 한다.

⑥ 피뢰기의 구성

(1) 구조

피뢰기는 일반적으로 직렬 갭과 특성요소로 구성되며, 계통의 전압별로 특성요소의 수량을 적합한 수량으로 포개어 애관(碍管) 속에 밀봉한 것이다.

① 직렬 갭

정상 시에는 방전을 하지 않고 절연상태를 유지하며, 이상 과전압이 발생 시에는 신속히 이상전압을 대지로 방전하고 속류를 차단한다. (전압이 크게 작용할수록 저항이 줄어드는 특성을 이용한 것이다.)

② 특성요소

탄화규소(SiC) 입자를 각종 결합체와 혼합한 것으로 밸브 저항체라고도 하며, 뇌전류 방전시 피뢰기의 전위상승을 억제하며 피뢰기 자체의 파괴를 방지한다. 탄화규소(SiC)는 비저항 특성을 가지고 있어 큰 방전전류에 대해서는 저항 값이 낮아져 제한전압을 낮게 억제함과 동시에 비교적 낮은 전압계통에서는 높은 저항 값으로 속류를 차단하여 직렬 갭에 의한 속류의 차단을 용이하게 도와주는 작용을 한다.

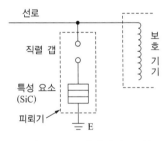

그림 6-31 피뢰기의 구성

직렬 갭은 다음과 같은 성능을 구비하여야 한다.
① 방전개시 시간의 지연이 없을 것
② 소호 특성이 좋을 것
③ 상용 주파수 또는 이에 가까운 주파수의 내부 이상전압에 대해서는 과도하게 높은 것을 제외하고는 방전하지 말 것

④ 방습 및 기계적 강도가 충분할 것

🔟 종류 및 동작특성

(1) 피뢰기의 종류

피뢰기의 종류에는 갭 저항형 피뢰기, 밸브형 피뢰기, 밸브 저항형 피뢰기, 방출통형 피뢰기, 갭레스형 피뢰기 등이 있으며, 갭레스형 피뢰기가 가장 많이 쓰인다.

① 갭(Gap)형 피뢰기

피뢰기는 기본적으로 직렬 갭과 특성요소로 구성되며, 갭형 피뢰기의 경우 특성요소로 SiC(탄화규소)를 사용한다. 정상적인 상태에서 SiC 피뢰기의 직렬 갭은 선로전압으로 부터 절연되어 있으나 뇌 서지나 개폐 서지가 선로에 발생하여 갭에 가해지는 전압이 섬락전압 이상이 되면 서지전류를 대지로 방출하게 된다. 이때 피뢰기의 특성요소(비선형 저항)는 비교적 작은 임피던스로 작용하여 서지전류를 대지로 방류하여 피 보호기기의 임펄스 내전압 이하가 되게 한다. 서지가 방류되면 서지전압보다 작은 상용주파전압이 피뢰기에 형성되나 이 순간 특성요소는 이 전압에서는 고 임피던스로 작용하게 된다. 기존의 SiC 피뢰기는 이와 같은 서지 방전 이후에 가해지는 상용주파전압을 충분히 차단하지 못하면 속류가 흐를 수 있다. 이러한 속류를 차단하여 피뢰기를 서지 발생 이전의 절연상태로 유지하기 위하여 갭이 설치되어 있으나 완전히 속류를 차단하는 데는 한계가 있다.

② 갭 레스(Gapless)형 피뢰기

직렬 갭이 존재하지 않고 산화아연(ZnO)을 주성분으로 하는 피뢰기이다. 갭 레스형 피뢰기의 특징은 산화아연에 가하는 전압이 높아짐에 따라 저항이 낮아져 직렬 갭의 필요가 없게 된다. 따라서 소형화가 가능하며 서지에 뛰어난 성능을 지닌다는 장점이 있다. 특정 전압 이하에서는 거의 전류가 흐르지 않기 때문에 선로 전압을 조정하면 속류를 차단할 필요가 없으므로 직렬 갭이 필요 없게 된다.

갭 레스(Gapless)형 피뢰기의 특징은 다음과 같다.
① 직렬 갭이 없어 소형, 경량이다.

② 구조가 간단하다.

③ 동작이 확실하다.

④ 불꽃방전이 없어 방전에 따른 특성요소 변화가 없다.

단점 : 직렬 갭이 없어 피뢰기 내부 고장 시 지락사고 가능성이 있다.

(2) 동작특성

① 상용주파전압에 뇌전압이 겹쳐 파고값이 피뢰기의 충격파 방전개시전압에 도달하면 피뢰기가 방전하여 전압이 내려간다.

② 동시에 피뢰기에는 방전전류가 흐르며 제한전압으로 억제한다.

③ 서지전압이 소멸된 후에도 피뢰기는 도통상태에 있어 속류가 흐르나 처음의 전류 영점에서 속류를 차단하고 원상태로 회복한다.

④ 이러한 제반 동작이 반 사이클이라는 짧은 시간에 이루어진다.

2.7 계기용변성기

일반 변전소에서는 고전압·대전류를 취급하므로, 배전반의 계기 및 계전기에 직접 고전압·대전류를 도입하여 계측이나 제어를 할 수 없다. 따라서 고전압·대전류에 비례하는 서전압·소전류로 변성하여 계기 및 계전기에 도입하여야 한다. 이와 같이 계기 및 계전기에 적합한 저전압·소전류로 변성하는 장치가 계기용변성기이다.

(1) 계기용변압기(PT)

계기용변압기는 고전압을 저전압으로 변성하는 계기용변성기의 일종이다. 계기용 변압기 2차 측에는 전압계, 전력계, 주파수계, 역률계, 표시등, 부족전압 트립코일 등이 접속된다. 한편, 보호계전기용의 계기용변압기는 사용목적에 따라 비접지형과 접지형으로, 상수에 따라 단상과 3상으로 분류된다.

① 목적

고압회로로부터 절연하여 고전압을 저전압으로 변성하여 고압회로의 전압을 안전하게 측정하거나, 계기 또는 계전기 등에 전원 공급을 위하여 사용한다.

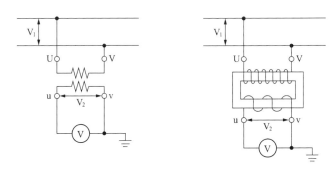

그림 6-32 계기용변압기(PT)의 결선도

(a) 유입형(1ϕ)   (b) 유입형(3ϕ)   (c) 몰드형

그림 6-33 계기용변압기(PT)의 종류

② 정격부담

변성기의 2차측 단자 사이에 접속되는 부하의 한도를 정격부담이라고 하며, [VA]로 표시한다.

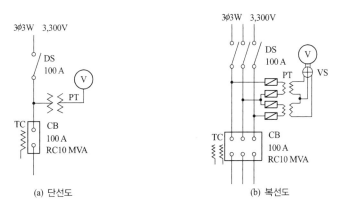

(a) 단선도   (b) 복선도

그림 6-34 계기용 변압기의 접속 (예)

③ 접속 방법

계기용변압기의 접속 방법에는 계기용변압기 2대를 사용하는 V결선이 많이 사용되고 있다.

④ 퓨즈 설치

계기용변압기는 회로구성에 있어서 전력용 변압기와 동일하게 접속하기 때문에, 2차측 단자 사이가 저저항 상태가 되면 단락사고가 일어나므로, 1차측에는 퓨즈 등의 자동 차단기를 장치하고 사용하여야 한다.

(2) 변류기(CT)

변류기는 고압회로의 전류를 간접적으로 측정할 수 있으며, 계전기 및 계측기 등의 전류원으로 사용하기 위하여 대전류를 소전류로 변성하는 계기용변성기의 일종이다. 변류기 2차측에는 전류계, 전력계, 변류기의 2차 전류를 이용한 트립코일의 전원 등으로 사용된다.

그림 6-35 각종 변류기(CT)의 종류

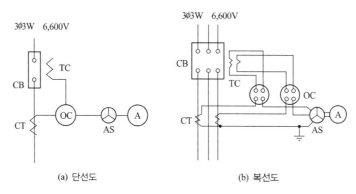

(a) 단선도   (b) 복선도

그림 6-36 변류기의 접속 (예)

① 목적

고압회로로부터 절연하여 대전류를 소전류로 변성하여 고압회로의 전류를 안전하게 측정하거나, 계기 또는 계전기 등에 전원 공급을 위하여 사용한다.

② 정격부담

변류기에 정격 2차전류를 흘릴 때 2차측 기기가 소비하는 피상전력을 말하며, [VA]로 표시한다.

$$정격부담 [VA] = I_2^2 \cdot Z$$

$$단, \ Z \ : \ 임피던스[\Omega]$$

변류기의 2차 정격전류는 1차 전류에 관계없이 5[A]로 정해져 있으므로, 2차측에 1[Ω]의 저항이 접속되어 있으면 정격전류에서 단자전압은 5[V]로 되어, 정격부담은 $5 \times 5 = 25$[VA]이다.

표 6-14 변류기의 표준정격

정격 1차 전류 [A]	정격 2차 전류 [A]	극성
5, 10, 15, 20, 30, 40, 50, 75, 100, 150, 200, 300, 400, 500, 600 …	5	감극성

③ 2차측 개방 불가

변류기 2차측을 개방하면 1차 전류는 모두 여자전류가 되어 자기포화와 철손이 증가하여 2차측에 고전압이 유기되어 절연파괴의 위험을 초래하게 되므로, 2차측에 접속한 계기나 기구류를 떼어낼 때는 먼저 2차측 단자를 서로 단락(short)시켜서 저항이 0(零)인 상태로 만들고 난 다음에 계기를 분리시켜야 된다.

예제 11

단상 2선식 100[V]에서 사용하는 정격소비전력 3[kW]의 전열기 부하전류를 측정하기 위하여 50/5[A]의 변류기를 사용하였다면 전류계의 지시값은 몇 [A]인가?

풀이 $I = \dfrac{3 \times 10^3}{100} \times \dfrac{5}{50} = 3 \, [\text{A}]$

과전류 계전기의 정격부담이 9[VA]이면, 이 계전기의 임피던스는 몇 [Ω]인가?

풀이   CT의 정격부담 $P = I^2 \cdot Z$ [VA]

$$\therefore Z = \frac{P}{I^2} = \frac{9}{5^2} = 0.36 [\Omega]$$

(3) 계기용 변압변류기(MOF)

계기용 변압변류기는 계기용변압기(PT)와 변류기(CT)를 하나의 케이스에 장치한 것으로 전력 수급용 전력량을 측정하며, 옥내 수전실 또는 옥내 큐비클 등 밀폐된 공간에 설치하는 것은 난연성 제품을 사용하는 것이 바람직하다.

3상용에서는 계기용변압기 2개와 변류기 2개를 접속시킨다.

그림 6-37   계기용 변압변류기 (MOF)

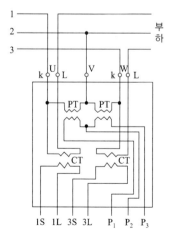

그림 6-38   계기용 변압변류기의 접속

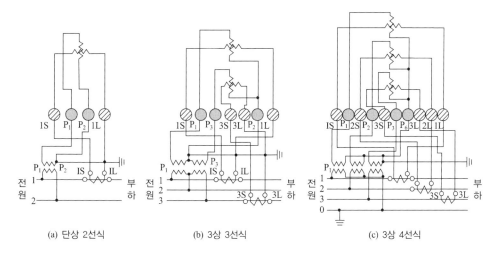

| (a) 단상 2선식 | (b) 3상 3선식 | (c) 3상 4선식 |

[비고] 기호의 뜻은 다음과 같다.

    ○ : 시험용단자를 표시

    ⊘ : 접지하지 아니한 측의 전선에 접속하는 단자, 즉 전류 코일이 접속되는 단자를 표시(실제로는 황색으로 표시하고 있다.)

    ◉ : 변성기 사용계기에서 전압 코일에 접속되는 단자를 표시(실제로는 적색으로 표시하고 있다.)

그림 6-39 계기용 변성기에 의한 전력측정

(4) 영상변류기(ZCT)

영상 변류기는 지락전류를 검출하는데 사용된다. 지락사고시 각 상의 불평형 전류를 검출(영상전류 검출)하여 이에 비례한 미소전류를 2차측으로 전하며, 지락 계전기와 조합하여 차단기를 차단시킨다. 정격영상 1차 전류는 200[mA]를, 정격 영상 2차 전류는 1.5[mA]를 기준으로 한다.

| (a) 부스바 ZCT | (b) 링형 ZCT |

그림 6-40 영상 변류기

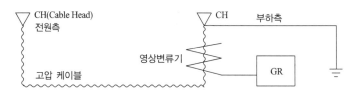

(a) 부하측에 영상변류기를 설치하는 경우(접지선을 관통시키지 않음)

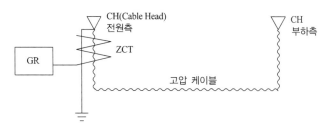

(b) 전원측에 영상변류기를 설치하는 경우(접지선을 관통시킴)

그림 6-41 영상 변류기의 설치

(5) 전류계용 절환개폐기

전류계용 절환개폐기(AS ; Amper Selector)로 1개의 전류계가 부착된 판넬에 설치되어 있으며, 판넬 CT의 2차 전류를 선택하여 전류계로 연결 시켜 선로 및 부하전류를 측정할 수 있게 한다.

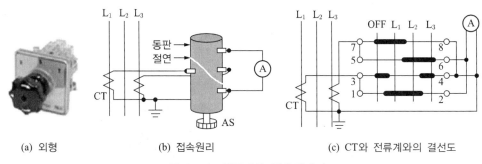

(a) 외형   (b) 접속원리   (c) CT와 전류계와의 결선도

그림 6-42 전류계용 절환개폐기

(6) 전압계용 절환개폐기

전압계용 절환개폐기(VS ; Voltage Selector)로 1개의 전압계가 부착된 판넬에 설치되어 있으며, 판넬 PT의 2차 전압을 선택하여 전압계로 연결시켜 선로 및 부하전압을 측정할 수 있게 한다.

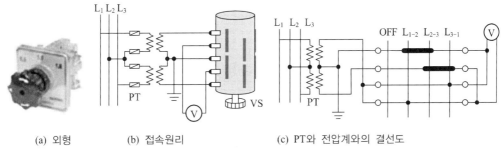

| (a) 외형 | (b) 접속원리 | (c) PT와 전압계와의 결선도 |

그림 6-43 전압계용 절환개폐기

2.8 보호계전 시스템의 구성

전기설비에서 보호계전 시스템(protective relay system)이란 전력설비 운용 중 이상 상태 발생 시 정전고장 파급을 방지하기 위하여 적용되는 설비를 말한다. 이상상태의 대부분이 단락·지락사고이므로 고장을 신속히 검출·제거함으로써 설비 파손과 정전고 장 범위를 최소한으로 줄이고, 고장설비 복구를 용이하게 하기 위하여 각종 보호계전 시스템을 적용하는 것이다.

(1) 보호계전 시스템의 적용목적

① 전력설비의 손상 방지 또는 최소화
② 전력 설비 운전정지 시간 및 범위 최소화
③ 전력 계통 고장 파급 방지 및 전력 계통 안정도 유지 등

(2) 보호 계전기에 필요한 특성

① **정확성** : 동작이 필요한 경우에는 정확히 동작하고 동작이 필요하지 않은 경우에는 오동작하지 않도록 하여야 한다.
② **선택성** : 보호계전 장치에 의해 고장구간을 자동으로 분리할 경우에는 최소한의 범위를 차단하여 건전한 전력계통의 정상적인 운전에 영향이 최소화 되도록 하여야 한다.
③ **신속성** : 보호장치의 동작시간은 선택성 및 신뢰성을 저해하지 않는 범위 내에서 계통의 안정도 유지 및 손상을 최소화할 수 있는 신속성을 가져야 한다.

(3) 시스템의 구성

시스템의 구성은 고장을 종류별로 구분하여 검출하는 검출부와 동작 여부를 판단하여 차단기 트립코일의 전원스위치 역할을 하는 판정부, 차단기를 동작하여 보호를 완성하는 동작부로 구성되어 있다.

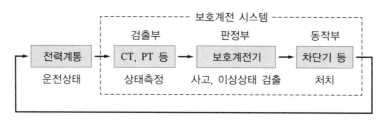

그림 6-44 보호계전시스템의 구성

① **검출부** : CT, PT, ZCT, GPT 등의 변성기류 구성되며, 보호구간의 고장전류 및 전압을 검출하는 부분이다.
② **판정부** : 변성기류로부터 전달 받은 전압 또는 전류 값이 고장전류 및 전압인지 판정을 하여 동작부로 지시 값을 전달하는 역할을 하며, 각종 보호계전기(OCR, OVR, UVR, GR 등)가 이에 해당한다.
③ **동작부** : 검출부 및 판정부를 거쳐 전달받은 지시 값을 수행하는 역할을 하며, 차단기 등이 이에 해당한다.

2.9 보호계전기

보호계전기는 설치 위치와 보호하고자 하는 대상 등에 따라 종류가 대단히 많이 있다. 대표적으로 많이 사용하는 계전기는 과전류 계전기, 지락 계전기, 부족전압계전기, 과전압계전기, 비율차동계전기가 등이 있다.

1 과전류 계전기(OCR)

과전류 계전기는 기기 및 회로의 단락과 과부하로부터 보호하기 위하여 변류기의 2차측에 접속되어 전류가 계전기의 정정 전류치(정격전류의 110~120[%])를 초과할 때 동작하는 계전기이다. 이 계전기는 구조에 따라 플런저(plunger)형·유도형 및 바이메탈로 구동하

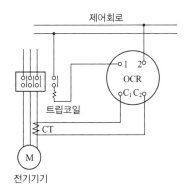

그림 6-45 과전류계전기의 접속도

는 열동형 등이 있으며, 유도형이 널리 사용되고 있다.

※ 과전류 계전기의 사용 시 주의하여야 할 사항

① 플러그를 뽑을 때는 예비 플러그를 다른 구멍에 꽂고 나서 목적하는 플러그를 뽑아야 한다. 목적하는 플러그만을 먼저 뽑으면, 접속되어 있는 변류기의 2차가 개로상태로 되어 극히 위험하다.

② 동작전류 및 동작시한의 설정은 전력회사의 변전소에 시설된 기기와 협조를 취하여야 하므로, 전력회사와 협의하여 결정하여야 한다.

2 과전압 및 부족전압 계전기

과전압 계전기(OVR ; Over Voltage Relay)는 설정값보다 높은 전압이 인가됐을 때 동작하는 계전기로서 자가발전기를 단독운전 중에 갑자기 무부하가 되었을 때 등에 동작한

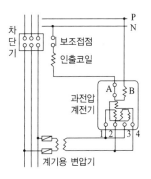

그림 6-46 과전압 계전기의 접속도

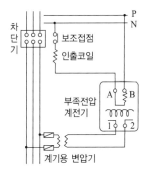

그림 6-47 부족전압 계전기의 접속도

다. 또한 **부족전압 계전기**(UVR ; Under Voltage Relay)는 단락사고 등의 원인에 의해 송배전 선로의 전압강하가 과대해질 때나 정전사고를 검출하여 계전기가 동작하도록 하는 것이다. 과전압 계전기나 부족전압 계전기는 유도형이 사용되며, 계전기의 전압코일에 계기용변압기의 2차 전압을 걸어서 전압 설정값보다 높거나 낮을 때 접점이 개로함으로써 차단기를 동작하게 하거나 경보를 발하게 된다.

③ 지락계전기

지락계전기(GR ; Ground Relay)는 기기의 내부 또는 회로에 접지가 발생하는 경우 영상 변류기(ZCT)에서 검출한 영상전류(零相電流)로 계전기가 동작하여 회로의 차단이나 경보를 발하게 하는 것이다.

고압 전기회로에서 접지사고(지락사고 또는 누전사고라고도 함)가 발생하여 고압전류가 대지로 흐르면,

① 우선 이 전류에 비례하는 전류가 영상변류기의 2차 코일에 유도된다.
② 다음은 2차 코일에 유도된 전류가 접지계전기에 흘러, 접지사고가 일어난 것을 알려준다.
③ 접지계전기는 미리 설정하여 놓은 동작시간에 따라서 동작하기 시작한다.
④ 따라서 차단기의 부족전압 트립코일 또는 전류 트립코일에 전류가 흘러서 차단기를 차단하게 된다.

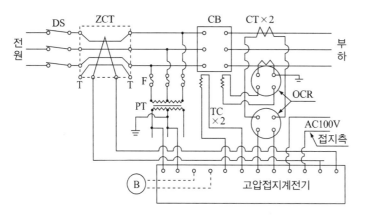

DS : 차단기
ZCT : 영상변류기
CB : 차단기
PT : 계용기 변압기
CT : 변류기
TC : 트립코일
F : 퓨즈
OCR : 과전류계전기
B : 버저
T : 시험용 단자

그림 6-48 고압접지 보호장치의 대표결선도 (예)

4 비율차동계전기

차동전류 계전기(差動電流繼電器)의 결점은 어느 일정한 차전류(差電流 : 불평형 전류)가 흐르면 반드시 동작하므로, 피보호 변압기 이외의 외부사고에 의해서 변류기의 정정치(整定値) 이상의 오차전류가 차동회로에 흐르기만 하면 차동전류 계전기가 동작하게 된다. 따라서 이러한 오동작을 방지하고 고장시의 감도를 증대하기 위하여 제어 코일과 동작 코일을 가진 **비율차동계전기**(比率差動繼電器)를 사용한다. 비율차동계전기는 전류로 동작하는 유도형 회전력(回轉力) 평형식(平衡式)으로 코일에 전자석(電磁石) 요소를 부착하여 하나는 동작 코일로 다른 하나는 제어 코일로 동작하도록 하여, 서로 역방향의 회전력이 발생하도록 하였다. 두 개의 제어 코일의 중성점에 동작 코일을 접속 시키면 동작 코일은 접점을 닫는 방향으로 원판을 회전시키고, 제어 코일은 접점을 여는 방향으로 회전시킨다.

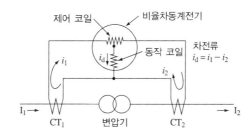

그림 6-49 비율차동계전기의 작동 원리

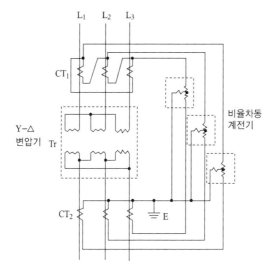

그림 6-50 비율차동계전기의 외부접속도 (예)

정상 시에는 변류기의 2차전류는 평형되어 있으므로 동작 코일에 전류는 흐르지 않고, 제어코일에 흐르는 전류의 회전력에 의해서 접점이 열리게 된다. 내부에 고장이 발생하여 평형이 무너지고 동작 코일에 차전류(差電流)가 흘러 일정 값 이상이 되면 동작 코일의 회전력에 의하여 접점을 닫으므로 계전기는 동작한다. 따라서 동작전류는 일정한 값이 아니고 회로전류에 비례하여 증가한다. 외부고장일 때는 제어 코일에 흐르는 전류가 회로의 고장 전류에 비례하여 증대하기 때문에 변류기의 특성의 상위(相違)에 따라 약간의 차전류가 생기더라도 접점을 막지는 않는다.

예제 13

다음 그림은 빌딩의 고압 수전실의 기기 배치도이다. 물음에 답하시오.

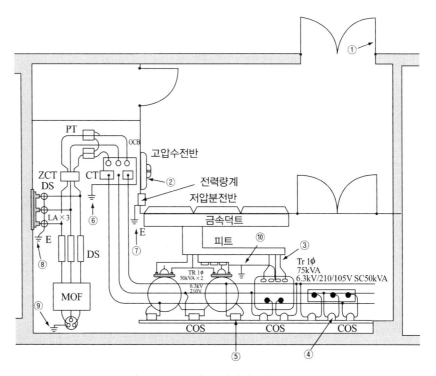

그림 6-52 고압 수전실의 기기 배치도

(1) ①부근에 특히 필요한 표시는?
(2) ②의 CT에 적당한 변류비는?
(3) ③의 변압기 용량으로부터 계산한 절연 연동선의 굵기는 몇 [mm²]인가?
(4) ④의 SC에 사용하는 COS의 내부는 어떻게 하여야 하는가?

(5) ⑤의 COS에 사용하는 퓨즈의 정격 전류는 몇 [A]인가?

(6) ⑧의 LA의 접지 공사는 접지 저항을 몇 [Ω] 이하로 하여야 하는가?

(7) ⑨의 케이블 헤드의 접지선의 최소 굵기는 몇 [mm]인가?

풀이 (1) 위험 표시

(2) 정격전류 $I = \dfrac{75 \times 10^3}{6300} + \dfrac{50\sqrt{3} \times 10^3}{\sqrt{3} \times 6300} = 19.84[A]$

1차 전류 $I_1 = 19.84 \times (1.25 \sim 1.5) = 24.8 \sim 29.76$

∴ CT의 비 = 30/5

(3)
$$I = \frac{75 \times 10^3}{210} = 357.15[A]$$

따라서 허용전류가 389[A]인 250[mm²]로 선정한다.

(4) 내선 규정에 의해서 콘덴서 용량이 100[kVA]이하의 경우에는 CB대신 OS 또는 이와 유사한 것(인터럽트 스위치)을, 50[kVA] 미만인 경우에는 COS(직결) 사용함

(5) 한전 규정에 의하면 COS 정격 전류는 6.6[kV]의 변압기 용량 50[kVA]일 경우, 퓨즈의 최소 정격 전류는 12[A]이다.

$$I = \frac{50 \times \sqrt{3} \times 10^3}{\sqrt{3} \times 6300} = 7.936[A]$$

∴ 퓨즈 정격 전류 $I_f = 7.936 \times 1.25 = 9.92[A]$

(비포장 퓨즈는 1.25배에 견디고, 2배에는 2분 이내 용단)

(6) 10[Ω] 이하

(7) 공칭단면적 6[mm²] 이상의 연동선

3 │ 수전설비의 표준결선도

수전설비의 표준결선도의 예는 다음과 같다.

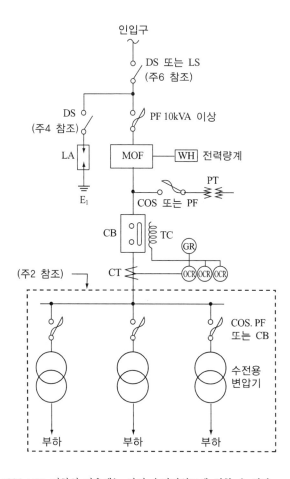

[비고] 1. 22.9kV-Y 1000 kVA 이하인 경우에는 간이 수전결선도에 의할 수 있다.

2. 결선도 중 점선 내의 부분은 참고용 예시이다.

3. 차단기의 트립전원은 직류(DC) 또는 콘덴서방식(CTD)이 바람직하며, 66 kV 이상의 수전설비에는 직류 (DC)이어야 한다.

4. LA용 DS는 생략할 수 있으며, 22.9kV-Y용의 LA는 Disconnector(또는 Isolator) 붙임형을 사용하여야 한다.

5. 인입선을 지중선으로 시설하는 경우로서 공동주택 등 사고시 정전피해가 큰 수전설비 인입선은 예비선을 포함하여 2회선으로 시설하는 것이 바람직 하며, 22.9 kV-Y 계통에서는 CN-CV 케이블, 22 kV-△ 계통에서는 CV 케이블을 사용하여야 한다

그림 6-53 특고압 수전설비 표준결선도-1

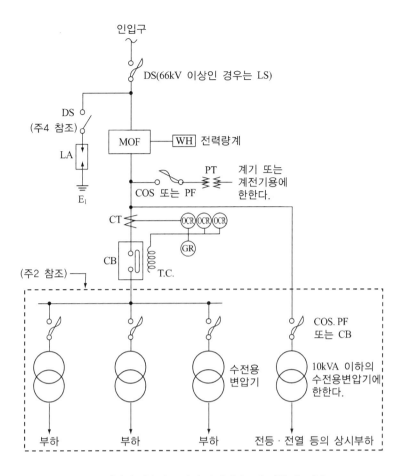

[비고] 1. 22.9kV-Y 1000 kVA 이하인 경우에는 간이 수전결선도에 의할 수 있다.

2. 결선도 중 점선 내의 부분은 참고용 예시이다.

3. 차단기의 트립전원은 직류(DC) 또는 콘덴서방식(CTD)이 바람직하며, 66 kV 이상의 수전설비에는 직류 (DC)이어야 한다.

4. LA용 DS는 생략할 수 있으며, 22.9 kV-Y용의 LA는 Disconnector(또는 Isolator) 붙임형을 사용하여야 한다.

5. 인입선을 지중선으로 시설하는 경우로서 공동주택 등 사고시 정전피해가 큰 수전설비 인입선은 예비선을 포함하여 2회선으로 시설하는 것이 바람직하며, 22.9 kV-Y 계통에서는 CN-CV 케이블, 22 kV-△ 계통에 서는 CV 케이블을 사용하여야 한다.

6. PF 대신 자동고장 구분개폐기(7,000[kVA] 초과시에는 Sectionalizer)를 사용할 수 있으며, 66 kV 이상의 경우에는 LS를 사용하여야 한다

그림 6-54 특고압 수전설비 표준결선도-2

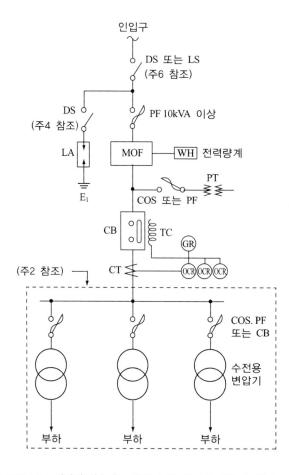

[비고] 1. 22.9 kV-Y 1000 kVA 이하인 경우에는 간이 수전결선도에 의할 수 있다.

2. 결선도 중 점선 내의 부분은 참고용 예시이다.

3. 차단기의 트립전원은 직류(DC) 또는 콘덴서방식(CTD)이 바람직하며, 66 kV 이상의 수전설비에는 직류(DC)이어야 한다.

4. LA용 DS는 생략할 수 있으며, 22.9 kV-Y용의 LA는 Disconnector(또는 Isolator) 붙임형을 사용하여야 한다.

5. 인입선을 지중선으로 시설하는 경우로서 공동주택 등 사고시 정전피해가 큰 수전설비 인입선은 예비선을 포함하여 2회선으로 시설하는 것이 바람직 하며, 22.9 kV-Y 계통에서는 CN-CV 케이블, 22 kV-△ 계통에서는 CV 케이블을 사용하여야 한다.6. DS 대신 자동고장 구분개폐기(7,000 kVA 초과시에는 Sectionalizer)를 사용할 수 있으며, 66 kV 이상의 경우에는 LS를 사용하여야 한다.

그림 6-55 특고압 수전설비 결선도

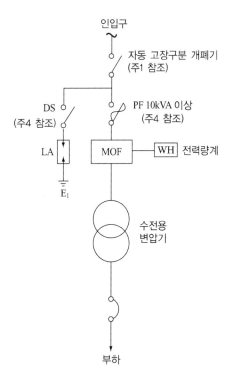

인입구

자동 고장구분 개폐기
(주1 참조)

DS
(주4 참조)

PF 10kVA 이상
(주4 참조)

LA

MOF

WH 전력량계

E_1

수전용
변압기

부하

[비고] 1. 22.9 kV-Y 1000 kVA 이하인 경우에는 간이 수전결선도에 의할 수 있다.

2. 결선도 중 점선 내의 부분은 참고용 예시이다.

3. 차단기의 트립전원은 직류(DC) 또는 콘덴서방식(CTD)이 바람직하며, 66 kV 이상의 수전설비에는 직류
(DC)이어야 한다.

4. LA용 DS는 생략할 수 있으며, 22.9 kV-Y용의 LA는 Disconnector(또는 Isolator) 붙임형을 사용하여야
한다.

5. 간이수전설비는PF의 용단 결상사고에 대한 대책이 없으므로 변압기 2차측에 설치되는 주차단기에는
결상 계전기 등을 설치하여 결상사고에 대한 보호능력이 있도록 함이 바람직하다

그림 6-56 간이수전설비 표준결선도

01 공급용 배전선의 사고 또는 점검 등에 의한 정전시간을 짧게 하기 위한 수전방식은 무엇인가?

02 스폿 네트워크방식의 특징 4가지를 쓰시오.

03 부하설비용량이 600[kW]인 경우 전력회사와의 계약 최대전력은 몇 [kW]인가?

04 다음의 표준전압, 표준 주파수에 대한 허용오차를 정확하게 쓰시오.
① 110[V]   ② 220[V]   ③ 380[V]   ④ 60[Hz]

05 수변전설비에서 저압선로 보호방식의 종류 3가지는?

06 어떤 상가 주택에서 수용설비용량이 480[kW], 수용률이 0.5일 때 수전설비 용량은 몇 [kVA]로 하면 되는가? 단, 부하 역률은 0.8이다.

07 각 수용가의 최대수용전력이 각각 5[kW], 10[kW], 15[kW], 22[kW]이고, 합성 최대수용전력이 50[kW]이다. 수용가 상호간의 부등률은 얼마인가?

08 변압기의 병렬운전 조건을 쓰고, 그 조건이 맞지 않을 때의 현상을 쓰시오.

09 건식 변압기의 장점을 쓰시오.

10 단상 변압기 3대를 이용하여 1차측 △ 결선, 2차측 Y결선을 답안지에 그리고, 이 결선의 장, 단점을 2가지씩만 쓰시오.

11 변압기 결선방식에서 V−V 결선의 장점 1가지 및 단점 3가지만 쓰시오.

12 변압기의 병렬운전 조건에서 병렬운전이 적합하지 않은 경우 3가지를 쓰고 3상 변압기의 병렬운전 조합이 불가능한 결선 4가지를 쓰시오.

13 피뢰기를 시설하여야 하는 곳 4개소를 요약하여 열거하시오.

14 피뢰기에 대한 다음 각 물음에 답하시오.
   (1) 현재 사용되고 있는 교류용 피뢰기의 구조는 무엇과 무엇으로 구성되어 있는가?
   (2) 피뢰기의 정격전압은 어떤 전압을 말하는가?
   (3) 피뢰기의 제한전압은 어떤 전압을 말하는가?

15 조상설비를 설치하는 목적은 무엇인가?

16 전력퓨즈의 가장 큰 단점은 무엇인가?

17 현재 적용되고 있는 차단기 약호와 차단기 약호에 대한 한글 명칭을 각 물음에 맞게 3가지만 쓰시오.
   (1) 특고압용 차단기
   (2) 저압용 차단기

18 진공 차단기의 특징 3가지를 쓰시오.

19 과전류 차단기의 시설이유를 기술하시오.

20 입력 설비용량 20[kW] 2대, 30[kW] 2대의 3상 380[V] 유도전동기 군이 있다. 그 부하곡선이 아래 그림과 같을 경우 최대수용전력[kW], 수용률[%], 일부하율[%]을 각각 구하시오.

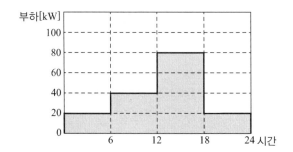

21 1,000[kVA] 단상변압기 3대를 △-△결선으로 사용하다가 1대의 고장으로 말미암아 V-V결선으로 바꾸었다면, 몇[kVA] 부하까지 걸 수 있겠는가?

22 단상변압기의 정격전압 3[kV], 정격전류 10[A], 임피던스 13.5[Ω]으로 하면 %임피던스는 얼마인가?

23 자가용 수용가의 주변압기에 단상 500[kVA], 22[kV]/105[V], 210[V] 3대를 △-△결선하는 경우, 저압측에 두는 차단기의 적당한 차단용량[MVA]을 구하시오. (단, 변압기의 임피던스는 3.5[%]이다.)

24 수전전압 6600[V], 3상 단락전류 7,000[A]인 수용가의 수전용 차단기의 차단용량은 몇[MVA]인가?

25 22.9[kV]로 수전받는 특고압용 변압기와 피뢰기와의 최대이격거리는 몇[m]인가?

26 특고압 가공전선로에서 공급을 받는 수전용 변전소에 시설하는 피뢰기의 피보호기의 제1대상이 되는 것은 어떤 기기인가?

27 수변전 설비에 설치하고자 하는 전력 퓨즈(Power Fuse)에 대해서 다음 각 물음에 답하시오.
　(1) 전력 퓨즈(PF)의 가장 큰 단점은 무엇인가?
　(2) 전력 퓨즈(PF)를 구입하고자 할 때 고려하여야 할 주요 사항을 4가지만 쓰시오.
　(3) 전력 퓨즈(PF)의 성능(특성) 3가지를 쓰시오.

28 3상 전류계측에서 변류기의 가장 일반적인 결선방법은 어떤 것인가?

29 소규모 변전소에서 차단기 조작전원(trip 용)으로, 직류전원을 생략하고 이를 대행하는 것으로 쓰이는 것 중 가장 대표적인 것은 무엇인가?

30 3상 3선식 수전설비에서 영상변류기와 조합하여 차단기를 동작시키는 계전기 명칭은 무엇인가?

31 과전류 계전기의 탭 값이 나타내는 것은 무엇인가?

32 가스절연 개폐장치(GIS)의 구성품 4가지는 무엇인가?

33 분기 Breaker의 50AF/30AT에서 AF와 AT의 의미는 무엇인가?

34 다음 약호의 명칭은 무엇인가?
① PTT   ② CTT

35 큐비클의 종류 3가지를 쓰고, 각 주 차단장치에 대해 간단히 설명하시오.

36 피뢰기의 구비조건에 대하여 쓰시오.

37 갭레스(Gapless)형 피뢰기의 주요 특징을 3가지만 쓰시오.

38 LBS(Load Breaker Switch)의 명칭과 기능에 대하여 설명하시오.

39 다음 약호의 명칭을 우리 말로 쓰시오.
① ASS   ② LA   ③ VCB   ④ DM

40 3상 3선식 6[kV] 수전점에서 25/5[A] CT 2대, 6600/110[V] PT 2대를 사용하여 CT 및 PT 2차측에서 측정한 전력이 300[W]로 되면 수전한 전력은 몇[kW]인가?

41 권수비 30인 단상 변압기의 1차에 6.6[kV]를 가할 때 다음 각 물음에 답하시오.
(단, 변압기의 손실은 무시한다.)
(1) 2차 전압[V]은?
(2) 2차에 50[kW], 뒤진 역률 80[%]의 부하를 걸었을 때 2차 및 1차 전류[A]는?
(3) 1차 입력[kVA]는?

42 CT 및 PT에 대한 다음 각 물음에 답하시오.
(1) CT는 운전 중에 개방하여서는 아니 된다. 그 이유에 대하여 설명하시오.
(2) PT의 2차측 정격전압[V]과 CT의 2차측 정격전류[A]는 일반적으로 얼마로 하는지 쓰시오.

43 전력계통의 발전기, 변압기 등의 증설이나 송전선의 신, 증설로 인하여 단락, 지락전류 가 증가하여 송변전 기기에의 손상이 증대되고, 부근에 있는 통신선의 유도장해가 증가 하는 등의 문제가 예상되므로, 단락용량의 경감대책을 세워야 한다. 이 대책을 3가지만 쓰시오

44 공칭 변류비가 100/5인 변류기(CT)의 1차에 250[A]가 흘렀을 경우 2차 전류가 10[A] 였다면, 이때의 비오차[%]를 구하시오.

45 어떤 상가 건물의 설비부하가 역률 0.6인 동력부하 30[kW], 역률 1인 전열기 24[kW]일 때, 변압기 용량은 최소 몇[kVA] 이상이어야 하는지 선정하시오.

변압기 표준 용량[kVA]						
30	50	75	100	150	200	300

46 수전 전압 6600[V], 가공 전선로의 %임피던스가 60.5[%]일 때, 수전점의 3상 단락전류 가 7000[A]인 경우 기준용량을 구하고, 수전용차단기의 차단 용량을 선정하시오.

차단기의 정격 용량[MVA]										
10	20	30	50	75	100	150	250	300	400	500

47 CT에 대한 다음 각 물음에 답하시오.

(1) Y−△로 결선한 주변압기의 보호로 비율차동계전기를 사용한다면 CT의 결선은 어떻게 하여야 하는지를 설명하시오.

(2) 통전 중에 있는 변류기의 2차측 기기를 교체하고자 할 때 가장 먼저 취하여야 할 사항을 설명하시오.

(3) 수전전압이 22.9[kV], 수전설비의 부하 전류가 40[A]이다. 60/5[A]의 변류기를 통하여 과부하 계전기를 시설하였다. 만일 120[%]의 과부하에서 차단시킨다면 트립 전류 값은 몇[A]로 설정하여야 하는지 구하시오.

48 고압수전설비에 사용되는 다음의 용도 또는 역할을 쓰시오.

① PF   ② MOF   ③ LA   ④ COS
⑤ PT   ⑥ CT   ⑦ OCR   ⑧ CB

49 그림과 같이 30[kW], 40[kW], 60[kW]의 부하설비의 수용률이 각각 50[%], 60[%], 90[%]로 되어 있는 경우 이것에 공급할 용량을 결정하시오. (단, 부등률은 1.1, 부하의 종합역률은 85[%]로 한다.)

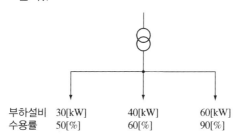

부하설비	30[kW]	40[kW]	60[kW]
수용률	50[%]	60[%]	90[%]

50 주어진 조건을 참조하여 다음 각 물음에 답하시오.

[조건] 차단기 명판(name plate)에 BIL 150[kV], 정격 차단전류 20[kVA], 차단시간 8사이클, 솔레노이드(solenoid)형이라고 기재 되어 있다. (단, BIL은 절연계급 20호 이상 비유효접지계에서 계산하는 것으로 한다.)

(1) BIL이란 무엇인가?

(2) 이 차단기의 정격전압은 몇[kV]인가?

(3) 이 차단기의 정격 차단 용량은 몇[MVA]인가?

51 다음 수전설비 단선도를 보고 각 물음에 답하시오.

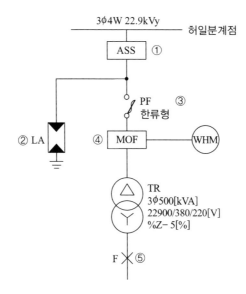

(1) 단선도에 표시된 ①ASS의 최대 과전류 Lock 전류값과 과전류 Lock 기능을 설명하시오.

　① 최대 과전류 Lock 전류 ;

　② 과전류 Lock 기능 :

(2) 단선도에 표시된 ② 피뢰기의 정격전압[kV]과 제1보호 대상을 쓰시오.

　① 정격전압[kV] :

　② 제1보호 대상 :

(3) 단선도에 표시된 ③ 한류형 PF의 단점을 2가지만 쓰시오.

(4) 단선도에 표시된 ④ MOF에 대한 과전류강도 적용기준으로 다음의 ( )에 들어갈 내용을 답란에 쓰시오.

> MOF의 과전류강도는 기기 설치점에서 단락전류에 의하여 계산 적용하되 22.9[kV]급으로서 60[A] 이하의 MOF 최소 과전류강도는 전기사업자 규격에 의한 (①)배로 하고, 계산한 값이 75배 이상인 경우에는 (②)배를 적용하며, 60[A] 초과 시 MOF 과전류강도는 (③)배로 적용한다.

(5) 단선도에 표시된 ⑤변압기 2차 F점에서의 3상 단락전류와 선간(2상) 단락 전류를 각각 구하시오. (단, 변압기 임피던스만 고려하고 기타 정수는 무시한다.)

　　① 3상 단락전류 ;

　　② 선간(2상) 단락전류 :

52 다음 도면을 보고 물음에 답하시오.

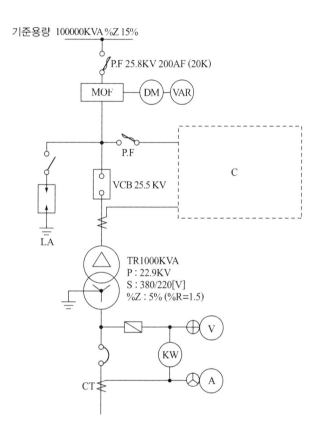

(1) LA의 명칭 및 기능은?

(2) VCB의 필요한 최소 차단 용량은 몇[MVA]인가?

(3) C 부분의 계통도에 그려져야 할 것들 중에서 그 종류를 7가지만 쓰도록 하시오.

53 다음 그림은 고압수전설비의 단선 결선도이다. 도면을 보고 ①번부터 ⑩번까지의 기기 명칭과 그 용도를 답하시오.

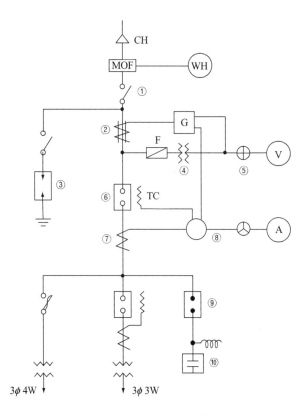

3φ 4W   3φ 3W

54 수용가의 수전설비의 결선도이다. 다음 물음에 답하시오.

(가) MOF에 연결되어 있는 DM은 무엇인지 명칭을 쓰시오.

(나) 22.9[kV]측의 DS의 정격전압은 몇[kV]인가?

(다) 22.9[kV]측의 LA의 정격전압은 몇[kV]인가?

(라) 3.3[kV]측의 옥내용 PT는 주로 어떤 형을 사용하는가?

(마) 변압기와 피뢰기의 최대 유효이격거리는 몇[m]인가?

(바) 변압기 Y-Δ접속의 복선도를 그리시오.

(사) OCB의 명칭은?

(아) OCGR의 명칭은?

(자) 22.9[kV]측의 CT의 변류비는? (단, 1.25배의 값으로 변류비를 결정한다)

(차) 고압 동력용 OCB에 표시된 600[A]는 무엇을 의미하는가?

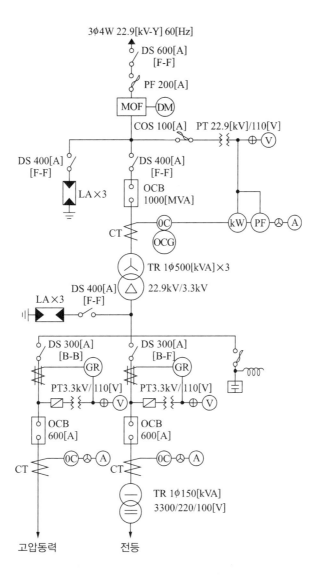

3φ4W 22.9[kV-Y] 60[Hz]

DS 600[A]
[F-F]

PF 200[A]

MOF — DM

COS 100[A]   PT 22.9[kV]/110[V]

DS 400[A]
[F-F]

DS 400[A]
[F-F]

LA×3

OCB
1000[MVA]

CT   0C

OCG

kW PF Ⓐ

TR 1φ500[kVA]×3

DS 400[A]
[F-F]

22.9kV/3.3kV

LA×3

DS 300[A]
[B-B]

GR

PT3.3kV/110[V]

DS 300[A]
[B-F]

GR

PT3.3kV/110[V]

OCB
600[A]

OCB
600[A]

CT   0C Ⓐ

CT   0C Ⓐ

TR 1φ150[kVA]
3300/220/100[V]

고압동력   전등

55 그림은 고압 전동기 100[HP]미만을 사용하는 고압 수전설비 결선도이다. 이 그림을
보고 다음 각 물음에 답하시오.

(가) 계전기용 변류기는 차단기의 전원측에 설치하는 것이 바람직하다. 그 이유는 무엇
인가?

(나) 본 도면에서 생략할 수 있는 부분은 무엇인가?

(다) 진상 콘덴서에 연결하는 방전코일의 목적은 무엇인가?

(라) 도면에서 다음의 명칭은 무엇인가?

• ZCT   • TC

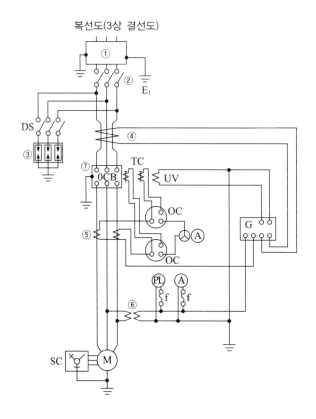

복선도(3상 결선도)

56 다음 심벌의 명칭을 쓰시오.

① PO ② SP ③ T ④ PR

57 87과 51N의 명칭은?

58 다음 보호 계전기의 종류에 대한 사용목적을 간략하게 쓰시오.

① 역전력 계전기(32) ② 역상 계전기

③ 교류과전류 계전기 ④ 전압평형 계전기

⑤ 비율차동 계전기

CHAPTER 07

예비전원 설비

1 | 예비전원설비의 개요

예비전원 설비는 일반 공장이나 빌딩 내에서는 소방법, 건축법으로 예비전원 설비의 설치를 의무화하고 있다. 일반 빌딩이나 공장에서 화재로 인해 전력공급이 중단되고 전등이 꺼지면 그 안에 있던 사람들이 어두워서 앞을 볼 수 없기 때문에 탈출 할 수가 없어서 큰 재해를 야기할 수 있다. 또 병원에서 중환자 수술을 하던 중에 정전이 된다면 환자의 생명이 위험할 수 있다. 이런 이유로 전원을 위급 상황에도 계속해서 전원을 공급하기 위해 예비전원 설비가 필요하다.

예비전원으로는 자가용 발전설비(自家用 發電設備)와 축전지설비(蓄電池設備)가 있으며, 각각 장단점이 있으므로 시설장소의 용도, 목적, 규모 등을 충분히 고려하여 선정하도록 하여야 한다.

1.1 예비전원설비의 설치목적

예비전원설비의 설치목적에 따라 분류를 하면 다음과 같다.

① 법적 규제
② 정전 방지
③ 단시간 운전 부하 대비(Peak Cut용 발전기)
④ 에너지 효율의 개선(열병합 발전기)

1.2 예비전원이 갖추어야 할 특성

법규에 의한 예비전원설비로서는 자가용 발전설비 · 축전지설비 · 비상 전용 수전설비 등이 있으나 비상 전용 수전설비를 제외한 예비전원은 다음과 같은 것이 있다.

① 충전기를 갖춘 축전지
② 자가용 발전장치
③ 충전기를 갖춘 축전지와 자가용 발전장치와의 병용

이러한 예비전원이 비상시에 그 기능을 완전히 발휘하기 위해서는 다음과 같은 특성을 구비하여야 한다.

① 충전기를 갖춘 축전지는 정전 후 충전함이 없이 20분 이상 방전할 수 있어야 한디.
② 자가용 발전장치는 비상사태 발생 후 10초 이내에 전압을 확립하여 20분 이상 안정하게 전원을 공급할 수 있어야 한다. 또한 비상용 엘리베이터 및 배연설비가 있는 경우에는 1시간 이상의 전원을 공급함이 바람직하다. 또한 소방법에 의하면 자동화재탐지설비 · 유도등 설비는 자가용 발전장치만으로는 비상 전원으로 인정하고 있지 않다.
③ 충전기를 갖춘 축전지와 자가용 발전장치와의 병용시에는 자가용 발전장치는 비상사태 발생 후 45초 이내에 기동하여 20분 이상 안정된 전원을 공급할 수 있어야 하며, 축전지설비는 정전 후 충전함이 없이 20분이상 방전할 수 있는 용량이어야 한다. 또한 비상용 엘리베이터 및 배연설비가 있을 때는 30분 이상의 전원공급이 필요하다.

2 | 자가용 발전설비

2.1 자가용 발전설비의 개요

1 내연 엔진에 의한 분류

내연 엔진은 기동이 빠른 점, 동작이 확실하고 신뢰도가 높은 점, 자동화가 용이한 점, 취급과 보수가 용이한 점, 효율이 좋은 점 등의 특징 때문에 원동기로 널리 사용되고 있다.

2 자가용 발전설비의 구성

자가용 발전설비는 다음과 같은 장치로 구성되어 있다.

(1) 디젤 엔진

엔진 본체, 조속기, 계측장치(회전계·유압계·수온계·유온계 등), 기동장치 및 정지장치, 방진장치

(2) 교류발전기

교류발전기, 여자장치

(3) 배전반

발전기반, 자동제어반, 여자장치반, 자동검정반, 보조기기반

(4) 엔진기동관계

① 공기식 : 공기압축기, 제어반, 공기조(air tank)
② 전기식 : 기동용 축전지, 기동용 충전기

(5) 부속장치관계

① 연료관계 : 연료 소출조, 연료저유조, 연료 이송 펌프, 연료 제어반
② 윤활유관계 : 윤활유 저유조
③ 냉각수관계 : 감압수조
④ 배기관계 : 소음기
⑤ 전기관계 : 배관, 배선
⑥ 부속설비 : 환기설비, 조명설비

(6) 기타 필요한 설비

① 소화설비
② 점검용 리프팅 장치
③ 환기설비
④ 배관 피트(급수, 배수, 연료유, 윤활유, 공기배관, 전기배선 등)

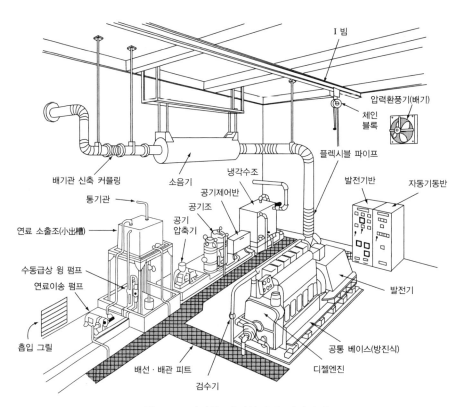

그림 7-1 자가용 발전설비의 설치 (예)

그림 7-1은 자가용 발전설비의 설치 예이다.

2.2 엔진의 출력

엔진의 출력을 결정하려면 다음의 2가지 조건을 충족하도록 하여야 한다.

① 전부하(全負荷)에서의 운전이 가능할 것
② 유도전동기가 기동할 때의 과부하에 견딜 수 있을 것

조건 ①은 전부하의 운전입력을 발전기의 효율로 나누면 된다. 엔진의 출력은 보통 불마력(佛馬力: PS)으로 표시하며, 1[kW] = 1.36[PS]이므로,

$$엔진 출력 = \frac{전부하\ 운전입력[kW]}{발전기\ 효율(\eta)} \times 1.36 \qquad (7-1)$$

이다.

조건 ②는 전동기를 기동할 때 엔진에 가해지는 부하 P를 말하며, 다음과 같다.

$$P = \frac{P_0 + Q \cdot \cos\theta}{\eta'} \times 1.36[PS] \qquad (7-2)$$

단, P_0 : 이미 운전 중에 있는 초기부하[kW]

Q : 전동기의 기동용량[kVA]

$\cos\theta$: 전동기 기동전류의 역률

η' : 전동기 기동시의 발전기 효율

그러나 전동기의 기동전류는 전동기가 기동을 완료하기까지의 기간에 한해서 흐르는 것이므로, 그 기간은 수~수십 초 정도이다. 엔진은 이 정도의 시간이라면 110~ 120[%] 정도의 과부하에 견딜 수 있다.

따라서, 이러한 단시간에 대한 엔진의 과부하내량(過負荷耐量)을 K라 하면

$$엔진 출력 > \frac{P_0 + Q \cdot \cos\theta}{\eta' \times K} \times 1.36[PS] \qquad (7-3)$$

가 된다. 이상의 설명에서 알 수 있듯이 엔진의 출력은 위에서 계산한 값중 큰 값을 채택하여야 한다.

2.3 자가 발전기 용량의 산정

1 용량 산정 시 주의사항

① 건물이나 시설의 성격, 부하의 용도와 성질, 사용자의 의향을 충분히 고려한다.
② 사용빈도가 적은 것을 고려하여 부하를 극히 제한한다.
③ 경제성을 잘 검토한다.
④ 디젤 엔진에 의한 구동인 예비전원은 수십 초 간의 정전은 피할 수 없음을 잘 고려한다 (단, 무정전 전원장치를 시설한 경우는 제외).
⑤ 유도 전동기와 같은 기동전류가 큰 부하가 있는 경우는 기동방법을 고려하지 않으면, 전원용량이 커지므로 특히 주의하여야 한다.
⑥ 수전전력과 자가발전용량과의 관계에 대해서 외국에서의 실적을 참고로 제시하여 보면 다음과 같다. 그러나 이는 계속 상승추세에 있다.
　가. 일반 장소의 경우 14~20[%]
　나. 일반 빌딩의 경우 20[%]
　다. 상하수도용 동력전용 80[%]
　라. 전화, 통신설비건물 64[%]
　마. 병원 30[%]

2 자가 발전용량의 산정

(1) 전부하 운전에 필요한 입력

예비발전설비의 용량은 정전시 정지시킬 수 없는 동력, 예를 들면 배수, 소화전용 펌프, 배기 및 흡기 팬 등과 빌딩에 있어서는 엘리베이터, 에스컬레이터 등 중에서 정지시킬 수 없는 것에 필요한 총합전력과 비상용 조명, 표시등, 신호장치 등을 점등하는 데 필요한 전력을 합한 전력을 기초로 하여 발전설비용량을 결정하여야 한다. 즉

$$\text{소요 예비발전용량[kW]} = (P + Q) \times D \tag{7-4}$$

단, P : 동력기기의 총동력

Q : 전등용, 신호용 등의 동력 이외의 전력 총용량

D : 정전시 사용을 필요로 하는 전력의 수용률[%]

여기서 P는 최대유도부하의 기동용량에 잔여 동력부하를 합한 것으로 하여야 한다. 그러나 대용량만이 있는 경우에는 기동에 시차를 두어 기동 하도록 하여야 하며 동시기동이 불가피한 경우에는 이를 고려하여야 한다. 전동기의 기동용량은 정격용량의 500~600[%] 정도이다.

이와 같은 방법으로 구하는 것은 설비정격에 대한 입력이므로, 실제로 부하를 운전하는 데 필요한 전력은 설비용량에 수용률을 곱한 값이 된다.

$$전부하 \ 운전입력 \ = \ 설비용량 \times 수용률 \tag{7-5}$$

(2) 유도전동기의 직입기동에 의한 돌입부하

유도전동기를 기동할 때에 큰 기동전류가 흐름에 따라 발전기에 갑자기 큰 부하가 걸리는 결과가 되므로, 발전기의 단자전압이 순간적으로 떨어져서 접촉자가 개방(drop out)되거나 엔진이 정지하는 등의 사고를 유발하기도 한다.

유도전동기의 기동용량[kVA]은

$$기동용량[kVA] \ = \ \sqrt{3} \times (정격전압) \times (기동전류) \times \frac{1}{1000} \tag{7-6}$$

로 표시되며, 이때 기동전류의 역률은 25~40[%] 정도이다. 또한 기동전류가 흐를 때의 순간적인 돌입부하(突入負荷) 때문에 일어나는 발전기의 순시 전압강하 $\triangle E$ 는 다음 식으로 주어진다.

$$\triangle E = \frac{X_d^{'}}{X_d^{'} + \dfrac{발전기 \ 정격 \ [kVA]}{돌입부하 \ [kVA]}} \times 100 \tag{7-7}$$

단, $X_d^{'}$: 발전기의 직축 과도 리액턴스 (보통 0.2~0.3)

(3) 발전기 용량의 결정

발전기의 용량을 결정할 때는 (1)과 (2)에서 고찰한 사항을 모두 만족하여야 한다. 즉,

① 전부하 운전입력을 충분히 공급할 수 있는 출력일 것
② 유도 전동기를 기동할 때 일어나는 돌입부하에 견딜 수 있는 출력일 것

조건 ①을 만족하는 발전기 용량은

$$발전기용량[kVA] > \frac{전부하\ 운전입력}{0.8} \tag{7-8}$$

여기서 0.8은 발전기의 역률이다.

조건 ②를 만족하는 발전기 용량은 식 (7-7)을 변형한 다음 식으로부터 구해진다.

$$발전기용량[kVA] > (\frac{1}{허용전압강하} - 1) \times X_d^{'} \times 기동용량[kVA] \tag{7-9}$$

단, $X_d^{'}$: 발전기의 과도 리액턴스 (보통 25~30[%])

여기서, 허용전압강하는 20~30[%] 이내로 억제하여야 한다.

이상에서 필요한 발전기의 용량은 식 (7-8)과 식 (7-9)에서 구한 값 중 큰 쪽을 채용하도록 한다.

예제 1

다음 표와 같은 부하를 운전하는 경우, 발전기의 용량 및 엔진의 출력을 구하시오.

No	부하의 종류	출력 [kW]	전부하 특성				기동 특성	
			역률 [%]	효율 [%]	입력 [kVA]	출력 [kW]	역률 [%]	기동용량 [kVA]
1	유도 전동기	6대×37	88.0	80.5	6대×53	6대×46	40.0	6대×336
2	유도 전동기	1대×11	84.0	77.0	17	14.3	40.0	108
3	전등·기타	30	100	–	30	30	–	–
	합 계	263	88.0	–	365.0	320.3	–	–

풀이 1. 발전기 용량

① 전부하를 운전하는 데 필요한 용량

No. 1 : 부하의 정격입력 = 6대 × 37/0.805 = 276[kW]

No. 2 : 부하의 정격입력 = 11/0.77 = 14.3[kW]

No. 3 : 부하의 정격입력 = 30[kW]

총 정격입력 = 320.3[kW]

수용률을 1.0으로 볼 때 부하의 역률은 80[%]보다도 크므로 발전기의 역률을 표준치 80[%]로 취하면

$$\text{발전기 용량[kVA]} = \frac{320.3}{0.8} = 400[\text{kVA}]$$

② 전동기 기동에 필요한 용량

만약에 No. 1 부하는 2대를 동시에 기동하여야 할 필요가 있다고 가정하면, 최대기동용량[kVA] = 2 × 336 = 672[kVA], 또한 X_d' 를 23[%]로 보고 이때의 순시전압강하를 25[%]까지 허용한다면 식 (7-9)로부터

$$[\text{발전기 용량[kVA]} > (\frac{1}{0.25} - 1) \times 0.23 \times 672 = 464[\text{kVA}]$$

위의 ①, ②를 종합해서 볼 때 발전기용량은 464[kVA] 보다 큰 것이 필요하게 된다. 따라서, 표준출력을 선정해서 발전기 정격은 500[kVA] (400[kW])으로 한다.

2. 엔진 출력

① 전부하를 운전하는 데 필요한 출력

발전기의 규약효율을 92[%]라 하면 식 (7-1)로부터

$$\text{엔진출력} > \frac{320.3}{0.92} \times 1.36 = 484[\text{PS}]$$

② 전동기 기동에 필요한 출력

No. 2, No. 3의 부하 및 No. 1의 부하 중 2대의 전동기는 이미 운전 중에 있다고 가정하고, 나머지 No. 1 부하 4대를 1대씩 기동하는 것으로 가정한다면, No. 1 부하 중의 마지막 전동기 1대를 기동할 때 엔진에는 최대부하가 걸린다.

따라서, 식 (7-3)으로부터

$$P_0 = 5\text{대} \times 46 + 14.3 + 30 = 274.35[\text{kW}]$$

$$Q = 336\,[\text{kVA}]$$

$$\eta' = 0.88$$

$$\cos\theta = 0.4$$

$k = 1.15$ 로 각각 본다면,

$$\text{엔진출력} > \frac{274.3 + 336 \times 0.4}{0.88 \times 1.15} \times 1.36 = 550[\text{PS}]$$

위의 ①, ②를 종합해서 엔진출력은 550[PS]로 결정한다.

2.4 교류 발전기

1 분류

분류발전설비에 사용되는 발전기는 대부분이 3상 교류 동기 발전기이지만, 구조에 따라 다시 다음과 같이 분류할 수 있다.

(1) 회전자의 구조

회전자(回轉子)의 형식에는 **회전 계자형**(回轉界磁形), **회전 전기자형**(回轉電機子形), **유도 자형**(誘導子形)이 있으며, 보통은 회전 계자형이고 소용량의 것에서는 회전 전기자형을 사용한다. 그리고 회전 계자형에는 원통형(圓筒形)과 철극형(凸極形)이 있다.대용량 디젤 발전기에서는 일반적으로 철극형이 채용되고 있다.

(2) 냉각방법

냉각방법은 고정자 또는 회전자를 직접 냉각하는 주요 매체에 의해 공기냉각식, 가스 냉각식(예를 들면, 수소냉각식), 수냉식, 유냉식의 4종류인데, 일반적으로는 공기냉각 가운데 회전자에 고정된 임펠러(impeller) 또는 날개편에 의한 자기통풍식이 많이 사용되고 있다.

② 주파수와 회전속도

주파수와 회전속도의 관계는 다음 식과 같다.

$$N_S = \frac{120\,f}{P} \qquad\qquad (7-10)$$

단, N_S : 동기속도[rpm] f : 주파수[Hz] P : 극수

③ 정격

(1) 정격의 종류

발전기의 정격의 종류에는 연속정격·단시간정격·반복정격의 3종류가 있으며, 단시간정격 표준가운데 30분 정격, 1시간 정격이 있으며, 규정이 없는 경우는 연속정격으로 규정하고 있다.

(2) 정격출력

정격출력은 전기자 단자에서 전력으로 표시한다. 그 단위는 [VA], [kVA] 또는 [W], [kW]로 하고 어느 경우에도 역률을 병기하도록 되어 있다.
또한 엔진의 정격출력은 발전기 전기자 단자의 전력으로 표시하도록 되어 있다.

(3) 정격전압

규격으로는 210[V], 230[V], 415[V], 3300[V], 6600[V]를 표준으로 하고 있다.

(4) 역률

발전기의 정격역률로 지연 0.8, 0.85, 0.9, 0.95, 1.0을 표준치로 표시하고, 정격역률은 0.8(지연)로 되어 있다. 한편, 부하역률로는 극히 소용량전동기를 제외하고 0.8~ 0.9(지연) 정도로 되어 있다.

(5) 절연의 종류

절연의 종류는 고압발전기에서는 B종 또는 F종 이상, 저압은 E종 이상으로 되어 있다. 한국산업규격 「전기기기 절연종류」에 의하면, 각종 절연의 허용 최고 온도는 E종에서 120[°C], B종에서 130[°C], F종에서 155[°C], H종에서 180[°C]로 되어 있으며, 현재 표준형으로 F종과 비표준형으로 H종까지 제작되고 있다.

2.5 발전기실

(1) 발전기실의 위치

1. 발전기실의 위치를 선정할 때에는 다음 사항을 고려하여야 한다.
   ① 기기의 반입·반출 및 운전·보수가 편리한 위치일 것
   ② 엔진배기 배출구에 가급적 가까이 위치할 것
   ③ 실내환기를 충분히 행할 수 있을 것
   ④ 급배수가 용이할 것
   ⑤ 연료유의 보급이 용이할 것
   ⑥ 변전실에 가까울 것

2. 발전기실의 구조는 다음과 같도록 한다.
   ① 내화, 방음, 방진구조일 것
   ② 발전기의 기초는 발전기 중량의 5배 정도의 콘크리트를 방의 바닥면과 절연시키고 방진재료를 패킹한다.
   ③ 주위온도가 5[°C]이하로 내려가지 않도록 한다(엔진 시동 곤란 및 규정출력 미달의 우려).
   ④ 비상사태 발생 후 10초 이내에 가동하여 규정전압을 유지하고, 30분 이상 전력공급이 가능하여야 할 것

(2) 발전기실의 면적 및 높이

① 발전기실의 면적

$$S > 1.7 \sqrt{P} \, [\text{m}^2] \tag{7-11}$$

$$(\text{추장치는 } S \geq 3 \sqrt{P} \, [\text{m}^2]\text{이다})$$

단, S : 발전기실의 소요면적$[\text{m}^2]$,　P : 엔진의 출력[PS]

② 발전기실의 높이

$$H = (8 \sim 17)D + (4 \sim 8)D \tag{7-12}$$

단, H : 발전기실의 천장 높이

D : 실린더 지름[mm]

$(8 \sim 17)D$: 실린더 상부까지의 엔진의 높이(속도에 따라 결정)

$(4 \sim 8)D$: 실린더 해체에 필요한 높이(체인 블록의 유무에 따라 결정하며, 체인 블록이 없으면 $4D$정도로 한다.)

---

3 │ 축전지 설비

3.1 축전지설비의 개요

축전지(蓄電池)는 화학반응을 응용하여 직류 전력의 축적, 재사용을 반복할 수 있는 전기 화학 기기이며, 일반 전기기기와 같이 상태의 변화가 소리나 냄새, 움직임의 변화가 없으며, 독립한 전력원으로서 순수한 직류전원인 점과 경제적이고 보수가 용이하다는 점 등의 특징을 갖고 있다. 예비전원으로 축전지설비는 상용전원이 정전되었을 경우 자가용 발전설비가 기동하여 일정한 전압을 확보할 때까지의 중간전원으로서 사용되는 수가 많으며, 부하의 설비용량이 비교적 적거나 단시간 사용에도 널리 사용되고 있다.

1 축전지의 종류

일반적으로 인공적인 전기를 출력할 수 있는 장치를 크게 분류하면 물리 에너지를 이용하는 것과 화학 에너지를 이용하는 것이 있다. 각종 발전장치는 물리 에너지를 이용한 것이고, 전지(電池)는 화학 에너지를 이용한 것이다.

전지는 한번 방전하면 구성물질을 바꾸지 않는 한 다시 전지로서 사용할 수 없는 1차 전지와 전기를 출력한 다음 다시 외부에서 전기를 가하면 재차 사용가능한 2차 전지로 구분된다. 1차 전지의 대표적인 예로서 건전지(乾電池)를 들 수 있으며, 현재 사용하고 있는 2차 전지에는 납 축전지와 알칼리 축전지가 있다. 일반적으로 전기출력을 방전(放電)이라고 하며, 외부에서 전기를 가하는 것을 충전(充電)이라고 한다. 이와 같이 방전과 충전을 반복 할 수 있는 전지를 **축전지**(storage battery)라고 한다.

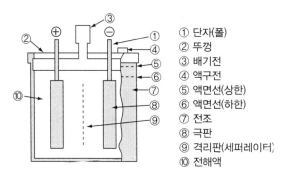

① 단자(폴)
② 뚜껑
③ 배기전
④ 액구전
⑤ 액면선(상한)
⑥ 액면선(하한)
⑦ 전조
⑧ 극판
⑨ 격리판(세퍼레이터)
⑩ 전해액

[주] 배기전과 액구전을 겸한 구조의 것도 있다.

그림 7-2 축전지의 개략도

(1) 납 축전지

납 축전지는 방전 중 자체의 화학 에너지를 전기 에너지로 바꾸어 외부에 공급하고, 충전 중에 외부에서 전기 에너지를 받아 이것을 화학 에너지형으로 저장하는 것이며, 활성물질은 방전 중에 소비되어 더 이상 전기 에너지를 공급할 수 없는 불활성 물질로 변화한다. 축전지를 재차 충전상태로 회복하기 위해서는 외부 전원에서 전기 에너지를 공급하여야 한다. 그때, 축전지에 흐르는 전류방향은 방전 때와 역방향이며, 불활성 물질은 재차 전기 에너지를 출력가능 물질로 변화한다. 이것이 충전이다. 따라서 이 작용은 가역적이라고 할 수 있다.

충전 및 방전 때 생기는 가역적 반응은 다음 식과 같다.

$$PbO_2 + 2H_2SO_2 + Pb \underset{\text{충전}}{\overset{\text{방전}}{\rightleftharpoons}} PbSO_4 + 2H_2O + PbSO_4$$
$$\text{(양극)} \qquad\qquad \text{(음극)} \qquad \text{(양극)} \qquad\qquad\qquad \text{(음극)}$$

즉, 방전은 음극판의 납과 양극판의 이산화납이 다같이 황산납으로 변화하고, 전해액 중의 황산이 소비되어 물이 생성된다. 충전은 이 변화가 역방향으로 생긴다.

(2) 알칼리 축전지

알칼리 축전지의 작동원리에 대해 간단히 설명하면, 이 전지의 방전 변화는 양극 활성물질의 산화, 환원으로 이루어진다. 즉 충전상태에서는 양극 활성물질은 수산화 제2니켈[NiOOH], 음극 활성물질은 금속 카드뮴[Cd]인데, 방전을 하면 양극 활성물질은 환원되어 수산화 제1니켈[Ni(OH)$_2$], 음극 활성물질은 산화되어 수산화카드뮴[Cd (OH2)]이 된다.

표 7-1 축전지의 극판형식과 구조

종 별		납 축전지		알칼리 축전지	
형 식 명		클래드식	페이스트식	포케트식	소결식
극판구조	양극판	납합금으로 만든 심금속(心金屬)에 유리섬유 등의 미세한 구멍이 많은 튜브를 삽입해서 그 속에 양극작용 물질을 채운 것	납합금인 격자에 양극작용 물질을 채운 것	구멍을 뚫은 니켈도금강판의 포케트 속에 양극작용 물질을 채운 것	니켈을 주성분으로 한 금속분말을 소결 해서 만든 다공성기판(多孔性基板)의 가는 구멍 속에 양극작용 물질을 채운 것
	음극판	납합금으로 된 격자에 음극작용 물질을 채운 것		위에서 설명한 포케트 속에 음극작용 물질을 채운 것	위에서 설명한 기판속에 음극작용 물질을 채운 것
전지구조		양음극판을 각각 적당한 방수만큼 조합하고, 또한 두 종의 극판 사이에 세퍼레이터를 넣어 극판군으로 한다. 그리고 전해액과 함께 전해조(수지제) 속에 수납			
형 식 기 호		CS	HS (급방전형)	AL (완만한 방전형) AM (표 준 형) AMH (급방전형) AH-P (초급방전형)	AH-S (표 준 형) AHH (급방전형)

[비고] 1. 알칼리 포케트식 AH와 소결식 AH와는 방전특성상 동일하다.
2. 형식기호에서 ( )는 특성상 보통 쓰이고 있는 호칭이다.

충전을 하면, 방전시와 반대 반응이 일어나며, 양극활성 물질의 수산화 제1니켈은 산화되어 수산화 제2니켈로, 음극 활성물질의 수산화카드뮴은 환원되어 금속 카드뮴이 된다. 그동안 전해액의 가성칼륨[KOH]은 방전에 의해 수산기[OH]가 양극에서 음극으로, 충전에 의해 음극에서 양극으로 이행하는 것을 돕는 매개의 역할을 할 뿐이며, 직접 활성물질과의 반응이 없으므로 충·방전 중에 전해액의 비중변화는 없다. 이상의 전기화학적인 반응을 식으로 나타내면 다음과 같이 된다. 또한, 기전력은 기전변화(起電變化)를 기초로 구할 수 있으며, 25[°C]에서는 1.32[V/cell] 이다.

납 축전지와 알칼리 축전지의 극판(極板)형식과 구조는 표 7-1과 같다.

② 구조에 의한 분류

(1) 밀폐형(Sealed type)

축전지로부터 산(酸)이나 알칼리 가스가 나오지 않으며 또한 사용과정에서 물의 보충을 필요로 하지 않는 구조의 것을 말한다.

(2) 통풍형(Vented type)

납 축전지에서는 배기전(排氣栓)에 필터를 시설하여 산무(酸霧)가 나오지 못하게 한 구조의 것을 말하며, 알칼리 축전지에서는 적당한 방말(防沫) 장치를 한 배기전을 시설함으로써 많은 가스가 나오지 못하도록 만든 구조의 것을 말한다.

(3) 개방형(Opened type)

통풍형에서처럼 산이나 알칼리 가스의 제거장치가 부착되지 않은 것을 말한다.

③ 축전지의 특성

납 축전지와 알칼리 축전지의 특성 및 성능을 비교하면 표 7-2와 같다.

표 7-2 축전지의 특성 및 성능

종별		납 축전지		알칼리 축전지	
형식명		클래드식 (CS형)	페이스트식 (HS형)	포케트식 (AL, AM, AMH, AH형)	소결식 (AH, AHH형)
작용 물질	양극	이산화납 (PbO_2)		수산화니켈 (NiOOH)	
	음극	납 (Pb)		카드뮴 (Cd)	
	전해액	황산 (H_2SO_4)		가성칼륨 (KOH)	
반응식		$PbO_2 + 2H_2SO_4 + Pb \overset{방전}{\underset{충전}{\rightleftharpoons}} PbSO_4 + 2H_2O + PbSO_4$ (양극) (음극) (양극) (음극)		$2NiOOH + 2H_2O + Cd \overset{방전}{\underset{충전}{\rightleftharpoons}} 2Ni(OH)_2 + Cd(OH)_2$ (양극) (음극) (양극) (음극)	
기 전 력		2.05 ~ 2.08[V]		1.32 [V]	
공칭전압		2.0 [V]		1.2 [V]	
공칭용량		10 시간율 [Ah]		5 시간율[Ah]	
방전특성		보통	고율방전에 우수	보통 고율 방전 특성이 좋은 것도 있다	특히 고율 방전특성이 우수함
수 명		길다	약간 짧은 편	길다	길다
자가방전		보통	보통	약간 적다	약간 적다
특 징		수명이 길다. 경제적이다. 주로 변전소에서 사용	고율방전특성이 좋다. 경제적이다. 단시간 대전류 부하로 짧게 방전 주로 UPS에 사용	수명이 길다. 기계적으로 견고, 방치나 과방전에 견딘다.	고율방전특성이 좋다. 소형이다.

4 축전지의 용도

(1) 직류 전원 공급 장치

직류 전원 장치는 축전지와 충전장치로 구성되며 직류 부하에 사용한다. 주된 용도는 통신, 계장, 자가 발전기 기동용, 전화용, 방재용, 전력설비의 조작용 전원 등이다.

(2) 무정전 전원 공급 장치(UPS)

UPS(Uniterruptible Power Supply system)는 그림 7-3과 같이 축전지, 컨버터(converter), 인버터(inverter) 등으로 구성된다. 선로의 정전이나 입력전원에 이상 상태가 발생하였을 경우에도 정상적으로 전력을 부하측에 공급하는 설비를 무정전 전원 공급장

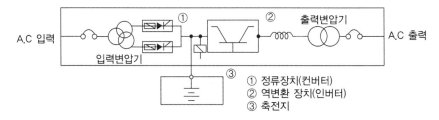

그림 7-3 무정전 전원 공급 장치(UPS)의 기본 구성회로

치(UPS)라 한다. UPS의 출력은 정전압, 정주파수이므로 컴퓨터용, 방재용, 보안용으로서 상용 전원과 교체하여 사용한다.

① **정류기**(컨버터) : 전력회사의 교류전원을 공급받아 직류전원으로 바꾸어 주는 동시에 축전지(battery)를 충전한다.
② **인버터**(Inverter) : 직류전원을 교류전원으로 바꾸어주는 장치
③ **축전지** : 정전시 인버터에 직류전원을 공급하여 부하에 일 시간 동안 무정전으로 전원을 공급하는 데 필요한 장치

3.2 축전지의 용량

거치형 축전지의 용량산출에는 다음 식을 사용한다.

$$C = \frac{1}{L}\left[K_1 I_1 + K_2(I_2 - I_1) + K_3(I_3 - I_2) + \cdots\cdots K_n(I_n - I_{n-1})\right] \qquad (7-13)$$

단, C : 25[℃]에서의 정격 방전율 환산용량[Ah]

I : 방전전류[A]

K : 방전시간(T), 전지의 최저온도 및 허용할 수 있는 최저 전압에 의하여 결정되는 용량환산시간

첨자(suffix) 1, 2, $\cdots\cdots$ n : 방전전류의 변화의 순으로 번호를 붙인 T, K, I를 표시한 것이다.

축전지의 방전 패턴이 그림 7-4와 같이 시간의 경과에 따라 방전전류가 감소되면, 이때 전류가 감소되기 직전까지의 부하 특성마다 그림 7-5와 같이 잘라서 각각 필요한

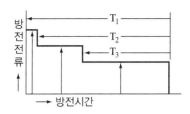

그림 7-4 축전지의 방전 패턴 (예)

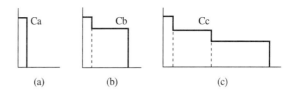

그림 7-5 용량 계산의 단계

축전지용량 C_a, C_b, C_c를 구하여 가장 큰 값의 용량이 전체 부하에 필요한 정격 방전율 환산용량이 된다.

그러나 시간이 경과할수록 전류가 증가하는 경우에는 잘라서 계산하지 않고 전체를 일괄하여 산출할 수 있다.

식 (7-13)에서 보수율은 축전지를 장시간 사용하거나 사용조건 등의 변화에 의하여 용량이 변화하는 것을 보상하기 위한 보정치로서 보통 $L = 0.8$ 을 사용하고 있다.

그림 7-4의 예에서 방전시간 $(T_2 - T_1)$ 은 차단기 투입과 같은 경우에는 초 단위로 되지만, 납 축전지에 대해서는 1분 이내의 부하는 이를 1분으로 간주하고, 알칼리 축전지의 경우에는 0.1분 이내의 부하는 0.1분으로 간주한다. 그리고 축전지의 허용 최저전압은 부하측 기기에서 요구되는 최저전압 중에서 가장 높은 전압에 축전지와 부하 간의 접속선의 전압강하를 합한 값이다. 즉 단전지(單電池) 1개에 대한 허용 최저전압 V는

$$V = \frac{V_a + V_c}{n} [\text{V/cell}] \qquad (7\text{-}14)$$

단, V_a : 부하의 허용최저전압 [V]

　　V_c : 축전지와 부하 간의 접속선의 전압강하 [V]

　　n : 직렬로 접속한 단전지의 개수

또한 최저 전지온도는 실내에 설치하는 경우에는 +5[℃], 특히 한냉지일 때는 -5[℃]로 하고, 옥외 큐비클에 수납하는 경우에는 최저주위 온도에 5~10도를 가산한 값에 최저 전지온도로 한다. 그리고 공조설비(空調設備)에 의하여 하루 종일 실내온도를 확실하게 보증하는 경우에는 25[℃]로 한다.

그림 7-6은 소결식 알칼리 축전지의 용량환산시간 K의 값을 구하는 방법을 예제 2의 경우에 대하여 표시한 것이다.

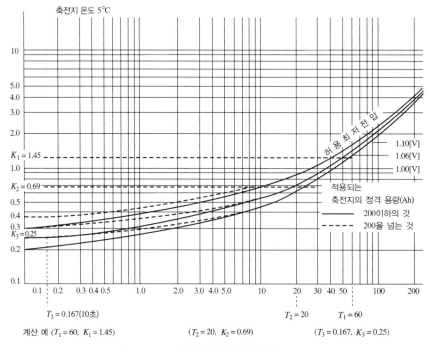

그림 7-6 소결식 알칼리 축전지의 표준특성

예제 2

그림 7-7의 부하특성에서 사용전지를 소결식 알칼리 축전지로 선정하였을 때 축전지의 허용 최저전압을 $1.06[\text{V/cell}]$, 최저 온도를 $+5[\text{℃}]$로 가정한 경우의 축전지 용량을 산출하시오. (단, 보수율 $L = 0.8$, 용량환산시간 $K_1 = 1.45$, $K_2 = 0.69$, $K_3 = 0.25$이다.)

풀이   주어진 문제에서

$$I_1 = 10[\text{A}]$$

$$I_2 = 20[\text{A}]$$

$$I_3 = 100[\text{A}]$$

$$T_1 = 60분, \quad T_2 = 20분, \quad T_3 = 10초$$

$$K_1 = 1.45, \quad K_2 = 0.69, \quad K_3 = 0.25$$

$L = 0.8$이므로

$$C = \frac{1}{L}\left[K_1 I_1 + K_2(I_2 - I_1) + K_3(I_3 - I_2)\right]$$

$$= \frac{1}{0.8}\left[1.45 \times 10 + 0.69 \times (20 - 10) + 0.25 \times (100 - 20)\right]$$

$$= 51.8[\text{Ah}]$$

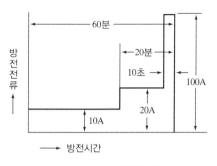

그림 7-7 부하특성

따라서, 5[h], 51.8[Ah] 이상의 축전지로서 소결식 알칼리 축전지의 50[Ah/5h] 또는 60[Ah/5h]를 사용하면 된다.

예제 3

그림 7-8과 같은 방전특성을 갖는 부하에 필요한 축전지용량[Ah]를 구하시오.

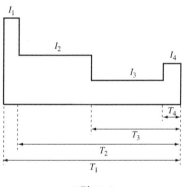

그림 7-8

단, 방전전류 [A] $I_1 = 500$, $I_2 = 300$, $I_3 = 100$, $I_4 = 200$
　　방전시간 (분) $T_1 = 120$, $T_2 = 119.9$, $T_3 = 60$, $T_4 = 1$
　　용량환산시간 $K_1 = 2.49$, $K_2 = 2.49$, $K_3 = 1.46$, $K_4 = 0.57$

보수율은 0.8을 적용한다.

풀이　① $I_1 = 500[A]$, $t_1 = 0.1[분]$, $K_1 = 2.49$

$$C_A = \frac{1}{L}K_1 I_1 = \frac{1}{0.8} \times (2.49 \times 500)$$

$$= 1556.25[Ah]$$

② $I_1 = 500\,[\text{A}]$, $t_1 = 0.1\,[\text{분}]$, $K_1 = 2.49$

    $I_2 = 300\,[\text{A}]$, $t_2 = 59.9\,[\text{분}]$, $K_2 = 2.49$

$$C_B = \frac{1}{L}\left[K_1 I_1 + K_2(I_2 - I_1)\right]$$

$$= \frac{1}{0.8} \times \left[2.49 \times 500 + 2.49 \times (300 - 500)\right]$$

$$= 932.5\,[\text{Ah}]$$

③ $I_1 = 500\,[\text{A}]$, $t_1 = 0.1\,[\text{분}]$, $K_1 = 2.49$

    $I_2 = 300\,[\text{A}]$, $t_2 = 59.9\,[\text{분}]$, $K_2 = 2.49$

    $I_3 = 100\,[\text{A}]$, $t_3 = 59\,[\text{분}]$, $K_3 = 1.46$

    $I_4 = 200\,[\text{A}]$, $t_4 = 1\,[\text{분}]$, $K_4 = 0.57$

$$C_c = \frac{1}{L}\left[K_1 I_1 + K_2(I_2 - I_1) + K_3(I_3 - I_2) + K_4(I_4 - I_3)\right]$$

$$= \frac{1}{0.8} \times \left[2.49 \times 500 + 2.49(300 - 500) + 1.46(100 - 300)\right.$$

$$\left. + 0.57(200 - 1000) = 640\,[\text{Ah}]\right.$$

따라서, C_A, C_B, C_c에서 가장 큰 값을 갖는 C_A 즉, 1556.25[Ah]이상인 축전지를 선정하여야 한다.

3.3 충전방식

1 초기충전

초기충전(初期充電)은 전해액을 넣지 않은 미충전상태의 축전지에 전해액을 주입하여 처음으로 행하는 충전을 말한다. 최근에는 공장에서 전해액을 넣어 충전을 마친 상태로 출하하여 현장에서는 보충적인 충전 정도를 행함으로써 실지로 사용할 수 있도록 하고 있으므로, 초기충전이 필요하지 않다. 따라서 공장출하에서 사용 개시까지의 공백기간은 짧을수록 좋다.

② 일상충전(유지충전)

사용 중의 충전을 **일상충전**(日常充電) 또는 **유지충전**(維持充電)이라고 하며, 물의 보충과 함께 수명(壽命)이나 방전의 가부를 결정하는 요소가 되므로 신중히 다루어야 한다. 충전방식에는 다음과 같은 것이 있다.

(1) 보통충전

필요할 때마다 표준시간율로 소정의 충전을 하는 방식이다.

(2) 급속충전(急速充電)

비교적 단시간에 보통 충전전류의 2~3배의 전류로 충전하는 방식이다.

(3) 부동충전(浮動充電)

전지의 자기방전을 보충함과 동시에 상용부하에 대한 전력공급은 충전기가 부담하도록 하되 충전기가 부담하기 어려운 일시적인 대전류 부하는 축전지로 하여금 부담케 하는 방식이다. 일반적으로 거치용 축전지설비에서 가장 많이 채용되는 방식이다.

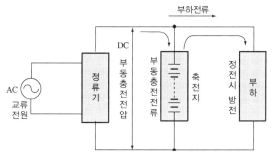

그림 7-9 부동충전방식

(4) 균등충전(均等充電)

부동충전방식에 의하여 사용할 때 각 전해조(電解槽)에서 일어나는 전위차(電位差)를 보정하기 위하여 1~3개월마다 1회, 정전압(납 축전지 2.4~2.5[V/cell], 알칼리 축전지 1.45~1.5[V/cell])으로 10~12시간 충전하여 각 전해조의 용량을 균일화하기 위하여 행하는 방식이다.

(5) 세류충전(細流充電, 트리클 충전)

자기 방전량만을 항상 충전하는 부동충전방식의 일종이다

예제 4

축전지 설비의 구성요소 4가지를 쓰시오.

풀이　① 축전지　　② 제어장치
　　　　③ 보안장치　　④ 충전장치

3.4 축전지실

과거에는 납 축전지의 산무(酸霧)에 의한 부식을 방지할 목적으로 내산처리(耐酸處理)를 하기 위해 축전지실이 필요했다. 그러나 현재는 납 축전지의 경우 밀폐형(sealed type), 통풍형(vented type) 등 밀폐화된 구조이므로 산무의 발산이 거의 문제시되지 않고 있다. 또한 알칼리 축전지도 유해한 가스를 발산하지 않으므로 축전지실이 필요하지 않는 경향이 있다. 따라서 근래에는 축전지와 충전기를 동일금속 케이스 속에 수납한 큐비클식 전원장치가 널리 채용되고 있으며, 변전실·기계실 등에 다른 기기와 함께 설치되어 가고 있다.

축전지실을 설치하는 경우에는 건축적·위생적·전기적인 견지에서 다음과 같은 사항에 주의하여야 한다.

① 천장높이는 2.6[m] 이상으로 한다.
② 진동이 없는 곳이어야 한다.
③ 충전 중에는 수소가스의 발생을 수반하므로 배기설비를 필요로 한다.
④ 개방형 축전지의 경우는 조명기구 등은 내산성으로 한다.
⑤ 충전기는 가급적 부하에 가까운 곳에 설치한다.
⑥ 축전지실의 배선은 비닐전선을 사용한다.
⑦ 실내에는 싱크(sink)를 시설한다.
⑧ 그 밖에 관계법령에 적합하도록 한다.

01 예비 전원용 고압 발전기에서 부하에 이르는 전로에는 발전기의 가까운 곳에 쉽게 개폐 및 점검을 할 수 있는 곳에 무엇을 4가지 시설하여야 하는가?

02 빌딩에서 예비용 자가발전용량은 수전설비용량의 약 몇 [%]정도가 적당한가?

03 상시전원의 정전시에 상시전원에서 예비전원으로 바꾸는 경우에 그 접속하는 부하 및 배선이 같을 때에 양 전원의 접속점에 반드시 사용하여야 할 개폐기는?

04 비상용 동기발전기의 병렬운전조건을 4가지로 답하시오.

05 자가발전설비의 4사이클 원동기의 동작행정 네 가지는?

06 내연기관의 실린더 속에 공기를 대기압 이상으로 밀어 넣어서 연료의 연소량을 증대시켜서 출력을 증가시키는 장치를 무엇이라 하는가?

07 부하설비용량이 1,000[kVA]이고, 수용률이 95[%]인 건물에 대한 자가발전기의 용량은 몇 [kVA]인가?

08 축전지의 전압은 연축전지는 1단위당 몇[V]이며, 알칼리 축전지는 몇[V]인지 쓰시오.

09 예비전원설비 또는 비상전원설비 4가지를 쓰시오.

10 축전지의 자기방전을 보충함과 동시에 상용부하에 대한 전력공급은 충전기가 부담하도록 하되 충전기가 부담하기 어려운 일시적인 대전류 부하는 축전지로 하여금 부담하게 하는 방식은 무엇이라 하는가?

11 축전지의 충전방식 4가지를 쓰시오.

12 전기설비의 보호장치 운전을 위해 축전지는 대단히 중요하다. 연축전지에 비해 알칼리 축전지의 장점 2가지와 단점 1가지를 쓰시오.

13 자동화재탐지설비, 비상경보설비 유도등의 비상전원에 사용하는 축전지는 몇 분 이상의 방전능력이 있어야 하는가?

14 축전지의 충전기 중 출력전압이 높아 가장 많이 사용되는 정류방식은?

15 예비전원으로 시설하는 저압의 발전기에서 부하에 이르는 전로에는 발전기에 가까운 곳에 쉽게 개폐 및 점검을 할 수 있는 곳에 최소한 어떠한 기기를 시설하도록 규정하고 있는가?

16 다음 상용전원과 예비전원 운전시 유의하여야 할 사항이다. ( )안에 알맞은 내용을 쓰시오.

> 상용전원과 예비전원사이에는 병렬운전을 하지 않는 것이 원칙이므로 수전용 차단기와 발전용 차단기 사이에는 전기적 또는 기계적 (①)을 시설하여야 하며 (②)를 사용하여야 한다.

17 부하가 유도전동기이며 기동용량이 1,000[kVA]이고, 기동시 전압강하는 20[%]이며, 발전기의 과도리액턴스가 25[%]이다. 이 전동기를 운전할 수 있는 자가 발전기의 최소용량은 몇[kVA]인지 계산하시오.

18 발전기의 용량이 1,500[kVA], 역률 90[%], 효율이 65[%]인 것을 운전하는데 필요한 디젤기관의 출력 [PS]은 얼마인가?

19 발전기의 출력이 500[kVA]일 때 발전기용 차단기의 차단용량을 산정하시오. (단, 변전소 회로측의 차단용량은 30[MVA]이며, 발전기 과도리액턴스를 0.25로 한다.)

20 납축전지의 정격용량 100[Ah], 상시부하 5[kW], 표준전압 100[V]인 부동충전방식의 충전기의 2차 전류(충전전류)는 몇[A]인가?

21 연축전지의 정격 용량 100[Ah], 상시 부하 5[kW], 표준전압 100[V]인 부동충전방식이 있다. 이 부동 충전방식에서 다음 각 물음에 답하시오.
  ⑴ 부동 충전방식의 충전기 2차 전류는 몇[A]인가?
  ⑵ 부동 충전방식의 회로도를 전원, 연축전지, 부하, 충전기 등을 이용하여 간단히 그리시오. (단, 심벌은 일반적인 심벌로 표현하되 심벌 부근에 심벌에 따른 명칭을 쓰도록 하시오.)

22 연축전지와 알칼리축전지를 비교할 때, 알칼리 축전지의 장점 2가지와 단점 1가지를 쓰시오. (단, 수명, 가격은 제외할 것)

23 부하의 허용 최저전압이 95[V], 축전지와 부하 간 접속선의 전압강하가 3[V]일 때, 직렬로 접속한 축전지의 개수가 50개라면 축전지 한 개의 허용 최저전압은 몇 [V]인가?

24 축전지 용량이 200[Ah], 상시부하 10[kW], 표준전압 100[V]인 부동충전방식의 충전기 2차 충전전류(A)를 연축전지와 알칼리축전지에 대하여 각각 구하시오. (단, 축전지 용량이 재충전되는 시간은 연축전지는 10시간, 알칼리축전지는 5시간이다.)

25 예비전원으로 시설하는 개방형 축전지의 시설에 있어서 단자전압이 몇 [V]를 넘는 경우에 절연물질(자기 또는 유리)의 프레임대를 애자로 지지하여야 하는가?

26 비상용 전원설비로 축전지설비를 계획하고자 한다. 사용부하의 방전전류-시간 특성 곡선이 다음 그림과 같다면 이론상 축전지용량은 어떻게 선정하여야 하는지 각 물음에 답하시오. (단, 축전지의 개수는 83개이며, 단위 전지방전 종지전압은 1.06[V]로 하고, 축전지 형식은 AH형을 채택하고자 한다.)

형식	최저 허용전압 [V/cell]	0.1분	1분	5분	10분	20분	30분	60분	120분
AH	1.10	0.30	0.46	0.56	0.66	0.87	1.04	1.56	2.60
	1.06	0.24	0.33	0.45	0.53	0.70	0.85	1.40	2.45
	1.00	0.20	0.27	0.37	0.45	0.60	0.77	1.30	2.30

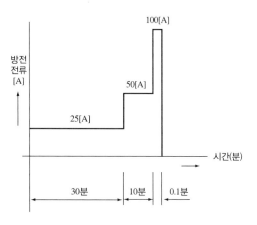

용량 환산시간계수 K(온도 5℃에서)

(1) 여기서 L은 무엇을 뜻하는가?

(2) 용량환산 시간 K값으로서 K_1, K_2, K_3를 표에서 구하여라.

(3) 축전지용량 C는 이론상 몇 [Ah] 이상의 것을 채택하여야 하는가?

27 UPS 장치 시스템의 중심부분을 구성하는 CVCF 의 기본회로를 보고 다음 각 물음에 답하시오.

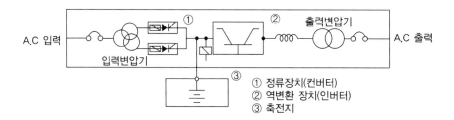

(1) UPS 장치는 어떤 장치인가?

(2) CVCF는 무엇을 뜻하는가?

(3) 도면의 ①, ②에 해당되는 것은 무엇인가?

28 다음 그림은 전원설비(UPS)의 기본 구성도이다. 이 그림을 보고 다음 각 물음에 답하시오.

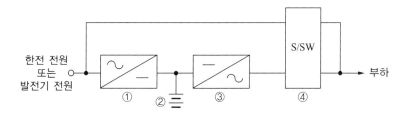

(1) 무정전 전원설비(UPS)의 사용 목적을 간단히 설명하시오.

(2) 그림의 ①, ②, ③, ④에 대한 기기 명칭과 그 주요 기능을 쓰시오.

29 다음은 컴퓨터 등의 중요한 부하에 대한 무정전 전원공급을 위한 그림이다. "(가) ~ (마)"에 적당한 전기 시설물의 명칭을 쓰시오.

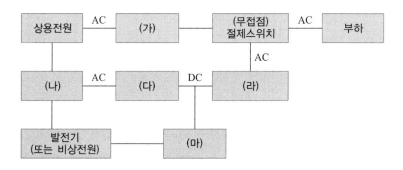

방재설비

1 │ 피뢰설비

피뢰설비(避雷設備)라 함은 낙뢰로 인하여 발생할 수 있는 화재ㆍ파손 또는 인축의 감전상해, 대규모 정전에 의한 대혼란 등의 큰 사고, 전자기기 특히 통신기기나 제어기기 내부의 반도체 및 컴퓨터의 뇌 서지(serge)에 의한 피해 등을 방지할 목적으로 피보호 대상물에 설치하는 돌침ㆍ피뢰도선 및 접지극 등으로 구성된 설비를 말한다.

1.1 낙뢰의 발생

뇌운(雷雲)의 전하(電荷)에 의해 지표(地表)에는 강한 전계(電界)가 생긴다.

이 전계에 의하여 지표의 돌기물(突起物)에 정전하(正電荷)가 유도된다. 즉, 뇌운 부하의 부전하(負電荷)와 지표 사이의 정전하가 많이 모이면 상층의 구름과의 사이에 방전이 되든가 지표면의 정전하와 방전이 되어 중화한다. 이때 큰 뇌격전류(雷擊電流)가 흘러 강한 섬광(閃光)과 천둥이 된다.

뇌격전류의 약 90[%]는 부극성이며 100[μs]라는 짧은 시간에 수 [kA]~수십 [kA]의 큰 전류가 흐르므로 인명과 재산에 큰 피해를 주게 된다.

1.2 피뢰설비의 구비조건

피뢰설비는 보호하고자 하는 대상물에 접근하는 뇌격(雷擊)을 확실하게 흡인해서 뇌격전류를 안전하게 대지로 방류(放流)함으로써 인명과 재산을 보호하기 위한 설비이므로, 가능한 한 다음의 조건을 만족하도록 하여야 한다.

① 보호대상물에 접근한 뇌격은 반드시 피뢰설비에 의해서 흡인되어야 한다.
② 피뢰설비에 뇌격전류가 흐를 때는 이것과 보호대상물 사이에 섬락(閃絡, flash over)이 발생하지 않아야 한다.
③ 피뢰설비의 접지점 부근에 있는 사람이나 동물에게 2차적인 피해를 주지 않아야 한다.

1.3 피뢰 시스템

보호대상물에 접근한 뇌격은 반드시

1.3.1 피뢰 시스템의 적용범위 및 구성

1 적용범위

다음에 시설되는 피뢰 시스템에 적용한다.

(1) 전기설비 및 전자설비가 설치된 건축물·구조물로서 낙뢰로부터 보호가 필요한 것
(2) 지상으로부터 높이가 20[m] 이상인 것
(3) 전기설비 및 전자설비 중 낙뢰로부터 보호가 필요한 설비

2 피뢰시스템의 구성

(1) 직격뢰로부터 대상물을 보호하기 위한 외부피뢰 시스템
(2) 간접뢰 및 유도뢰로부터 대상물을 보호하기 위한 내부피뢰 시스템

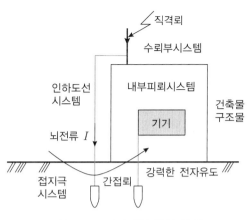

그림 8-1 피뢰 시스템의 구성

유도뢰 : 인하도선에는 강력한 뇌전류가 흐르므로 강한 전류에 의하여 인하도선에는 페러데이 전자유도
법칙에 따라 강력한 전자유도 현상이 발생하게 되고 이러한 전자유도 현상이 인근 전기·전자설
비에 영향을 주게 되는데 이를 유도뢰라고 한다.

③ 피뢰시스템의 등급

뇌피해가 예상되는 건축물·구조물에는 표 8-1과 같이 피뢰시스템의 등급에 따라
필요한 곳에 피뢰시스템을 설치하여야 한다.

표 8-1 피뢰시스템의 등급

등급	대상 시설물
I 등급	원자력 발전소, 화학물 취급소 등
II 등급	정유공장, 주유소 등
III 등급	통신사, 발전소 등
IV 등급	주택, 농장 등

1.4 외부피뢰 시스템

1.4.1 수뢰부 시스템

(1) 수뢰부 시스템은 다음의 요소의 조합으로 구성한다.
   ① 돌침(자립형 지지대(Mast)포함)
   ② 수평도체
   ③ 메시(Mesh)도체

(2) 지상으로부터 높이 60[m]를 초과하는 건축물·구조물에 측뢰 보호가 필요한 경우에는 수뢰부 시스템을 시설하여야 한다.

(3) 건축물·구조물과 분리되지 않은 수뢰부 시스템의 시설은 다음에 따른다.
   ① 지붕 마감재가 불연성 재료로 된 경우 지붕표면에 시설할 수 있다.
   ② 지붕 마감재가 높은 가연성 재료로 된 경우 지붕재료와 다음과 같이 이격하여 시설한다.
   　　가. 초가지붕 또는 이와 유사한 경우 0.15[m] 이상
   　　나. 다른 재료의 가연성 재료인 경우 0.1[m] 이상

1.4.2 피뢰방식의 종류

피뢰방식의 종류에는 돌침(피뢰침)방식, 수평도체방식, 메시(mesh)도체방식이 있으며, 일반적으로 사용되는 피뢰방식은 돌침(피뢰침) 방식과 수평도체방식(독립가공지선)이다.

🔲 돌침(피뢰침)방식

가장 일반적인 피뢰 방식으로 끝이 날카로운 금속도체인 돌침(피뢰침)을 건물 꼭대기에 달아 건축물의 근방에 접근하는 뇌격을 그 돌침(피뢰침)으로 흡수하여 피뢰침과 대지에 연결한 도선을 통해 대지에 방전시키는 방식이다.

① 수평투영면적이 적은 건물(굴뚝, 고가수조, 옥상의 옥탑부분 등), 위험물 저장소 등에 적용.
② 돌침보호각은 일반건축물은 60°, 위험물 저장 및 취급 건물은 45°를 적용한다.

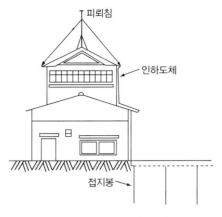

그림 8-2 돌침(피뢰침)방식

② 수평도체방식

수평도체 방식이란 건축물의 상부에 도체를 수평으로 가설하고 이를 통해 뇌격을 흡수하여 인하도선을 통해 대지에 방전시키는 방식이다. 이 방식의 대표적인 예로는 송전선로의 가공지선(架空地線)을 들 수 있다.

아래의 그림은 수평도체 방식의 구조를 나타내며, 수평도체의 보호각은 피뢰침의 보호각과 같다.

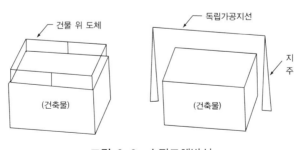

그림 8-3 수평도체방식

① 수평투영면적이 비교적 큰 건축물에 적용.

② 이 방식은 완전보호를 목적으로 하지 않고 비수뢰부의 뇌격확률을 최소화하여 2차
적 재해를 방지한다는 개념에서 도입된 것이므로 위험물 저장소 등에는 적용하지
못한다.

③ 메시(Mesh)도체방식

피보호물 주위를 적당한 간격의 그물눈을 가진 도체로 포위하는 방식을 말하며, 가장
안전한 피뢰방식이다. 케이지(cage) 방식이라고도 부른다.

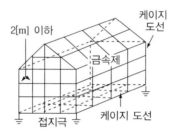

그림 8-4 메시도체 방식

① 피 보호물을 적당한 간격(일반 : 2[m], 위험물 : 1.5[m])으로 그물눈을 가진 도체로
완전히 보호하는 방식.

② 산악지대의 레이더 기지, 천연기념물의 나무 등에 적용.

1.4.3 수뢰부시스템의 배치

① 보호각법

② 회전구체법(Rolling Sphere Method)

③ 메시법(Mesh Method)

보호각법은 간단한 형상의 건물에 적용할 수 있으며, 수뢰부시스템의 높이는 표 8-2에
제시된 값에 따른다. 회전구체법은 모든 경우에 적용할 수 있다. 메시(mesh)법은 보호대상
구조물의 표면이 평평한 경우에 적합하다.

표 8-2 피뢰시스템의 레벨별 회전구체 반지름, 메시의 간격과 보호각의 최대값

보호 레벨	보호각법		
	회전구체의 반지름 R [m]	메시의 간격 W [m]	보호각 $\alpha°$
I	20	5×5	
II	30	10×10	그림 8-5 참조
III	45	15×15	
IV	60	20×20	

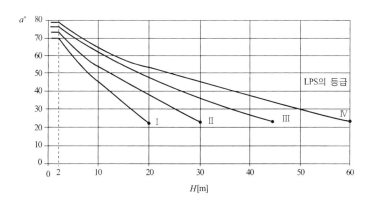

그림 8-5 피뢰시스템의 레벨별 보호각

[비고] 1. ● 표를 넘는 범위에는 적용할 수 없으며, 단지 회전구체법과 메시법만 적용할 수 있다.
2. H는 보호대상 지역 기준평면으로부터의 높이이다.
3. 높이 H가 2[m]이하인 경우 보호각은 불변이다.

■1 보호각법을 이용한 수뢰부 시스템의 배치

피보호 구조물 전체가 수뢰부 시스템에 의한 보호범위 내에 놓이면 수뢰부 시스템의 배치가 적절한 것으로 간주한다. 피보호 범위의 결정에는 단지 금속제 수뢰부 시스템의 실제 물리적 치수만 고려하여야 한다.

(1) 수직피뢰침 수뢰부 시스템에 의한 보호범위

수직피뢰침에 의한 보호범위는 수뢰부 측의 꼭지점이 위로 놓이도록 세운 보호각 α인 원추형으로 되며, 보호각은 피뢰레벨과 수뢰부 시스템의 높이에 의하여 표 8-2와 같이 정해진다. 보호범위의 예를 그림 8-6과 그림 8-7에 나타내었다.

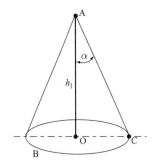

A : 수직 피뢰침
B : 기준면
OC : 보호영역의 반경
h_1 : 보호를 위한 영역 기준면의 상부
　　　수직피뢰침의 높이
α : 표 8-2에 따른 보호각

그림 8-6 수직피뢰침에 의한 보호범위

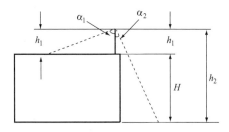

h_1 : 수직피뢰침의 물리적 높이

[비고] 보호각 α_1은 피보호 지붕표면으로부터의 수뢰부 높이 h_1에 상응하며, α_2는 기준 면인 지표면으로부터의 높이 $h_2 = h_1 + H$에 상응한다. 즉, α_1은 h_1에 그리고 α_2는 h_2에 관련된다.

그림 8-7 수직피뢰침에 의한 보호범위

(2) 수평피뢰도선에 의한 보호범위

수평피뢰도선에 의한 보호범위는 그 수평피뢰도선상에 꼭지점이 놓이는 가상 수직피뢰침에 의한 보호범위로 되며, 보호범위의 예를 그림 8-8에 나타내었다.

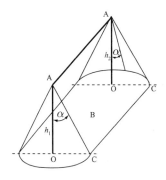

그림 8-8 수평피뢰도선에 의한 보호범위

(3) 메시와 조합된 수평피뢰도선에 의한 보호범위

메시와 조합된 수평피뢰도선에 의한 보호범위는 메시를 이루는 단일 도체에 의해서 정해지는 보호범위의 조합으로 정의되며, 이에 대한 예를 그림 8-9와 그림 8-10에 나타내었다.

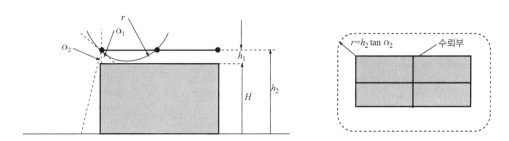

그림 8-9 보호각법과 회전구체법에 따른 메시와 분리된 수평피뢰도체의 조합에 의한 보호범위

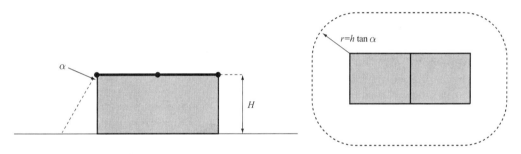

그림 8-10 메시법과 보호각법에 따른 메시와 조합된 분리되지 않은 수평피뢰도체에 의한 보호범위

② 회전구체법을 이용한 수뢰부 시스템의 배치

피뢰 레벨에 따라 정해지는 반경 R[m](표 8-2 참조)인 구체를 구조물의 상부와 둘레에 걸쳐 모든 방향으로 굴렸을 때 피보호 구조물의 어느 점에도 닿지 않을 경우, 이 회전구체법을 적용해 수뢰부 시스템 위치를 정하는 것이 적절하다. 그러므로 회전구체는 단지 수뢰부 시스템에만 접촉한다.

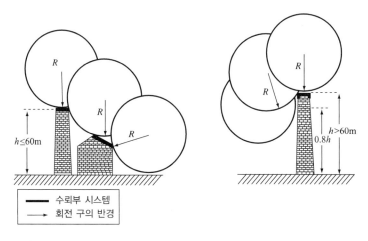

[비고] 회전구체의 반경 R은 표 8-2의 피뢰레벨에 따른다.

그림 8-11 회전구체법에 따른 수뢰부 시스템의 설계

2개 이상의 수뢰부에 동시에 접촉되도록 또는 1개 이상의 수뢰부와 대지에 동시에 접촉되도록 구체를 회전시킬 때에 구체표면의 포락면으로부터 보호 대상물 측을 보호범위로 하는 방법이 회전구체방식(Rolling Sphere Method)이며, 이 회전시킨 구체를 **회전구체**라 한다.

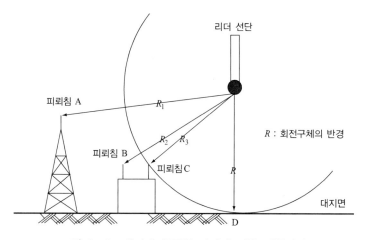

그림 8-12 대지에 근접한 리더에 의한 귀환뇌격

회전구체법을 적용하여 보호범위를 산정하는 경우 회전구체가 접촉하는 부분에 수뢰부를 설치해야 하며, 그림 8-13과 같이 보호반경에 해당되는 구체를 회전시켰을 때 구체에 의해 가려지는 부분이 보호범위이다. 본 규격에서는 회전구체의 반경을 60[m] 이내로 해야 되며, 건축기준법상 20[m]를 넘는 부분에만 수뢰장치를 설치하면 된다.

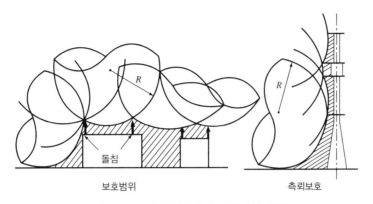

그림 8-13 회전구체법에 의한 보호범위

❸ 메시법을 이용한 수뢰부 시스템의 배치

평탄면을 보호할 경우 다음 조건에 적합하다면, 메시법이 전체 표면을 보호하는 것으로 간주한다.

① 수뢰도체는 다음의 위치에 배치한다.
- 지붕 끝선
- 지붕 돌출부
- 지붕 경사가 1/10을 넘는 경우 지붕 마루선

[비고] 1. 메시법은 굴곡이 없는 수평이거나 경사진 지붕에 적당하다.
2. 메시법은 측뢰방지를 위해 평평한 측면에 적당하다.
3. 지붕의 경사가 1/10을 넘으면 메시 대신에 메시폭의 치수를 넘지 않는 간격의 평행수뢰도체를 사용할 수 있다.

② 관련 회전구체의 반지름보다 높은 레벨의 건축물 측면 표면에 수뢰부 시스템이 시공되어 있을 때
③ 수뢰망 메시의 간격은 표 8-2에 나타낸 값 이하로 한다.
④ 수뢰부 시스템 망은 뇌격전류가 항상 접지시스템에 이르는 2개 이상의 금속체로 연결되도록 구성한다.

⑤ 수뢰부 시스템의 보호범위 밖으로 금속체 설비가 돌출되지 않아야 한다.

⑥ 수뢰도체는 가능한 짧고 직선 경로가 되도록 한다.

1.5 인하도선 시스템

(1) 수뢰부 시스템과 접지 시스템을 전기적으로 연결하는 것으로 다음에 의한다.

   ① 복수의 인하도선을 병렬로 구성해야 한다. 다만, 건축물·구조물과 분리된 피뢰시스템인 경우 예외로 할 수 있다.

   ② 도선경로의 길이가 최소가 되도록 직선으로 연결한다.

(2) 배치 방법은 다음에 의한다.

   ① 건축물·구조물과 분리된 피뢰시스템인 경우

      가. 뇌전류의 경로가 보호대상물에 접촉하지 않도록 하여야 한다.

      나. 별개의 지주에 설치되어 있는 경우 각 지주마다 1가닥 이상의 인하도선을 시설한다.

      다. 수평도체 또는 메시도체인 경우 지지 구조물마다 1가닥 이상의 인하도선을 시설한다.

   ② 건축물·구조물과 분리되지 않은 피뢰시스템인 경우

      가. 벽이 불연성 재료로 된 경우에는 벽의 표면 또는 내부에 시설할 수 있다. 다만, 벽이 가연성 재료인 경우에는 0.1[m] 이상 이격하고, 이격이 불가능한 경우에는 도체의 단면적을 100[mm^2] 이상으로 한다.

      나. 인하도선의 수는 2가닥 이상으로 한다.

      다. 보호대상 건축물·구조물의 투영에 따른 둘레에 가능한 한 균등한 간격으로 배치한다. 다만, 노출된 모서리 부분에 우선하여 설치한다.

      라. 병렬 인하도선의 최대 간격은 피뢰시스템 등급에 따라 표 8-3과 같이 I·II 등급은 10[m], III 등급은 15[m], IV 등급은 20[m]로 한다.

표 8-3 보호 레벨에 따른 인하도선의 평균 간격

보호 레벨	I 등급	II 등급	III 등급	IV 등급
인하도선의 평균 간격[m]	10	10	15	20

(3) 수뢰부 시스템과 접지극 시스템 사이에 전기적 연속성이 형성되도록 다음에 따라 시설하여야 한다.

① 경로는 가능한 한 루프 형성이 되지 않도록 하고, 최단거리로 곧게 수직으로 시설하여야 하며, 처마 또는 수직으로 설치 된 홈통 내부에 시설하지 않아야 한다.

② 철근콘크리트 구조물의 철근을 자연적구성부재의 인하도선으로 사용하기 위해서는 해당 철근 전체 길이의 전기저항 값은 0.2[Ω] 이하가 되어야한다.

③ 시험용 접속점을 접지극시스템과 가까운 인하도선과 접지극시스템의 연결부분에 시설하고, 이 접속점은 항상 폐로 되어야 하며 측정 시에 공구 등으로만 개방할 수 있어야 한다.

③ 접지극 시스템

(1) 뇌전류를 대지로 방류시키기 위한 접지극 시스템은 A형 접지극(수평 또는 수직접지극) 또는 B형 접지극(환상도체 또는 기초접지극) 중 하나 또는 조합하여 시설할 수 있다.

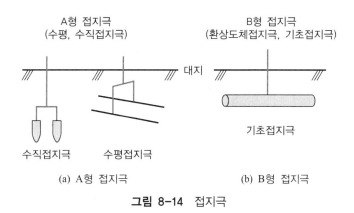

그림 8-14 접지극

(2) 접지극 시스템의 접지저항이 10[Ω] 이하인 경우 최소 길이 이하로 할 수 있다.

(3) 접지극은 다음에 따라 시설한다.
① 지표면에서 0.75[m] 이상 깊이로 매설 하여야 한다. 다만, 필요시는 해당 지역의 동결심도를 고려한 깊이로 할 수 있다.

② 대지가 암반지역으로 대지저항이 높거나 건축물·구조물이 전자통신시스템을 많이 사용하는 시설의 경우에는 환상도체접지극 또는 기초접지극으로 한다.

1.6 내부피뢰시스템

1.6.1 전기전자설비 보호

1 일반사항

전기전자설비의 뇌서지에 대한 보호는 피뢰구역 경계부분에서는 접지 또는 본딩을 하여야 한다. 다만, 직접 본딩이 불가능한 경우에는 서지보호장치를 설치한다.

2 전기적 절연

건축물·구조물이 금속제 또는 전기적연속성을 가진 철근콘크리트 구조물 등의 경우에는 전기적 절연을 고려하지 않아도 된다.

3 접지와 본딩

(1) 전기전자설비를 보호하기 위한 접지와 피뢰등전위본딩은 다음에 따른다.
   ① 뇌서지 전류를 대지로 방류시키기 위한 접지를 시설하여야 한다.
   ② 전위차를 해소하고 자계를 감소시키기 위한 본딩을 구성하여야 한다.

(2) 접지극은 다음에 적합하여야 한다.
   ① 전자·통신설비의 접지는 환상도체접지극 또는 기초접지극으로 한다.
   ② 개별 접지시스템으로 된 복수의 건축물·구조물 등을 연결하는 콘크리트덕트·금속제 배관의 내부에 케이블이 있는 경우 각각의 접지 상호 간은 병행 설치된 도체로 연결하여야 한다. 다만, 차폐케이블인 경우는 차폐선을 양끝에서 각각의 접지시스템에 등전위본딩 하는 것으로 한다.

(3) 전자·통신설비에서 위험한 전위차를 해소하고 자계를 감소시킬 필요가 있는 경우 다음에 의한 등전위본딩망을 시설하여야 한다.

① 등전위본딩망은 건축물·구조물의 도전성 부분 또는 내부설비 일부분을 통합하여 시설한다.

② 등전위본딩망은 메시 폭이 5[m] 이내가 되도록 하여 시설하고 구조물과 구조물 내부의 금속부분은 다중으로 접속한다. 다만, 금속 부분이나 도전성 설비가 피뢰구역의 경계를 지나가는 경우에는 직접 또는 서지보호장치를 통하여 본딩한다.

③ 도전성 부분의 등전위본딩은 방사형, 메시형 또는 이들의 조합형으로 한다.

4 서지보호장치 시설

(1) 전기전자설비 등에 연결된 전선로를 통하여 서지가 유입되는 경우, 해당 선로에는 서지보호장치(SPD)를 설치하여 한다.

(2) 지중 저압수전의 경우, 내부에 설치하는 전기전자기기의 과전압범주별 임펄스내전압이 규정 값에 충족하는 경우는 서지보호장치를 생략할 수 있다.

1.7 피뢰등전위본딩

1 일반사항

(1) 피뢰시스템의 등전위화는 다음과 같은 설비들을 서로 접속함으로써 이루어진다.
① 금속제 설비
② 구조물에 접속된 외부 도전성 부분
③ 내부시스템

(2) 등전위본딩의 상호 접속은 다음에 의한다.
① 자연적 구성부재로 인한 본딩으로 전기적 연속성을 확보할 수 없는 장소는 본딩도체로 연결한다.
② 본딩도체로 직접 접속할 수 없는 장소의 경우에는 서지보호장치를 이용한다.
③ 본딩도체로 직접 접속이 허용되지 않는 장소의 경우에는 절연방전갭(ISG)을 이용한다.

② 금속제 설비의 등전위본딩

(1) 건축물·구조물과 분리된 외부피뢰 시스템의 경우, 등전위본딩은 지표면 부근에서 시행하여야 한다.

(2) 건축물·구조물과 접속된 외부피뢰 시스템의 경우, 피뢰등전위본딩은 다음에 따른다.
   ① 기초부분 또는 지표면 부근 위치에서 하여야하며, 등전위본딩도체는 등전위본딩 바에 접속하고, 등전위본딩 바는 접지 시스템에 접속하여야 한다. 또한 쉽게 점검할 수 있도록 하여야 한다.
   ② 전기적 절연 요구조건에 따른 안전이격거리를 확보할 수 없는 경우에는 피뢰 시스템과 건축물·구조물 또는 내부설비의 도전성 부분은 등전위본딩 하여야 하며, 직접 접속하거나 충전부인 경우는 서지보호장치를 경유하여 접속하여야 한다. 다만, 서지보호장치를 사용하는 경우 보호레벨은 보호구간 기기의 임펄스 내전압보다 작아야 한다.

(3) 건축물·구조물에는 지하 0.5[m]와 높이 20[m] 마다 환상도체를 설치한다. 다만 철근콘크리트, 철골구조물의 구조체에 인하도선을 등전위본딩하는 경우 환상도체 는 설치하지 않아도 된다.

③ 인입설비의 등전위본딩

1. 건축물·구조물의 외부에서 내부로 인입되는 설비의 도전부에 대한 등전위본딩은 다음에 의한다.
   가. 인입구 부근에서 등전위본딩 한다.
   나. 전원선은 서지보호장치를 사용하여 등전위본딩 한다.
   다. 통신 및 제어선은 내부와의 위험한 전위차 발생을 방지하기 위해 직접 또는 서지보호장치를 통해 등전위본딩 한다.

2. 가스관 또는 수도관의 연결부가 절연체인 경우, 해당설비 공급사업자의 동의를 받아 적절한 공법(절연방전갭 등 사용)으로 등전위본딩 하여야 한다.

4 등전위본딩 바

(1) 설치위치는 짧은 도전성경로로 접지시스템에 접속할 수 있는 위치이어야 한다.

(2) 접지시스템(환상접지전극, 기초접지전극, 구조물의 접지보강재 등)에 짧은 경로로 접속하여야 한다.

(3) 외부 도전성 부분, 전원선과 통신선의 인입점이 다른 경우 여러 개의 등전위본딩 바를 설치할 수 있다.

1.8 접지저항 저감법

접지공사를 하는 장소에 따라 접지극을 충분히 포설하여 소요접지 저항을 얻는 경우가 있다. 접지극을 시설하여 요구하는 접지저항 값을 얻을 수 없는 경우에는 접지저항 저감 대책을 세워야하며 이에 대한 대책으로 물리적 저감법과 화학적 저감법이 있다.

1 접지극과 토양간의 전기저항(접촉저항)

토양과 접지극 사이에는 전기가 통하지 않는 틈이 생겨 저항이 접촉저항이 발생한다. 접촉저항이 발생하는 요인으로는 다음과 같은 경우를 들 수 있다.

① 토양의 종류

매끈한 표면을 가진 접지극과 작은 고체 덩어리인 토양이 접촉하면 점접촉 상태의 접촉저항이 발생한다. 특히 옥석과 같이 입자가 클 경우에는 접촉점의 수가 적어 접촉저항이 커진다.

② 접지극의 시공 상황

접지극을 박아 넣을 때 전극의 진동, 접지 공법상의 문제(굴삭한 구멍의 지름보다 접지극의 지름이 더 작은 점) 등 여러 가지 원인으로 인해 토양과의 사이에 틈새가 생겨 접촉저항이 된다.

② 접지극 주변 토양의 전기저항 저감

토양의 전기적 성질은 저항을 어느 정도 갖고 있는 도체라고 생각할 수 있다.

토양에 전기가 통하기 어려움을 나타내는 지표가 대지저항률(기호 : ρ, 단위 : $[\Omega \cdot m]$)이다. 대지저항률은 토양의 종류에 따라 다르고 일반적으로는 표 8-4에 나타내는 값을 지닌다.

표 8-4 대지저항률 수치 예

지질의 종류	대지저항률 $\rho\,[\Omega \cdot m]$
습지(점토질)	10~50
습지(점토질 토양)	10~200
평지(모래 · 자갈 토양)	100~2000
하안 · 하상 흔적(옥석 등)	1000~5000
산지(암반지대)	200~10000

③ 저감제의 사용

접지저항을 낮추기 위해 접지전극 부근에 전기가 잘 통하는 소금물을 뿌리거나 숯가루를 뿌리는 방식이 이용되었다. 두 방법 모두 접지저항의 요인을 줄이고자 하는 것이 기본이다.

① 접지극과 토양간의 전기저항(접촉저항)

접지극과 토양이 접촉하는 면에 발생한 틈새에 전도성이 뛰어난 저감제를 체류시켜 접촉저항을 작게 한다.

② 접지극 주변 토양의 전기저항

접지저항을 줄이는 방법에는 다음의 2가지가 있다.

- 접지극 주변의 대지저항률(ρ)의 저감
- 접지극 주변에 저감제를 투입하여 의사전극의 치수를 크게 한다.

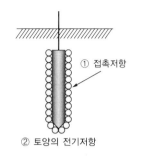

① 접촉저항

② 토양의 전기저항

그림 8-15 접지저항의 발생요인

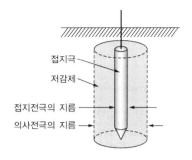

접지극

저감제

접지전극의 지름 →

의사전극의 지름 →

그림 8-16 저감제에 의한 의사전극

저감제는 다음과 같은 성능을 가져야 한다.

① 친환경적이고 안전할 것
② 전기적으로 양도체일 것
③ 안정성·지속성이 있을 것
④ 접지극을 부식시키지 않을 것

예제 1

전기에 대한 재해를 3가지로 크게 대별하고, 이들의 각 재해를 구체적으로 분류하면 어떤 재해가 있는지 구분하시오.

풀이　① 전기 재해 : 감전, 전기화재, 아크의 방사열에 의한 화상, 전기설비의 손괴 및 기능의 일시정지
② 정전기 재해 : 감전, 정전기 화재, 설비의 기능 저하
③ 낙뢰 재해 : 감전, 낙뢰화재, 물체의 손괴

예제 2

접지공사에서 접지저항을 저감시키는 방법을 쓰시오.

풀이　① 접지봉의 길이, 접지판의 면적과 같은 접지극의 길이를 길게 한다.
② 접지극의 매설 깊이를 깊게 한다.(지표면 아래 0.75[m]이상)
③ 접지극을 상호 2[m]이상 이격하여 병렬로 접속한다.
④ 매쉬공법이나 매설지선 공법 등에 의한 접지극의 형상을 변경한다.
⑤ 접지저항 저감제와 같은 화학적 재료를 사용하여 토지를 개량한다.

2 | 항공장애등 설비

항공장애등(航空障礙燈)은 항공망의 발달과 건축물의 고도화에 따라, 야간에 운행하는 항공기에 대하여 항공장애가 되는 물건의 존재를 시각적으로 인식시켜 안전을 확보하기 위한 등(燈)을 말하며, 도시지역에서는 고층빌딩, 소각로 굴뚝, 해안지역의 대교 교각탑, 산간지역의 송전탑 등에 그 존재를 명시하도록 의무화하고 있다. 항공장애등의 설치는 건설교통부령에서 정하는 바에 따라야 한다.

2.1 항공장애등의 설치대상

항공장애등의 설치대상은 지방항공청장이 항공기의 항해안전을 저해할 우려가 있다고 인정하는 구조물로 한다. 다만, 다음의 경우는 설치하지 아니할 수 있다.

(1) 항공장애등이 설치된 구조물의 정상으로부터 수평면에 대한 하방 경사도가 10분의 1인 경사면보다 낮고 진입표면 또는 전이표면을 초과하지 아니하는 구조물

(2) 장애물 제한구역 외의 지역에 설치된 높이 150[m] 미만의 구조물.
다만, 다음 각 항의 구조물은 제외한다.
① 굴뚝, 철탑, 기둥 기타 그 높이에 비하여 그 폭이 좁은 구조물
② 골조형태의 구조물
③ 가공선을 지지하는 탑

(3) 항공장애등이 설치된 구조물로부터 반지름 45[m] 이내의 지역에 항공장애등 설치대상 구조물이 2개 이상인 경우 가장 높은 구조물 외의 구조물

2.2 항공장애등의 종류

항공장애등에는 저광도(低光度) 항공장애등, 중광도(中光度) 항공장애등, 고광도(高光度) 항공장애등 3종류가 있으며, 다음 각 호의 구분에 따른 성능을 가진 것이어야 한다(항공법 시행규칙 247).

1 저광도 항공장애등

① 광원의 중심을 포함하는 수평면 아래 15°에서 상방의 모든 방향에서 식별 할 수 있는 것일 것
② 깜박임이 없는 적색등으로서 광도가 20[cd] 이상일 것

2 중광도 항공장애등

① 광원의 중심을 포함하는 수평면 아래 15° 상방의 모든 방향에서 식별 할 수 있는 것일 것
② 1분당 섬광 횟수는 20~60회 정도이고 적색등으로서 실효광도가 1,600[cd] 이상일 것

3 고광도 항공장애등

① 섬광하는 백색등 일 것
② 광원의 중심을 포함하는 수평면 아래 5° 상방의 모든 방향에서 식별할 수 있는 것일 것
③ 실효광도가 배경의 밝기에 따라 표 8-9와 같이 자동적으로 변할 것

표 8-9 고광도 항공장애등의 실효광도

배경의 밝기	실 효 광 도
1[m²]당 500[cd] 초과	200,000[cd] ±25 % (가공선지지탑에 설치하는 경우에는 100,000[cd] ±25 %)
1[m²]당 50~500[cd] 초과	20,000[cd] ±25%
1[m²]당 50[cd] 미만	2,000[cd] ±25%
배경의 밝기는 가능한 한 조도계를 북쪽하늘로 향하게 한 상태에서 측정할 것	

④ 가공선을 지지하는 탑 외의 구조물에 설치하는 경우 1분당 40~60회의 주기로 섬광하여야 하며, 1개의 구조물에 2개 이상의 고광도 항공장애등이 설치되어 있을 경우에는 동시에 섬광할 것
⑤ 가공선을 지지하는 탑에 설치할 경우 1분당 60회의 주기로 중간등, 상부등, 하부등의

순서로 섬광하여야 하며, 각 등간의 섬광 주기율이 다음 표와 같을 것

표 8-10 고광도 항공장애등의 섬광 주기율

섬광 간격	주 기 율
중간등과 상부등 간	1/13
상부등과 하부등 간	2/13
하부등과 중간등 간	10/13

(a) 저광도 (b) 중광도 (c) 고광도

그림 8-20 항공장애등의 종류

2.3 항공장애등의 설치위치

① 구조물에 설치되는 항공장애등은 모든 방향의 항공기에서 그 구조물을 알아볼 수 있도록 구조물의 정상(피뢰침을 제외한다.)에 1개 이상 설치하여야 한다. 다만, 굴뚝 기타 구조물의 정상에 항공장애등을 설치하는 경우, 그 항공장애등의 기능이 저해될 우려가 있는 때에는 정상에서 아래쪽으로 1.5[m]에서 3[m] 사이의 위치에 설치하여 야 한다.

② 제1항의 구조물의 높이가 45[m]를 초과하는 구조물에 있어서는 그 정상에 설치하는 외에 정상과 지상까지의 사이에 수직거리 45[m] 내의 지점마다 동일한 간격으로 설치하여야 한다.

③ 제1항의 구조물의 각 면의 폭이 45[m]를 초과하는 구조물에 있어서는 그 구조물의 전체적인 윤곽과 범위를 알 수 있도록 하기 위하여 각 면과 가장자리에 45[m] 이내의 동일한 간격으로 설치하여야 한다.

④ 위의 규정에 의하여 설치되는 항공장애등이 다른 인접물체에 의하여 가려지는 경우에

는 그 인접물체상의 대응위치에 설치(항공장애등을 설치하여야 하는 자가 그 인접물체에 항공장애등을 설치할 수 있는 권리를 가진 경우에 한한다)하여야 한다.

3 | 자동 화재탐지 설비

3.1 자동 화재탐지 설비의 개요

건물에 화재발생 시 신속한 화재발견과 경보 및 화재발생 위치 파악은 인명과 재산피해를 효과적으로 경감시킬 수 있는 중요한 요소이다.

화재 초기에 경보가 발령되면 인명대피의 시간적 여유가 생길 수 있으며, 건물관계자는 화재초기에 대응할 수 있어 화재진압이 용이하게 된다. 그리고 화재위치까지 알려준다면 사람들의 피난을 안전하게 유도할 수 있으며, 신속한 화재진압을 가능하게 할 수 있다.

자동 화재 탐지설비는 이러한 필요성에 따라 화재발생을 조기에 경보하고 화재위치를 통보하는 기능을 하는 설비로, 화재가 발생하면 자동으로 화재발생신호를 발신하는 감지기(感知器), 사람이 수동으로 화재발생신호를 보낼 수 있는 발신기(發信機), 화재발생신호를 수신하여 화재위치를 표시하고 경보장치 등에 작동신호를 발신하는 수신기(受信機), 화재가 발생했음을 경보해 주는 음향장치 및 시각경보기(이하 "경보장치"라 함)로 구성되어 있다.

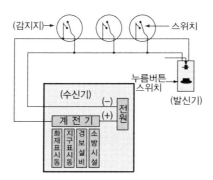

그림 8-21 자동 화재탐지 설비의 회로

3.2   자동 화재탐지 설비 기기의 종류

자동 화재탐지 설비는 화재 초기단계에서 발생되는 열(熱)과 연기(煙氣)를 천장면 또는 천장 속 등에 설치한 감지기(感知器) 또는 감지선에 의하여 검출한다. 검출방법은 화재로 인한 온도상승을 이용하는 열감지(熱感知)와 화재 시에 발생하는 연기를 이용하는 연기감지(煙氣感知)의 두 가지가 있다.

이 감지기로 감지된 화재신호는 수신기에 전달된다. 수신기는 화재가 발생한 장소를 수신반의 창이나 건물 평면을 표시한 지도반상에 발화위치를 표시하는 램프를 작동함으로써 불이난 장소를 표시한다. 이와 동시에 건물 내부에 수평거리 25[m] 이내마다 설치하여 놓은 비상벨 및 비상용 방송설비의 스피커에서 경보를 발하도록 한다.

이와 같이 자동 화재 탐지설비는 화재로 인하여 발생되는 열과 연기를 감지하는 감지기, 화재신호를 받아 벨이나 사이렌으로 음향을 발하는 지구음향장치, 발신기, 중계기, 전체 연동동작을 총괄하는 수신기 등으로 구성되어 있으며, 전체 구성도는 그림 8-22와 같다.

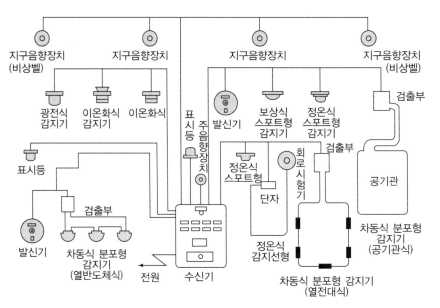

그림 8-22 자동 화재탐지 설비의 구성도

자동 화재탐지 설비의 주요 설비는 다음과 같다.

① 감지기

② 수신기

③ 발신기

④ 중계기

⑤ 지구 음향장치

⑥ 표시등

1 감지기

자동 화재탐지 설비의 눈과 귀 역할을 하는 감지기는 화재로 인하여 발생되는 열이나 연기를 자동적으로 감지하여 수신기에 화재 발생 신호를 보내는 장치이다.

감지기는 검출 대상에 따라 열식과 연기식이 있으며, 그 종류는 다음과 같다.

(1) 차동식 스포트형 감지기

차동식 스포트형 감지기는 1국소의 온도 상승률이 일정한 온도 상승률 이상으로 상승하면 열효과에 의하여 동작하는 것이며, 사무실·응접실·서고 등 비교적 온도의 변화가 적은 장소에 적합하고, 주방이나 목욕탕에는 부적당하다. 강제난방을 하는 경우 오동작의 원인이 되므로 주의하여야 한다.

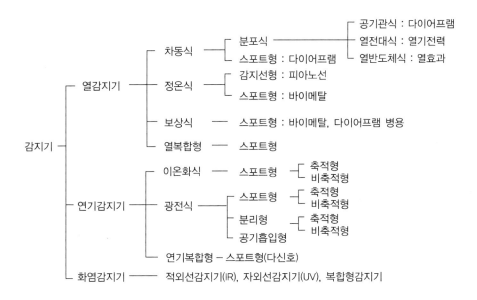

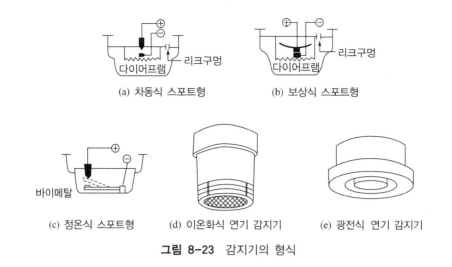

(a) 차동식 스포트형　　　　(b) 보상식 스포트형

(c) 정온식 스포트형　　(d) 이온화식 연기 감지기　　(e) 광전식 연기 감지기

그림 8-23　감지기의 형식

(2) 차동식 분포형 감지기(공기관식)

차동식 분포형은 전 구역의 열효율과의 누적에 따라 전 구역에 배치된 가는 동관(銅管) 속의 공기가 팽창하여, 그 압력으로 접점을 접촉시켜 발신회로를 구성하여 수신기에 통보한다.

(3) 정온식 스포트형 감지기

정온식 스포트형 감지기는 국소의 온도가 일정한 온도 이상으로 되면 바이메탈이 팽창되어 접점이 접촉하여 수신기에 통보한다. 이 감지기는 일정한 온도 이상으로 되었을 때 작동하는 특성을 가지고 있으므로 설치장소에 적합한 것을 설정하여야 한다.

그러므로 보상식 스포트형 또는 정온식 스포트형 감지기는 정상시의 최고 주위온도가 공칭 동작온도 또는 정온점에서 20 ℃ 이상 낮은 장소에 시설하여야 한다.

(4) 정온식 감지선형 감지기

정온식 감지선형 감지기의 외관은 전선 모양으로 되어 있으며 전선의 전부가 감지 부분으로 되어 있는 것과 점식으로 되어 있는 것이 있으나 설치 조건이 까다롭기 때문에 별로 사용되지 않는다.

(5) 보상식 스포트형 감지기

보상식 스포트형 감지기는 차동식 스포트형 감지기와 정온식 스포트형 감지기의 특징을 조합한 것으로, 감지기로서는 이상적인 것에 가깝다.

(6) 연기 감지기

연기 감지기에는 연기가 감지기 속에 들어가면 연기의 입자 때문에 이온전류가 변화하는 것을 이용한 이온화식 연기감지기와, 연기 입자로 인해서 광전 소자에 대한 입사광량이 변화하는 것을 이용하여 작동하게 하는 광전식 연기감지기가 있다.

② 수신기

수신기(受信機)는 감지기나 발신기에서 발신된 화재신호를 수신하여 화재의 발생을 해당 건물의 관계자에게 표시등 및 비상벨 등을 사용하여 화재발생 구역을 표시하는 것이다. 수신기는 수위실, 숙직실, 관리사무실 등 사람이 항상 근무하는 장소에 설치한다. 수신기에는 P형, R형, M형 등이 있으나 P형이 가장 많이 채용되고 있다. P형에는 1급과 2급이 있고 1급은 규모가 큰 곳에, 2급은 소규모의 곳에 사용되고 있다.

※ 수신기에 대한 정의

① **P형 수신기** : 감지기 또는 발신기로부터 발하여지는 신호를 직접 또는 중계기를 통하여 공통 신호로서 수신하여 화재의 발생을 당해 소방 대상물의 관계자에게 경보하여 주는 것을 말한다.

② **R형 수신기** : 감지기 또는 발신기로부터 발하여지는 신호를 직접 또는 중계기를 통하여 고유 신호로서 수신하여 화재의 발생을 당해 소방 대상물의 관계자에게 경보하여 주는 것을 말한다.

③ **M형 수신기** : M형 발신기로부터 발하여지는 신호를 수신하여 화재의 발생을 소방관서에 통보하는 것을 말한다.

④ **GP형 수신기** : P형 수신기의 기능과 가스 누설 경보기의 기능을 겸한 것을 말한다.

⑤ **GR형 수신기** : R형 수신기의 기능과 가스 누설 경보기의 기능을 겸한 것을 말한다.

③ 발신기

화재의 발생 신호는 감지기가 검출하지만, 경우에 따라서는 사람이 감지기 보다 먼저 발견할 수도 있다. 이와 같이 사람이 먼저 화재발생을 발견하였을 경우에 화재의 발생을 알리기 위한 것이 발신기이다. 발신기의 종류에는 P형과 M형이 있으며, P형에는 1급과 2급이 있는데, 1급은 옥외용(방수형)이며 2급은 옥내용이다.

구조면에서 나누면 노출형과 매입형이 있다.

④ 중계기

감지기 또는 발신기의 작동에 의한 신호를 받아서 이를 수신기에 발신하며, 소화설비나 배연설비 등에 제어 신호를 발신하는 것으로 주로 R형 수신기와 접속되어 감지기나 발신기로부터 보내어 온 신호를 변환시켜 각 회선별로 고유의 신호를 수신기에 발신하는 역할을 한다.

⑤ 지구 음향장치

화재의 발생을 건축물 내부에 있는 사람들에게 알려서 소화활동 및 피난을 재촉하기 위하여 수신기와 함께 동작하도록 하는 것이다.

비상벨의 음량은 취부한 음향장치의 중심으로부터 1[m] 떨어진 위치에서 90[폰] 이상이어야 한다.

01 피뢰방식 3가지를 쓰시오.

02 피뢰침의 중요 구성요소 3가지를 쓰고, 그 기능을 간략하게 설명하시오.

03 피뢰설비의 4등급에 대하여 간략하게 설명하시오.

04 피뢰침 공사에 돌침의 설치 위치와 피보호물의 보호각도는?

05 피뢰침용 돌침의 최소굵기는 몇 [mm]인가?

06 피뢰도선의 단면적은 동선과 알루미늄선에서 각각 몇 $[mm^2]$ 이상을 사용하여야 하는가?

07 접지 저항의 구성 3요소를 쓰시오.

08 소방법에서 정하는 제조소, 실내 저장소, 옥외 탱크 저장소에는 높이와는 관계없이 유효한 피뢰침설비를 하여야 하는데, 이때의 보호각은 몇도 이하인가?

09 전기화재의 발생 원인에 대해 쓰시오.

10 피뢰침의 인하도선을 관 안에 시설하여 기계적으로 보호하여야 할 범위는?
   ① 지상 몇 [m] 이상   ② 지하 몇 [m] 이하

11 피뢰침의 피뢰도선에서 거리 1.5[m] 이내에 접근한 전선관 등을 접지하는 접지도선으로 동선을 사용할 경우, 단면적은 얼마 이상이어야 하는가?

12 건조물의 높이가 지표 또는 수면으로부터 몇 [m] 이상인 경우에 항공장애등을 설치하여 야 하는가?

13 고광도 항공장해등의 섬광하는 색상은 무슨 색인가?

14 일 국소의 온도상승률이 일정한 상승률 이상으로 상승하면 열효과에 의하여 동작하는 감지기는 무슨 감지기인가?

15 다음 감지기회로에 대한 각 물음에 답하시오
　(1) P형 수신기에서 감지기회로의 전로저항은 몇 [Ω]이하가 되도록 하여야 하는가?
　(2) P형 수신기의 감지기회로 배선에 있어서 하나의 공통선에 접속할 수 있는 경계구역 의 수는 몇 이하인가?

16 P형 수신기와 비교하여 R형 수신기의 기술적 특징 4가지를 서술하라.

17 화재안전기준에서 정하는 자동화재탐지설비의 감지기를 설치하지 아니하여도 되는 장소 5가지를 쓰시오.

18 무정전 전원설비(UPS)의 사용 목적을 간단히 설명하시오.

19 서지보호장치(SPD)의 기능에 따른 분류 3가지를 쓰시오.

20 서지 흡수기(Surge Absorber)의 기능과 어느 개소에 설치하는지 그 위치를 쓰시오.

21 자동 화재탐지 설비의 주요 구성 설비 6가지를 쓰시오.

전기설비의 시험 및 검사

자가용 전기설비의 신 증설 및 설치 후에 실시하는 시험 및 검사는 그 목적과 기종(機種)에 따라 그 종류가 많으므로 제한된 지면에 일일이 열거하기란 대단히 어려운 실정이다. 따라서 여기서는 현장 담당자로서 필요한 시험 및 검사에 대해서 다루기로 한다.

1 │ 시험 및 검사의 종류

시험 및 검사의 기본목적은 다음 세가지를 판정하는 데 있다.
① 관련법령에 합당한 시설인가?
② 시방서, 설계서에 따라 충실히 시공 또는 제작한 설비인가?
③ 사용자의 내규(內規)에 적합한가?

따라서 시험 및 검사의 종류는 크게 나누어 다음과 같이 세 가지가 있다.

1.1 관할관서 · 전력회사 · 전화국 등에서 행하는 입회검사

(1) 자가용 공작물 사용 전 검사

(2) 유도등 설비검사

(3) 비상 콘센트 설비검사

(4) 자동화재탐지 설비검사

(5) 비상방송 설비검사

(6) 비상조명 설비검사

(7) 피뢰침 설비검사

(8) 구내교환기 설비검사

(9) 항공장애등 설비검사

1.2 건축주 · 설계사무소 · 건축설비 담당자 등이 행하는 검사

(1) 배관검사

(2) 시공중간검사

(3) 공장입회검사

(4) 준공인도검사

1.3 현장 담당자 자신이 행하는 검사

(1) 전항의 검사에 대비한 예비검사

(2) 경보 · 감시 등의 조작검사

(3) 각 실에 대한 조도측정

(4) 스피커나 벨 등에 대한 음량측정

(5) 약전 기기에 대한 조작검사

(6) 텔레비전의 전계강도 측정

(7) 기타

2 | 검사의 실시 시기

(1) 준공 검사

준공 검사는 일반용 전기공작물이 새로 설치되었을 때 또는 증설 등의 변경공사가 완료되었을 때 발생하는 검사이며, 준공 검사의 순서는 다음과 같다.
(단, ② 절연저항 측정과 ③ 접지저항 측정의 순서는 바뀌어도 된다)

① 육안 검사
② 절연저항 측정
③ 접지저항 측정
④ 도통 시험

육안 검사는 신설 또는 변경공사를 전기 공작물이 전기설비 기술기준 등을 준수하고 있는지, 전기용품 안전법에 적합한 재료를 사용하고 있는지, 기구의 설치방법은 적절한지 등을 육안으로 점검하는 것을 말한다.

(2) 정기 검사

최초의 검사 후, 전기설비의 정기 검사 및 시험을 설비의 종류, 사용방법 및 환경의 특성에 맞게 최소 간격으로 실시한다.

① 간격은 3년 정도, 단, 높은 위험이 존재하는 다음의 경우에는 짧은 주기가 필요한 경우가 있다.
   가. 열화, 화재 또는 폭발의 위험성이 있는 작업 개소 또는 장소
   나. 고압 설비 및 저압 설비가 공존하는 작업 개소 또는 장소
   다. 업무용 시설
   라. 건설현장
   마. 휴대형 기기를 사용하는 장소

② 정기 검사 및 시험이 광범위한 전기 설비의 경우(대형 공장 등)에는 연속 감시와

함께 숙련자에 의한 전기 기기 및 설비의 보수 등 적절한 안전 체제로 바꾸는 것이 좋다.

③ 범위

정기 검사 및 시험은 적어도 다음 사항이 포함되는 것이 바람직하다.

가. 직접접촉 보호 및 화재에 대한 보호를 포함하는 육안 검사

나. 절연저항의 시험

다. 보호 도체의 연속성에 관한 시험

라. 간접접촉 보호에 대한 시험

마. 누전차단기의 기능 시험

3 │ 자가용 전기공작물 사용 전 검사

3.1 검사의 목적

자가용 전기공작물을 시설하고자 하는 사람은 전기사업법 제7조에 따라 소정의 인가신청을 하여야 한다. 그리고 시설이 끝나고 사용하고자 할 때는 동법 제61조 및 제62조에 따라 당해 관서에 사용인가신청을 하여야 한다. 또한 전기사업법 제63조에 의하면, '제61조 및 제62조의 규정에 의하여 전기설비의 설치 또는 변경공사를 한 자는 산업자원부령이 정하는 바에 의하여 산업자원부 장관 또는 시·도지사의 검사를 받아 합격한 후에 이를 사용하여야 한다'고 규정하고 있다.

이러한 규정에 따라 현장 담당자는 검사 예정일보다 훨씬 앞서 관할 관서에 사용인가신청을 제출하고 검사를 받도록 하며, 검사일이 결정되면 곧 관할관서·전력회사 등에도 연락을 취하고 검사를 받는다.

3.2 검사항목

(1) 접지저항 측정시험

(2) 절연저항 측정시험

(3) 절연내력 시험

(4) 계전기 동작시험

(5) 기타 시험

3.3 검사방법

① 접지저항 측정시험

전기기기는 도전(導電) 부분과 금속제 베이스 또는 외함(外函) 사이를 절연물로 절연하고 있으나, 절연물이 열화(劣化)되거나 손상을 일으키면 누전하게 되고, 이에 사람이 접촉하면 감전(感電)을 유발하여 치명적인 상해를 받게 된다. 그러나 접지가 완전하면 감전의 정도가 가볍거나 감전되지 않게 된다. 또한 전력용 변압기, 계기용변성기의 내부고장 또는 단선(斷線) 등의 사고로 고압전로와 저압전로가 혼촉을 일으키면, 감전사고 또는 전기화재를 일으켜 대단히 위험하게 된다. 그러나 전기기기에 접지공사가 되어 있으면 고압전류가 접지개소로부터 대지로 흐르게 되므로, 각종 보안장치가 작동하여 정전하므로 위험에서 피할 수 있다.

접지저항을 측정하는 방법에는 접지저항기(earth tester)에 의한 측정법, 콜라우시 브리지(Kohlrausch bridge)에 의한 측정법, 비헤르트 브리지(Wiechert bridge)에 의한 측정법 등이 있다.

(1) 접지저항기에 의한 측정법

① 그림 9-1과 같이 측정하고자 하는 접지극으로부터 10[m]의 거리에 보조접지극을 설치하여 측정하고자 하는 접지극은 E 단자에, 보조접지극은 C와 P 단자에 각각 접속한다.

② 접지저항기(Earth Tester)의 핸들을 돌리면서 다이얼을 돌려 지침이 0을 가리키도록 한다.

③ 지침이 0을 가리킨 위치의 다이얼을 읽어서 배율을 곱한 값이 구하는 접지저항 값이다.

④ 직독식(直讀式) 접지저항기는 그림 9-1과 같이 결선하고, 배율 및 다이얼의 조정만으로 접지저항 값을 측정한다.

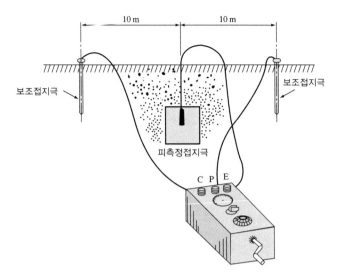

그림 9-1 접지저항기에 의한 접지저항 측정

(2) 콜라우시 브리지에 의한 측정법

그림 9-2와 같이 측정하고자 하는 접지판 G_1 외에 두 개의 보조 접지판 G_2, G_3 를 한 변이 10[m]가 되는 삼각형의 꼭지점이 되는 위치에 매설한다.

지금 G_1-G_2 간, G_2-G_3 간 및 G_3-G_1 간의 저항을 콜우라시 브리지로 측정하여 그 측정값을 각각 R_{12}, R_{23}, R_{31} 이라 하고, 접지판 G_1, G_2, G_3 의 접지저항을 각각 R_1, R_2, R_3 라 하면, 다음의 관계가 성립한다.

$$R_{12} = R_1 + R_2$$

$$R_{23} = R_2 + R_3$$

$$R_{31} = R_3 + R_1$$

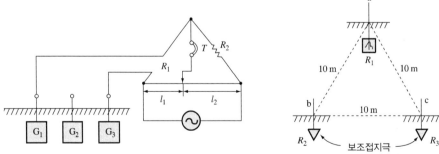

그림 9-2 콜라우시 브리지법

따라서, 구하고자 하는 접지판 G_1의 접지저항 R_1은 다음과 같다.

$$R_1 = \frac{1}{2}\left(R_{12} + R_{31} - R_{23}\right) \tag{9-1}$$

예제 1

콜라우시(Kohlrausch) 브리지법에 의해 그림 9-3과 같이 접지저항을 측정하였
을 경우 접지판 X의 접지저항치는? (단, $R_{ab}=70[\Omega]$, $R_{ca}=95[\Omega]$, $R_{bc}=125[\Omega]$
이다.)

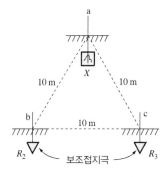

그림 9-3 접지저항 측정

풀이 $X = \frac{1}{2}\left(R_{ab} + R_{ca} + R_{bc}\right)$ 에서

$$X = \frac{1}{2}\left(70 + 95 - 125\right) = 20[\Omega]$$

---

(3) 비헤르트 브리지에 의한 측정법

그림 9-4와 같이 측정하고자 하는 접지판에 P_1 외에 보조 접지판 P_2와 탐침(探針) K를
설치하고 브리지를 접속하여, 먼저 스위치 S를 우측에 넣고 접촉자 C를 조정하여 C_1점에서
평형을 취하고, 다음에 S를 좌측에 넣고 C를 조정하여 C_2점에서 평형을 취하였다고 하면
다음의 관계가 성립한다.

$$l_1 : l_2 : l_3 = R_1 : R_2 : R_3$$

따라서, R_1은 다음 식으로 구하여진다.

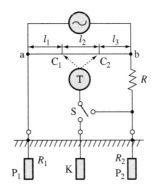

그림 9-4 비헤르트 브리지법

$$R_1 = \frac{l_1}{l_2} R_2 \qquad (9-2)$$

이와 같이 2회 계측으로 접지저항을 결정할 수 있다. 탐침 K의 접지저항이 계측결과에 영향을 미치지 않는다. 이 방법에서도 P_1–P_2 간격을 10[m] 이상 떼어 설치하고, 그 중앙부에 탐침 K를 설치한다.

② 절연저항 측정시험

고압 및 저압전로의 배선(配線) 및 기기(機器)에 대하여 절연물의 절연상태의 양부(良否)를 판정하기 위해서, 고압전로는 1,000[V] 메가(Megger), 저압전로는 500[V] 메가로 절연저항을 측정한다.

저압전로는 전선 상호간 및 전로와 대지간의 절연저항을 과전류 차단기로 구분할 수 있는 전로마다, 다음 값 이상의 절연저항을 가져야 한다.

① 전로의 사용전압이 400[V] 미만으로서 대지전압이 150[V] 이하의 경우, 0.1[MΩ] 이상

② 전로의 사용전압이 400[V] 미만으로서 대지전압이 150[V]를 넘고 300[V] 이하인 경우, 0.2[MΩ] 이상

③ 전로의 사용전압이 300[V]를 넘고 400[V] 미만인 경우, 0.3[MΩ] 이상

④ 전로의 전압이 400[V] 이상인 경우, 0.4[MΩ] 이상

그러나 신설시의 절연저항값은 장시간 사용에 의한 절연의 열화를 고려하여 1[MΩ] 이상이 되도록 하는 것이 바람직하다. 고압 또는 특별 고압용 기계기구 및 옥내 배선의 절연저항값은 3[MΩ] 이상이어야 한다.

(1) 측정방법

① **저압전로** : 개폐기 또는 차단기로 구분되는 회로마다 전등 등이 점등상태가 될 수 있도록 각 점멸기를 '폐'[ON]로 하고 측정한다. 단, 전압은 걸지 않은 상태에서 시험한다.

② **고압전로** : 시험하고자 하는 회로를 전부 일괄해서 측정한다. 단로기 또는 차단기는 단자를 나동선으로 단락하고 기기배선을 일괄한 상태에서 시험한다.

③ 메가의 E(접지측)와 L(선로측)의 양 리드선의 양단을 단락한 후 핸들을 서서히 회전하였을 때 지침이 0이 되는가, 양단을 개방하였을 때 무한대가 되는가에 대해서 확인한 후에 측정한다. 핸들을 돌리는 메가의 경우에는 핸들을 120[rpm] 정도의 속도로 돌리면서 측정한다.

※ 측정상의 주의사항은 다음과 같다.

① 메가의 E 단자는 대지선(大地線)에 접속한다.

② 정전용량이 큰 대용량 기기나 지중 케이블 등의 경우는 지침이 정지하기까지 시간이 걸리므로 어느 정도의 시간(수 초 정도)이 소요됨을 유의하여야 한다.

③ 변압기에 대하여는 결선하기 전에 고압-접지간(P-E), 고압-저압간(P-S), 저압-접지간(S-E)의 절연저항을 측정하고, 기타의 기기는 고압-접지간(P-E)간의 절연저항을 측정한다.

(2) 측정계기

메가(Megger) : 저압용은 500[V] 메가, 고압용은 1,000[V] 메가를 사용한다.

⑧ 절연내력시험

고압 및 저압전로의 배선 및 기기에 대하여 먼저 절연저항 측정시험을 한 결과 안정치를 얻은 경우에는 다음 단계로 절연내력시험을 실시하여 기기배선이 소정의 시간 동안 절연물이 견딜 수 있는지 여부를 판정한다.

전기설비 기술기준 제16~20조에 의하면 고압 및 특별 고압의 전로·기기·기구 등은 표 9-1에 게기한 시험전압을 계속하여 10분간 가하여 절연내력을 시험한 경우에 이에 견디어야 한다고 규정하고 있다.

최근에는 슬라이더크(slidac) 및 계기류를 세트한 내압계전기(耐壓繼電器) 시험장치가 보급되고 있으므로, 기기간의 배선을 간략화 할 수 있게 되었다.

(1) 측정방법

① 그림 9-5와 같이 결선한다.

② 피시험회로의 절연저항값에 이상이 없는 것을 확인한 후 시험 회로에 접속한다.

③ 시험전압 인가 전에 주위의 안전을 확인함과 동시에 필요에 따라 감시자를 두는 등의 조치를 강구한다.

④ 전압조정기(슬라이더크)의 눈금이 0의 위치에 있는 것을 확인한 후, 시험장치의 전원을 투입하여 선로전압 정도로 될 때까지 전압을 서서히 상승시켜서 이상이 없음을 확인하면, 규정 값까지 신속하게 전압을 올리고 스톱워치(stop watch)를 누른다.

⑤ 전로에 접속되어 있는 기기·케이블 등에 시험전압이 인가된 것을 고압검전기 등으로 확인한다.

⑥ 각 계기의 지시를 기록한다(여자 전류 A_1을 읽고, S_2를 열고, 누설전류 A_2를 읽은 후에 원상태로 복귀시킨다.)

⑦ 규정시간(10분간)이 경과하여도 이상이 없으면 전압조정기를 조정하여 전압을 서서히 강하시켜서 0으로 한다.

⑧ 전원 스위치 S_1을 개로하여 둔다.

⑨ 시험 중에 충전된 잔류전하를 대지로 방전하고, 절연내력 시험 후의 절연저항을 측정하고, 절연상태를 조사한다.

표 9-1 고압 및 특별 고압의 전로·기기·기구 등의 절연내력 시험전압

	전압의 종류	시험하여야 할 개소	시험 전압
고압 또는 특별 고압의 전로	1. 최대사용전압 7[kV]이하의 전로	전로와 대지간 (케이블의 경우 각선 상호간 포함)	최대사용전압×1.5배(중성점이 접지되고 다중 접지된 중성선을 가지는 것은 0.92배)
	2. 최대사용전압이 7[kV]를 넘고 25[kV] 이하인 중성점 접지식전로	"	최대사용전압×0.92배
	3. 최대사용전압이 7[kV]를 넘고 60[kV] 이하인 전로(2의 전로를 제외)	"	최대사용전압×1.25배 (10.5[kV] 미만의 경우는 10.5[kV])
	4. 최대사용전압이 60[kV]를 넘는 중성점 비접지식 전로	"	최대사용전압×1.25배
고압 또는 특별 고압의 전로	5. 최대사용전압이 60[kV]를 넘는 중성점 접지식 전로 (6의 전로 제외)	"	최대사용전압×1.1배 (175[kV] 미만의 경우는 75[kV])
	6. 최대사용전압이 60[kV]를 넘고 170[kV] 이하의 직접 접지식 전로	"	최대사용전압×0.72배
	7. 최대사용전압이 170[kV]를 넘는 중성점 직접 접지식 전로	"	최대사용전압×0.64배
변압기	1 의 전로에 접속하는 변압기	권선과 타권선 철심 및 외함간	1 과 같음
	2 의 전로에 접속하는 변압기	"	2 과 같음
	3 의 전로에 접속하는 변압기	"	3 과 같음
	4 의 전로에 접속하는 변압기	"	4 과 같음
	5 의 전로에 접속하는 변압기	"	5 과 같음
	6 의 전로에 접속하는 변압기	"	6 과 같음
	7 의 전로에 접속하는 변압기	"	7 과 같음
기구(개폐기, 차단기, 전력용콘덴서, 유도전압조정기, 계기용변성기 등)	1 의 전로에 접속하는 기구	충전 부분과 대지간 (케이블의 경우는 심선 상호간)	1과 같음(직류의 충전부분에 대하여는 최대사용 전압의 1.5배의 직류전압 또는 1배의 교류전압)
	2 의 전로에 접속하는 기구	"	2 와같음
	3 의 전로에 접속하는 기구	"	3 과같음
	4 의 전로에 접속하는 기구	"	4 와같음
	5 의 전로에 접속하는 기구	"	5 와같음
	6 의 전로에 접속하는 기구	"	6 과같음
	7 의 전로에 접속하는 기구	"	7 과같음
회전기 (발전기, 전동기, 등)	최대사용전압이 7[kV] 이하의 것	권선과 대지간	최대사용전압×1.5배 (500[kV] 미만의 경우는 500[kV])
	최대사용전압이 7[kV] 를 넘는 것	"	최대사용전압×1.25배 (10.5[kV] 미만의 경우는 10.5[kV])
	회전 변류기	"	직류측의 최대사용전압의 1배의 교류전압☆
정류기	수은 정류기	주양극과 외함간	직류측의 최대사용전압의 2배의 교류전압☆
		음극 및 외함과 대지간	직류측의 최대사용전압의 1배의 교류전압☆
	수은 정류기 이외의 정류기	충전부분과 외함간	"

[비고] *500[V] 미만의 경우는 500[V]

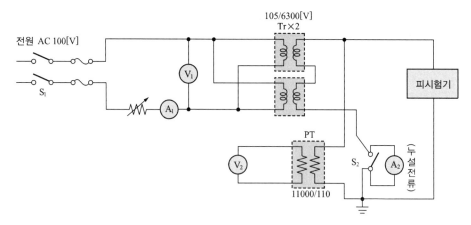

전원 AC 100[V]

S₁

105/6300[V]
Tr×2

PT

11000/110

피시험기

(누설전류)

그림 9-5 절연내력 시험회로 (예)

그림 9-5의 절연내력 시험의 예에서 수전전압 6[kV]용의 피시험기를 시험하는 경우를 살펴보기로 한다.

최대사용전압은 다음 식으로 주어진다.

$$최대사용전압 = 공칭전압 \times \frac{1.15}{1.1} \tag{9-3}$$

수전전압[KV]	3	6	20	30	60	70
공칭전압[KV]	3.3	6.6	22	33	66	77

따라서,

$$최대사용전압 = 공칭전압 \times \frac{1.15}{1.1}$$
$$= 6,600 \times \frac{1.15}{1.1}$$
$$= 6,900 [V]$$

최대사용전압이 7[KV] 이하에 해당하므로 시험전압 V_2는

$V_2 = $ 최대사용전압 × 배수이므로

$$V_2 = 6,900 \times 1.5 = 10,350 \ [V]$$

이 되고, 전압계 V_1의 지시는

$$V_1 = 10,350 \times \frac{1}{2} \times \frac{105}{6,300} = 86.25[\text{V}]$$

(2) 측정계기

① 내압시험기 2[kVA], 100/12,000[V](또는 시험용 변압기 5~6[kVA] 정도의 것 2대)

② 전압계 150[V]

③ 전류계(A_1) 10/50[A]

④ 전류계(A_2) 0.2/1[A]

⑤ 전압조정기(슬라이더크)

⑥ 고압검전기

예제 2

2개의 단상변압기(200/6,000[V])를 다음 그림과 같이 연결하여 최대사용전압 6,600[V] 의 고압전동기의 권선과 대지 사이의 절연내력 시험을 하는 경우에 전원 전압계의 전압 V와 시험전압 E의 값을 구하시오.

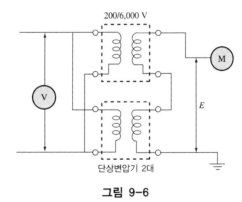

그림 9-6

풀이 최대사용전압 6,600[V]의 전동기이므로 절연내력 시험진압 E는

$$E = 6600 \times 1.5 = 9900[\text{V}]$$

2차측 변압기 1대의 전압은

$$9900 \times \frac{1}{2} = 4950[\text{V}]$$

변압기의 권수비가 200/6,000[V]이며 2차측 변압기 2대는 서로 병렬로 접속되어 있으므로 전원 전압계의 지시 V는

$$V = 4950 \times \frac{200}{6000} = 105\,[\text{V}]$$

---

4 | 계전기 시험

4.1 과전류 계전기

과전류 계전기(OCR ; Over Current Relay)의 사용목적은 과전류가 흘렀을 경우 그 전로를 신속히 차단하여 기계기구 및 전선을 보호하고 다른 설비에 사고의 영향이 미치지 않도록 하는 것으로서, 그 시험에는 최소동작 전류시험·한시동작 시험·순시요소 동작시험·연동시험 등이 있다.

(1) 최소동작 전류시험

① 그림 9-7과 같이 결선한다(개폐기는 전부 개로하여 둔다).

② OCR의 한시설정 레버를 10에 고정한다.

③ 전원 스위치를 닫고 OCR의 원판이 회전할 때까지 서서히 전압조정기(슬라이더크 또는 물 저항기)를 조정하여 전압을 올린다.

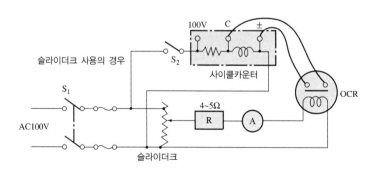

그림 9-7 OCR의 시험회로 (예)

④ OCR의 원판이 회전하기 시작하면 전압조정기의 조작을 멈추고, 전류계의 지시 값을 읽는다. 이 값이 OCR의 최소동작 전류 값이다.

⑤ 전압조정기를 원상 복귀하고 전원 스위치를 개로한다.

[주] 최소동작전류는 OCR의 원판이 회전하여 주접점이 접속되는 최소의 전류를 말한다.

(2) 한시동작시험

① 결선은 그대로 두고, OCR의 한시설정 레버를 10에 고정하고, 전류 탭을 설정한다.(보통은 4[A]).

② 전원 스위치를 닫고, OCR의 원판을 손으로 잡은 채로 전류계의 전류치를 200[%](8[A])가 되도록 전압조정기를 신속히 조정한다.

③ 이 상태에서 전원 스위치 S_1을 열고 OCB를 투입한다(S1을 열었으면 원판에서 손을 뗀다).

④ 개폐기 S_2, 전원 스위치 S_1의 순서로 스위치를 닫는다.

⑤ OCR의 원판이 회전하여 접점이 접촉함과 동시에 OCB가 개방되고, 사이클 카운터 (cycle counter)가 정지한다.

⑥ 즉시 전원 스위치 S_1을 열고, 사이클 카운터의 지시 값을 읽는다(읽고 난 후에 0으로 복귀시킨다).

⑦ 개폐기 S_2를 열고, 전압 조정기를 0으로 복귀시킨다. 같은 방법으로 300[%] 및 500[%]에 대한 시험을 실시한다. 다른 1상의 CT회로에 대해서도 동일한 실험을 실시한다.

[주] 사이클 카운터는 계전기나 차단기의 동작시간을 측정하는 것이며 지시 값은 사이클 이므로 주파수로 나누어 초로 환산한다.

$$동작시간 = \frac{지시\ 사이클의\ 수}{매초의\ 주파수} \tag{9-4}$$

(3) 시험상의 주의사항

① PT의 퓨즈, CT의 접지선은 떼어 놓는다.

② 이 시험에서는 과대한 전류가 OCR에 흐르므로 가급적 동작을 신속히 행한다.

③ 시험 후 측정동작시간과 명판(銘板)의 한시특성곡선과 비교하여 그 오차가 허용범위

내에 있는가를 검토하고, 허용오차(보통 5[%]) 이상이면 정확한 것으로 바꾸어야 한다.

④ 수전용 차단기의 OCR이면 전력회사로부터 탭과 레버의 설정치를 지시하여 주지만, 그 값을 구하는 방법은 다음과 같다.

　　가. 한시 레버의 설정 …… 협의 후 설정(보통은 0.5 정도)

　　나. 전류설정 탭의 전류치 = 고압측 전류치 × 수전용 CT의 변류비

4.2 접지 계전기

　접지 계전기(Ground Relay)는 시설자측에 접지사고가 발생하면, 그 즉시 수전용 차단기를 작동하게 함으로써 구내의 지락보호(地落保護) 및 구내의 사고가 배전선에 파급되는 것을 방지하기 위하여 사용된다.

　접지 계전기의 탭 설정은 전력회사와 협의하여 결정하는 것이 원칙이나 일반적으로 간단한 수전설비에서는 0.2[A], 고압전동기 케이블이 있는 경우에는 0.4[A]로 하는 경우가 많다.

(1) 시험방법

① 그림 9-8과 같이 결선한다.

② 전압 조정기(슬라이더크 또는 물 저항기)를 0으로 하고, OCB를 투입한다.

③ 전원 스위치 S_1을 닫고, 전압조정기를 서서히 조정하여 전류계의 지시가 설정전류치에 가깝도록 한다.

④ 전류치가 설정전류치 부근이 되면 접지계전기가 작동해서 OCB가 동작한다. 이때의 전류치가 동작전류이다.

⑤ 전압조정기를 0으로 복귀시키고, 접지계전기의 복구용 버튼을 누른다.

⑥ 전원 스위치 S_1을 연다.

이상과 같은 방법으로 각 전류값에 대하여 시험을 실시한다.

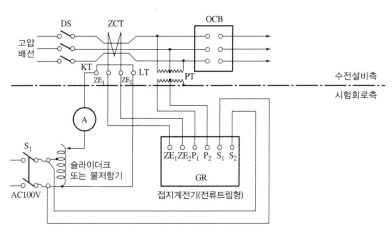

그림 9-8 접지 계전기의 시험회로 (예)

(2) 시험상의 주의사항

① ZCT에 접속하는 경우에는 반드시 시험용 단자(KT, LT)를 사용하여야 한다.(ZE$_1$, ZE$_2$ 단자에 접속하면 ZCT가 여자되어 사용할 수 없게 된다).

② 시험에 들어가기 전에 전원 스위치 S$_1$을 닫고, 시험용 버튼을 눌러서 OCB의 차단여부를 조사한다.

4.3 부족전압 계전기

부족전압 계전기(UVR ; Under Voltage Relay)는 전압의 강하 또는 정전이 되었을 때 동작하는 계전기로서, 주요 용도로 전동기 등의 무전압 개방용·비상용 발전장치의 기동지령용 등에 사용된다.

(1) 시험방법

그림 9-9와 같이 결선한다.

① 최소 동작 전압 측정 : 한시설정 레버를 최대(10)로 하고, 전압 조정기를 조정하여 전압설정 탭을 사용목적에 따라 조정한다. 개폐기 S$_1$을 열고, S$_3$은 '폐'[ON]로 하여 가변저항기 R을 최소상태로 하고, 개폐기 S$_2$를 '1'쪽으로 접속한다. 다음에 가변저항기 R을 조정하여 전압을 서서히 강하시켜 계전기가 동작하고, 사이클 카운

터가 정지하였을 때의 전압을 측정한다.

[주] 개폐기 S_1은 계전기의 접점이 접속되기 직전에 투입하여 계전기의 접점이 접속상태임을 확인한다.

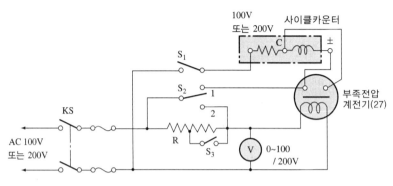

그림 9-9 부족전압 계전기의 시험회로 (예)

② 한시동작 특성시험 : 한시설정 레버를 최대(10)로 하고, 개폐기 S_1을 열고 S_3를 닫고, S_2는 '1'쪽으로 접속하고서 전압설정 탭의 50[%]의 전압조정을 한다. 개폐기 S_2를 '2'쪽으로 하고 개폐기 S_1을 '폐'[ON]로 한다. 다음에 개폐기 S_2를 '1'으로 하면 계전기가 동작을 시작하고, 접점이 접속되면 사이클 카운터가 정지하므로 그 때의 시간을 측정한다. 보통 전압 설정 탭의 30[%], 50[%], 80[%]의 전압으로 한다. 그리고 전압설정 탭의 0[%]로 시험하는 경우에는 개폐기 S_2을 열고 시험한다.

주의사항으로는 원판이 회전하는 도중에 걸리는 곳이 없는지 조사하여야 한다.

(2) 합격판정기준

오차의 범위는 규격화한 것이 없으므로, 제조자가 보증하는 확도를 갖고 있는가를 검토하여 판정한다.

(3) 주의사항

① 전압 계전기의 경우 PT의 2차 전압이 전압단자에 가해지는 관계로 트랜스를 역여자 (逆勵磁)하는 일이 없도록 특히 주의하지 않으면 위험하다.
② 연1회 정도 정기적으로 점검하고, 기록한 데이터와 차이가 없는가를 점검한다.

4.4 과전압 계전기

과전압 계전기(OVR ; Over Voltage Relay)는 일반적으로 역률 개선용 콘덴서가 계통에 접속되어 있는 경우, 무부하시에 전압이 상승해서 기기에 손상을 주는 수가 있다. 이때 콘덴서를 계통으로부터 개방한다든가 또는 경보를 발하기 위해서 사용되며, 접지전압의 검출에도 사용한다. 시험방법은 그림 9-10과 같이 결선하여 다음과 같이 한다.

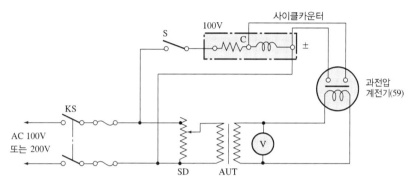

AUT : 과전압 계전기의 정격전압이 전압보다 높은 경우에 삽입한다.
SD : 슬라이더크

그림 9-10 과전압 계전기의 시험회로 (예)

(1) 최소동작 전압측정

한시설정 레버를 최대(10)로 하고, 전압 조정기를 조정하여 전압설정 탭을 사용목적에 따라 조정한다.

전원 스위치 KS를 닫고 전압조정기를 조정하여 계전기에 가하는 전압을 서서히 증가시켜서 원판이 회전하기 시작한 전압을 측정한다.

(2) 한시동작 특성시험

한시설정 레버를 최대(10)로 하고, 전압 조정기를 조정하여 전압설정 탭의 110 %의 전압으로 조정하고, 전원 스위치 KS를 연다. 원판이 복귀하였으면 스위치 S를 ON, 전원 스위치 KS를 ON으로 하면 사이클 카운터가 동작하며, 계전기 동작으로 정지한다. 2회 측정한 후 평균치를 취한다. 같은 요령으로 탭의 120[%], 130[%], 150[%]에 대해서도 동작시간을 측정한다.

합격판정기준 및 주의사항은 부족전압 계전기와 같다.

5 │ 고장점 탐지법

지중 케이블 고장점 탐지법에는 다음과 같이 3가지 방법이 있다.

① 머레이 루프(Murray Loop)법 : 1선 지락사고 및 선간 단락사고 시 측정
② 펄스 레이더(Pulse radar)법 : 3상 단락 및 지락사고 시 측정
③ 정전 브리지(Capacity bridge)법 : 단락사고 시 측정

🔳 머레이 루프법

머레이 루프법(Murray's Loop Methode)이란 휘스톤 브리지의 일종으로 선로의 접지 위치를 검출하는데 사용한다. 평행 2선로의 한 쪽이 접지되었을 때 한 쪽 끝에 비례변과 검류계를 접속하고, 다른 쪽 끝에 단락을 하여 브리지 회로를 형성하여 평행을 잡으면 접지점까지의 거리가 $P : Q = (2l - x) : x$로 구해진다. 머레이 루프 브리지는 고장선이 단선되어 있지 않을 것, 다른 상에 건전 상이 있을 것, 지락점의 저항이 낮으면서 안정되어 있을 것, 이상의 조건을 충족시키고 있지 않으면 측정할 수 없다.

주로 지하 또는 해저 케이블에서 결함을 찾는데 사용되는 브리지 회로로 오래전부터 널리 사용되고 있다. 이 방법은 손상되지 않은 케이블 절연저항과 비교했을 때 저항이 낮은 단일 고장이 존재하며 케이블 도체의 단위 길이당 저항이 균일하다고 가정했을 때 성립한다.

(1) 측정 원리

여기서 저항은 케이블의 길이에 비례하므로, 길이 l과 고장 점까지의 거리 x를 저항으로 취급한다. 따라서

$$r_1 \cdot (R + x) = r_2 \cdot (2l - x)$$

단, r_1, r_2 : 머레이 루프 저항 $\quad R$: 가변 저항
$\quad l$: 케이블의 긍장 $\qquad\quad x$: 고장 점까지의 거리

$$\therefore x = \frac{(2 \cdot r_2 \cdot l - r_1 \cdot R)}{(r_1 + r_2)} \tag{9-5}$$

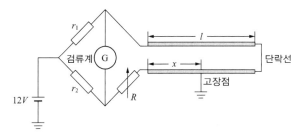

그림 9-11 머레이 루프법

(2) 특징

① 측정의 정밀도가 높다.

② 측정 조작 및 운반이 용이하고 대부분 1선 지락사고 이므로 활용도가 높다.

③ 건전상이 없는 3상 단락사고 및 3상 지락사고 시에 적용이 불가하다.

④ 단선(斷線) 사고는 측정이 불가하다.

② 펄스 레이더법

펄스 레이더법(Pulse Radar Methode)은 펄스폭에 비해 그 간격 쪽이 충분히 넓은 펄스를 사용하여 지락사고 시나 3상 단락 시에 사용하는 고장점 탐지법으로 주로 지중 케이블의 고장점을 찾을 때 사용한다.

사고 케이블에 펄스 전압을 인가하여 사고 점에서 반사되는 펄스(pulse) 파를 감지하여 전파시간을 측정함으로써 사고 점까지의 거리를 계산

(1) 측정 원리

속도 $= \dfrac{거리}{시간}$ 이므로

$$2\,x = v \cdot t$$

$$\therefore \ x = \frac{v \cdot t}{2} \tag{9-6}$$

단, v : 펄스파의 전파속도[m/μs]

t : 펄스파의 진행시간

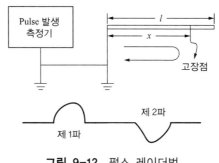

그림 9-12 펄스 레이더법

(2) 특징

① 지락, 단락, 단선 등의 모든 사고에 적용이 가능하다.
② 케이블의 전장이 불투명한 경우에도 적용이 가능하다.
③ 측정밀도가 머레이 루프법보다 뒤진다.
④ 측정기의 조작 및 판독이 어려워 숙련자만이 다룰 수 있다.

③ 정전 브리지법

정전 브리지법(Capacity Bridge Methode)은 교류 브리지의 일종으로 건전상의 정전용량과 사고상의 정전용량을 비교하여 사고 점을 검출하는 방식으로 단선된 경우에만 적용한다.

$$x = l \cdot \frac{C_x}{C_0} \tag{9-7}$$

단, C_0 : 건전상의 정전용량

　　C_x : 사고상의 사고 점까지의 정전용량

　　l : 케이블의 긍장

예제 3

55[mm²], (0.3195[Ω/km]), 전장 3.8[km]인 3심 케이블의 어떤 중간지점에서 1선지락사고가 발생하여 전기적 사고점 탐지법의 하나인 머레이 루프법 (Murray's loop method)으로 측정한 결과 다음 그림과 같은 상태에서 평형이 되었다고 한다. 측정점에서 사고지점까지 거리를 구하시오.

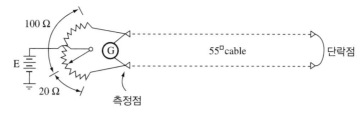

그림 9-13 머레이 루프법

풀이 케이블의 왕복거리는 3.8×2[km] 이므로 케이블의 전체 저항 R_L은

$$R_L = 0.3195 \times 3.8 \times 2 = 2.4282\,[\,\Omega\,]$$

접지점까지의 저항을 R_X라 하면, 브리지회로의 평형식에 의하여 $A \cdot R_X = B \cdot (R_L - R_X)$이므로

$$R_X = \frac{B}{A+B} \cdot R_L = \frac{20}{100+20} \times 2.428 = 0.4047\,[\,\Omega\,]$$

따라서, 사고지점까지의 거리 d는

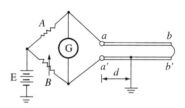

그림 9-14

따라서, 사고지점까지의 거리 d는

$$d = 0.4047 \div 0.3195 \fallingdotseq 1.27[\mathrm{km}]$$

별해 $A \cdot d = B(2L - d)$이므로

$$d = \frac{B}{A+B} \times 2L = \frac{20}{100+20} \times 2 \times 3.8 \simeq 1.27[\mathrm{km}]$$

01 다음 저항을 측청하는데 가장 적당한 계측기 또는 적당한 방법은?

① 변압기의 절연저항   ② 전류계의 내부저항

③ 전해액의 저항   ④ 백열전구의 필라멘트(백열상태)

⑤ 배전선의 전류

02 전기설비의 보수점검 작업의 점검 후에 실시하여야 하는 유의 사항을 3가지만 쓰시오.

03 다음과 같은 값을 측정하는데 가장 적당한 것은?

① 단선인 전선의 굵기   ② 옥내 전등선의 절연저항

③ 접지저항(브리지로 답할 것)

04 각 항목을 측정하는데 알맞은 계측기 또는 측정방법을 쓰시오.

① 변압기의 절연저항   ② 검류계의 내부저항

③ 전해액의 저항   ④ 배전선의 전류

⑤ 절연재료의 고유저항

05 다음과 같은 저항을 측정할 때 가장 적당한 측정방법은?

① 굵은 나전선의 저항   ② 수천 옴의 가는 전선의 저항

③ 전해액의 저항   ④ 옥내 전등선의 절연저항

06 공사 계획에 의한 수전 설비의 일부가 완성되어 그 완성된 설비만을 사용하고자 할 때, 전기설비 검사항목처리 지침서에 의거 검사항목을 7가지 쓰시오.

07 고압 기계기구 및 옥내배선은 절연내력 시험을 하기 전에 절연저항을 측정하여야 한다. 이때 절연저항 값은 몇[$M\Omega$] 이상이어야 하는가?

08 자가용 전기설비에 대한 다음 각 물음에 답하시오.

(1) 자가용 전기설비의 중요 검사(시험) 사항을 3가지만 쓰시오.

(2) 예비용 자가 발전설비를 시설코자 한다. 다음 조건에서 발전기의 정격 용량은 최소 몇 [kVA]를 초과하여야 하는가?

   [조건] • 부하 : 유도 전동기 부하로서 기동용량은 1500[kVA]
   • 기동시의 전압 강하 : 25[%]
   • 발전기의 과도 리액턴스 : 30[%]

09 절연저항 측정에 관한 다음 물음에 답하시오.

(1) 고압 및 저압전로의 배선이나 기기에 대한 절연 측정을 하기 위한 절연저항 측정기(메가)는 각각 몇 [V]급을 사용하는가?

(2) 전로의 전압이 400[V] 미만으로서 대지전압이 150[V] 이하인 경우에 절연저항은 몇 [MΩ] 이상이어야 하는가?

(3) 전로의 전압이 400[V] 미만이고 대지전압이 150[V]를 넘고 300[V] 이하인 경우에 절연저항은 몇 [MΩ] 이상이어야 하는가?

(4) 전로의 전압이 400[V] 이상인 경우에 절연저항은 몇 [MΩ] 이상이어야 하는가?

10 최대눈금 150[V], 내부저항 20[kΩ]인 직류전압계가 있다. 이 전압계의 측정범위를 600[V]로 확대하기 위하여 외부에 접속하는 직렬저항은 몇 [kΩ]인가?

11 콜라우시 브리지로서 접지판의 접지저항을 측정한 결과 다음 그림에서 표시 한 값을 얻었다. 접지판의 접지저항값은 몇 [Ω]인가?

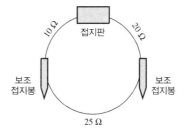

12 75[mm²]의 3심 케이블의 1선이 접지되었을 때 다음 그림과 같이 접속하고, 측정한 결과 P=10[Ω], Q= 1000[Ω], R=92[Ω]에서 검류계 G가 평형되었다. 고장점까지의

거리 d를 구하시오. (단, 시험시 20°C에서 케이블의 전체 왕복저항 R_0= 1.65[Ω]이었다.)

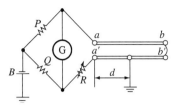

13 다음 그림은 최대사용전압 6900[V] 변압기의 절연내력시험을 위한 시험회로도이다. 그림을 보고 다음 물음에 답하시오.

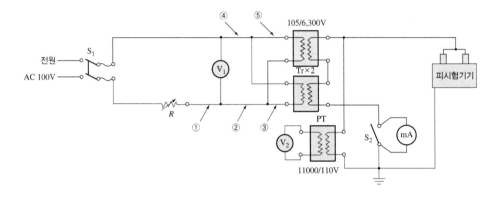

(1) 전원측 회로에 전류계 Ⓐ를 설치하고자 할 때 ①~⑤번 중 어느 곳이 적당한가?

(2) 시험시 전압계 Ⓥ₁으로 측정되는 전압은 몇[V]인가?

(3) 시험시 전압계 Ⓥ₂로 측정되는 전압은 몇[V]인가?

(4) 전류계 ⓜ의 설치목적은 무엇인가?

(5) PT의 설치목적은 무엇인가?

14 과전류 계전기의 동작시험을 하기 위한 시험기의 배치도를 보고 다음 물음에 답하시오. 단, ○안의 숫자는 단자번호이다.

(1) 회로도의 기기를 사용하여 동작시험을 하기 위한 단자접속을 ○-○안에 기입하시오.

(2) Ⓐ, Ⓑ 및 Ⓒ에 표시된 기기의 명칭을 기입하시오.

(3) 이 결선도에 있어서 스위치 S₂를 투입(ON)하고 행하는 시험명칭과 개방(OFF)하고 행하는 시험명칭은 무엇인가?

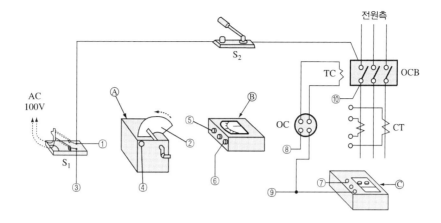

15 변압기 시험용 기자재가 다음 그림과 같이 있을 때 다음 각 물음에 답하시오.

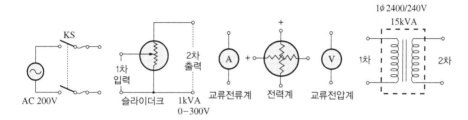

(1) 단락시험회로를 구성하시오.

(2) 단락시험을 했다고 가정하고 임피던스 전압, %임피던스, 동손을 구하는 방법을 설명하시오.

(3) 무부하 시험(개방시험) 회로를 변압기시험 기자재로 구성하시오.

(4) 무부하 시험으로 철손을 구하는 방법을 설명하시오.

(5) 단락시험, 무부하 시험으로 변압기 효율을 구하는 방법을 간단히 설명하시오.

(6) %임피던스와 변압기 고장시 단락고장전류, 변압기 전압변동률과의 관계를 간단히 설명하시오.

16 기자재가 그림과 같이 주어졌다.

(1) 전압 전류계법으로 저항값을 측정하기 위한 회로를 완성하시오.

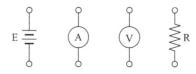

(2) 저항 R에 대한 식을 쓰시오.

17 변성기 사용계기(변류기만을 부속하는 경우)의 접속도를 주어진 답안지에 완성하시오. 단, 접지 표시를 할 것.

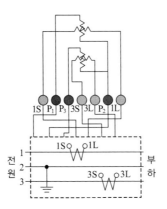

18 그림은 3상4선식 전력량계의 결선도를 나타낸 것이다. PT와 CT를 사용하여 미완성 부분의 결선도를 완성하시오.

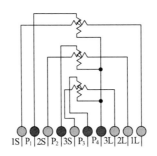

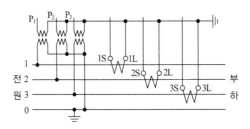

CHAPTER 10 견적

1 │ 견적의 개요

설계자가 발주자(發注者)의 요구에 따라 관계법령에 적합하게 도면(圖面)및 시방서(示方書)를 작성한 것으로부터 각종 재료의 수량과 단가·노무비 등을 조사하여 공사비를 산출한 것을 견적(見積) 또는 적산(積算)이라고 한다. 이러한 견적은 공사의 입찰(入札)을 위하여 작성하는 것으로서, 낙찰이 되느냐 되지 않느냐 하는 문제가 있으므로 상황에 따라서 많은 융통성이 주어지고 있으나, 공정한 입찰과 우량한 공사를 위해서는 적정한 공사비가 산정되어야 한다.

1.1 발주의 형태

발주(發注)의 방법에 따라 다음과 같은 형태가 있다.

① 입찰(入札)
② 견적의 교합(校合)과 발주
③ 특명(特命)
④ 일괄발주(一括發注)

⑤ 분리발주(分離發注)

위와 같이 여러 가지 발주형태가 견적서의 제출서에 따라 다르므로 주의하여야 한다.

1.2 견적의 종류

① **개산견적** : 개산견적(槪算見積)은 대강 계획에 의거한 개략적인 견적을 말한다.
② **상세견적** : 상세견적(詳細見積)은 주어진 도면, 시방서 등의 설계도서에 따라 재료, 공법, 관계법령 등을 이해하고 현장의 상황을 파악한 다음에 각 공사항목마다 재료의 수량을 산출하여, 공사비를 상세하게 산출하는 것이다.
③ **변경견적** : 변경견적(變更見積)은 당초의 계획에 대해서 상세견적서를 제출한 후에 건축주 측에서 예산에 맞지 않는 경우라든가, 공사의 시방(사양), 설비내용을 검토하여 설계도를 부분적으로 변경한 경우 또는 견적서의 진행단계에서 내용에 추가·변경이 생기는 경우가 많으며, 이것에 소요되는 공사비를 견적하는 것이다.
④ **정산견적** : 정산견적(精算見積)은 공사완료시에 당초의 계약내용에 대하여 추가·변경이 있을 경우, 계약금액의 증감이 행하여진다. 그것을 일반적으로 정산견적 또는 간단히 정산이라고 한다

1.3 견적서의 제출과정

시공회사 영업 담당자가 도면을 입수하면 우선 견적서를 작성할 것인가를 검토하여, 견적의 필요성을 인정하게 되면, 적산자에게 도면, 사양서 및 현장설명서에서의 보충사항, 견적조건 등 견적에 필요한 사항을 일괄하여 수교한다. 적산자는 견적 제출기한 등을 확인한 후 영업 담당자와 타협하여 적산기간을 결정하고 적산작업에 착수한다. 보통의 경우 직접공사비 산출까지가 적산자가 하여야 할 업무이고, 나머지는 영업 담당자의 손으로 넘어가서 제출견적을 작성하는 것이 관례이다.

1.4 공사원가의 계산

공사원가라 함은 공사 시공과정에서 발생한 재료비, 노무비, 경비의 합계액을 말한다.(준칙 제 13조)

(1) 일반 관리비의 계상방법

표 10-1 일반 관리비율

전문, 전기, 전기 통신 공사	
공사 원가	일반 관리 비율
5천만원 미만	6 %
5천만원 ~ 3억원 미만	5.5 %
3억원 이상	5 %

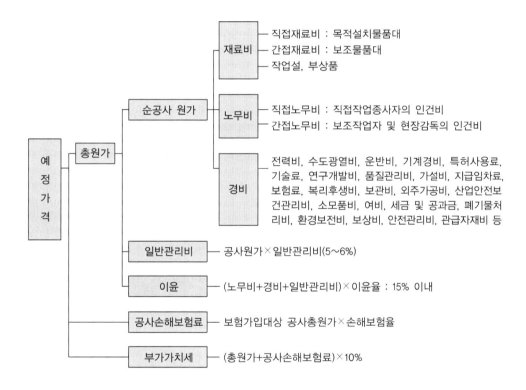

(2) 이윤

영업 이익을 말하며 공사 원가 중 노무비, 경비와 일반관리비의 합계액(이 경우 기술료 및 외주 가공비는 제외한다)에 이윤을 15[%]를 초과하여 계상할 수 없다.

(3) 간접 노무비율

$$간접노무비율 \ = \ \frac{공사종류별 \ 간접노무비율 + 공사규모별 \ 간접노무비율 + 공사기간별 \ 간접노무비율}{3}$$

(4) 공구 손료

공구 손료는 일반 공구및 시험 검사용 일반 계측기류의 손료로서 공사 중 상시 일반적으로 사용하는 것을 말하며, 직접 노무비(제수당 상여금 또는 퇴직 급여 충당금을 제외)의 3[%]를 계상할 수 있다.

예제 1

공사 원가 계산(총원가)시 원가계산의 비목(구성)을 쓰시오.

풀이 ① 재료비 ② 노무비 ③ 경비 ④ 일반관리비 ⑤ 이윤

---

2 │ 견적하기 전에 조사할 사항

견적(적산)을 하기 전에 도면, 시방서(사양서)를 면밀히 조사 또는 견적조건 등을 검토하여 분명하지 못한 점은 발주자, 설계자에게 문의하여 명확히 하고, 견적을 개시하게 되는데, 작업을 개시하기까지에 행하는 주요항목으로서는 다음과 같은 항목이 있다.

① 현장설명 : 도면설명, 시방서 설명, 계약조건, 질문의 접수 및 해답의 일시, 견적제출 일시
② 현장조사
③ 도면, 시방서의 확인
④ 건축공법 및 건축공정의 확인
⑤ 기기의 제조업자 지정

2.1 도면, 시방서

도면(圖面)에 대해서는 기재사항을 면밀히 조사하고, 의문점이 있으면 질의 응답을 통해서 완전히 파악하여 놓는다.

시방서(示方書)에 대해서는 요점을 확인하고, 일반적인 것과 다른 점 또는 종래의 것과 틀리는 개소가 있으면 이를 명백히 하여 놓는다.

시방서의 기재 사항은 어떤 공사도 적용할 수 있는 공통 사항이 많으므로, 공사를 발주하는 관공서나 설계 사무소 등에서는 그러한 공통되는 시방을 모은 것을 독자적으로 표준화하여서 사용하는 예가 많다. 이것을 **공통 시방서**라 한다.

2.2 입찰 설명

도면·시방서 및 다음 각 항에 관하여 설명이 있을 때, 이를 청취한 사람은 이를 기술적인 사항과 사무적인 사항으로 구분하여, 각 담당자에게 보고하여, 견적에서 누락되는 일이 없도록 한다.

(1) 계약조건

① 공기(工期)와 중간 기한(일부 준공)
② 계약조건 및 내용
③ 지불조건
④ 지급품의 유무와 소요수량에 대한 과부족 처리 및 인도장소
⑤ 현장 대리인 상주의 여부

(2) 특기사항

① 잔업 및 야간작업의 유무
② 활선작업 기타 위험작업의 유무 및 다른 업무와의 관련
③ 건축 기타 공사 청부업자의 협력정도
④ 기기재료의 검사
⑤ 실시도와 완성사진의 내용, 조수(粗數) 등
⑥ 발판·부두 사용료·전기·수도의 부설 분담금 등

⑦ 가설 인입선 공사의 시공과 공사 완성 후의 임시 전기요금 부담의 유무

⑧ 가설 건물비와 부지의 유무, 차지료(借地料)

⑨ 배관검사와 건축 공정표에 배관일정 계상(揭上)의 유무

⑩ 산업자원부 · 소방서 · 전화국 · 전력회사 등에 대한 수속대행

⑪ 전력선 인입선공사 · 변전소 증강공사 · 공설화재 탐지기공사 등의 부담금 유무

(3) 건물의 구조

① 공사장소

② 구조(철골 철근 콘크리트조, 철근 콘크리트조, PC조, 철골조, 목조 등의 구별, 층수, 연면적)

③ 각층 천장높이와 층고(層高)

④ 천장 및 벽의 구조(바탕재료의 종류)와 마무리의 정도

⑤ 2중 천장의 개소

⑥ 콘크리트 치기만으로 끝나는 개소

(4) 배관

① 매입, 노출, 은폐의 구별

② 전선관(박강관, 후강관, 경질 비닐관의 구별)

③ 나사 없는 커플링의 사용개소

④ 절연 부싱의 사용개소

⑤ 아웃렛 박스의 종별, 사용개소

⑥ 강전용 접지 본드 시설의 여부, 본드 선의 굵기, 본수

⑦ 벽면 취부박스 위치에 나무틀을 설치하는가, 직접 콘크리트 박스를 설치하는가?

⑧ 2중 천장 내 매입기구용의 나무틀위 유무

⑨ 벽면취부 박스, 캐비닛의 부근 30[cm]의 개소에는 관에 커플링을 시설하여야 하는가?

⑩ 통신 케이블용 배관의 굴곡개소는 관 안지름의 6배 이상으로 굽히는가

⑪ 대형, 소형 맹 커버의 재질, 두께, 마무리의 색

⑫ 캐비닛의 문비, 노출배관 등의 도장(페인트 종별, 마무리 색, 도장회수)과 계통별 표시

(5) 배선

① 선종(線種)

② 심선(단선, 연선)

③ 색별배선으로 하는가?

④ 전선의 접속(와이어 커넥터, 납땜 접속 등)

⑤ 개폐기, 콘센트의 단자에 접속하는 경우 접지된 선을 끼우는 기준

⑥ 점멸 스위치에의 인하선은 원칙적으로 전압측을 사용하고, 목조 라드치기, 몰탈 칠의 개소는 누전사고를 적게 하기 위해서 접지된 선을 인하할 것인가? 등

⑦ 점멸 스위치, 콘센트에 전선을 접속할 때는 압착단자 또는 납땜한 특수 단자를 사용할 것인가?

⑧ 전선접속개소에 대한 테이프 감기는 보통공법으로도 무방한가?

(6) 기기·재료류의 제조업자의 지정유무

① 전선과 부속품

② 아웃렛 박스 및 대형 특수 박스

③ 플로어 덕트, 금속 덕트, 부속품

④ 전선(케이블 포함)

⑤ 버스 덕트

⑥ 배분전반(캐비닛 포함), 예비 퓨즈의 유무, 단자함

⑦ 나이프 스위치형 개폐기, 배선용 차단기, 전자 개폐기

⑧ 배선기구(콘센트, 점멸 스위치, 소켓, 실링 리모컨용 릴레이 스위치, 소형 변압기 등)

⑨ 조명기구 및 램프(백열등, 형광등, 수은등, 네온사인 등의 조명기구 및 램프)

⑩ 살균등, 오존 발생기

⑪ 선풍기(탁상용, 천장용, 벽걸이용 등)

⑫ 전열기

⑬ 전동기 조작반

⑭ 변압기

⑮ 배전반(자립형, 큐비클형, 데스크형), 계기류, 차단기

⑯ 비상용 전원(원동기, 발전기)

⑰ 발전기

⑱ 전기시계

⑲ 확성장치

⑳ 사설화재 탐지기

㉑ 공설화재 탐지기의 발신기

㉒ 비상 통보기(화재, 도난)

㉓ 구내교환 전화설비의 전화기 및 교환기(자동, 수동)

㉔ 인터폰, 부저

㉕ 신호설비(벨, 부저호출 또는 출퇴근 표시기)

㉖ 피뢰설비와 접지극

㉗ 텔레비전 및 집합 안테나

(7) 현장조사

① 지역적인 상황, 공사시공의 계절과 기후

② 주요 시발역에서 도착역까지, 도착역에서 공사현장까지의 경로, 거리, 소요시간

③ 주요 교통기관과 승차요금

④ 재료 하치장, 공작장, 사무소 등 가설건물에 대한 장소의 선정

⑤ 숙박소의 유무와 하숙료

⑥ 재료운반용 도로와 보수의 정도

⑦ 전력회사의 전력공급규정

⑧ 인입선 부근도

⑨ 전력 인입선공사의 보상비

⑩ 국전화선 인입구

3 │ 견적의 작성요령

견적의 순서는 대체로 다음과 같다.

① 도면의 이해

② 제조업자의 수배(手配)

③ 소요재료 및 기기집계 작성

④ 제조업자의 결정

⑤ 노무비의 계산

⑥ 소모품·잡재료, 기타

먼저, 도면과 시방서를 충분히 이해한 후에 소요재료 및 기기를 집계하여 제조업자로부터 소요재료의 단가(單價), 구입가능한 재료의 수량, 새로운 제품의 출고시기 등을 파악하여야 한다. 이와 같이 하여 사용할 재료가 결정되면 이에 따라 제조업자를 결정하여야 한다. 이때 제조업자측이 제출한 견적에서 극단적인 단가의 차이가 발견되면 견해의 차이점을 조사탐지하여 각 회사가 같은 조건에서 합계금액이 산출되도록 조치한다. 제조업자의 결정조건은 가격상의 유리한 점만을 볼 것이 아니라 기술, 신용, 등 여러 면에서 비교검토한 후 결정하도록 한다. 소요재료 및 기기를 집계할 때는 색연필로 도면상에 따라 도면이 더러워지게 되므로, 도면상의 심벌 중 작은 것으로부터 큰 것으로 집계해 나가고, 배관배선은 가장 나중에 집계 하는 것이 합리적인 집계순서이다. 일반적으로 전등·콘센트 및 조명기구 설비공사에서는 스위치·콘센트로부터 조명기구, 배선재료의 순서로 진행한다. 스위치류의 집계는 단가가 싸므로 큰 문제는 없으나 조명기구류는 단가면에서 비싼 것이 있으므로 집계작업을 신중하게 하여야 한다.

배관 및 배선의 집계에서 스위치의 취부높이는 일반적으로 바닥에서 1.2[m], 콘센트의 취부높이는 일반적으로 바닥에서 0.3[m](주차장, 옥외, 탕비실의 경우에는 1.2[m])로 하므로, 올라가는 곳과 내려가는 곳을 일일이 측정하여야 한다. 특히, 콘센트 회로는 바닥배관이 보통이지만, 천장에서 내려오는 경우도 있으므로 도면의 심벌에 주의하여 착오를 일으키지 않아야 한다.

집계가 끝나면 전선이나 전선관과 같이 토막으로 잘려 나가는 부분이 있는 것에는 그러한 손실 부분을 감안하여 가산하여야 한다. 이와 같이 가산하는 양을 보급량(補給量)이라 하며, 보급량을 가산하는 것을 손실감안이라고 한다.

표 10-2는 소요재료의 산출방법을 나타낸 것이다.

표 10-2 소요재료의 산출방법

종 별	견 적 기 준
조명기구 및 수구용 기구	실제 수량에 의한다.
점멸기 및 개폐기	실제 수량에 의한다.
전 선	굵기, 전선의 종류별로 다음 식으로 산출한다. (평면도의 길이×조수+상향길이×조수+하양길이×조수) ×(1+할증률)
애 자	(가) 실제 수량을 추산하여 할증률에 따라 가산한다 (나) 전선의 길이 ÷ K (K의 값은 점검할 수 있는 은폐장소 1.5~2, 기타 0.5~1)
애 관	설계도에서 실제로 필요한 수량을 추정한다.
전선관 또는 몰드	굵기별로 다음 식으로 산출 한다. (평면도의 길이+상향길이+하양길이)×1.1
아웃렛 박스 또는 스위치 박스	설계도에서 실제 수량을 산출한다.
조인트 박스	실제 수량을 산출하여 10% 정도 가산한다.

예제 2

전기공사 표준품셈표 중 CABLE 3심은 기본품의 200[%], 강대개장 CABLE은 150[%] 이며, 6.6[kV]의 전압할증률은 20[%]이다. 6.6[kV] 38SQ 3C인 강대개장 CABLE 10[m]를 CABLE DUCT에 포설하는 경우의 공량은 몇 M/D이며, 이에 소요되는 기능공 직종은 무엇인가?

단, (1) PVC 및 고무절연 외장저압 CABLE 38SQ 1C 1[m]당 기본공량은 저압 CABLE 공 0.036 M/D이다.

(2) 할증의 중복가산 요령은 다음과 같은 방법을 적용할 것

$$W = 기본품 \times (1 + \alpha + \alpha' + \alpha'' + \alpha''' + \cdots)$$

풀이 3심 200[%], 강대개장 150[%]는 본 품에 대한 배율을 나타낸 값이고, 6.6[kV]에 대한 20[%]는 할증률이다. 따라서 기본품이 0.036이므로 여기에 배율을 곱하고 할증을 주어서 수량을 곱하면 공량이 된다.

$$W = 0.036 \times 2 \times 1.5 \times (1 + 0.2) = 0.1296 \ \text{M/D}$$

$$\therefore \ 0.1296 \times 10 = 1.296 \ \text{M/D}$$

기능공 직종 : 고압 케이블공

예제 3

지중 전선로 공사를 하기 위하여 그림과 같이 지중전선로 길이 100[m]를 터파기하려면 보통인부 몇 인이 필요하며, 노임은 몇 원이 되는가? (단, 되메우기 및 잔토처리는 계산하지 않으며 1[m³]당 0.2[인]으로 하고 보통 토사를 기준으로 한다. 보통 인부 노임은 8,150원임)

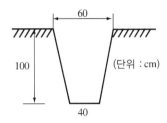

풀이

줄기초 터파기량 $(A) = \dfrac{a+b}{2} H \times (줄\ 기초\ 길이)$

$= \dfrac{0.4+0.6}{2} \times 1 \times 100 = 50[\text{m}^3]$

보통인부 : $50 \times 0.2 = 10[인]$

노 임 : $10 \times 8,150 = 81,500[원]$

예제 4

다음 도면은 어느 상점 옥내의 전등 및 콘센트 배선평면도이다. 주어진 조건을 읽고 ①~⑳까지의 답란의 빈칸을 채우시오.

유의사항
① 바닥에서 천장 슬라브까지 높이는 2.5[m]임
② 전선은 600[V] IV전선으로 전등, 전열, 1.6[mm]을 사용한다.
③ 전선관은 후강전선관을 이용하고 특기 없는 것은 16[mm]을 사용한다.
④ 4조 이상의 배관과 접속되는 박스는 4각 박스를 사용한다.(단, 콘센트는 전부 4각박스를 사용한다).
⑤ 스위치 설치높이는 1.2[m]이다(바닥에서 중심까지).
⑥ 특기 없는 콘센트의 설치높이는 0.3[m]이다.(바닥에서 중심까지)
⑦ 분전반의 설치높이는 1.8[m]이다(바닥에서 상단까지), (단, 바닥에서 하단까지는 0.5[m] 기준한다).]

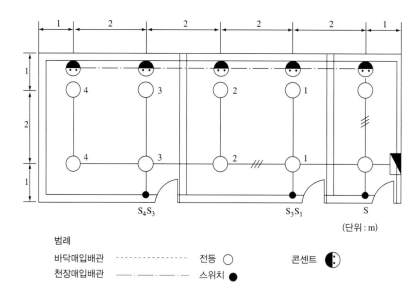

범례

| 바닥매입배관 | ·············· | 전등 ○ | 콘센트 ◐ |
| 천장매입배관 | —·—·—·— | 스위치 ● | |

(단위 : m)

재료산출 조건
① 분전반의 내부에서 배선여유는 전선 1본당 0.5[m] 로 한다.
② 자재산출시 산출수량과 할증수량은 소수점 이하로 기록하고, 자재별 총수량 (산총수량+할증수량)은 소수점 이하는 반올림한다.
③ 배관 및 배선 이외의 자재는 할증을 보지 않는다(배관 및 배선의 할증은 10%로 본다).

인공산출 조건
① 재료의 할증분에 대해서는 품셈을 적용하지 않는다.
② 소수점 이하 한 자리까지 계산한다.
③ 품셈은 다음 표의 품셈을 적용한다.

품 셈 보 기		
자재명 및 규격	단위	내선 전공
후강 전선관 16[mm]	m	0.08
관내 배선 5.5[mm²] 이하	m	0.01
매입 스위치	개	0.056
매입 콘센트 2P 15[A]	개	0.056
아웃렛 박스 4각	개	0.12
아웃렛 박스 8각	개	0.12
스위치 박스 1개용	개	0.2
스위치 박스 2개용	개	0.2

답란

자재명	규격	단위	산출 수량	할증 수량	총수량 산출수량+ 할증수량	내선전공 [인] 수량× 인공수
후강전선관	16[mm]	m	①		③	⑭
600[V] 비닐 절연전선	2.0[mm]	m	②		④	⑮
스위치	300[V], 10[A]	개			⑤	⑯
스위치 플레이트	1개용	개			⑥	
스위치 플레이트	2개용	개			⑦	
매입 콘센트	300[V], 15[A] 2개용	개			⑧	⑰
4각 박스		개			⑨	⑱
8각 박스		개			⑩	
스위치 박스	1개용	개			⑪	⑲
스위치 박스	2개용	개			⑫	⑳
콘센트 플레이트	2개구용	개			⑬	

풀이

① 39.8	② 98.5	③ 44	④ 108	⑤ 5
⑥ 1	⑦ 2	⑧ 5	⑨ 8	⑩ 7
⑪ 1	⑫ 2	⑬ 5	⑭ 3.1	⑮ 0.9
⑯ 0.28	⑰ 0.28	⑱ 0.96	⑲ 0.2	⑳ 0.4

01 일반적으로 공구손료는 직접 노무비(제수당, 사영금 또는 퇴직급여 충당금 제외)의 몇 [%]까지 계상할 수 있는가?

02 전기공사금액 1억 5천만 원일 때의 일반 관리비 및 이윤의 비율은 각각 얼마인가?

03 발·변전설비 및 중공업설비의 시공 및 보수는 어떤 전공이 필요한가?

04 전기통신 전문공사에서 공사 예정금액이 5천만 원 미만일 때 일반 관리비율은 몇 [%]인가?

05 공구손료에 대하여 설명하시오.

06 정부나 공공 기관에서 발주하는 전기공사의 물량 산출시 일반적으로 옥외전선 할증률 및 철거손실률은 얼마로 계산하는가?

07 다음의 작업구분에 맞는 직종명을 쓰시오.
① 발전설비 및 중공업 설비의 시공 및 보수
② 철탑 및 송전설비의 시공 및 보수
③ 송전전공으로 활선작업을 하는 전공

08 공사 원가 계산(총원가)시 원가계산의 비목(구성)을 쓰시오.

09 정부나 공공기관에서 발주하는 전기공사의 물량 산출시 일반적으로 전선관 배관의 할증 율은 몇 [%] 계상하는가?

10 적산에는 개산견적, 상세견적, 변경견적, 정산견적 등이 있다. 이 중 상세견적이란 무엇인지 간단하게 설명하시오.

11 송전설계에 있어서 다음과 같은 철탑기초의 굴착량을 산출하려고 한다. 이 철탑의 굴착량은 얼마인가?

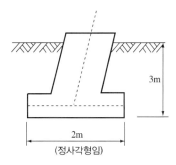

3m

2m
(정사각형임)

12 지중전선로 공사를 하기 위하여 그림과 같이 지중전선로 길이 80[m]를 터파기하려면 보통인부 몇 인이 필요하며, 노임은 몇 원이 되는가? (단, 되메우기 및 잔토처리는 계산하지 않으며, 1[m^3]당 0.2[인]으로 하고 보통 토사를 기준으로 한다. 보통인부 노임은 30,000원임)

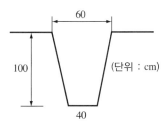

60

100

(단위 : cm)

40

참고문헌

[1] 원종수, 건축전기설비, 상, 교문사 1992

[2] 원종수, 건축전기설비, 하, 교문사, 1992

[3] 곽희로, 정용기 역, 건축물의 피뢰설비 가이드 북, 도서출판 의제, 1997.

[4] 김세동, 건축전기설비 기술사해설, 동일출판사, 2010.

[5] 김세동 외, 자가용전기설비설계, 동일출판사, 2011.

[6] 김정철, 전력계통 구성과 IEC에 의한 해석, (주)도서출판 기다리, 2009.

[7] 내선규정, 대한전기협회, 2019.

[8] 오성근 외, 최신 전기응용, (주)도서출판 북스 힐, 2012.

[9] 이복희, 이승칠, 접지의 핵심기초기술, 도서출판 의제, 1999.

[10] 의제편집위원회 역, 신 전기설비사전, 도서출판 의제, 1998.

[11] 전기설비기술기준, 지식경제부.

[12] 전기설비기술기준의 판단기준, 지식경제부, 2019.

[13] 전기안전기술지침, 한국전기안전공사, 1999.

[14] 정용기 역, 미국전기공사규정(NEC)에 의한 전기설계핸드북, 도서출판 의제, 1999.

[15] 정용기, 신효섭 역, 독일 건축전기설비해설서, (주)의제전기설비연구원, 2009.

[16] 지능형건축물 인증제도, (사)IBS Korea, 2009.

[17] 지철근, 정용기, 최신전기설비, 문운당, 1995.

[18] 지철근, 조명공학, 문운당.

[19] 최홍규 외, 전원 및 간선 설비설계, 성안당.

[20] 한국산업표준(KS).

[21] 한국전력공사 전기공급약관, 2011.

[22] IEC 규격에 의한 전기설비설계가이드, 대한전기협회, 2010.

[23] KEC 한국전기설비규정, 산업통상자원부장관, 2021

찾아보기

전기설비설계

초판 인쇄 | 2023년 3월 2일
초판 발행 | 2023년 3월 5일

지은이 | 유원근 · 이경섭 · 정동현 · 정타관
펴낸이 | 조승식
펴낸곳 | (주)도서출판 북스힐

등 록 | 1998년 7월 28일 제22-457호
주 소 | 서울시 강북구 한천로 153길 17
전 화 | (02) 994-0071
팩 스 | (02) 994-0073

홈페이지 | www.bookshill.com
이메일 | bookshill@bookshill.com

정가 28,000원

ISBN 979-11-5971-407-8